华东交通大学教材（专著）出版基金资助项目

U0159048

电器技术及控制
（第 2 版）

杨丰萍　李中奇　彭伟发　编著

西南交通大学出版社

·成　都·

图书在版编目（CIP）数据

电器技术及控制 / 杨丰萍，李中奇，彭伟发编著
. —2 版. —成都：西南交通大学出版社，2022.11
ISBN 978-7-5643-9047-1

Ⅰ. ①电… Ⅱ. ①杨… ②李… ③彭… Ⅲ. ①电器 –
高等学校 – 教材 Ⅳ. ①TM5

中国版本图书馆 CIP 数据核字（2022）第 231348 号

Dianqi Jishu ji Kongzhi

电器技术及控制

（第 2 版）

杨丰萍　李中奇　彭伟发　编著

责 任 编 辑	黄淑文
封 面 设 计	原谋书装
出 版 发 行	西南交通大学出版社
	（四川省成都市金牛区二环路北一段 111 号
	西南交通大学创新大厦 21 楼）
发行部电话	028-87600564　028-87600533
邮 政 编 码	610031
网　　　址	http://www.xnjdcbs.com
印　　　刷	四川森林印务有限责任公司
成 品 尺 寸	185 mm × 260 mm
印　　　张	21.25
字　　　数	529 千
版　　　次	2012 年 8 月第 1 版　　2022 年 11 月第 2 版
印　　　次	2022 年 11 月第 2 次
书　　　号	ISBN 978-7-5643-9047-1
定　　　价	59.00 元

前　言

本书是"华东交通大学教材（专著）出版基金资助项目"资助教材，是作为具有铁路特色的电气工程专业的一门重要专业课的教材来编写的。为了使学生的就业面更广，既可以在铁路行业也可以在其他行业就业，本书涉及的知识点较多，包括电器学、常用电器、机车电器、电器的控制线路等知识，另外还有实验和课程设计部分，以培养学生发现问题、分析问题和解决问题的能力。可作为高等学校，特别是具有铁路背景的高等学校电气工程专业的教材，并可供从事电器生产和电气技术工作的工程技术人员参考。

本书力求理论联系实际，紧跟电器及其控制系统的发展趋势，在详细介绍电器基本理论知识的同时，将我国近年生产的电力机车新型电器，特别是大功率和谐型机车的新型电器收纳其中，强调针对性、实用性。全书起点适当、重点突出、难点分散，非常便利教学和自学；各章之间的组合采用积木式的结构，既可一脉相承，融为一体，也可分章独立，特别适合不同学时和不同层次各类读者学习。

本书由华东交通大学杨丰萍教授、李中奇教授和彭伟发讲师编著，书中第 1 章~第 6 章由杨丰萍教授编写；绪论、第 7 章、第 10 章由李中奇教授编写；第 8 章和第 9 章由彭伟发讲师编写。编写中保留了首版的思路和章节，修改了原来的小错误，删除了机车电气控制系统应用实例分析这一章，增加了某些低压电器如机车上会用到的电磁阀，更新了一些机车电器，增加了计算实例，采用了更好的控制线路图。编者在编写本书的过程中，得到领导、同事及研究生的大力支持和帮助，在此表示衷心的感谢！编写中参考了大量文献和资料，在此对有关单位和作者致谢！

本书作为高等学校电气类、自动化类以及机电类专业教材，使用课时范围可以在 32 ~ 64 学时，教师可根据实际情况选择教学、调整教学任务要求，进行教学内容的组织。

由于编者水平有限，书中不妥或错误之处在所难免，敬请广大师生和读者批评指正。

编　者

2022 年 5 月

目 录

绪 论

0.1 电器的功能和分类

0.1.1 电器的功能

电器是一种能根据外界的信号和要求，手动或自动地接通、断开电路，断续或连续地改变电路参数，以实现电路或非电对象的切换、控制、保护、检测、交换和调节用的电气设备。

简单地说，电器是用电的一种控制工具。控制作用就是自动或手动接通或断开电路，使电路中的电流"通"或"断"，"通"也称为"开"，"断"也称为"关"。因此"开"和"关"是电器最基本、最典型的功能。

0.1.2 电器的分类

电器的种类很多，分类方法也各不相同，下面介绍的是一般常见的电器分类方法。

1. 按工作职能分类

（1）手动操作电器：刀开关、转换开关、控制按钮等。

（2）自动控制电器：自动开关、接触器、继电器等。

（3）其他电器：起动与调速电器、稳压与调压电器、牵引与传动电器、检测与变换电器等。

2. 按电压高低分类

（1）低压电器（交流 1200 V 或直流 1500 V 以下）：如低压断路器、刀开关、转换开关、接触器、起动器、控制器、继电器、低压熔断器、电阻器、变阻器、主令电器等。

（2）高压电器（高于交流 1200 V 或直流 1500 V）：如高压断路器、隔离开关、负荷开关、接地断路器、高压熔断器、高压互感器、避雷器、高压电抗器等。

3. 按电器配置分类

（1）单个电器。

（2）成套电器和自动化装置：如高压开关柜、低压开关柜、自动化继电保护屏、可编程序控制器、半导体逻辑控制装置、无触点自动化成套装置。

4. 按电器有无触点分类

（1）无触点电器：电器通断电路的执行功能由触头来实现的电器。

（2）有触点电器：电器通断的执行功能不是由触头来实现的，而是根据开关元件输出信号的高低电平来实现，如晶闸管。其特点是无弧通断电路、动作时间快、电寿命和机械寿命长、无噪声等。

无触点电器目前还不能完全切断电流，不如有触点电器那样对电源起隔离作用。对此，须引入转换深度的概念。所谓转换深度就是断开（或截止）时执行电路的电阻值与接通（或导通）时执行电路的电阻值之比，可用 h 表示。有触点电器 h 为 $10^{10} \sim 10^{14}$，而无触点电器 h 约 $10^4 \sim 10^7$。

（3）混合式电器：无触点和有触点相互结合相辅相成的电器新品种，它有着广阔的发展前途，如低压断路器采用半导体脱钩器，高压断路器应用微型计算机控制的智能断路器等。

5. 按应用系统分类

（1）电力系统用的电器：如高压断路器、高压熔断器、电抗器、避雷器、低压断路器、低压熔断器等。除电抗器和避雷器外，对这类电器的主要技术要求是通断能力强、限流效应好、电动稳定性和热稳定性高，操作过电压低和保护性能完善等。

（2）电力拖动自动控制系统用的电器：如接触器、起动器、控制器、控制继电器等。对这类电器的主要技术要求是有一定通断能力、操作频率高、电气和机械寿命长等。

（3）通信电路系统用的电器：如微型继电器、舌簧管、磁性或晶体管逻辑元件等。对这类电器的主要技术要求是作用时间快、灵敏度高、抗干扰能力强、特性误差小、寿命长和工作可靠等。

6. 按应用场合分类

（1）一般工业用电器：适用于大部分工业企业环境，无特殊要求。

（2）特殊工矿用电器：适用于矿山、冶金、化工等特殊环境，例如矿用防爆电器和化工用电器等。

（3）农用电器：适用于农村工作环境而专门生产的电器。

（4）其他场合用电器：如航空、船舶、铁路牵引等使用的电器。

0.2 牵引电器的作用与分类

牵引电器是电传动机车车辆上所用的受流器、高压和低压断路器、熔断器、互感器、电抗器、电阻和变阻器、牵引-制动转换开关、反向器、接触器、继电器、司机控制器等电气设备。

0.2.1 牵引电器的作用

牵引电器用以对牵引电动机、牵引发电机、电力传动装置、柴油机以及其他辅助电动机和机械等进行切换、控制、检测、调节和保护，使电传动机车车辆上的各种机组能正常和协调地工作，确保安全地完成运输任务。

0.2.2 牵引电器的分类

根据其特殊情况，牵引电器有以下特有的分类方法：

（1）按电力机车电器所接入的电路可分为：① 主电路电器——使用在电力机车主电路中的电器。如受电弓、主断路器、高压连接器、高压互感器、避雷器和转换开关等。② 辅助电路电器——使用在电力机车辅助电路中的电器。如接触器、自动开关、刀开关等。③ 控制电路电器——使用在电力机车控制电路中的电器。如司机控制器、继电器、按钮开关、转换开关等。

（2）按电器在电力机车中的用途可分为：① 控制电器——用于对电力机车上牵引设备进行切换、调节的电器。如司机控制器、接触器、继电器、按钮开关、转换开关、刀开关等。② 保护电器——用于保护电力机车上电气设备不受过电压、过电流及保护其他设备不受损害的电器。如避雷器、自动开关、熔断器、接地及过载继电器、风压及风速继电器、油流继电器等。③ 检测电器——用于与其他设备配套，检测电力机车各电路电压、电流及机车运行速度等的电器。如互感器、传感器等。

受流器——用于电力机车从接触电网上取得电能的电器。如受电弓。

（3）按电流种类可分为直流电器、交流电器。

（4）按电路电压高低可分为高压电器、低压电器。

（5）按传动方式可分为手动电器、电磁式电器、电空传动电器、机械传动电器和电动机传动电器。

（6）按执行机构可分为有触点电器、无触点电器和混合式电器。

0.3 开关量自动控制系统

0.3.1 开关量自动控制系统按开关元件分类

（1）有接点逻辑元件系统：即通常所说的继电-接触式自动控制系统。

（2）无接点逻辑元件系统：由分立元件的逻辑电路组成的控制系统。

（3）数字集成电路控制系统：由工业中常用的 HTL，CMOS 和 PMOS 等逻辑族的数字集成电路逻辑门组成的控制系统。这种控制系统往往不能独立组成开关量自动控制系统，而常常出现在顺序控制的逻辑运算和控制部分。

0.3.2 开关量自动控制系统按程序特征分类

（1）固定（死）程序系统：控制系统的工步顺序、间隔和内容固定不变的系统，如继电-接触式控制系统。

（2）可变（活）程序系统：指当加工工艺或生产过程经常需要改变时，控制系统的工步顺序、间隔和内容很容易随之改变以满足新的工艺要求。这种可以灵活地变更程序的系统称为活程序或可变程序系统，实现活程序控制的理想工具便是顺序控制器。

在工业自动控制技术中，按照预先规定的程序或条件，对控制过程各阶段按顺序地进行自动控制的方式叫作顺序控制。所谓顺序，就是控制过程中由逻辑功能所决定的信息传递与转换所具有的次序。一般说来，所有的开关量自动控制系统都具有顺序控制的特性。但是，各类开关量自动控制系统并不都称为顺序控制器，顺序控制器一般指用于顺序控制生产过程的、并且可以变更程序内容或备有存储程序的数字或模拟式的自动控制装置。顺序控制器属于活程序系统，而继电—接触式控制系统则是死程序系统，所以它不叫顺序控制器。

在计算机已出现并在工业中得到广泛应用的今天，可编程序控制器仍然得到迅速的发展，很快占领了从继电器固定逻辑控制到计算机之间的开关量自动控制领域。这是由于可编程序控制器有着显著优点。其主要特点是：编制程序和改变程序方便，通用性和灵活性强，原理简单易懂，工作比较稳定可靠，使用和维修方便，装置体积小，造价低，设计和制造周期短，容易做到规范化、系列化，便于批量生产。

0.4 电器的发展方向

近年来，随着计算机、电子学、电弧等离子物理、信息和网络以及材料科学的发展，使得低压电器的发展更迅速便捷、更先进、更全面，主要体现在以下几个方面。

0.4.1 电器的智能化

1. 智能电器的定义

关于智能电器的定义或阐释已有很多，如：智能电器是指能自动适应电网、环境及控制要求的变化，始终处于最佳运行工况的电器。这里从构成智能电器的核心部件及其功能出发，给出智能电器的定义：智能电器是以微控制器/微处理器为核心，除具有传统电器的切换、控制、保护、检测、变换和调节功能外，还具有显示、外部故障和内部故障诊断与记忆、运算与处理以及与外界通信等功能的电子装置。智能电器的核心部件为微控制器/微处理器，与传统电器相比，智能电器的功能有"质"的飞跃；智能电器是电子装置，而传统电器是电气设备；具有现场总线接口以实现可通信/网络化是现代智能电器的重要特征和主要发展趋势。

2. 智能电器的关键技术

（1）电子技术。运用电子器件设计和制造某种特定功能的电路以解决实际问题的科学，包括信息电子技术和电力电子技术两大分支。

（2）微处理器及其接口技术。微处理器及其接口技术主要包括微处理机/微控制器的硬结构、指令系统、中断系统、定时器/计数器、串行口、程序、数据存储器的扩展，I/O接口的扩展设计技术，D/A、A/D的接口设计技术。

（3）检测与转换技术。检测技术是人们为了检测对象所包含的信息进行定性了解和定量掌握所采取的一系列技术措施，它对多种参数进行长期动态检测，加强故障预防，可采用计算机处理检测信息，进行分析、判断，采取相应措施。

（4）数字信号处理技术。数字信号处理技术是指数字信号处理理论的应用实现技术，它以数字信号处理理论、硬件技术、软件技术为基础组成，研究数字信号处理算法及其实现方法。数字信号处理技术主要涵盖了数字滤波器的原理、构成与设计，信号的描述及其分类，连续时间信号的采样，信号的分解等方面。

（5）现场总线技术。现场总线是当今3C技术，即通信、计算机、控制技术发展的结合点，是电气工程与自动化领域技术发展的热点之一。具备系统的开放性、互可操作性与互用性、现场设备的智能化与功能自治性、对现场环境的适应性的优点。现场总线具有适应了供配电系统向智能化、网络化、分散化发展的趋势，呈现了强大的生命力，其应用正日益增长。

（6）高级语言编程技术/数据库技术。在构建智能供配电系统等现场总线系统时需用到数据库技术/高级语言编程技术。换言之，在当代科学技术的背景下，计算机技术在电气产业得到了越来越多的应用。

3. 智能电器发展趋势

（1）智能电器市场化。将智能电器制成相对独立的通用性产品，使其适用范围不仅限于开关、保护作用。随着CPU技术不断进步和发展，20世纪末，一些著名的大公司纷纷推出新一代的智能型可通信的低压断路器，比如施耐德公司（Schneider）的C65N 3P C6A。西门子公司推出的 SENTRONWL/VI 较以前的产品也有了很大的提高。在网络连接方面，具有Profibus-DP、CubicleBUS、以太网、RS-232C等多种总线接口（Cubicle-BUS 为断路器内部数据总线）的智能电器产品也都值得一提。

（2）智能电器的通信。电器结合当前的嵌入式系统，采用微处理器，具有很强的适应性和可升级性，基于现场总线的智能电器数据通信技术，为企业搭建信息数据平台，实现智能电器的通信。现在一些主要断路器大多采用协议转接方法对以太网进行支持。DeviceNet 是一种基于 CAN 的开放的现场总线标准。DeviceNet 协议最基本的功能是在设备及其相应的控制器之间进行数据交换。因此，这种通信是基于面向连接的（点对点或多点传送）通信模型建立的。这样，DeviceNet 既可以工作在主从模式，也可以工作在多主模式。

（3）智能电器模块化。模块式结构给产品设计、制造及市场适应能力带来了许多好处，诸如降低产品设计、制造和新产品开发的复杂性，增强了功能扩展，维护更加方便。例如SCHNEIDER公司的Masterpct系列断路器支持Modbus和BatiBUS，同时还提供用于连接ofibus和以太网的外置网络模块，这些有前瞻性的产品都预示了电器未来的发展方向。

0.4.2 设计与开发手段的现代化

由于市场竞争，目前国内外一些电器工厂正致力于产品开发手段的现代化，以缩短产品开发周期，提高产品质量，降低成本。产品开发手段的现代化主要体现在以下两个方面：① 三维计算机辅助设计与制作软件系统的引进；② 电器通断特性的计算机仿真技术及其发展。

随着计算机技术的发展，电器产品的计算机辅助设计正从二维转向三维，标志着辅助设计技术进入了一个新阶段。传统的二维设计软件仅能解决计算机制图问题，而三维设计系统集设计、制造和分析于一体，让设计者在三维空间内完成零部件的设计和装配，并在此基础上自动生成图纸，完成零部件的自动加工工艺并生成相应的代码，实现了设计与制造的自动化和优化。

目前，国外一些著名的电气公司已广泛采用三维设计系统来开发产品，如德国的金钟-默勒公司、日本的三菱公司等。20世纪90年代初首先由常熟开关厂依靠UG三维设计系统开发

CMI 系列高分断性能的塑壳断路器获得成功，从而带动国内其他生产厂家纷纷引进这种新技术。目前该技术已在国内不少工厂开花结果。

0.4.3　环保材料的广泛使用

随着工农业的发展，环境保护问题日趋严重，这对大量使用的低压电器提出了新的要求。如低压电器中几乎 80% 的材料是塑料，塑料常作为低压电器的外壳使用，对这些材料来说，一方面要保证长的寿命和电器本身的工作可靠性，还应考虑环保要求，即无污染，并且可以回收。再如，长期以来，由于银氧化镉 AgCdO 有较好的耐电弧腐蚀能力，因而在低压电器中作为控制电器的触点材料得到了广泛的应用。但由于 AgCdO 材料有毒，近年来，从环保要求出发，人们以 $AgSnO_2$ 代替 AgCdO。由于新型材料的采用和推广，使得低压电器在其应用的过程中更可靠、更环保。

0.4.4　结构设计的模块化、组合化、模数化和零部件通用化

当前低压电器在结构设计上广泛采用模块化、组合化、模数化和零部件通用化。模块化使电器制造过程大为简便，通过不同模块积木式的组合，使电器可获得不同的附加功能。组合化使不同功能的电器组合在一起，有利于使电器结构紧凑，减少线路中所需元件品种，并使保护特性得到良好配合。模数化使电器外形尺寸规范化，便于安装和组合。不同额定值或不同类型电器实行零部件通用化，对制造厂家来说，将大大减少产品开发和生产的费用，对用户来说，也便于维修和减少零部件的库存量。

第1章　电器的热计算基础

1.1　电器的基本热源

电器在工作过程中，电流通过导体产生电阻损耗，铁磁体在交变磁场作用下产生磁滞和涡流损耗，绝缘体在交变电场作用下产生介质损耗。损耗变换为热能使电器发热，称为电器的基本热源。至于机械摩擦、撞击损耗等产生的热源，与基本热源相比是较小的，常常不予考虑。

1.1.1　导体通过电流时的电阻损耗

根据楞茨-焦耳定律，当导体通过电流 I 时，电阻损耗为：

$$W = \int_0^t I^2 R \mathrm{d}t \quad （\text{J}）\qquad（1\text{-}1）$$

式中　R ——导体电阻（Ω）；

$\quad\quad$ t ——通电时间（s）。

此公式既适用于直流，也适用于交流（将 I 理解为交流的有效值）。当电流和电阻均不变时，则：

$$W = I^2 Rt = I^2 \rho \frac{l}{s} t \quad （\text{J}）\qquad（1\text{-}2）$$

式中　ρ ——导体材料的电阻率（$\Omega\cdot\text{m}$）；

$\quad\quad$ l ——导体长度（m）；

$\quad\quad$ S ——导体截面积（m^2）。

通常导体电阻随温度升高而增加，即：

$$R = R_0(1 + \alpha\theta + \beta\theta^2 + \cdots)\qquad（1\text{-}3）$$

式中　R_0 ——在 0℃ 时的导体电阻（Ω）；

$\quad\quad$ α 、β ——电阻温度系数。

电阻损耗功率为：

$$P = \frac{W}{t} = I^2 R \quad （\text{W}）\qquad（1\text{-}4）$$

1. 集肤效应

当导线通以交流时，其中的能量损耗将增大，这是电流在导线内分布不均匀所致。如图 1-1 所示，因为交流电流通过导体建立交流磁通，导体中心部分（A 部分）匝链的磁通为 Φ_1 和

Φ_2，导体表面（B 部分）匝链的磁通仅为 Φ_2，较其表面部分多，交变磁通感应电势和电流用以阻止原电流流通，因而使导体中心部分电流密度减小，导体表面部分电流密度增大，产生所谓集肤效应。

交流电流通过导体时，单位长度的电阻损耗功率为：

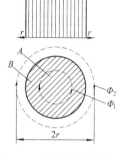

$$P_N = \int_s j^2 \rho \mathrm{d}S = I_N^2 R_N \quad （\text{W/m}） \quad （1\text{-}5）$$

式中　j——实际电流密度（A/m²）；

　　　I_N——交流电流有效值（A）；

　　　R_N——导体单位长度交流等效电阻（Ω/m）。

直流电流通过导体时（电流密度分布均匀）单位长度的电阻损耗功率为：

$$P_S = j_S^2 \rho S = I_S^2 R_S \quad （\text{W/m}） \quad （1\text{-}6）$$

图 1-1　集肤效应影响下导体内部电流密度的分布

式中　j_S——直流电流密度（A/m²），它分布均匀；

　　　I_S——直流电流（A），为便于比较，取其值与交流电流有效值相同；

　　　R_S——导体单位长度直流电阻（Ω/m）。

集肤效应的强弱可用集肤效应系数来衡量。集肤效应系数是指 P_N 与 P_S 之比，即：

$$K_j = \frac{P_N}{P_S} = \frac{\int_s j_N^2 \rho \mathrm{d}S}{j_S^2 \rho S} = \frac{I_N^2 R_N}{I_S^2 R_S} = \frac{R_N}{R_S} \quad （1\text{-}7）$$

导体集肤效应越强，有效截面积越小，等效电阻越大，集肤效应系数也越大。集肤效应系数恒大于 1。

2. 邻近效应

当两导体平行且靠得较近时，导体中的交流电流建立的交流磁通彼此耦合，使导体截面中的电流分布不均，这种现象称为邻近效应。如图 1-2（a）所示，如果两相邻导体中的电流方向相同，则因一导体在另一导体相邻侧产生的磁场比非相邻侧的大，相邻侧感生的反电势也比非相邻侧的大，故相邻侧的电流密度比非相邻侧的小。如图 1-2（b）所示，若两导体电流方向相反，相邻侧电流密度必比非相邻侧的大。

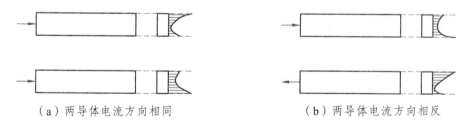

（a）两导体电流方向相同　　　　　　　　　　（b）两导体电流方向相反

图 1-2　邻近效应对电流分布的影响

邻近效应的强弱也可用邻近效应系数 K_l 来衡量。邻近效应系数也是指 P_N 与 P_S 之比，P_N 为仅考虑临近效应时，交流电流通过单位长度的导体电阻损耗功率；P_S 为直流电流通过导体时，单位长度的电阻损耗功率。

邻近效应系数与电流的频率、导线间距和截面的形状及尺寸、电流的方向及相位等因素有关，其值亦可以从有关的书籍及手册中查得。邻近效应系数值通常也大于1，但较薄的矩形母线宽边相对时，邻近效应部分补偿了集肤效应的影响，改善了电流的分布，故 K_l 值略小于1。

集肤效应与邻近效应的存在使同一导线在通过交变电流（若交变电流的有效值与直流电流值相等）时的损耗比通过直流电流时的大，也就是有了附加损耗，通过交变电流和通过直流时产生的损耗之比称为附加损耗系数 K_f，交流附加损耗系数是集肤效应系数与邻近效应系数的乘积，即：

$$K_f = K_j K_l \qquad (1-8)$$

集肤效应和邻近效应使电流分布不均，导体有效截面面积减小，有效电阻增大。因此，附加损耗系数 K_f 总是大于1。所以计算交流电流通过导体所产生的电阻损耗功率，其量值为：

$$P = K_f I^2 R \quad (W) \qquad (1-9)$$

1.1.2 磁滞、涡流损耗

非载流铁磁质零部件在交变电磁场作用下产生的损耗称为铁损 P_{Fe}，它包含磁滞损耗 P_n 和涡流损耗 P_e，两部分，即

$$P_{Fe} = P_n + P_e \qquad (1-10)$$

其中

$$P_n = K_n \left(\frac{f}{100} B_m \right)^{1.6} \rho V \qquad (B_m \leqslant 1\,\text{T}) \qquad (1-11)$$

或

$$P_n = K_n \left(\frac{f}{100} B_m \right)^2 \rho V \qquad (B_m > 1\,\text{T})$$

$$P_e = K_e \left(\frac{f}{100} B_m \right)^2 \rho V \qquad (1-12)$$

式中　f——电源频率；

　　　B_m——铁磁件中磁感应的幅值；

　　　ρ——铁磁材料的密度；

　　　V——铁磁质零部件的体积，

　　　K_n、K_e——磁质损耗系数和涡流损耗系数，其值与铁磁材料的品种规格有关，一般由试验来确定。

准确计算铁损是非常复杂的，通常进行近似估算。铁损也可从工厂提供的产品样品中查得。

1.1.3 电介质损耗

电介质在交变电场作用下的损耗功率 P_d 为：

$$P_d = 2\pi f C U^2 \tan \delta \qquad (1-13)$$

式中　C——电介质的电容；

U ——施加在电介质上的电压；

δ ——电介质的介质损耗角。

介质损耗角与绝缘材料的品种规格、温度、环境状况以及处理工艺等有关。$\tan\delta$ 是电介质材料的重要特性和参数。高频及高压技术所用绝缘材料的 $\tan\delta$ 值一般在 $10^{-3} \sim 10^{-4}$ 之间。这类数据亦可从有关资料中查得。$\tan\delta$ 大的材料，介质损耗也大，理论上 $\tan\delta$ 按下式计算：

$$\tan\delta = R_i / X_C = R_i\omega C \qquad (1-14)$$

式中　R_i ——绝缘电阻；

X_C ——容抗，$X_C = \dfrac{1}{\omega C}$。

在低压电器中，电压 U 很低，电介质中的电场强度不大，电介质损耗很小，通常不考虑。

在高压电器中，电压 U 很高，电介质中的电场强度很大，必须考虑电介质损耗及其产生的热量，以免引起过热而使绝缘老化加速，甚至引起热击穿而损坏。

1.2　电器的允许温度和温升

电器在运行中会产生各种损耗，大部分会转变为热能，其中一部分散发到周围介质，另一部分加热电器的零部件，使其温度升高。

金属载流体的温度超过某一极限值后，其机械强度明显下降。如此，轻则发生形变，影响电器的正常工作；重则使电器损坏，进而影响电器所在系统的工作。材料的机械强度开始明显降低的温度点称为软化点，它不仅与材料品种有关，而且与加热时间的长短有关。图 1-3 所示为导体材料机械强度 σ 与温度 θ 的关系，其中曲线 1 为冷拉铜线迅速加热 10 s 时的 $\sigma = f(\theta)$ 曲线，曲线 2 是冷拉铜线缓慢加热 2 h 的变化规律。由两曲线可知，缓慢加热时铜的软化点在 $100 \sim 200\,^\circ\mathrm{C}$，而迅速加热时可达 $300\,^\circ\mathrm{C}$。这说明迅速加热、发热时间很短时，电器零部件的发热温度极限比缓慢加热、发热持续时间很长时要高得多。因此，通常规定短路故障时电器零部件的发热温度极限比正常负载时要高得多。图 1-3 中曲线 3 表示铝线迅速加热 10 s 时的机械强度 σ 随温度 θ 的变化规律，曲线 4 表示铝线缓慢加热 2 h 的机械强度 σ 随温度 θ 的变化规律。

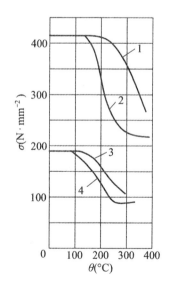

图 1-3　$\sigma = f(\theta)$ 特性曲线

温度升高会加剧电接触连接表面和周围大气中某些气体间的化学反应，生成氧化膜和其他膜层，会引起接触电阻增加，并进一步使接触面温度再升高，形成恶性循环。因此，对电接触的温度也必须加以限制。

绝缘材料温度过高、发热持续时间过长会迅速老化，缩短使用寿命，甚至使介质损耗增加，发热更厉害，导致其介电强度下降，严重时引起击穿而损坏。故绝缘材料的极限允许温度同样要受到限制。根据 JB794—66 将电气绝缘材料按耐热程度分为 7 级，其长期工作下的极限允许温度见表 1-1，材料在该温度下能工作 2000 h 而不致损坏。

表 1-1　电气绝缘材料的耐热等级

耐热等级	极限温度 θ/°C	材料举例
Y	90	未浸渍过的棉纱、丝、绝缘纸板等
A	105	浸渍处理过的（或浸在油中的）棉纱、丝、绝缘纸板等，Q 牌号漆包线
E	120	合成的有机薄膜、有机磁漆等材料，QQ、QA、QH 牌号漆包线
B	130	以合适的树脂黏合或浸渍、涂覆后的云母、玻璃纤维、石棉以及其他无机材料，合适的有机材料等，QZ 牌号漆包线
F	155	以耐热高于 B 级 25 °C 的树脂黏合或浸渍的云母、玻璃纤维、石棉以及其他无机材料、合适的有机材料等，QZY 牌号漆包线
H	180	用硅有机树脂黏合的云母、玻璃纤维、石棉等材料
C	>180	以合适的树脂（如热稳定性特别优良的有硅有机树脂）黏合或浸、涂覆后的云母、玻璃纤维等，以及未经浸渍处理的云母、陶瓷、石英等无机材料和聚四氟乙烯、聚酰亚胺薄膜，QY、QXY 牌号漆包线（C 级绝缘材料的极限温度应根据不同的物理、机械、化学和电气性能确定之）

尽管决定电器各类零部件工作性能的是它们的温度，但考核电器的质量时却是以温升作为指标。温升 τ 是指零部件温度 θ 与周围介质温度 θ_0 之差，即

$$\tau = \theta - \theta_0 \qquad\qquad (1\text{-}15)$$

我国的国家标准、部颁标准和企业标准中，按电器不同零部件的工作特征，对其允许温升都有详细的规定。

极限允许温升（温度）分为两类：一类是电器长期运行时的极限允许温升及间断长期或反复短时工作制时的极限允许温升。在 GB1497—85 中规定了低压电器部件的极限允许温升，其值如表 1-2 所示，其中线圈在空气中的极限允许温升是按年平均温度为 20 °C 使用条件下推荐，其余零部件的极限允许温升是按周围空气温度上限不超过 40 °C 来确定的。

表 1-2　低压电器零部件的极限允许温升

部件及材料		极限允许温升/°C
触头	铜　不间断工作制	45
	其他工作制	65
	银或镶银片 其他金属或陶冶合金	以不损害相邻部件为限 由所有金属性质决定
接线端子	裸铜	60
	裸黄铜	65
	钢（或黄铜）、镀锡	65
	铜（或黄铜）、镀银或镀镍	70
	铝、镀锡	55
	铝、镀银	60

部件及材料		极限允许温升/°C
线圈	无绝缘裸导线	以不损害相邻部件为限
	A 级绝缘	85
	E 级绝缘	100
	B 级绝缘	110
	F 级绝缘	135
	H 级绝缘	160
易近部件	操作手柄　　金属	15
	非金属	25
	可触及但不握持部件　金属	30
	非金属	40
	正常操作时不触及部件　金属	40
	非金属	50
其他	油中所有部件	65
	油的上部	60
	与绝缘材料接触的金属部件	以不引起绝缘材料损害为限
	起弹簧作用的部件	以不伤害弹簧性为限
	电阻元件	由所用材料决定

另一类是电器在短时通过短路电流时，其载流导体在短时发热条件下的极限允许温度，其值可以比长期工作时的极限允许温度高些。虽然在各类标准中对电器载流体短时通过短路电流时的极限允许温度未作统一规定，但多年来一直是以不超过表 1-3 规定为准则。

表 1-3　短路时短时极限允许温度

载流部件		极限允许温度/°C			
		铜	黄铜	铝	钢
未绝缘导体		300	300	200	400
包绝缘导体	Y 级	200	200	200	200
未绝缘导体	A 级	250	250	200	250
包绝缘导体	B、C 级	300	300	200	400

校核电器载流体部件的热稳定性——电器能够短时承受短路电流的热效应而不致损坏的能力，就是以不超过表 1-3 所规定的温度极限为准。

电器零部件工作时的温度应不超过其规定的温度极限，否则会降低工作可靠性，缩短使用寿命，甚至会烧损而导致严重故障。但各零部件的工作温度也不应过低，因为温度过低说明没有充分利用，导致电器体积大、耗材多、成本高。因此，热计算对于缩小体积、减轻重量、节省材料、降低成本以及提高工作可靠性、延长使用寿命等方面都具有重要意义。

1.3 电器的散热及综合散热系数

电器中损耗的能量转换为热能后，有一部分散失到周围的介质中。电器的散热方式有热传导、对流和辐射。发热和散热同时存在于工作的电器中。热计算的目的是充分利用材料而又不使电器及其零部件过热。既要减少损耗和发热，又要增强散热。

1.3.1 热传导

热传导是发热体的热量由较热部分向较冷部分传播，或由发热体向与它接触的物体传播。热传导是固体传热的主要方式，也可在气体和液体中进行。温差的存在是热交换的充要条件。

两等温线的温差 $\Delta\theta$ 与等温线间距 Δn 之比的极限称为温度梯度，即

$$\Delta n \xrightarrow{\lim} 0\left(\frac{\Delta\theta}{\Delta n}\right) = \frac{\mathrm{d}\theta}{\mathrm{d}n} \tag{1-16}$$

根据傅里叶定律，$\mathrm{d}t$ 时间沿等温面 S 的法向 n 经热传导传播的热量 $\mathrm{d}Q$ 与该面积 S 及温度梯度成正比，即：

$$\mathrm{d}Q = -\lambda S \frac{\mathrm{d}\theta}{\mathrm{d}n} \mathrm{d}t \tag{1-17}$$

式中 λ ——传热系数或热导率。

由于热量是向温度降低的方向扩散，而温度梯度则是指向温度升高的方向，故式（1-17）中有一负号。

单位时间通过等温面 S 的热量称为热流，用 Φ 表示，则

$$\Phi = \frac{\mathrm{d}Q}{\mathrm{d}t} = -\lambda S \frac{\mathrm{d}\theta}{\mathrm{d}n} \tag{1-18}$$

在单位时间内通过垂直于热流方向单位面积的热量称为热流密度，用 Φ_0 表示即

$$\Phi_0 = \frac{1}{S} \frac{\mathrm{d}Q}{\mathrm{d}t} = -\lambda \frac{\mathrm{d}\theta}{\mathrm{d}n} \tag{1-19}$$

热导率 λ 表示物体的传热能力，其单位为 W/（m·℃）。它相当于沿热流方向单位长度上的温差为 1 ℃ 时，在单位时间内通过单位面积的热量。一般来说，热导率会随温度而变化：

$$\lambda = \lambda_0 (1 + \beta_\lambda \theta) \tag{1-20}$$

式中 λ_0 ——发热体温度为 0 ℃ 时的热导率；

θ ——发热体的温度；

β_λ ——热传导温度系数。

热导率与物体材料的性质、结构、容积、重量、温度、压力、湿度等许多因素有关，其值范围很广，由试验所得的大致数据如表 1-4 所示。一般说来，金属的传热系数最大，非金属次之，液体和气体最小。

表 1-4　物质的热导率 λ

材料名称	λ /[W/（m·℃）]	材料名称	λ /[W/（m·℃）]
胶纸板	0.14	石棉板	0.74
电工纸板	0.18	铜	392
变压器油	0.13	银	420
浸油电工纸板	0.26	铝	204
棉织物（未浸）	0.07	硅铝合金	160
棉织物（浸漆）	0.11	钨	160
棉织物（浸油）	0.09	黄铜	102
瓷	1.05	铸铁	50
玻璃钢	0.40	钢	46

现列举厚度为 δ 的无穷大单板的热传导做最简单的热传导计算实例。如图 1-4 所示，单板的面积为 S，厚度为 δ，左侧温度为 θ_1，右侧温度为 θ_2，并且 $\theta_1 > \theta_2$，根据式（1-19），单位时间内通过单位等温面的热流密度 Φ_0 为：

$$\Phi_0 = \frac{1}{S} \cdot \frac{\mathrm{d}Q}{\mathrm{d}t} = -\lambda \frac{\mathrm{d}\theta}{\mathrm{d}n} = -\lambda \frac{\mathrm{d}\theta}{\mathrm{d}x} \qquad （1\text{-}21）$$

式（1-21）移项积分得：

$$\theta = -\frac{\Phi_0}{\lambda} x + C \qquad （1\text{-}22）$$

式中，C 为积分常数，由边界条件确定，即：当 $x = 0$ 时，$\theta = \theta_1$，则 $C = \theta_1$。

当 $x = \delta$ 时，$\theta = \theta_2$，代入上式得：

$$\theta_1 - \theta_2 = \frac{\Phi_0}{\lambda} \delta \qquad （1\text{-}23）$$

在无穷大平面的简单情况下，温度 θ 沿厚度 δ 的变化是线性的。

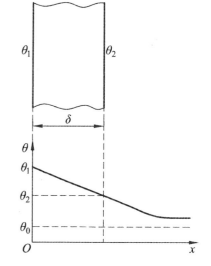

图 1-4　平板的温度曲线

通过 S 面的热流 $\Phi = \Phi_0 S$，式（1-23）得：

$$\theta_1 - \theta_2 = \frac{\Phi_0 S}{\lambda S} \delta = \Phi \frac{\delta}{\lambda S} = \Phi R_{\mathrm{T}} \qquad （1\text{-}24）$$

即

$$\tau = \Phi R_{\mathrm{T}} \qquad （1\text{-}25）$$

其中，$R_{\mathrm{T}} = \dfrac{\delta}{\lambda S}$ 为热阻。

式（1-25）为热传导公式，与电学中欧姆定律有类似之处，而且通过与电学比较，热传导现象中的各个量都可以在电学中找出对应量来，热参数与电参数的对照表参见表 1-5，以便将电路计算方法用来计算发热问题。

表 1-5　热参数与电参数对照表

电参数	热参数
电量 $\mathrm{d}Q = -\dfrac{1}{\rho}\dfrac{\partial \varphi}{\partial n}S\mathrm{d}t$	热量　$\mathrm{d}Q_T = -\dfrac{1}{\rho}\dfrac{\partial \theta}{\partial n}S\mathrm{d}t$
电流 $I = \dfrac{\mathrm{d}Q}{\mathrm{d}t} = -\dfrac{1}{\rho}\dfrac{\partial \varphi}{\partial n}S$	热流 $I = -\dfrac{\mathrm{d}Q_T}{\mathrm{d}t} = -\lambda\dfrac{\partial \theta}{\partial n}S$
电流密度 $J = \dfrac{I}{S} = -\dfrac{1}{\rho}\dfrac{\partial \varphi}{\partial n}$	热流密度 $\Phi_0 = \dfrac{\Phi}{S} = -\lambda\dfrac{\partial \theta}{\partial n}$
电导率 $\gamma = \dfrac{1}{\rho}$	热导率 λ
电位差 $U = \varphi_1 - \varphi_2$	温差 $\tau = \theta_1 - \theta_2$
欧姆定律 $I = \dfrac{U}{R} = U\dfrac{S}{\rho l}$	热流欧姆定律 $\Phi = \dfrac{\tau}{R_T} = \tau \cdot \dfrac{\lambda S}{\delta}$
均质等截面导体电阻 $R = \rho\dfrac{l}{S}$	均质平板 $R_T = \dfrac{1}{\lambda}\dfrac{\delta}{S}$

在电学中电阻可以串联或并联，同样，在热学中热阻也可以串联或并联。假设无穷大平板由多块厚度不等的平板叠成，则总热阻为各板热阻的串联，总热阻为：

$$R_\mathrm{T} = \sum_{i=1}^{i=k} R_{\mathrm{T}i} = \sum_{i=1}^{i=k} \frac{\delta_i}{\lambda_i S_i} \tag{1-26}$$

如图 1-5 所示，热流量 Φ 通过材料不同、厚度不同的三块平板时，R_T 总热阻为

$$R_\mathrm{T} = R_{\mathrm{T}1} + R_{\mathrm{T}2} + R_{\mathrm{T}3} = \frac{\delta_1}{\lambda_1 S_1} + \frac{\delta_2}{\lambda_2 S_2} + \frac{\delta_3}{\lambda_3 S_3} \tag{1-27}$$

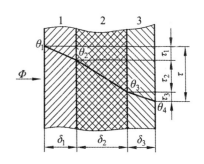

图 1-5　热阻的串联

式中　λ_1、λ_2、λ_3——平板 1、2、3 的热导率；

$\quad\quad S_1$、S_2、S_3——平板 1、2、3 的截面面积。

总的温差 τ 可以用热阻串联的方法求得：

$$\tau = \tau_1 + \tau_2 + \tau_3 = \Phi(R_{\mathrm{T}1} + R_{\mathrm{T}2} + R_{\mathrm{T}3}) = \Phi R_\mathrm{T} \tag{1-28}$$

在电学中常用电路图进行分析计算，同样，在热学中也可采用热路图进行分析计算。如图 1-6 所示，电路图与热路图可以进行互相比较。图 1-5 中热流量 Φ 由热源发出，顺序通过三块平板，相应地绘出热路图，图中定流热源与三个串联的热阻（$R_{\mathrm{T}1}$、$R_{\mathrm{T}2}$、$R_{\mathrm{T}3}$）相连接，从此热路图中可求出三块平板的温度 θ_1、θ_2、θ_3，而 θ_4 为周围环境的温度。其计算式如下：

$$\left.\begin{array}{l}\theta_1 = \theta_2 + \Phi R_{\mathrm{T}1} \\ \theta_2 = \theta_3 + \Phi R_{\mathrm{T}2} \\ \theta_3 = \theta_4 + \Phi R_{\mathrm{T}3}\end{array}\right\} \tag{1-29}$$

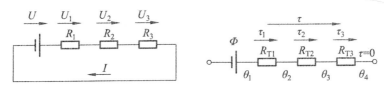

图 1-6　电路与热路

1.3.2　对　流

对流是借助流体（气体或液体）的运动而传递热量，热量的转移和流体本身转移结合在一起。根据流体流动的原因，对流分为自然对流和强迫对流。自然对流是由热粒子与冷粒子的密度引起的流体运动产生的。由于同发热体接触，空气被加热，其密度也减小了。两种粒子的密度差产生上升力，使热粒子上升，冷粒子则补充到热粒子的位置上。强迫对流是在外力作用下强迫流体运动，带走发热体的热量。

对流的热量传递过程随流体性质而异，直接影响此过程的因素有热导率、比热容、密度和黏滞系数等。计算对流散热通常采用下列经验公式：

$$dQ = \alpha(\theta - \theta_0)Sdt = \alpha\tau Sdt \qquad (1\text{-}30)$$

式中　dQ——在 dt 时间内以对流方式散出的热量；

　　　θ、θ_0——发热体和周围介质的温度；

　　　S——散热面的面积；

　　　α——对流散热系数。

对流散热过程很复杂，影响它的因素又很多，故 α 值一般以实验方式确定，亦可借经验公式计算。

1.3.3　辐　射

热传导和对流散热都必须在发热体与其他物体（或流体）相互接触的情况下进行。而热辐射传热则不需直接接触，是发热体的热量以电磁波的形式转移的过程。热能转换为辐射能，以辐射波的形式传播出去，穿越真空和气体而传递热量，但不能透过固体和液体物质。热辐射以红外线传递的热量为最大，可见光电磁波传递的热量为最小。

根据斯蒂芬-波尔茨蔓定律（亦称四次方定律），当发热体辐射表面面积比吸收辐射热的受热体表面面积小得多时，发热体单位表面面积的热辐射功率为：

$$P = 5.67 \times 10^{-8}\varepsilon(T^4 - T_0^4) \qquad (\text{W/m}^2) \qquad (1\text{-}31)$$

式中　T、T_0——辐射面和受热体的热力学温度（亦称绝对温度）（K）；

　　　ε——热辐射系数$[\text{W}/(\text{K}^4 \cdot \text{m}^2)]$，或物体的黑度，其值在 0 ~ 1 之间，见表 1-6。

表 1-6　常见物体的热辐射系数

材料名称	辐射系数 $\varepsilon/[\text{W}/(\text{K}^4 \cdot \text{m}^2)]$	材料名称	辐射系数 $\varepsilon/[\text{W}/(\text{K}^4 \cdot \text{m}^2)]$
绝对黑体	1	纯水银	0.52
普通烟煤	0.97	生锈的铁皮	0.685

材料名称	辐射系数 ε/[W/(K^4·m^2)]	材料名称	辐射系数 ε/[W/(K^4·m^2)]
绿色颜料	0.95	镀镍抛光的铁皮	0.058
灰色颜料	0.95	抛光的黄铜	0.6
青铜色颜料	0.80	抛光的紫铜	0.15
石棉纸	0.95	抛光的锌	0.05
白色无光泽的纸	0.994	抛光的银	0.02
光滑的玻璃	0.937	抛光的铝	0.08
涂釉的瓷件	0.924	抛光的铸件	0.25
黑色而光滑的硬橡皮	0.945	云母	0.75
粗糙而氧化的铸铁	0.985	冰	0.65
氧化铜	0.5~0.6	磨光的大理石	0.55

由于热辐射能量是与辐射面热力学温度 T 的 4 次方成比例，电弧温度可达成千上万开尔文（K），故其热辐射不容忽视，而电器零部件的极限允许温度只有一百度数量级，它们的辐射能较小，其散热方式要是对流和传导。

1.3.4 综合散热系数与牛顿公式

发热体虽然同时以热传导、对流和热辐射三种方式散热，但分开来计算却颇不便。因此，电器发热计算习惯上是以综合散热系数 K_T 来综合考虑三种散热方式的作用。它在数值上相当于单位面积的发热面与周围介质的温差为 1 ℃时，向周围介质散出的功率，故其单位为 W/（m^2·℃）。

影响综合散热系数的因素很多，诸如介质的密度、热导率、黏滞系数、比热容与发热体的几何参数和表面状态等，此外，它还是温升的函数。

综合散热系数值通常是以实验方式求得，表 1-7 中列出了综合散热系数的大致数据，既与实验条件有关，也与散热面的选取有关。

表 1-7 综合散热系数值

表面性质	K_T/[W/(m^2·℃)]	备注
直径 1~6 cm 水平筒棒	9~13	直径小者取大数
紫铜扁平母线	6~9	以窄边竖立
涂覆绝缘漆的铸铁或钢表面	10~14	
浸于油箱内的磁质圆柱	50~150	
纸质绝缘线圈	10~12.5	
	25~36	在油中
叠片束	10~12.5	
	70~90	在油中
线圈或带状秉铜（或铜镍合金）制螺旋电阻	20	垂直放置，散热面为导体总表面积
垂直管状烧釉电阻	20	散热面为外表面
螺旋状铸铁电阻	10~13	散热面为全部螺旋表面

计算散热时还可采用下列经验公式求综合散热系数。

对于矩形截面母线 $\quad K_T = 9.2[1+0.009(\theta-\theta_0)]$ （1-32）

对于圆截面导线 $\quad K_T = 10K_1[1+K_2 \times 10^{-2}(\theta-\theta_0)]$ （1-33）

式中 $\quad \theta$, θ_0——发热体和周围介质的温度；

$\quad\quad K_1$, K_2——根据导线直径不同而选择的系数。

表 1-8 K_1, K_2 的值

圆导线直径/mm	10	40	80	200
K_1	1.24	1.11	1.08	1.02
K_2	1.14	0.88	0.75	0.68

当综合考虑热传导、对流、辐射散热的热计算时，可以采用牛顿热计算公式，即：

$$P = K_T S \tau \quad (W)$$

（1-34）

式中 $\quad K_T$——综合散热系数[W/（m²·℃）]；

$\quad\quad S$——表面散热面积（m²）；

$\quad\quad \tau$——温升（℃）。

1.4 热计算的基本原理

电器的发热计算是有内部热源时的发热计算。在计算时假定：导体通过电流产生的损耗 P 恒定不变，导体各处温度相同，且比热容 c 和表面综合数热系数 K_T 为常数，不随温度升高而变化。发热体的质量为 m，散热面积为 S。根据能量守恒定律，载流导体在 $\mathrm{d}t$ 时间内的损耗为 $P\mathrm{d}t$，它所产生的热量一部分用来加热导体，使其温度升高 $\mathrm{d}\tau$ 的热量为 $cm\mathrm{d}\tau$；另一部分热量 $K_T S \tau \mathrm{d}t$ 通过表面散发到周围介质中，则得：

$$P\mathrm{d}t = cm\mathrm{d}\tau + K_T S \tau \mathrm{d}t \quad (J)$$

（1-35）

即

$$\frac{\mathrm{d}\tau}{\mathrm{d}t} + \frac{K_T S}{cm}\tau = \frac{P}{cm}$$

（1-36）

其通解为

$$\tau = \frac{P}{K_T S} + C_1 e^{-t/T} \quad (℃)$$

（1-37）

式中 $\quad T$——发热时间常数（s），$T = \dfrac{cm}{K_T S}$；

（1-38）

$\quad\quad C_1$——积分常数，由初始条件确定。

当 $t=0$ 时，$\tau=0$，由式（1-37）得 $C_1 = -\dfrac{P}{K_T S}$，则

$$\tau = \frac{P}{K_T S}(1-e^{-t/T})$$

（1-39）

显然，当 $t \to \infty$ 时，温升 τ 将达到其稳态值

$$\tau_{\mathrm{w}} = \frac{P}{K_{\mathrm{T}}S} \tag{1-40}$$

式（1-40）是计算稳态温升的牛顿公式，它是发热体产生的热量完全散失到周围介质中时的温升。

若电器接通电源时已有初始温升 τ_0，即当 $t=0$ 时，$\tau=\tau_0$，由式（1-37）得

$$C_1 = \tau_0 - \frac{P}{K_{\mathrm{T}}S} = \tau_0 - \tau_{\mathrm{w}}$$

则 $\qquad\qquad \tau = \tau_0 \mathrm{e}^{-t/T} + \tau_{\mathrm{w}}(1 - \mathrm{e}^{-t/T}) \tag{1-41}$

根据式（1-39）和式（1-41）可绘制均匀体发热时其温升与时间的关系，如图 1-7（a）所示。由式（1-39）可求得发热时间常数

$$T = \frac{\tau_{\mathrm{w}}}{\left.\dfrac{\mathrm{d}\tau}{\mathrm{d}t}\right|_{t=0}} \tag{1-42}$$

这就是说，在坐标原点作曲线 $\tau(t)$ 的切线与水平线 τ_{w} 相交，其交点的横坐标便等于发热时间常数 T。其表示的物理意义是：电器在绝热条件下温升达到稳态温升 τ_{w} 所需的时间。不难证明，当经过 T 时间，发热体温升上升到稳态温升的 63.2%；当经过 $5T$ 后，可以认为已达到稳态温升，其误差不大于 1%。

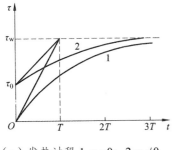 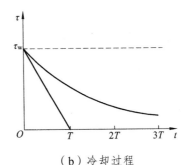

（a）发热过程 1-τ_0=0；2-$\tau_0 \ne 0$ （b）冷却过程

图 1-7　发热过程和冷却过程曲线

电器脱离电源后就开始冷却。当切断电源后，$P=0$，故式（1-35）将变为

$$0 = cm\mathrm{d}\tau + K_{\mathrm{T}}S\tau\mathrm{d}t \tag{1-43}$$

式（1-43）移项后积分得：

$$\tau = C_2 \mathrm{e}^{-t/T} \qquad (\text{℃}) \tag{1-44}$$

由于 $t=0$ 时，$\tau=\tau_{\mathrm{w}}$，故积分常数 $C_2=\tau_{\mathrm{w}}$。因此，冷却过程的方程为

$$\tau = \tau_{\mathrm{w}}\mathrm{e}^{-t/T} = \frac{P}{K_{\mathrm{T}}S}\mathrm{e}^{-t/T} \tag{1-45}$$

此过程的 $\tau(t)$ 曲线如图 1-7（b）所示。

由于发热体温度不可能均匀分布，且比热容 c 和综合散热系数 K_T 又是温度的函数，故实际发热过程要复杂得多。虽然如此，上述分析的结论仍能在相当程度上反映客观实际，故一直被普遍用于工程计算。

1.5 电器的发热工作制

国标 GB2900—82 规定电器的额定工作制有：8 小时工作制、不间断工作制、短时工作制、断续周期工作制和周期工作制。

从电器发热与冷却的观点可将发热工作制分为长期工作制（通电时间 $t \gg 5T$）、短时工作制（通电时间 $t_1 < 5T$，断电时间 $t_2 \gg 5T$）和反复短时工作制（通电和断电时间都小于 $5T$）。

1.5.1 长期工作制

8 小时工作制、不间断工作制都属于长期工作制，它们的通电时间大于 $5T$，发热均能达到稳定温升。这时电器的发热和散热达到动态平衡，损耗所产生的热量全部散到周围介质中，可按牛顿公式计算其散热表面的稳态温升：

$$\tau_w = \frac{P}{K_T S} \quad (^{\circ}C)$$

该稳态温升应小于电器正常工作的极限允许温升。

电器工作于长期工作制，由于导体接触处被氧化或灰尘堆积，可使接触电阻增加，发热加剧，因此，电器的极限允许温升值应取低些。

1.5.2 短时工作制

电器的短时工作制是指通电时间很短，温升达不到稳定值，而断电时间很长，冷却可达到周围介质温度。例如断路器的合闸操作，电磁铁属于短时工作制，它仅在合闸时短时通电，合闸结束时就断电。

为了充分利用电器，短时工作制时可以加大电器的电流，只要使电器短时通电终了时的温升小于或等于长期通电时的极限允许温升，电器就不会损坏。显然，对一已定电器，在达到相同温升的条件下，通电时间越短，所允许通过的电流就越大。所以短时工作制的电流 I_d 可大于长期工作制的电流 I_n，对应的功率 P_d 也将比长期工作时的功率 P_n 大。电流 I_d 与 I_n 之比称为电流过载倍数 K_{id}，功率 P_d 与 P_n 之比称为功率过载倍数 K_{Pd}。

如图 1-8 所示，曲线 3 代表电器通以长期工作制的额定电流 I_n 的温升曲线，其稳定温升以 τ_w 表示，τ_w 的数值不超过长期工作制时电器的极限允许温升。曲线 1 代表电器通以短时制电流 I_d 的温升曲线，在通电时间 t_1 后，达到极限允许温升 τ_w，然后断电降温（曲线 2），并降低到周围介质的温度。曲线 1 的虚线部分代表不断电时的假想温升曲线，这时 I_d 所对应的稳定温升以 τ_m 表示。

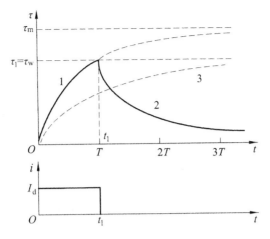

图 1-8 短时工作制时的温升曲线

根据牛顿公式，在稳定发热状态下电器产生的热量等于散失的热量，设 R 为载流体的电阻，即

$$P_d = I_d^2 R = K_T S \tau_m$$

$$P_n = I_n^2 R = K_T S \tau_w$$

则

$$K_{Pd} = \frac{P_d}{P_n} = \frac{\tau_m}{\tau_w}$$

$$K_{id} = \frac{I_d}{I_n} = \sqrt{K_{Pd}} = \sqrt{\frac{\tau_m}{\tau_w}}$$

由图 1-8，根据温升曲线 1 可知，当 $t = t_1$ 时，$\tau = \tau_w$，于是可得

$$\tau_1 = \tau_w = \tau_m(1 - e^{-\frac{t_1}{T}}) \tag{1-46}$$

所以短时工作制时的功率过载系数

$$K_{Pd} = \frac{1}{1 - e^{-t_1/T}} \tag{1-47}$$

电流过载系数为

$$K_{id} = \frac{1}{\sqrt{1 - e^{-t_1/T}}} \tag{1-48}$$

将 $e^{-t_1/T}$ 按泰勒级数展开，得

$$e^{-t_1/T} = 1 - \frac{t_1}{T} + \frac{1}{2!}\left(\frac{t_1}{T}\right)^2 - \frac{1}{3!}\left(\frac{t_1}{T}\right)^3 + \cdots \tag{1-49}$$

若 $t_1 \leqslant T$，可忽略高次项，则有 $e^{-t_1/T} = 1 - \frac{t_1}{T}$，于是有

$$K_{Pd} = \frac{T}{t_1}$$

$$K_{id} = \sqrt{T/t_1}$$

显然，功率过载倍数 $K_{Pd} > 1$，电流过载倍数 $K_{id} > 1$。而且 T 越大，t_1 越小，则过载能力越强。

1.5.3 反复短时工作制

反复短时工作制是指通电和断电周期性地不断循环的工作制。图 1-9 展示出了在通电时间 t_1 内电器温度上升，在断电时间 t_2 内温度下降，在第一个循环的通电和断电过程末，即 $t = t_1$ 及 $t = t_1 + t_2$ 时，温升将为 τ_{max1} 和 τ_{min1}；及至第二个循环，通电时，温升由 τ_{min1} 上升到 τ_{min2}，断电时则由 τ_{max2} 下降到 τ_{min2}。每经一个循环时间 $t_1 + t_2$，其温升较前一个循环为高，经多次循环后，电器在通电期间升高的温度与在断电期间下降的温度相同，于是电器的温升终将出现图 1-9 所示在 τ_{max} 与 τ_{min} 之间反复的过程，为了充分利用电器，其上限温升应等于长期工作制的稳定温升，即 $\tau_{max} = \tau_w$，τ_w 应小于或等于电器的极限允许温升。设电器反复短时工作制的功率为 P_f，电流为 I_f；长期工作制的功率为 P_n、电流为 I_n。根据牛顿公式，有

$$P_n = I_n^2 R = K_T S \tau_w = K_T S \tau_{max}$$

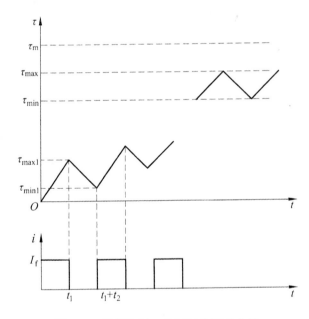

图 1-9 反复短时工作制时的温升曲线

令长期通过电流 I_f 时的稳态温升为 τ_m，根据牛顿公式有

$$P_f = I_f^2 R = K_T S \tau_m$$

以 K_{if} 表示电流过载系数和 K_{Pf} 表示功率过载系数，则：

$$K_{Pf} = \frac{P_f}{P_n} = \frac{I_f^2 R}{I_n^2 R} = K_{if}^2 = \frac{K_T S \tau_m}{K_T S \tau_{max}} = \frac{\tau_m}{\tau_{max}} \tag{1-50}$$

在第 n 次（n 值足够大）循环以后，便开始了温升在 $\tau_{\max}$ 与 $\tau_{\min}$ 间交替变化的振荡过程。按温升曲线有

$$\tau_{\max} = \tau_{\min} e^{\frac{-t_1}{T}} + \tau_{\mathrm{m}}(1 - e^{\frac{-t_1}{T}})$$

按温升曲线有 $\qquad \tau_{\min} = \tau_{\max} e^{\frac{-t_2}{T}}$

综合以上两式，得

$$\tau_{\max}(1 - e^{-\frac{t_1 + t_2}{T}}) = \tau_{\mathrm{m}}(1 - e^{\frac{-t_1}{T}}) \qquad (1\text{-}51)$$

上式整理后得：

$$\frac{\tau_m}{\tau_{\max}} = \frac{1 - e^{-\frac{t_1 + t_2}{T}}}{1 - e^{-t_1/T}} \qquad (1\text{-}52)$$

于是可得功率过载系数 K_{Pf} 和电流过载系数 K_{if}：

$$K_{\mathrm{Pf}} = \frac{\tau_m}{\tau_{\max}} = \frac{1 - e^{-\frac{t_1 + t_2}{T}}}{1 - e^{-t_1/T}} \qquad (1\text{-}53)$$

$$K_{\mathrm{if}} = \sqrt{K_{\mathrm{Pf}}} = \sqrt{\frac{1 - e^{-\frac{t_1 + t_2}{T}}}{1 - e^{-t_1/T}}} \qquad (1\text{-}54)$$

根据泰勒级数，当 $t_1 \leqslant T$ 时，忽略高次项，有 $e^{-t_1/T} = 1 - \dfrac{t_1}{T}$；当 $t_1 + t_2 \leqslant T$ 时，忽略高次项，有 $e^{-\frac{t_1 + t_2}{T}} = 1 - \dfrac{t_1 + t_2}{T}$。于是有

$$K_{\mathrm{Pf}} = \frac{\tau_{\mathrm{m}}}{\tau_{\max}} = \frac{t_1 + t_2}{t_1} \qquad (1\text{-}55)$$

$$K_{\mathrm{if}} = \sqrt{K_{\mathrm{Pf}}} = \sqrt{\frac{t_{1+}t_2}{t_1}} \qquad (1\text{-}56)$$

计算断续周期工作制的发热时，常应用负载因数（通电持续率）的概念，其定义为

$$TD\% = \frac{t_1}{t_1 + t_2} \times 100\% \qquad (1\text{-}57)$$

功率过载系数 K_{Pf} 和电流过载系数 K_{if} 用 $TD\%$ 表示，则有

$$K_{\mathrm{Pf}} = (t_1 + t_2)/t_1 = 1/TD\% \qquad (1\text{-}58)$$

$$K_{\mathrm{if}} = \sqrt{(t_1 + t_2)/t_1} = \sqrt{1/(TD\%)} \qquad (1\text{-}59)$$

可以看出，电流过载倍数 $K_{\mathrm{if}} > 1$，功率过载倍数 $K_{\mathrm{Pf}} > 1$。而且有载时间 t_1 越长，过载系数越小，意味着工作任务越繁重。

1.6 短路时的发热过程

电路中的短路状态虽历时甚短（一般仅十分之几秒），但载流导体通过短路电流时损耗大，发热温升快、温度高，可能酿成严重灾害。

设短路时间 $t=t_{sc}$，$\tau_0=0$，$\tau_w=\tau_{sc}$，若短路时间 $t_{sc}\ll 0.05T$，则根据式（1-41）有

$$\tau=\tau_{sc}(1-e^{-t_{sc}/T})=\tau_{sc}[1-(1-\frac{t_{sc}}{T})]=\tau_{sc}\frac{t_{sc}}{T}$$

即绝热过程的发热方程为

$$\tau=\tau_{sc}\frac{t_{sc}}{T} \tag{1-60}$$

式中，τ_{sc} 为假想长期通以短路电流时的稳态温升，其值按牛顿公式为

$$\tau_{sc}=\frac{I_{sc}^2R}{K_TS} \tag{1-61}$$

由于短路电流作用时间非常短，电器可承受较高的温度，且热计算可不考虑散热，全部损耗都用来加热电器，且假设短路电流沿载流体截面作均匀分布，其体积元 $dSdl$ 内的发热过程遵循方程：

$$Pdt=cmd\theta$$

$$I_{sc}^2Rdt=cmd\theta$$

即

$$(j_{sc}S)^2\rho\frac{l}{S}dt=cS\gamma ld\theta \tag{1-62}$$

式中　j_{sc}——短路时的电流密度；R 为导体电阻，$R=\rho\frac{l}{S}$；

c、γ、ρ——载流体材料的比热容，密度和电阻率；$\rho=\rho_0(1+\alpha\theta)$，$\alpha$ 为电阻温度系数；

m、l、S——载流体的质量、长度和截面积，$m=Sl\gamma$。

设在短路持续期间 t_{sc} 内，导体温度由 θ_0 升为 θ_{sc}，将式（1-62）经整理后两边积分，得

$$\int_0^{t_{sc}}j_{sc}^2dt=\int_{\theta_0}^{\theta_{sc}}\frac{c\gamma}{\rho}d\theta=\frac{c\gamma}{\rho_0}\int_{\theta_0}^{\theta_{sc}}\frac{1}{1+\alpha\theta}d\theta$$

$$=\frac{c\gamma}{\rho_0\alpha}\int_{\theta_0}^{\theta_{sc}}\frac{d(1+\alpha\theta)}{1+\alpha\theta}=\frac{c\gamma}{\rho_0\alpha}\ln\frac{1+\alpha\theta_{sc}}{1+\alpha\theta_0} \tag{1-63}$$

即

$$J_{sc}^2t_{sc}=\frac{c\gamma}{\rho_0\alpha}\ln\frac{1+\alpha\theta_{sc}}{1+\alpha\theta_0}$$

则

$$\theta_{sc}=\frac{1}{\alpha}\left[(1+\alpha\theta_0)e^{\frac{\rho_0\alpha t_{sc}J_{sc}^2}{c\gamma}}-1\right] \tag{1-64}$$

根据已知的短路电流、起始温度和短路持续时间，按式（1-64）算得 θ_{sc} 后，可校核已知截面面积的载流体的最高温度是否超过表 1-3 规定的短路时极限允许温度。计算后的 θ_{sc} 如果

小于短路时极限允许温度，则说明电器具有热稳定性。

实用上是以热稳定电流衡量电器的热稳定性。所谓热稳定电流是指在规定的使用条件和性能下，开关电器在接通状态于规定的短暂时间内所能承载的电流。电器的热稳定性以热稳定电流的平方值与短路持续时间之积表示。习惯上以短路持续时间为 1 s、5 s、10 s 时的热稳定电流表示电器的热稳定性，按热效应相等的原则，三种电流间存在下列关系：

$$I_1^2 \times 1 = I_5^2 \times 5 = I_{10}^2 \times 10 \qquad (1\text{-}65)$$

因此，热稳定电流

$$I_1 = \sqrt{5}I_5 = \sqrt{10}I_{10}$$
$$I_5 = \sqrt{2}I_{10} \qquad (1\text{-}66)$$

习题与思考题

1.1 同一导体通以直流及等效的交变电流时，其温升是否相同？

1.2 电器有哪些热源？它们有何特点？

1.3 散热方式有哪几种？它们各有什么特点？

1.4 发热过程和冷却过程的发热时间常数是否相同？为什么？

1.5 在整个发热过程中，发热时间常数和综合散热系数是否改变？为什么？

1.6 根据能量平衡原理，写出热平衡方程式，并解释其物理意义。

1.7 电器在什么条件下方能达到稳定温升？

1.8 已知温升方程为 $\tau = \tau_w(1 - e^{-\frac{t}{T}})$，求当 $t = T$、$2T$、$3T$、$4T$ 时，$\tau / \tau_w = ?$ 绘出 $\tau = f(t)$ 曲线。并问 T 值与哪些因素有关？T 值的大小是否影响接近稳定温升所需时间？

1.9 镍铬丝绕于瓷质圆柱上，其散热面积为 $S = 200 \times 10^{-4}\,\text{m}^2$，当通过电流 0.5 A，温升为 60 ℃。若电阻为 100 Ω，求综合表面散热系数 K_T。

1.10 空心螺线管用铜线绕成，质量 $m = 0.03$ kg，比热容 $c = 415\,[\text{W} \cdot \text{s}/(\text{kg} \cdot \text{℃})]$，当电流为 20 A 时，其稳定温升为 50 ℃，热电阻为 0.032 Ω，求热时间常数 T。若 $t = 0$，$\tau = 0$，写出温升方程。

1.11 如果短时工作制的通电时间接近于 4 倍发热时间常数，还允许过载吗？

1.12 当短时工作制通电时间为 $T/2$ 时，电器已达长期工作制的稳定温升，求短时工作制电流过载系数。

1.13 电器在短时工作制下为何比长期工作制能提高负载能力？

1.14 反复短时工作制为什么比长期工作制能提高负载能力？何谓通电持续率？它与过载系数有何关系？

1.15 当 $TD\%$ 值相同而发热时间常数不同时，两载流导体的过载能力是否相同？

1.16 熔体由直径 2 mm 的铅丝制成，长 50 mm，电阻率 $\rho_{20\,℃} = 0.2 \times 10^{-6}\,\Omega \cdot \text{m}$，综合表面散热系数 $K_T = 15\,\text{W}/(\text{m}^2 \cdot \text{℃})$，熔点为 327 ℃，0 ℃ 时电阻温度系数 α_0 为 0.00336/℃。

（1）求室温为 40℃ 时，允许长期通过的最大电流。

（2）密度 $\gamma = 11.3 \times 10^3\,\text{kg/m}^3$，比热容 $c = 128\,\text{W} \cdot \text{s}/(\text{kg} \cdot \text{℃})$，求时间常数 T。

1.17 截面面积为 100 mm × 10 mm 的矩形铜母线每 1 cm 长度内的功率损耗为 2.5 W，其外层包有 1 mm 的绝缘层[$\lambda = 1.14\ \text{W}/(\text{m} \cdot °\text{C})$]，试作其发热计算，若将它以窄边为底置于静止空气中（$\theta_0 = 35°\text{C}$），设绝缘为 B 级，也就是其极限允许温度为 130 °C，试求其长期允许工作电流[$K_T = 17\ \text{W}/(\text{m}^2 \cdot °\text{C})$]。

1.18 一车间变电站低压侧短路电流 I_∞=31.4 kA，所用铝母线截面面积 A=60 mm × 6 mm。母线短路保护动作时间和断路器分断时间共计 1 s。若母线正常工作时的温度 θ_0=55 °C，试校核其热稳定性。若将母线更换为铜质，试求其能满足热稳定性要求的最小截面面积。

1.19 SN10-10I 型少油断路器的 4 s 热稳定电流为 20 kA。导电杆材料为紫铜，导电杆置于变压器油中。短路发生前导电杆温度为 66.4 °C。已知导电杆直径为 22 mm，c= 395 W·s/(kg·°C)，$\gamma = 8.9 \times 10^3\ \text{kg/m}^3$，$\alpha_0$=1/235（1/°C），$\rho_0$=0.0165 × 10^{-6} Ω·m，试验算导电杆的热稳定性。

第 2 章　电器电动力计算基础

2.1　概　述

载流导体处在磁场中会受到力的作用，载流导体系统间相互也会受到力的作用，这种力称为电动力。电器的载流件，诸如触头、母线、绕组线匝和电连接板等，彼此间均有电动力作用。此外，动触头与静触头间、电弧与铁磁体之间等都有电动力的作用。

如图 2-1 所示，载流导体在磁场中，设磁场是均匀的，电流 I 与磁感应强度 B 的正方向之间的夹角为 β，电流为 I，导体长度为 l，则导体受到的电动力（单位为 N）为

$$F = BlI \sin \beta \qquad (2\text{-}1)$$

式中　I——流过导体的电流（A）；

　　　B——磁感应强度（T）；

　　　l——导体的长度（m）。

若 $\beta = 90°$，即导体与 B 垂直，则所受电动力为

$$F = BlI \qquad (2\text{-}2)$$

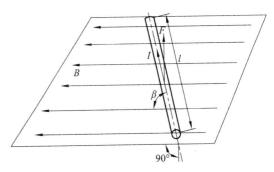

图 2-1　磁场对载流导体的作用

电动力的方向可以用安培左手定则确定，即将左手平伸，让拇指与其余四指垂直，手心迎着磁感应强度 B，若电流与直伸的四指同方向，则电动力方向与大拇指所指方向相同。

关于电动力现象，现举例如下。

例 2.1　两平行载流导体，若它们的电流方向相同，导线间或线圈间产生吸力，如图 2-2（a）所示；若电流方向相反，则导线间或线圈间产生互相排斥之力，如图 2-2（b）所示。

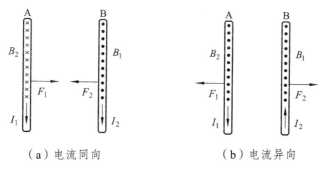

（a）电流同向　　　　　　　　（b）电流异向

图 2-2　两平行载流导体间电动力的方向

如图 2-2（a）中，两平行导体 A 与 B 平放在纸面上，流过的电流分别为 I_1 与 I_2，导体 A 流过电流时，在其周围产生磁场，其磁感应强度 B 的方向可用右手螺旋定则确定。电流 I_1

产生的磁场呈同心圈形状，电流 I_1 在导体 B 处产生的磁感应强度 B_1 的方向垂直于导体 B，磁力线从纸面出来，用"·"表示。依左手定则可判断 B 导体所受电动力 F_2 方向如图所示。同理，电流 I_2 在导体 A 处产生磁感应强度 B_2，其方向垂直于 A 导体，磁力线进入纸面，用"×"表示，由左手定则可判断电动力 F_1 的方向如图所示。

例 2.2 环形线圈或 U 形回路，通电流时受向外扩张之力。

如图 2-3（a）所示，环形线圈中电流方向如箭头所示，根据右手螺旋定则，环形线圈内磁力线是垂直地从纸面出来，可用"·"表示。由于圈内磁力线具有横向侧压力，因而线圈受有沿径向向外扩张之力。

同理，根据图 2-3（b）所示电流方向，磁力线垂直地进入纸面，用"×"表示。磁力线在 U 形回路内密度较大，其横向侧压力使 U 形回路承受向外扩张之力。图中 F 表示力，力的方向如箭头所示。

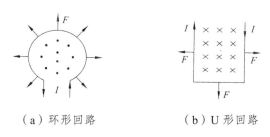

（a）环形回路　　　　　　　　　（b）U 形回路

图 2-3　电动力举例

电动力与电流的平方成正比。在正常工作条件下，这些电动力都不大，不致损坏电器。但出现短路故障时，情况就很严重了。短路电流值通常为正常工作电流的十几倍至上百倍，在大电网中可达数十万安。因此，短路时的电动力异常大，在其作用下，载流件和与之连接的结构件、绝缘件，如支持瓷瓶、引入套管和跨接线等，均可能发生形变或损坏，更何况载流件在短路时的严重发热还将加重电动力的破坏作用。电器动触头和静触头间的电动斥力过大，会使接触压力减小，接触电阻增大，触头接触处严重发热甚至熔焊，使电器无法继续正常运行，严重时甚至使动、静触头斥开，产生强电弧而烧毁触头和电器。

但电动力也有可资利用的一面，例如电动机、电动式仪表是利用电动力的作用进行工作；电器的磁吹灭弧装置是利用电动力将电弧拉长及驱入灭弧室以增强灭弧效果；限流式断路器则是利用电动斥力使动、静触头迅速分离，从而只需分断较预期电流小得多的电流。

2.2　计算电动力的两种基本方法

电动力一般以两种方法计算：一种方式是将它看作一载流体的磁场对另一载流体的作用，用比奥-沙瓦定律和安培力公式进行计算；另一种方法是根据载流系统的能量平衡关系求电动力。

2.2.1　用比奥-沙瓦定律计算电动力

设有载流长导线置于真空中，电流方向如图 2-4 所示。根据比奥-沙瓦的实验，电流 I 通

过之长度 dl 在其附近 P 点处产生的磁感应强度 $d\boldsymbol{B}$ 与 $Idl\times r^{\circ}$ 成正比，与 dl 到 P 点的距离 r 的平方成反比。比奥-沙瓦定律可用公式表示为

$$dB = \frac{\mu_0}{4\pi}\frac{Idl\times r^{\circ}}{r^2} \qquad (2\text{-}3)$$

式中　r ——由导体元 dl 至点 P 的距离；

　　　r° —— r 的单位向量；

　　　dl ——沿电流方向取向的导体元向量；

　　　μ_0 ——真空磁导率，$\mu_0 = 4\pi\times10^{-7}\,\mathrm{H/m}$，在工程计算中，除铁磁材料外，其他材料的磁导率均取为 μ_0。

磁感应强度 $d\boldsymbol{B}$ 的大小为

$$dB = \frac{\mu_0}{4\pi}\frac{Idl\sin\alpha}{r^2}\quad (\mathrm{T}) \qquad (2\text{-}4)$$

α —— dl 与 r° 二向量间的夹角。

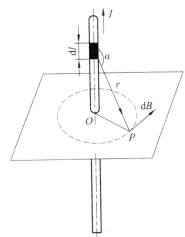

图 2-4　比奥-沙瓦定律示意图

磁感应强度 $d\boldsymbol{B}$ 的方向垂直于单元 dl 与 r° 组成的平面，可用右手螺旋定则决定。

当载有电流 i_1 的导体元 dl_1 处于磁感应强度为 $\boldsymbol{B}$ 的磁场内时，如图 2-5（a）所示，按安培力公式，作用于它的电动力为

$$dF = i_1dl_1\times\boldsymbol{B} \qquad (2\text{-}5)$$

或

$$dF = i_1dl_1B\sin\beta \qquad (2\text{-}6)$$

式中　$\boldsymbol{B}$ ——磁感应矢量；

　　　dl_1 ——取向与 i_1 一致的导体元矢量；

　　　β ——由 dl_1 按最短路径转向 $\boldsymbol{B}$ 而确定的介于此二矢量间的平面角。

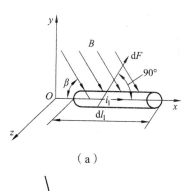

（a）

为计算载流体间的相互作用力，必须应用式（2-3）求电流元 i_2dl_2 在导体元 dl_1 上一点 M 处产生的磁感应强度，如图 2-5（b）所示。

$$dB = \frac{\mu_0}{4\pi}i_2\frac{dl_2\times r^{\circ}}{r^2} \qquad (2\text{-}7)$$

或

$$dB = \frac{\mu_0}{4\pi}i_2dl_2\frac{\sin\alpha}{r^2} \qquad (2\text{-}8)$$

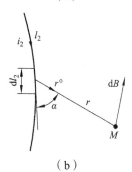

（b）

图 2-5　载流导体间的相互作用力

式中　r ——由导体元 dl_2 至点 M 的距离；

　　　dl_2 ——沿方向 i_2 取向的导体元向量；

　　　α —— dl_2 与 r° 二向量间的夹角。

当导体截面的周长远小于两导体的间距时，可认为电流集中于导体的轴线上。于是，整个载流导体 l_2 在点 M 处建立的磁感应为

$$B = \frac{\mu_0}{4\pi} \int_0^{l_2} i_2 dl_2 \frac{\sin\alpha}{r^2} \qquad (2\text{-}9)$$

将式（2-9）代入式（2-6）并积分，得二载流导体间的相互作用的电动力为

$$F = \frac{\mu_0}{4\pi} i_1 i_2 \int_0^{l_1} \sin\beta dl_1 \int_0^{l_2} \frac{\sin\alpha}{r^2} dl_2 = \frac{\mu_0}{4\pi} i_1 i_2 K_c \qquad (2\text{-}10)$$

式中　　K_c——仅涉及导体几何参数的积分量，称为回路系数。

当两导体处于同一平面内时，回路系数为

$$K_c = \int_0^{l_1} \int_0^{l_2} \frac{\sin\alpha dl_1 dl_2}{r^2} \qquad (2\text{-}11)$$

这样，载流系统中各导体间相互作用的电动力的计算，便归结为有关的回路系数的计算，根据两载流导体的相互位置，即可求出载流导体间相互作用的电动力。

例如，有两根无限长平行载流导体，并且截面周长远小于间距 a，如图 2-6（a）所示。由图可见，$r = a/\sin\alpha$，$l_2 = a\cot\alpha$，故 $dl_2 = -(a/\sin^2\alpha)d\alpha$。根据式（2-11），可得回路系数为

$$K_c = \int_0^{l_1} \int_0^{l_2} \frac{\sin\alpha dl_1 dl_2}{r^2} = \int_0^{l_1} \int_{\alpha_2}^{\alpha_1} \frac{\sin^2\alpha}{a^2} \sin\alpha dl_1 \left(-\frac{a}{\sin^2\alpha}\right)d\alpha$$

则

$$K_c = \int_0^{l_1} \int_{\alpha_2}^{\alpha_1} -\frac{1}{a}\sin\alpha dl_1 d\alpha = \int_0^{l_1} \frac{1}{a}(\cos\alpha_1 - \cos\alpha_2)dl_1 \qquad (2\text{-}12)$$

由于导体为无限长，故 $\alpha_1 = 0$、$\alpha_2 = \pi$，可见无限长直平行导体的回路系数为

$$K_c = \frac{2l_1}{a} \qquad (2\text{-}13)$$

将式（2-13）代入式（2-10），可得作用于导体 I 中线段 l_1 上的电动力为

$$F = \frac{\mu_0}{4\pi} i_1 i_2 K_c = \frac{\mu_0}{4\pi} \frac{2l_1}{a} i_1 i_2 \qquad (2\text{-}14)$$

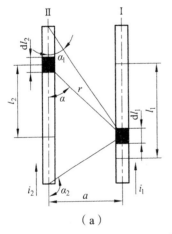 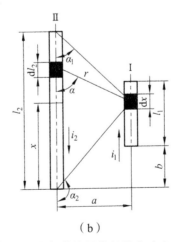 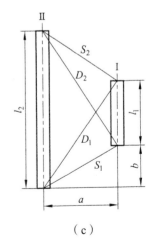

（a）　　　　　　　　　（b）　　　　　　　　　（c）

图 2-6　平行载流导体间的电动力

若载流导体为有限长，如图 2-6（b）所示，则

$$\cos\alpha_1 = \frac{l_2 - x}{\sqrt{(l_2 - x)^2 + a^2}} \ ; \quad \cos\alpha_2 = -\frac{x}{\sqrt{x^2 + a^2}}$$

结合式（2-12）和式（2-10），得此二载流导体间相互作用的电动力为

$$F = \frac{\mu_0}{4\pi} i_1 i_2 \frac{1}{a} \int_0^{b+l_1} \left(\frac{l_2 - x}{\sqrt{(l_2 - x)^2 + a^2}} + -\frac{x}{\sqrt{x^2 + a^2}} \right) \mathrm{d}x$$

$$= \frac{\mu_0}{4\pi} \frac{i_1 i_2}{a} \left[\sqrt{(l_1 + b)^2 + a^2} + \sqrt{(l_2 - b)^2 + a^2} - \sqrt{(l_2 - l_1 - b)^2 + a^2} - \sqrt{a^2 + b^2} \right] \quad （2-15）$$

由图 2-6（c）可见，式（2-15）方括号内的四项依次为 D_1、D_2、S_2 和 S_1，D_1、D_2 为导体 Ⅰ、Ⅱ 所构成的四边形的对角线，S_1、S_2 为其腰。因此，回路系数为

$$K_c = \left[(D_1 + D_2) - (S_1 + S_2) \right] / a \quad （2-16）$$

在特殊场合，如 $l_1 = l_2 = l$ 时（$b = 0$），即两根平行等长导线，则有

$$K_c = 2(\sqrt{l^2 + a^2} - a) / a \quad （2-17）$$

2.2.2　用能量平衡公式计算电动力

以安培力公式计算复杂回路中导体所受电动力殊为不便，有时甚至不可能。这时，应用基于磁能变化的能量平衡法会更合适。载流导体系统中储存着磁场能量，设在磁场中载流导体在电动力作用下有虚位移 $\mathrm{d}x$，则广义电动力所做的功 $F\mathrm{d}x$ 等于导体系统中磁场能量的变化 $\mathrm{d}W$。

$$F = \frac{\mathrm{d}W}{\mathrm{d}x} \quad （2-18）$$

两个相互电磁耦合导电回路的磁场能量为

$$W = \frac{1}{2} L_1 i_1^2 + \frac{1}{2} L_2 i_2^2 + M i_1 i_2 \quad （\text{J}） \quad （2-19）$$

式中　L_1、L_2——回路 1 与回路 2 的自感（H）；

　　　M——两相互耦合导电回路间的互感（H）。

设沿 x 方向有虚位移 $\mathrm{d}x$，并设 i_1、i_2 均不变化，则有

$$F = \frac{\partial W}{\partial x} = \frac{1}{2} i_1^2 \frac{\partial L_1}{\partial x} + \frac{1}{2} i_2^2 \frac{\partial L_2}{\partial x} + i_1 i_2 \frac{\partial M_{12}}{\partial x} \quad （\text{N}） \quad （2-20）$$

当只有一个导电回路，即 $i_1 = i$，$i_2 = 0$，则有

$$F = \frac{\partial W}{\partial x} = \frac{1}{2} i^2 \frac{\partial L}{\partial x} \quad （2-21）$$

当沿 x 方向有虚位移 $\mathrm{d}x$，并设 L_1、L_2 均不变化，则：

$$F = \frac{\partial W}{\partial x} = i_1 i_2 \frac{\partial M}{\partial x} \quad （2-22）$$

利用上述公式求解电动力，必须求出载流回路的自感系数 L 和互感系数 M。举例如下。

现计算导线半径为 r、平均半径为 R 的圆形线匝的断裂力，如图 2-7（a）所示。当 $R \geqslant 4r$ 时，线匝电感 $L = \mu_0 R(\ln \frac{8R}{r} - 1.75)$，故作用于全线匝的电动力为

$$F = \frac{1}{2}i^2 \frac{\mathrm{d}L}{\mathrm{d}R} = \frac{\mu_0}{2}i^2(\ln \frac{8R}{r} - 0.75) \tag{2-23}$$

出现于单位长度线匝上且沿半径取向的电动力为 $f = F/(2\pi R)$，而作用于线匝使之断裂的电动力即 f 在 1/4 圆周上的水平分量之总和为：

$$F_b = \int_0^{\frac{\pi}{2}} Rf \cos\varphi \mathrm{d}\varphi = \frac{\mu_0}{4\pi}i^2(\ln \frac{8R}{r} - 0.75) \tag{2-24}$$

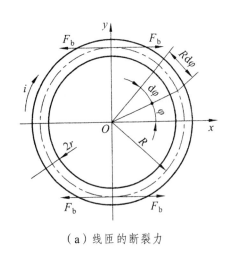

（a）线匝的断裂力 （b）线匝间的电动力

图 2-7 圆形线匝的电动力

如果有两个圆形线匝，如图 2-7（b）所示，当两线匝间的距离 h 小于或接近于小的圆环半径 R_1 时，根据电磁场理论，两圆线匝间的互感 M 为

$$M = \mu_0 R_1(\ln \frac{8R_1}{\sqrt{h^2 + c^2}} - 2) \quad （H） \tag{2-25}$$

式中 $c = R_2 - R_1$。于是，两线匝间相互作用的电动力为

$$F_h = i_1 i_2 \frac{\partial M}{\partial h} = -\mu_0 i_2 i_2 \frac{R_1 h}{h^2 + c^2} \quad （N） \tag{2-26}$$

式中负号说明：随着距离 h 之增大，互感 M 将减小。

此电动力之值与 c 有关，且在 $c = 0$ 时有最大值

$$F_{h\max} = \mu_0 i_2 i_2 \frac{R_1}{h} \quad （N） \tag{2-27}$$

电动力 F_h 的方向取决于两线匝中的电流流通方向。

2.3 正弦电流产生的电动力

我国工程上应用的交变电流是以 50 Hz 的频率按正弦规律随时间变化的电流。既然电流是随时间变化的，那作用在通过交变电流的导体上的电动力也将随时间而变化。

2.3.1 单相系统中的电动力

两平行载流导体通过单相电流时，作用在导体上的电动力为

$$F = Ci^2 \qquad (2\text{-}28)$$

式中 C —— 与空气磁导率 μ_0 及导体几何参数有关的常数。

设导体通过单相正弦电流：

$$i = I_m \sin \omega t \qquad (2\text{-}29)$$

式中 I_m —— 电流的幅值；

ω —— 电流的角频率。

考虑到 $\sin^2 \omega t = (1 - \cos 2\omega t)/2$ ，两平行导体间的电动力为：

$$
\begin{aligned}
F &= Ci^2 = C(I_m \sin \omega t)^2 = CI_m^2 \frac{1 - \cos 2\omega t}{2} \\
&= F_m (\frac{1}{2} - \frac{1}{2} \cos 2\omega t) = CI^2 - CI^2 \cos 2\omega t = F_- + F_\sim
\end{aligned}
\qquad (2\text{-}30)
$$

式中 F_- —— 交流电动力的恒定分量，也称平均力， $F_- = CI^2$ ；

$F_\sim$ —— 交流电动力的交变分量， $F_\sim = CI^2 \cos 2\omega t$ 其幅值等于平均力，而频率为电流频率的 2 倍。

F_m —— 电动力幅值（N）， $F_m = CI_m^2 = 2CI^2 = 2F_-$ 。

式（2-30）表明：交流单相系统中的电动力是由恒定分量与交变分量两部分构成，它是单方向作用的，并以 2 倍电流频率变化。图 2-8 就是该电动力和电流随时间变化的曲线。

由式（2-30）可知，电动力在零与最大值之间变化。交变频率是电源电流频率的 2 倍。

为便于比较起见，将单相交流电动力的最大值取为基准值，并以 F_0 表示之。

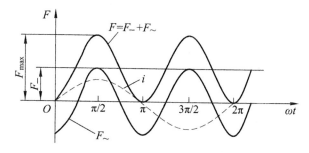

图 2-8 单相交流系统的电动力

2.3.2 三相系统的电动力

图 2-9 示出了三相导体平行布置在同一平面上。

对称三相交流系统的电流为:

$$i_A = I_m \sin \omega t$$
$$i_B = I_m \sin(\omega t - 120°)$$
$$i_C = I_m \sin(\omega t + 120°)$$

令三相电流为同向,当三相导体平行并列时,作用于任一边缘相导体上的电动力为中间相及另一边缘相导体中电流对其作用之和。但边缘相导体间的距离是它们与中间相导体距离的 2 倍,故两边缘相导体中电流间的相互作用力仅为它们与中间相导体中电流间的相互作用力的 1/2。据此,有:

$$
\begin{aligned}
F_A = F_{A/B} + F_{A/C} &= Ci_A(i_B + 0.5i_C) \\
&= CI_m^2 \sin \omega t[\sin(\omega t - 120°) + 0.5\sin(\omega t + 120°)] \\
&= -0.808 CI_m^2 \sin \omega t \sin(\omega t + 30°)
\end{aligned}
\tag{2-31}
$$

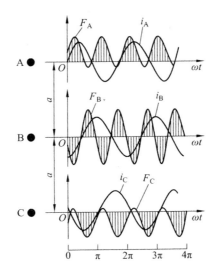

图 2-9　三相平行导体中的电流和电动力波形

$$
\begin{aligned}
F_B = F_{B/A} + F_{B/C} &= Ci_B(i_A - i_C) \\
&= CI_m^2 \sin(\omega t - 120°)[\sin \omega t - \sin(\omega t + 120°)] \\
&= 0.866 CI_m^2 \cos(2\omega t - 150°)
\end{aligned}
\tag{2-32}
$$

电动力 F_A 在 $\omega t = 75°$ 及 $\omega t = 165°$ 处分别有最大值及最小值

$$F_{\max A} = -0.808 CI_m^2 = -0.808 F_0 \tag{2-33}$$

$$F_{\min A} = 0.055 CI_m^2 = 0.055 F_0 \tag{2-34}$$

而电动力 F_B 在 $\omega t = 75°$ 及 $\omega t = 165°$ 处分别有最大值及最小值

$$F_{\max B} = 0.866 CI_m^2 = 0.866 F_0 \tag{2-35}$$

$$F_{\min B} = -0.866CI_{\mathrm{m}}^2 = -0.866F_0 \qquad (2\text{-}36)$$

C 相导体所受电动力的最大值和最小值的幅度均与 A 相的相同，只是出现的相位相反而已。

根据上面的分析可以得出两点结论：

（1）作用于中间相（B 相）导体上的电动力其最大值与最小值幅度一样，均比边缘相导体所受电动力的最大值大 7%；作用在边缘相导体上的电动力，其最大值和最小值相差十余倍之多。

（2）若电流幅值相等，且两导线间距也相等，则单相系统导线所受电动力比三相系统的大。

2.4　短路电流产生的电动力

电力系统发生短路时，流过导体的短路电流将产生一个可能危害导体的巨大电动力。

2.4.1　单相系统短路时的电动力

单相系统发生短路时，短路电流除含正弦周期分量外，尚含非周期分量。前者亦称稳定分量，它取决于系统短路时的电阻；后者亦称暂态分量或衰减分量，它主要取决于发生短路时电源电压的相位。

设短路发生瞬间电源电压为

$$u = U_{\mathrm{m}} \sin(\omega t + \psi) \qquad (2\text{-}37)$$

式中　ψ——短路瞬时电源电压的相位角。

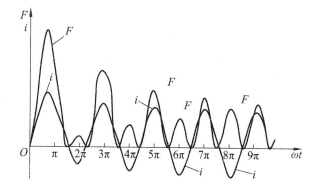

图 2-10　单相交流系统短路时的电流及其电动力波形

当发生单相短路故障时，短路电流为

$$i = I_{\mathrm{m}}\left[\sin(\omega t + \psi - \varphi) - \sin(\psi - \varphi)\mathrm{e}^{-t/T}\right] = i' + i'' \qquad (2\text{-}38)$$

式中　I_{m}——短路电流周期分量的幅值（A），$I_{\mathrm{m}} = \dfrac{U_{\mathrm{m}}}{\sqrt{R^2 + (\omega L)^2}}$；

　　　φ——短路电流的阻抗角，$\varphi = \arctan\dfrac{\omega L}{R}$；

T ——短路电路的电磁时间常数（s），$T = \dfrac{L}{R}$，R、L 为系统短路后的电阻和电感；

i'、i''——短路电流的稳态分量和暂态分量；

短路电流与时间的关系如图 2-10 所示。

由式（2-38）可见：当 $\psi = \varphi$ 时，短路电流的暂态分量为零，短路电流值最小；当短路故障发生在 $\psi = \varphi - \dfrac{\pi}{2}$ 时刻最为严重，将 $\psi - \varphi = -\dfrac{\pi}{2}$ 代入式（2-38），得

$$i = I_{\mathrm{m}}(\mathrm{e}^{-t/T} - \cos\omega t) \qquad (\mathrm{A}) \tag{2-39}$$

所以

$$F = Ci^2 = CI_{\mathrm{m}}^2(\mathrm{e}^{-t/T} - \cos\omega t)^2 \qquad (\mathrm{N}) $$

在 $\omega t = \pi$ 时刻，电流达到最大值，称为冲击电流：

$$i = I_{\mathrm{m}}(\mathrm{e}^{-t/T} - \cos\omega t) = I_{\mathrm{m}}(1 + \mathrm{e}^{-\pi/\omega T}) = K_{\mathrm{i}} I_{\mathrm{m}} \tag{2-40}$$

式中　K_{i} ——电流冲击系数，$K_{\mathrm{i}} = 1 + \mathrm{e}^{-\pi/\omega T}$。

对于一般工业电网，常见短路故障的 K_{i} 值约为 1.8，此时有最大电动力 F_{m}，即：

$$F_{\mathrm{m}} = Ci^2 = C(K_{\mathrm{i}} I_{\mathrm{m}})^2 = C(1.8 I_{\mathrm{m}})^2 = 3.24 CI_{\mathrm{m}}^2 = 3.24 F_0 \qquad (\mathrm{N}) \tag{2-41}$$

图 2-10 示出了电动力的变化规律。它在电流的两个半波中不相同。一个半波中电动力大，另一个半波中电动力小。当非周期分量电流完全衰减后，两个半波中的电动力相等。

2.4.2　三相系统短路时的电动力

以并列于同一平面内的平行三相导体为例。当发生短路时，各相电流为：

$$\left.\begin{aligned}
i_{\mathrm{A}} &= I_{\mathrm{m}}[\sin(\omega t + \psi - \varphi) - \sin(\psi - \varphi)\mathrm{e}^{-t/T}] \\
i_{\mathrm{B}} &= I_{\mathrm{m}}[\sin(\omega t + \psi - \varphi - 120°) - \sin(\psi - \varphi - 120°)\mathrm{e}^{-t/T}] \\
i_{\mathrm{B}} &= I_{\mathrm{m}}[\sin(\omega t + \psi - \varphi + 120°) - \sin(\psi - \varphi + 120°)\mathrm{e}^{-t/T}]
\end{aligned}\right\} \tag{2-42}$$

当三相导线处于同一平面时，仍按 2.3 节所介绍的求电动力的方法，求出作用在各相导体上的电动力，分别为：

$$\left.\begin{aligned}
F_{\mathrm{A}} &= Ci_{\mathrm{A}}(i_{\mathrm{B}} + 0.5i_{\mathrm{C}}) \\
F_{\mathrm{B}} &= Ci_{\mathrm{B}}(i_{\mathrm{A}} - i_{\mathrm{C}}) \\
F_{\mathrm{C}} &= Ci_{\mathrm{C}}(i_{\mathrm{B}} + 0.5i_{\mathrm{A}})
\end{aligned}\right\} \tag{2-43}$$

为了简化分析，仅讨论作用在载流导体上的最大电动力。根据前面的分析，可知发生三相短路时，以中间一相导体所受电动力为最大。若短路电流稳态分量与单相短路时相同，取电流冲击系数 $K_{\mathrm{i}} = 1.8$，则三相短路时电动力的最大值为

$$F_{\max\,\mathrm{sc}} = 0.866C(1.8 I_{\mathrm{m}})^2 = 2.8 CI_{\mathrm{m}}^2 = 2.8 F_0 \tag{2-44}$$

图 2-11 示出了三相导体平行布置在一个平面上时电动力与时间的关系。无论中间相还是边缘相，其受力方向都是随时间交变的。

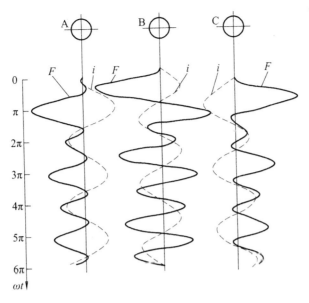

图 2-11　三相交流系统短路时的电流和电动力

　　根据以上分析可知，对于三相交流系统导体平行分布时，若发生三相对称短路故障时，中间相导体所受的电动力最大，其值为 $2.8CI_m^2$；在同一周期性分量电流下，发生单相短路时，导体所受最大电动力为 $3.24CI_m^2$。显然，在三相系统中，单相短路时导体所受电动力较三相对称短路时要大。

2.5　电器的电动稳定性

　　电器的电动稳定性是指具有在最大短路电流产生的电动力作用下，不致产生永久性变形或遭到机械损伤的能力。由于在短路电流产生的巨大电动力作用下，载流导体以及与工作刚性连接的绝缘体和结构件均可能发生形变乃至损坏，故电动稳定性也是考核电器性能的重要指标之一。

　　导体通过交变电流时，电动力的量值和方向（三相系统时）都会随时间变化。材料的强度不仅受力的量值影响，而且受其方向、作用时间和增长速度的影响。但导体、绝缘体和结构件等在动态情况下的行为相当复杂，故电动稳定性仅在静态条件下按最大电动力来校核。考核电器的电动稳定性时，既要考虑电动力的大小，还要考虑它的作用方向。

　　通常以电动稳定电流来校核电器的电动稳定性。所谓电动稳定电流，就是指电器零部件的机械应力不超过容许值时的电流，若最大短路电流比规定的电动稳定电流小，则认为电器具有电动稳定性。

　　对于三相交流系统，可能出现单相短路、两相短路、三相短路等故障。应以最严重的短路故障电流来考核电器的电动稳定性。根据上节分析，若在同一地点发生短路，以单相短路所产生的电动力为最大。但现代电力系统中，中线设有限流装置如电抗器等，可以限制单相短路电动力，使它小于两相或三相短路时所产生的电动力。

再比较两相短路与三相短路时产生的电动力的大小。根据图 2-12 可计算出三相短路电流和两相短路电流。

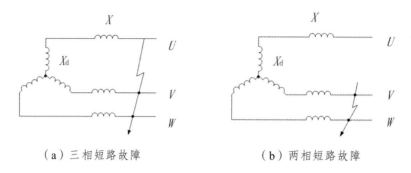

（a）三相短路故障　　　　　　　　（b）两相短路故障

图 2-12　三相交流系统短路故障示意图

三相短路电流为

$$I_3' = \frac{E}{(X_d + X)} \tag{2-45}$$

两相短路电流为

$$I_2' = \frac{\sqrt{3}E}{2(X_d + X)} \tag{2-46}$$

则：

$$\frac{I_3'}{I_2'} = \frac{2}{\sqrt{3}} \tag{2-47}$$

三相短路时的最大电动力为

$$F_m^{(3)} = 2.8C(\sqrt{2}I_3')^2 \tag{2-48}$$

两相短路时的最大电动力为

$$F_m^{(2)} = C(1.8\sqrt{2}I_2')^2 \tag{2-49}$$

通过计算可得

$$\frac{F_m^{(3)}}{F_m^{(2)}} \approx 1.15 \tag{2-50}$$

因此常用三相短路电流的冲击值来考核电器的电动稳定性。使用电器的部门选择电器时，应要求电器的电动稳定电流（峰值耐受电流）大于三相短路电流。

在电器设计时，还应对载流导体受最大电动力情况下导体内存在的应力进行核算，其值应不大于导体材料的许用应力。

交流电动力的交变频率为电流频率的 2 倍。如果电动力的频率与导体系统的固有振荡频率相等，导体就会发生机械共振现象，这将对导体系统产生很大的破坏力。因此，最好使承受交流电动力的导体系统固有振荡频率低于电动力的频率，以免与高次谐波电动力发生共振。

习题与思考题

2.1 载流导体间为什么相互间有电动力作用?

2.2 计算载流导体间的电动力时,为什么要引入回路系数?

2.3 一载流体长 1 m,其中通有电流 I=20 kA,若此导体平行于相距 50 mm 的一无限大铜板,试求作用于导体上的电动力。

2.4 如图 2-13 所示的两根平行导体,l_1=10 m,l_2=8 m,a=1 m,s=0.1 m,通过直流 I_1=I_2= 10 000 A,求 l_1、l_2 所受电动力 F_1、F_2。

2.5 已知一三相少油断路器的动稳定电流为 52 kA,三相导电杆在同一平面内平行放置,导电杆长度为 810 mm,A 相与 B 相,B 相与 C 相的轴线距离均为 250 mm,求 B 相所受最大电动力。

2.6 交变电流下的电动力有何特点?

2.7 三相短路时,各相导线所受电动力是否相同?

2.8 试比铰在导体中通过直流电流、单项交流电流或三相交流电流时,产生的电动力有何不同。

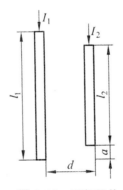

图 2-13　平行导体

第 3 章　电弧理论及灭弧装置

电路的通断和转换是通过电器中的执行部件，主要是其触头和灭弧装置来实现的。触头接通和分断电流的过程每每伴随着气体放电现象和电弧的产生及熄灭。电弧是气体放电的形式之一，它具有很高的温度，发出强烈的弧光。电弧对电器多半有害。例如，电弧出现会延缓电路的分断过程，烧伤触头，缩短触头乃至整个电路的寿命，严重时甚至会引起火灾和人身伤亡事故。然而，电弧也有被人们利用的一面，例如电弧焊接、电弧炼钢、弧光灯照明，甚至火箭技术等方面；又如开关电器分断电感性电路时，贮存在磁场中的电磁能量消耗于电弧中，可以防止产生危及电气设备绝缘的过电压。

电弧发现于 19 世纪初期，那时人们还只懂得将电弧拉长以便熄灭。近数十年来，对电弧的研究发展很快，电弧的数学模型日益受到重视，利用电子计算机可以计算电弧的动态过程及有关参数。但由于电弧过程的复杂性，要正确地设计灭弧室，还必须进行大量的科学实验以及从生产实践中不断总结提高。

本章将讨论电弧产生的原因、性质，熄弧的方法以及电器中常用的灭弧装置。

3.1　电弧的形成过程

两个触头行将接触或开始分离时，只要它们之间的电压达 12 ~ 20 V 时，其电流达 0.25 ~ 1 A，触头间隙内就会产生高温弧光，这就是电弧。它是充满电离过程和消电离过程的热电统一体。

3.1.1　气体的电离

电子是在一定能级的轨道上环绕原子核旋转。离原子核越远轨道能级越高。当电子吸收了外界能量，但仍不足以脱离原子核束缚时，它只能跃进到能级更高的轨道上，处于激励状态。电子在激励状态只能延续 0.1 ~ 1 μs。在此期间，电子再获得外界能量，它将脱离原子核的束缚而逃逸，成为自由电子。否则，它将返回到原来的能级轨道，并按量子规律释放出辐射能 W。

$$W = h\nu = E_1 - E_2 \tag{3-1}$$

式中　W ——电子辐射的量子能（J）；

　　　ν ——辐射能的频率；

　　　h ——普朗克常数 $h = 6.624 \times 10^{-34}$ Js；

　　　E_1、E_2 ——外轨道和内轨道的能级（J）。

当电子受激励跃迁到特殊能级的轨道时，它能在激励状态持续 0.1 ~ 10 ms，这就更容易再次吸收外界能量而逸出。此类状态称为亚稳态，它在电离过程中起着重要作用。

如果电子获得足以脱离原子核束缚的能量，它便逸出成为自由电子，而失去电子的原子则成为正离子。这种现象称为电离。发生电离所需能量称为电离能 W_i。电离能 W_i 与电离电位 U_i 的关系为：

$$W_i = eU_i \tag{3-2}$$

式中　e——一个电子的电量，$e = 1.6 \times 10^{-19}$ C。

使一个电子激励所需能量称为激励能 W_e，它与电离能 W_i 均以电子伏（eV）为单位。表 3-1 中列举了部分气体和金属蒸汽的 W_e 及 W_i 值，其中括号内的数值是使第二个、第三个电子激励或电离所需的能量值。

电离形式主要有表面发射和空间电离两种形式。

1. 表面发射

表面发射发生于金属电极表面，它分热发射、场致发射、光发射及二次电子发射等四种形式。

热发射出现于电极表面被加热到 2000～2500 K 时，此时电极表面的自由电子就因获得足以克服表面晶格电场产生的势垒而逃逸到空间。一个电子自金属或半导体表面逃逸出所需的能量称为逸出功 W_f，部分电极材料元素的 W_f 值见表 3-1。

表 3-1　某些气体和金属蒸汽的 W_e 和 W_i 值及电极材料元素的 W_f 值（eV）

元素	W_e/eV	W_i/eV	W_f/eV	元素	W_e/eV	W_i/eV	W_f/eV
氢	10.2（12.1）	13.54	—	镍	—	7.63	5.03
氮	6.3	14.55（29.5、47.73）	—	铜	—	7.72	4.6
氧	7.9	13.5（35、55、77）	—	锌	4.02（5.77）	9.39（18.0）	4.24
氟	—	17.4（35、63、87、114）	—	银	—	7.57	4.7
氩	11.5（12.7）	15.7（23、41）	—	镉	39.5（5.35）	9.0（16.9）	4.1
碳	—	11.3（24.4、48、65）	4.4	锡	—	7.33	4.38
钠	2.12（3.47）	5.14（47.3）	—	铬	—	—	4.6
铝	—	5.98	4.25	钨	—	7.98	4.5
铁	—	7.9	4.77	汞	4.86（6.67）	10.4（19、35、72）	4.53

场致发射是因为电极表面存在电场，使表面势垒厚度减小而令电子借隧道效应逸出。

光发射是光和各种射线照射于金属表面，使得电子获得能量而逸出的现象。光波越短，光量子能量越大，光发射的作用也越强。

二次电子发射是指正离子高速撞击阴极、或电子高速撞击阳极引起的表面发射。一般是阴极表面的二次电子发射较强，并在气体放电过程中起着重要作用。

2. 空间电离

空间电离发生在触头间隙内，它有光电离、碰撞（电场）电离和热电离三种形式。

光电离发生在 $h\nu \geqslant W_i$ 时，光频率 ν 越高，光电离便越强。可见光通常不引起光电离。

带电粒子在场强为 E 的电场中运动时，它在两次碰撞之间的自由行程 λ 上可获得动能

$$W=qE\lambda \qquad\qquad (3\text{-}3)$$

式中　q ——带电粒子的电荷量。

若上述能量大于或等于中性粒子的电离能，该粒子被碰撞后立即电离。由于电子的自由行程大，故引起碰撞电离的主要是电极发射或空间中性粒子电离时释放的电子。有时，碰撞能量不足以使中性粒子电离，只能使之处于激励状态、或使电子附于中性粒子上成为负离子。必须注意，此处所谓碰撞并不是机械碰撞，而是指电磁场的互相作用。

当电弧间隙中气体的温度升高时，气体分子热运动速度加快。当电弧的温度达到 3000 ℃或更高时，气体分子强烈的不规则热运动造成的碰撞，结果使中性分子游离成为电子和正离子。这种现象称为热电离。当电弧间隙中有金属蒸汽时，热电离大大增加。

应当强调一下，实际电离过程绝非单一形式的，而是指各种电离形式的综合。

3.1.2　消电离及其形式

电离气体中的带电粒子自身消失或失去电荷而转化为中性粒子的现象称为消电离，或称去游离。电离与消电离同时存在于放电间隙中，它们是矛盾统一体。

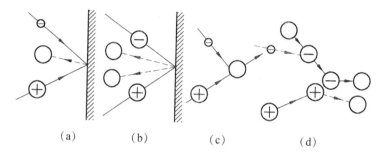

图 3-1　表面和空间的复合过程

消电离主要有复合和扩散两种形式。

1. 复合

两个带异性电的粒子彼此相遇后失去电荷成为中性粒子的现象称为复合。它有表面复合与空间复合两种形式。

电子进入阳极或负离子接近阳极把电子转移给阳极，以及正离子接近阴极从它取得电子时，这些带电粒子均失去电荷成为中性粒子。还有，当电子接近不带电的金属表面[见图 3-1（a）]或负离子接近之[见图 3-1（b）]时，它们将因金属表面感应而产生的异性电荷作用被吸附于其上，一旦附近出现异性带电粒子，这些粒子便相互吸引，复合形成中性粒子。即使带电粒子到达绝缘体表面，由于感应所生极化电荷的作用，也会产生类似于出现在金属表面的复合过程。上述这些发生在带电或不带电的物体表面的复合过程称为表面复合。

若正离子和电子在极间空隙内相遇[见图 3-1（c）]，它们将复合成为一个中性粒子，这就是空间复合。若电子在空间运动中被一中性粒子俘获形成一负离子，然后再与正离子相遇复合成为两个中性粒子[见图 3-1（d）]，这就是间接空间复合。

复合的概率与气体性质及纯度有关。例如，惰性气体和纯净的氢气都不会与电子结合成为负离子，而氟原子及化合物（如 SF_6 气体）就具有极强的俘获电子的能力。因此，SF_6 被称为负电性气体，它是一种良好的灭弧介质。

空间复合受库仑吸力的影响，所以当电弧受冷却作用引起弧隙带电粒子运动速度减小时，复合作用相对加强；而且当弧隙中带电粒子浓度增大时，复合作用也加强；若在电弧电流不变的条件下，设法缩小电弧直径，则电弧中带电粒子浓度增大，复合率提高。一般复合速率与电弧直径的二次方成反比。

复合作用过程中，总是伴随着能量的释放。在表面复合的情况下，释放出的能量多以热的形式加热电极、金属或绝缘物的表面；在空间复合的情况下，释放出的能量常以热和光的形式散向周围空间。

2. 扩散

带电粒子自高温、高浓度区移向低温、低浓度区的现象称为扩散。它能使电离空间内的带电粒子减少，所以有助于熄灭电弧。扩散速度与电弧直径成反比，与电弧和周围介质之间的温差成正比。因此，加强对电弧的冷却是提高扩散速度的有效途径。

综上所述，要熄灭电弧必须增强消电离的作用，抑制电离作用。

3.1.3 气体放电过程

若在两电极之间施加电压，当逐渐增大电压 U 至一定值时，便发生了间隙内的气体放电现象。如图 3-2 即为直径 10 cm、间隙为数厘米、气压约 133 Pa 的低气压放电管气体放电的静态伏安特性。气体放电的形式有非自持放电和自持放电。

1. 非自持放电

在 OA 段，外施加电压甚低，由外界催离素产生的带电粒子尚难以全部到达阳极，故电流 I 随电压 U 上升，增大得较小。在 AB 段，随电压 U 增大，电流已达到饱和，但该值仍由外界催离素的作用及阴极释放的电子数所决定。在 BC 和 CD 段，由于电压继续增大已导致场致发射和二次电子发射以及不强的碰撞电离，故电流又增大，开始很慢（BC 段），然后较快（CD 段）。然而在整个 OD 段，若无外界催离素的作用，间隙内就没有自由电子，放电亦将终止，故此阶段被称为非自持放电阶段。

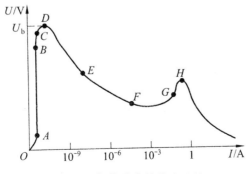

图 3-2　气体放电的伏安特性

2. 自持放电

从 D 点起，场致发射及二次电子发射的电子已甚多，以致除去外界电离因素后仍可借空间的碰撞电离维持放电，故气体放电已有质的变化，进入自持放电阶段。于是，电流增长迅速，且放电伴随有不强的声光效应，电极间隙由绝缘状态转变为导电状态，间隙被击穿。对应于 D 点的电压是决定自持放电的主要因素，它称为气隙的击穿电压 U_b。

自持放电可以分为下列几个阶段：

（1）汤姆逊放电：图 3-2 中的 DE 段，特点是无光，故称作无光放电或黑暗放电。

（2）过渡阶段：图 3-2 中的 EF 段，放电由无光转向有辉光，电流也在增大。但由于碰撞电离增强，为维持放电所需的电压反而降低了。

（3）辉光放电：图 3-2 中的 FG 段，特点是发出辉光。

（4）异常辉光放电：图 3-2 中的 GH 段，由于电流和电流密度均增大，阴极区电压和维持放电所需电压也增大。

（5）弧光放电：图 3-2 中从 H 点开始，气体放电已经进入弧光放电阶段，它伴随强烈的声光和热效应。这时，电流密度已高达 10^7 A/m^2 以上，故放电通道温度极高（6000 K 以上）。放电形式以热电离为主，阴极区电压降较小，仅数十伏。

综上所述，可知电弧-弧光放电乃是自持放电的一种形式，也是它的最终形式。从本质上来看，电弧是生成于气体中的炽热电流，是高温气体中的离子化放电通道，是充满着电离过程和消电离过程的热电统一体。

3.2 开断电路时电弧的产生、燃烧与熄灭

3.2.1 触头开断电路时的电弧

触头在开断和闭合电路的过程中，都常有放电现象，而与前面讨论的情况有所不同，开断电路时触头间隙中的放电不一定都经过从非自持放电到间隙击穿这一过程。

对于直流电路，当被开断电路的电流以及开断时加在触头间隙的电压都超过一定数值时，则触头间直接产生电弧。表 3-2 列出了最小燃弧电压和最小燃弧电流值。

表 3-2 最小燃弧电压和电流值

电极材料	银	锌	铜	铁	金	钨	钼
$U_{b_{\min}}$ / V	12	10.5	13	14	15	15	17
$I_{b_{\min}}$ / A	0.3～0.4	0.1	0.43	0.45	0.38	1.1	0.75
介质条件	相对湿度为45%的空气中	在大气中					

当开断交流电路时，在电压为 25 V、50 V、110 V 和 220 V 的情况下，产生电弧的最小电流如表 3-3 所示。

触头在闭合过程中，由于动触头的"弹跳"现象，在一定条件下，也会产生电弧。

表 3-3　开断交流电路时，产生电弧的最小电流

材料	产生电弧的最小电流 I/A			
	U=25 V	U=50 V	U=110 V	U=220 V
碳　C	—	5	0.7	0.1
钨　W	12.5	4	1.8	1.4
铜　Cu	—	1.3	0.9	0.5
银　Ag	1.7	1	0.6	0.25
锌　Zn	0.5	0.5	0.5	0.5
铁　Fe	—	1.5	1	0.5

3.2.2　电弧的燃烧与熄灭

下面从能量平衡和离子平衡两个方面分析维持电弧燃烧或促使电弧熄灭的基本原理。

电弧相当于纯电阻性发热元件，电弧燃烧时从电源输入电弧内部的能量不断转变成热能。电弧的热量通过传导、对流及辐射三种方式散失。

令输入弧隙的功率为 P_A，则

$$P_A = U_A I_A \tag{3-4}$$

式中　U_A——电弧两端的电压降（V）；

　　　I_A——电弧电流（A）；

　　　P_A——输入弧隙的功率（W）。

令散失的功率为 P_d，则

$$P_d = P_{cd} + P_{dl} + P_{fs} \tag{3-5}$$

式中　P_{cd}——由传导而散失的功率（W）；

　　　P_{dl}——由对流而散失的功率（W）；

　　　P_{fs}——由辐射而散失的功率（W）。

从能量平衡观点分析：当 $P_A > P_d$ 时，电弧电流变大，温度升高，弧径变粗，说明电弧能量在增大，使燃弧更加剧烈；当 $P_A = P_d$ 时，电弧电流恒定，电弧能量达到平衡，并且稳定地燃烧；当 $P_A < P_d$ 时，电弧的能量在减小，电弧逐渐熄灭。

在电弧产生的初期，由于电弧与周围介质温差较小，所以散热较少，因此输入弧隙的热功率大于散失的热功率，多余的功率将用以提高电弧的温度和扩大其直径。

随着电弧温度的提高，电弧热电离加强，电弧电阻 R_h 减小，其散热能力增强，这一过程一直进行到输入的热功率等于散失的热功率时，则电弧电流不变，电弧进入稳定燃烧阶段。如果要熄灭电弧，应该设法使电弧热能的散失量大于输入量，则电弧归于熄灭。

另外，可从电弧离子平衡（电离与消电离的平衡）的观点，即根据弧隙中带电粒子数的增减来判别电弧燃烧是趋于炽烈或是稳定，或者熄灭。

已知电离与消电离作用同时存在于电弧中，令电离强度代表弧隙带电粒子的增加率，消电离强度代表弧隙带电粒子的消失率，则当：电离强度＞消电离强度时，电弧电流变大，电

弧趋于炽烈；电离强度＝消电离强度时，电流恒定，电弧稳定燃烧；电离强度＜消电离强度时，电弧趋于熄灭。

总的说来，电弧具有"热-电效应"，电弧是热与电的统一体。从热的角度考虑，要熄灭电弧，关键在于创造条件使电弧迅速冷却，使输入的热功率小于散失的热功率，促使电弧熄灭。从破坏离子动态平衡观点出发，若要熄灭电弧，应使消电离强度大于电离强度。

3.3　电弧的电位分布和特性

3.3.1　电弧的电位分布和电压方程

电弧电位在整个电弧长度上的分布是不均匀的，它分为近阴极区、近阳极区和弧柱区。

近阴极区的长度约为 10^{-4} cm，大致为电子的平均自由行程。在电场力的作用下正离子向阴极运动，聚集在阴极附近形成正的空间电荷层，使阴极附近形成高的电场强度，而且形成阴极压降，其值为 10～20 V，如表 3-4 所示。

表 3-4　几种阴极材料的阴极压降

阴极材料	气体介质	电流范围 I/A	阴极压降 U_c/V
铜 Cu	空气	1～20	8～9
铁 Fe	空气	10～300	8～12
碳 C	空气	2～20	9～11
汞 Hg	真空	1～1000	7～10
碳 C	氩	—	20
钠 Na	真空	5	4～5

近阳极区长度约为近阴极区的数倍。在电场力的作用下自由电子向阳极运动，聚集在阳极附近形成负的空间电荷层，产生阳极压降，其值稍小于阴极压降。由于阳极区长度比阴极区长，故电场强度比阴极区的小。

弧柱区的长度几乎与电极间的距离相同。在弧柱区内，正、负带电粒子数相同，即为等离子区。弧柱区的电场强度与电极材料、气体种类、气体压力、电流大小等有关。表 3-5 示出了在不同条件下弧柱电场强度 E_p 的大约数值。弧柱的消电离作用愈强，电场强度就愈大。

表 3-5　不同条件下弧柱电场强度 E_p 的大约数值

试验条件	电流范围 I/A	电场强度 E_p/（V·cm^{-1}）
在空气中的自由电弧	200	8
在横吹磁场中的电弧	200	40
在每厘米长有两块隔板的灭弧栅中	200	50
在缝宽为 1 mm 的窄缝灭弧室中	200	85
在变压器油中的自由电弧	<10 000	120～200
在变压器油中的自由电弧	>10 000	90～120
油气吹弧	>10 000	100～200

电弧电压包括近阴极区电压降 U_c、近阳极区电压降 U_a 和弧柱电压降 U_p，即

$$U_A = U_c + U_a + U_p \qquad (3\text{-}6)$$

两近极区电压降基本不变，故以 $U_0 = U_c + U_a$ 表示，并称之为近极区压降；按 U_0 和 U_p 在 U_A 中所占比例，电弧有长弧和短弧之分。若 U_0 在 U_A 中占主要地位，电弧就是短弧；反之，则是长弧。弧柱区内的电场强度 E_p 又近乎恒值，为 $(1 \sim 5) \times 10^3$ V/m，在特殊介质内还可达 $(10 \sim 20) \times 10^3$ V/m。故电弧电压

$$U_A = U_0 + E_p L \qquad (3\text{-}7)$$

式中 L——弧柱区长度，可近似地取它为整个电弧的长度。

图 3-3 给出了电弧各区域内的电压降和电场强度的分布。

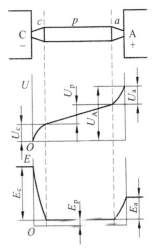

图 3-3　电弧的电压和电场强度分布

3.3.2　直流电弧的伏安特性

伏安特性为电弧的重要特性之一，它表示电弧电压与电弧电流间的关系。图 3-4 是直流电弧的伏安特性。当外施电压达到燃弧电压 U_b，电流亦达到燃弧电流 I_b 时，电弧便产生了，而且随着电流的增大，电弧电压反而降低。这是因为电流增大会使弧柱内热电离加剧，离子浓度加大，故维持稳定燃弧所需电压反而减小。这种特性称为负阻特性。

燃弧电压和燃弧电流与电极材料以及间隙内的介质有关。当直流电器触头分断时，若电压和电流均超过表 3-2 所列数值，则将产生电弧。

直流电弧的伏安特性分为静特性和动特性。静特性是指在电弧的电离作用与消电离作用平衡的条件下，电弧不受热惯性影响时，电弧电流与电弧压降的关系，如图 3-4 中曲线 1 所示。电弧的静伏安特性与弧长和冷却条件有关。在其他条件相同时，弧长越长，静伏安特性越向上移；电弧冷却条件越好，静伏安特性也越向上移。

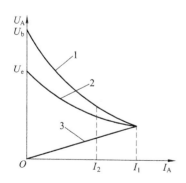

图 3-4　直流电弧伏安特性

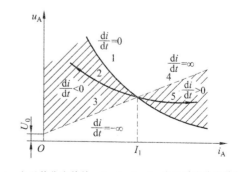

1—电弧静伏安特性；2、3、4、5—电弧动态伏安特性。

图 3-5　直流电弧伏安特性的变化范围

动特性是指电弧电离与消电离不平衡，电弧电流变化快，其热惯性对电弧有影响时，电弧电流与电弧压降的关系，如图 3-4 中曲线 2 所示。若自 $I_A = I_1$ 处开始减小电流，由于电弧本

身的热惯性，电弧电阻的增大总是滞后于电流的变化。例如，当电流减至 $I_A=I_2$ 时，电弧电阻大抵仍停留在 $I_A=I_1$ 时的水平线上，故曲线 2 位于曲线 1 的下方。电流减小越快，曲线 2 位置越低；在极限情况下、即电流减小速度为无穷大时，电弧温度、热电离度、弧柱直径和尺寸均来不及变化，伏安特性也就变成直线 3 了，也就是电弧电阻来不及变化，电弧电压与电流成正比。电流减小时伏安特性与纵轴相交处的电压 U_e 称为熄弧电压。只有在电流无限缓慢减小的极限场合时，才有 $U_e=U_b$；其他均有 $U_e<U_b$。

图 3-5 中曲线 1 为电弧的静伏安特性，很明显，当电弧电流以一定的速度变化时，电弧的动伏安特性轨迹将在曲线 1 与直线 34 间的影线所示的区域内。

3.3.3　交流电弧的伏安特性

如图 3-6 所示，交流电弧的伏安特性只能是动态的，因为交变电流总是随着时间变化。

当电弧电流过零瞬间，输入弧隙的功率为零，弧柱变冷、变细，而电弧电阻变大，此时电压加于触头两端，电弧电流从零上升，电弧电压从近极压降 U_0 起以很陡的斜率上升。随着电弧电流的瞬时值增大，输入弧隙的功率也增大，当输入弧隙的功率大于散出的功率时，弧隙热电离增加而重新燃弧，即当恢复电压达到燃弧电压 u_b 时，电弧重燃，这时电离因素大于消电离因素，电弧电阻随电流的增加而减小，呈负阻特性，电弧压降随电流的增加而下降，如图 3-6 中特性曲线的 AB 段。当电弧电流由幅值（相应于伏安特性的 B 点）减小时，由于热惯性，电弧电阻的增大滞后电流的变化，电弧的动伏安特性沿电压相对低一点的曲线 BC 变化，到达熄弧电压 u_e 时，电弧熄灭。

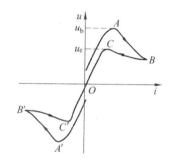

图 3-6　交流电弧伏安特性

由于交变电流每个周期有两次自然通过零值，而电弧也通常在电流过零时自行熄灭，只要防止电弧重新点燃，就能熄灭电弧，达到开断电路的目的。因此，熄灭交流电弧要比熄灭直流电弧容易得多。若未能熄灭，则另一半周内电弧将重燃，且其伏安特性与原特性是关于坐标原点对称的。

3.4　直流电弧的燃烧与熄灭

3.4.1　直流电弧的稳定燃烧点

直流电弧的稳定燃烧点亦称工作点。对于含电阻 R、电感 L 的直流电路，如图 3-7 所示，当其中的触头间隙内产生电弧时，若以 U 表示电源电压，i 表示电弧电流，则电压平衡方程为

$$U=iR+L\frac{\mathrm{d}i}{\mathrm{d}t}+u_A \qquad (3-8)$$

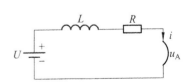

图 3-7　具有电弧的 *R-L* 电路

电弧伏安特性如图 3-8 中的曲线 1。再作 $U\text{-}iR$ 特性，为连接纵轴的 U 与横轴上的点 $I=U/R$ 的线段，斜率为 $\tan\alpha =R$，如图 3-8 中的线段 2 所示。1 和 2 交于 A、B 两点，这两点对应的电压平衡方程为

$$U=iR+u_A \qquad （3\text{-}9）$$

式（3-9）说明，在 A、B 点上，电源电压 U 的一部分降落于电路的电阻上，另一部分降落于电弧电阻上（即电弧电压 u_A），而电感上的电压

$$L\frac{\mathrm{d}i}{\mathrm{d}t}=U-iR-u_A \qquad （3\text{-}10）$$

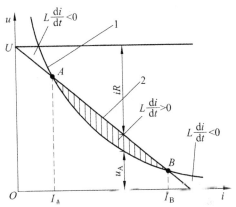

图 3-8　直流电弧燃弧点

在 A、B 点上时为零，说明此时电流维持不变（$\frac{\mathrm{d}i}{\mathrm{d}t}=0$），电弧稳定燃烧，故 A、B 是电路在有中弧时的两个工作点。

两个工作点 A、B 是否均为稳定燃弧点呢？设电路工作于点 A，即电流为 I_A。由图可见，当电流有一增量 $\Delta i >0$ 时，$L\frac{\mathrm{d}i}{\mathrm{d}t}>0$，电流将继续增大，直至 I_A 增大到 I_B；反之，若电流有一增量 $\Delta i <0$，则 $L\frac{\mathrm{d}i}{\mathrm{d}t}<0$，电弧电流将继续减小，直至 I_A 减小到零，电弧熄灭为止。因此，A 点不可能是稳定燃弧点。经分析后不难看出，B 点将是电路的稳态工作点，也即稳定燃弧点。

3.4.2　直流电弧的熄灭条件

在使用电器分断电路或闭合电路时，人们希望熄灭电弧，而不希望它稳定燃烧。显然，要熄灭电弧，就必须消除稳定燃弧点，也就是要设法使电弧伏安特性和电阻特性没有交点。这可以采用下列两种措施：一是突然在负载电路中串联一个较大的附加电阻，使电路总的电阻特性的斜度加大到与电弧的伏安特性没有交点，此法的缺点是突然接入附加电阻比较难实现，因而较少采用；二是将电弧的伏安特性处于特性 $u\text{-}iR$ 的上方，使电弧电压 u_A 与电阻电压 iR 之和超过电源电压 U，以致电弧无法稳定燃烧。如图 3-9 中，曲线 4 在特性 2 的上方，两者无交点，曲线 3 为临界情况，电弧的伏安特性 3 与电阻特性 2 相切于 M_3 点，但 M_3 是不稳定的工作点。

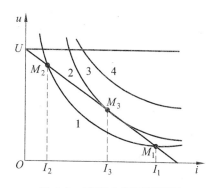

图 3-9　直流电弧灭弧原理

将电弧伏安特性升高到电阻特性之上，按电弧电压方程（3-7）及电压平衡方程（3-8），迫使电弧熄灭的具体措施有：

（1）拉长电弧或对其实行人工冷却。此二者在原理上均为借增大弧柱电阻使电弧伏安特性上移，与特性 $U\text{-}iR$ 脱离。为此，可增大纵向触头间隙[见图 3-10（a）]，也可借电流本身的

磁场或外加磁场从法向吹弧以拉长电弧[见图 3-10（b）]，或借磁场使弧斑沿电极上移[见图 3-10（c）]。这些措施除能机械地增大电弧长度 L 外，又使电弧在运动中受到冷却，所以常被采用。

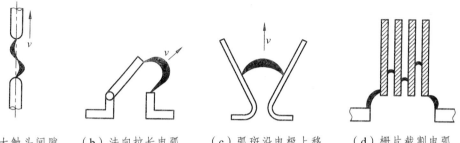

（a）增大触头间隙　（b）法向拉长电弧　（c）弧斑沿电极上移　（d）栅片截割电弧

图 3-10　直流电弧灭弧措施

（2）增大近极区电压降。若在灭弧室内设置若干垂直于电弧的栅片（如 n 片），则电弧被驱入灭弧室后被它们截割为 $n+1$ 段短弧[见图 3-10（d）]，故电弧电压降

$$u_A=(n+1)U_0+E_pL \tag{3-11}$$

这比无栅片时增大了 nU_0，所以也能起到使电弧伏安特性上移的作用。

（3）增大弧柱电场强度。具体措施有增大气体介质的压强、增大电弧与介质间的相对运动速度、使电弧与温度较低的绝缘材料紧密接触以加速弧柱冷却、采用 SF_6 气体等具有强烈消电离作用的特殊灭弧介质及采用真空灭弧室等。

3.4.3　电弧能量及开断直流电弧时的过电压

在开断电感性负载时，电弧电压可能高于电源电压，称为过电压。产生过电压的原因可从电弧能量角度来分析。

将式（3-8）两边乘以 idt 并进行积分，当 $t=0$ 时，$i=I$，经过时间 t_A 后，I 变为零，则有

$$\int_0^{t_A} Uidt = \int_0^{t_A} i^2Rdt + \int_0^{t_A} u_Aidt + \int_I^0 Lidi$$

移相得
$$\int_0^{t_A} u_Aidt = \int_0^{t_A}(U-iR)idt + \frac{1}{2}LI^2 \tag{3-12}$$

式（3-12）的左边为电弧能量，即灭弧过程中消耗于弧隙的能量，右边第一项为电源供给电弧的能量，第二项为熄弧过程开始时储存在磁场中的能量。可见，在灭弧过程中消耗在弧隙中的能量有一部分是磁场储能，它没有返回电源，而消耗于弧隙中，由此可知：

（1）若电路电感大，则磁场储能多，熄弧过程中从弧隙散发的能量也越多，因而电弧越难熄灭。

（2）由于电感中储能的泄放需要一定的时间，因而电弧不能立即熄灭，必须等能量基本泄完后，电弧才能熄灭，这也是电感性电路较电阻性电路难以熄灭的缘由。而且由于电感中自感电动势的存在，使线路产生过电压：

$$e=-L\frac{di}{dt} \tag{3-13}$$

显然，L 越大及电流随时间的变化率越大，过电压也越大。如果电弧被立即熄灭，电流的变化率很大，过电压的数值可达电源电压的数倍。因此，为避免太高的过电压，直流电弧不宜采用过强的灭弧措施。

图 3-11 为开断电感性直流电路时常用的几种限制过电压的措施。

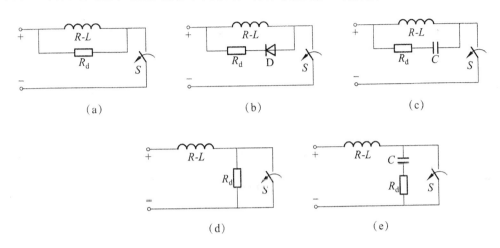

图 3-11　限制直流过电压的措施

图 3-11（a）中电阻 R_d 并联在 R-L 两端，熄弧时在电感上产生感应电动势，在回路 R-L-R_d 中产生环流，电流不会突然截断，并且一部分磁能消耗在电阻上，所以降低了过电压。图 3-11（d）中电阻 R_d 并联在触头两端（即电弧的两端），也是使开断电路时电感中的磁场能量逐渐消耗在电阻上。这两种电路的缺点是在正常工作时，电流在附加电阻上将有功率消耗，图 3-11（d）还需辅助开关以切断附加电阻上的电流。

图 3-11（b）中，当负载通电时，电阻 R_d 上无电流，因此无附加损耗，只有在开断电路的过程中，R_d 上才有电流流过，所以此电路应用较广。

图 3-11（c）中，采用了电容 C，当负载通电在稳态时，电阻 R_d 上也没有电流，在开断电路的过程中，电感电流通过 C-R_d-R-L 回路形成衰减振荡，使电感中一部分磁能及电容器中的电能消耗在此回路中，变为热能，以降低过电压。图 3-11（e）的原理与此类似。

3.5　交流电弧及熄灭

3.5.1　交流电弧的熄灭条件

熄灭交流电弧可以利用交流电流通过零时，电弧自行熄灭后不再重燃的方法。从电弧电流在上半周熄灭时起到下半周重新燃弧时止的一段时间（数十微秒），称为零休期间。在零休期间，弧隙内存在着两种相互影响的过程：一为电弧间隙内绝缘介质的恢复过程——介质恢复过程，是弧隙由导电状态向绝缘状态转化的过程；另一为弧隙电压恢复过程，是弧隙在外加电压的作用下带电粒子定向运动，可能引起电弧重燃的过程。若介质强度恢复速度始终高于电压恢复速度，弧隙内电离必然减弱，最终使弧隙呈完全绝缘状态，电弧也不会重燃。否则弧隙中的电离将逐渐增强，及至带电粒子浓度超过一定值时，电弧便重燃。因此，交流电弧是否熄灭需视电弧电流过零即零休期间介质恢复过程是否超过电压恢复过程而定，如图 3-12 所示，当介质恢复速度（曲线 1 ）始终超过电压恢复速度（曲线 3 ）时，由于 $u_{jf} > u_{hf}$，电弧不会重燃；反之，当介质恢复速度在某些时候（曲线 2 ）小于电压恢复速度，电弧还会重燃。

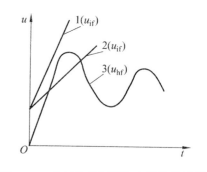

图 3-12 介质恢复过程和电压恢复过程

3.5.2 弧隙介质恢复过程

交流电弧自然过零后，弧隙介质恢复过程便已经开始，但在近阴极区和其余部分（主要是弧柱区）恢复过程有所不同。

1. 近阴极区介质恢复过程

电弧电流过零后，弧隙两端的电极立即改变极性，原来的阳极变为新的阴极，原来的阴极变为新的阳极。在新的近阴极区内外，电子运动的速度是正离子的成千倍，故它们于刚改变极性时即迅速离开而移向新的阳极，新阴极附近因缺少电子而出现正电荷，整个弧隙的电位分布如图 3-13 所示。若新阴极不再发射电子，电流将被中断，电弧自行熄灭后将不再重燃。要使电弧重燃，必须有一定的电压加在近阴极区，获得足够的场强使其重新发射电子，这就是近阴极效应。因此，电流过零后，只需经 0.1 ~ 1 μs，即可在近阴极区获得 150 ~ 250 V 的绝缘介质恢复电压（具体量值视阴极材料、阴极温度而定，温度越低，绝缘介质恢复电压越高）。

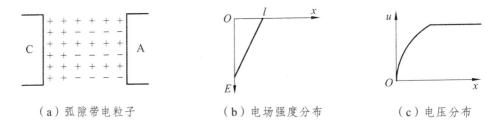

（a）弧隙带电粒子　　　　　（b）电场强度分布　　　　　（c）电压分布

图 3-13 近阴极区的电场强度和电压分布

通常可以利用近阴极效应进行灭弧。倘若在灭弧室内设若干金属栅片，将进入灭弧室内的电弧截割成许多段串联的短弧，则电流过零后的每一短弧的近阴极区均将立即出现 150 ~ 250 V 的介质强度（由于弧隙热惯性的影响，实际介质强度要低一些）。当它们的总和大于电网电压时，电弧便熄灭。这种综合利用截割电弧和近阴极效应灭弧的方法称为短弧灭弧原理，它广泛用于低压交流开关电器。

2. 弧柱区的介质恢复过程

研究弧柱区的介质恢复过程，对长弧的熄灭有重大意义，它是几乎所有高压开关电器和一部分低压开关电器灭弧装置设计的理论基础。

由于热惯性的影响，零休期间电弧电阻 R_h 并非无穷大，而是因灭弧强度不同呈现不同量值。弧隙电阻并非无穷大，意味着弧隙内尚有残留的带电粒子和它们形成的剩余电流，故电源仍向弧隙输送能量。当来自电源的能量小于电弧散发的能量时，弧隙内的温度降低，消电离作用增强，弧隙电阻不断增大，直至无穷大，电弧将熄灭。反之，若弧隙取自电源的能量大于其散发出的能量，R_h 将迅速减小，剩余电流不断增大，使电弧重燃。这就是所谓热击穿。

然而热击穿存在与否还不是交流电弧是否能重燃或熄灭的唯一条件。不出现热击穿固然象征着热电离已经基本停止，但当弧隙两端的电压足够高时，仍可能将弧隙内的高温气体击穿，重新燃弧，这种现象称为电击穿。因此，交流电弧电流自然过零后的弧柱区介质恢复过程大抵可分为热击穿和电击穿两个阶段。要使交流电弧熄灭必须具备两个条件：一是在零休期间，弧隙的输入能量恒小于输出能量，因而无热积累；二是在电流过零后，恢复电压又不足以将已形成的弧隙介质击穿。

加强弧柱区绝缘介质的恢复过程通常采用的办法有：将触头置于高压气体或绝缘油中，也可将触头置于真空中，以压制电离因素，采用压缩空气吹弧，如 SF_6 吹弧、绝缘油吹弧等措施，将弧隙中的热量和带电粒子迅速扩散到周围介质中，以增强消除电离，避免引起"热击穿"或"电击穿"。

3.5.3　弧隙电压恢复过程

电弧电流过零后，弧隙两端的电压将由零或反向的电弧电压上升到此时的电源电压。这一电压上升过程称为电压恢复过程，此过程的弧隙电压则称为恢复电压。

电压恢复过程进展情况与电路参数有关。下面对纯电阻、纯电容电路和电感性电路三种情况分别讨论。

分断电阻性电路时[见图 3-14（a）]，电弧电流与电压同相，故电流过零时电压也为零。这样，电流过零后，恢复电压 u_{hf} 将自零开始按照正弦规律上升，即按照电源电压的变化规律变化，它的增长速度慢，幅值也不大，电弧容易熄灭，电路也容易分断。

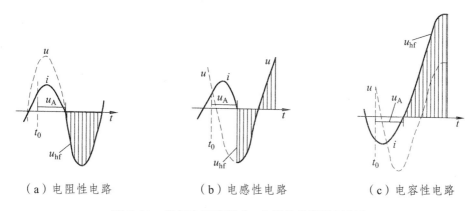

（a）电阻性电路　　　　　　（b）电感性电路　　　　　　（c）电容性电路

图 3-14　恢复电压波形（t_0 为触头分断的时刻）

若分断电感性电路[见图 3-14（b）]，因电流滞后于电源电压 90°，故电流过零时电源电压恰为幅值。因此，电流过零后加在弧隙上的恢复电压将自零跃升到电源电压幅值，并于此后按照正弦规律变化。这时的恢复电压含上升很快的暂态分量。

分断电容性电路时[见图 3-14（c）]，因电流超前电源电压约 90°，电流过零时电压处于幅值，因而电容被充电到约为电源电压幅值的电压。利用电弧电流过零后，触头将电路分断，加在动、静触头上的电压为电容器充电电压与电源电压的代数和；当电流过零时，电容电压与电源电压方向相反而大小相等，二者相互抵消，触头上的恢复电压为零。所以恢复电压从零开始随着电源电压的变化逐渐增大，当电源电压由负上升到零时，恢复电压的大小等于电源电压的幅值；当电源电压又达到最大值时，恢复电压约为电源电压幅值的 2 倍。所以开断电容性电路时，恢复电压的最大值为工频电源电压幅值的 2 倍。

实际的电压恢复过程要复杂得多，它要受到被分断电路的相数、线路工作状况、灭弧介质和灭弧室构造及分断时的初相角等许多因素的影响。

鉴于电路以电感性为多，所以以它为例分析电压恢复过程。为便于分析起见，设弧隙于电流过零前电阻为零、过零后就立即变为无穷大，并设电路本身的电阻为零，且在此过程（数百微妙）中电源电压不变。电源绕组间的寄生电容、线路的对地电容和线间电容用集中电容 C 来表示，则电路的电压方程为

$$U = U_{gm} = L\frac{di}{dt} + U_C = LC\frac{d^2 u_C}{d_t^2} + U_C \tag{3-14}$$

式中　ω_0——无损耗电路的固有震荡角频率，$\omega_0 = 1/\sqrt{LC}$；

　　　U_{gm}——工频电源电压的幅值；

　　　U_C——电容两端电压，即触头两端的恢复电压 u_{hf}。

当电弧电流过零（$t=0$）时，$\dfrac{du_C}{dt}=0$，于是，式（3-14）的解为

$$u_{hf} = U_C = U_{gm}(1 - \cos\omega_0 t) \tag{3-15}$$

恢复电压 u_{hf} 含稳态分量 U_{gm} 和暂态分量 $U_{gm}\cos\omega_0 t$，最大值是 $2U_{gm}$。因此，电压恢复过程是角频率 ω_0 的震荡过程。然而，实际电路总是具有电阻的，即 $R \ne 0$，同时电弧电阻在电流过零前后也不会等于零或无穷大，所以电压恢复过程是有衰减的震荡过程。

恢复电压 u_{hf} 的增长速度为：

$$\frac{du_{hf}}{dt} = \omega_0 U_{gm}\sin\omega_0 t = 2\pi f_0 U_{gm}\sin\omega_0 t \tag{3-16}$$

通常以振幅系数 γ 和振荡频率 f_0 来评价恢复电压的最大值和增长速度。振幅系数 γ 等于恢复电压最大值与工频电压幅值之比，即

$$\gamma = \frac{u_{hfm}}{U_{gm}} \tag{3-17}$$

通常振幅系数 γ 的范围为 1～2，即 $1 \le \gamma \le 2$。

振荡频率 f_0 为

$$f_0 = \frac{1}{2\pi\sqrt{LC}} \tag{3-18}$$

综上所述，交流电流通过零值，电弧自行熄灭后是否重燃，与下列电路参数有关：

（1）电源电压：其值越大，则恢复电压的最大值也越大，电弧越易重燃；

（2）电弧电流：其值越大，则电弧能量也越大，电弧自行熄灭后愈易重燃；

（3）振幅系数 γ：γ 越大，则恢复电压的最大值也越大，弧隙愈易再击穿；

（4）振荡频率 f_0：f_0 越大，则恢复电压的增长速度越快，弧隙也愈易再击穿；

（5）功率因素角 φ：线路中电感比例越大，则功率因素角 φ 越大，电弧自行熄灭后愈易重燃。

3.5.4　交流电弧的熄灭过程

前面已经指出，交流电弧的熄灭条件是在零休期间不发生"热击穿"或"电击穿"。而且从灭弧效果来说，零休期间是最好的灭弧时机：一则这时弧隙的输入功率近乎等于零，只要采取适当措施加速电弧能量的散发以抑制热电离，即可防止因热击穿引起电弧重燃；二则这时线路所储能量很小，需借电弧散发的能量不大，不易因出现较高的过电压而引起电击穿。若灭弧非常强烈，在电流自然过零前就截流，强迫电弧熄灭，则将产生很高的过电压。即使不致影响灭弧，对线路及其中的设备也很不利。因此，除非有特殊要求，交流开关电器多采用灭弧强度不过强的灭弧装置，使电弧在零休期间熄灭。

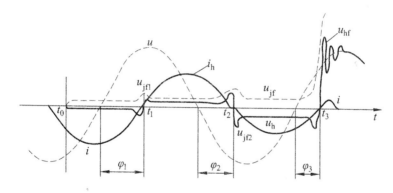

图 3-15　分断电感性交流电路时各弧隙参数波形

理想上希望交流电弧能于电流首次过零时熄灭，但实际上通常需经 2～3 个半周才熄灭。如图 3-15 所示的电感性交流电路的分断过程，触头刚分离（$t=t_0$）时，弧隙甚小，电弧两端电压 u_h 也不大，故电流在首次过零前（$t=t_1$），其波形基本上仍属正弦波，且在过零处电流比电源电压滞后 $\varphi_1 \approx 90°$。这时，介质强度 u_{jf} 不大，当恢复电压 u_{hf} 不久后上升到大于燃弧电压时，弧隙被击穿，电弧重燃。在第二个半周，弧隙增大了，u_h 和 u_{jf} 均增大，电流在过零（$t=t_2$）时的滞后角 $\varphi_2 < \varphi_1$。由于 u_{jf} 仍不够大，在 $u_{hf} > u_{jf}$ 时，弧隙再次被击穿，电弧仍重燃。此后，因弧隙更大，当 $t=t_3$ 时，$\varphi_3 < \varphi_2$，且 u_{jf} 始终大于 u_{hf}，电弧不再重燃，电弧终被熄灭，交流电路完全切断了。

3.6　灭弧装置

触头分断具有一定电压和电流的电路时，产生的火花或电弧会造成触头磨损、烧毁和熔焊，会危及电器本身和它所在系统的安全可靠运行。为了保证电路可靠分断，保证电器具有一定的电气寿命，通常都采用灭弧装置。

1. 简单灭弧

简单灭弧是指在大气中分开触头拉长电弧使之熄灭。它借机械力或电弧电流本身产生的电动力拉长电弧，并使之在运动中不断与新鲜空气接触而冷却。这样，随着弧长 L 和弧柱电场强度 E 的不断增大，使电弧伏安特性因电弧电压 u_h 增大而上移，达到使电弧熄灭的目的。

低电压电器中的刀开关和直动式交流接触器均有利用简单灭弧原理的。而且为保护触头有时还设弧角，使电弧在弧角上燃烧，同时为限制电弧空间扩展有时亦设置灭弧室。

2. 磁吹纵缝灭弧装置

磁吹纵缝灭弧装置需要较大的电动力将电弧吹入灭弧室，要采用专门的磁吹线圈建立足够强的磁场。图 3-16 为磁吹纵缝灭弧装置的示意图。磁吹线圈通常有一至数匝，与触头串联。为使磁场较集中地分布在弧区以增大吹弧力，线圈中央装有铁心，其两端平行地设置夹着灭弧室的导磁钢板。流过串联磁吹线圈的电流就是电弧电流，而作用在电弧上的电动力与电流的平方成正比，所以电弧电流愈大，磁吹能力愈强，电弧愈易熄灭。磁吹纵缝灭弧装置通常用于额定电流在 100 A 以上的电器。

灭弧角可使电弧很快离开触头，引导电弧在灭弧室中燃烧并熄灭。两个灭弧角间的夹角尽可能大，以便更有效地拉长电弧，缩短燃弧时间。

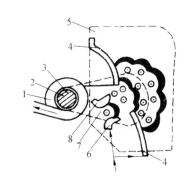

1—磁吹线圈；2—绝缘套；3—铁心；4—灭弧角；
5—灭弧罩；6、8—动静触头；7—导磁夹板。

图 3-16　磁吹纵缝灭弧装置

为限制弧区扩展并加速冷却以削弱热电离，常采用陶土或耐弧塑料制造的灭弧室。灭弧室还设有狭窄的纵缝，使电弧进入后在与缝壁的紧密接触中被冷却。纵缝灭弧装置有单纵缝、多纵缝和纵向曲缝等数种。磁吹有利于电弧克服进入宽度小于其直径的狭缝的阻力。纵缝多采取下宽上窄的形式，以减小电弧进入时的阻力，多纵缝的缝隙甚窄，且入口处宽度是骤变的，故仅当电流甚大时卓有成效。纵向曲缝兼有逐渐拉长电弧的作用，故其效果尤佳。

3. 栅片灭弧装置

栅片灭弧装置如图 3-17 所示，有绝缘栅片和金属栅片。绝缘栅片借拉长电弧并使之在与它紧密接触的过程中迅速冷却。金属栅片借将电弧截割为多段短弧，对直流电弧是利用近极压降，将电弧的伏安特性提高到电阻特性之上，达到熄弧的目的；对交流电弧则利用电流通过零、电弧自行熄灭后的近阴极效应，使电弧不再重燃，达到开断交流电路的目的。金属栅片为钢质，它有将电弧吸引的作用和冷却作用，但其 V 形缺口是偏心的，且要交错排列以减小对电弧的阻力。

栅片灭弧装置适用于高低压直流和交流开关电器，但以低压交流开关电器用得较多。

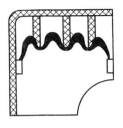 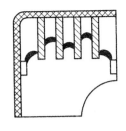 

（a）绝缘栅片　　　　（b）金属栅片　　　　（c）金属栅片的排列方式

图 3-17　栅片灭弧装置

4. 固体产气灭弧装置

固体产气灭弧装置主要用于高低压熔断器。以低压封闭管式熔断器为例，它是利用能生气体的固体绝缘材料兼作绝缘管和灭弧室。电路发生短路时，熔体窄部迅速熔化和汽化，形成若干串联短弧，而绝缘管则在电弧高温作用下迅速分解汽化，产生压强达数兆帕的含氢高压气体。电弧便于近阴极效应和高压气态介质共同作用下很快熄灭，有时甚至能在短路电流尚未到达预期值之前截流，提前分断电路。

5. 石英砂灭弧装置

石英砂灭弧装置主要也是用于高低压熔断器。石英砂充填在绝缘管内作为灭弧介质。熔断器的熔体熔化后产生的金属蒸气为石英砂所限无法自由扩散，遂形成高压气体，使电离了的金属蒸气扩散于石英砂缝隙内，它在该处冷却并复合。这种装置灭弧能力很强，截流作用显著。但分断小倍数过载电流时，可能因熔体稳态工作温度较高而将石英溶解，形成液态玻璃，并与金属熔体作用生成绝缘性能差的硅酸盐，以致发生稳定燃弧现象，特别是在直流的场合。

6. 油吹灭弧装置

油吹灭弧装置以变压器油为介质。产生电弧后，高温电弧迅速将油蒸发和分解，在电弧周围形成高压气体，其中油蒸气约占 40%，氢气约占 45%，乙炔约占 10%，甲烷和乙烯等约5%。氢气导热性能好，黏度小。它加强了电弧的冷却，压抑了电离因素，同时氢气有很强的扩散作用，将电弧中的带电粒子很快扩散到周围介质中去，增强了消电离作用。

油吹灭弧装置曾在高压断路器中占重要地位，但由于结构复杂且效果不理想，它已经越来越多地为其他形式的灭弧装置所取代。

7. 压缩空气灭弧装置

这种熄弧装置是依靠外界能源产生压缩空气来熄灭电弧的，也是用于高压电器。开断电路时，以管道将储存的压缩空气引向弧区猛烈吹弧，一方面带走大量热量，降低弧区温度，另一方面则吹散电离气体，将新鲜高压气体补充空间。因此，这种灭弧装置既能提高分断能力、缩短燃弧时间，又能保证自动重合闸时不降低分断能力。然而，当开断电感性电路和电流较小的情况下，压缩空气吹弧能力过强，容易产生截流现象，引起很高的过电压。压缩空气灭弧装置近年来也用的比较少了。

8. 六氟化硫气体灭弧装置

SF_6 气体为共价键型的完全对称正八面分子结构的气体，故具有强负电性，极为稳定。它无色，无臭，无味，无毒，既不燃烧也不助燃，一般无腐蚀性。在常温常压下 SF_6 的密度是空气的 5 倍，分子量也大，故其热导率虽逊于空气，但热容量大，总的热传导仍优于空气。

SF_6 气体化学上很稳定，仅在 100 ℃ 以上才与金属有缓慢作用；热稳定性也甚好，150~200 ℃ 以上开始分解，而且 SF_6 气体的绝缘和灭弧性能均很好。

概括起来，SF_6 气体作为灭弧介质具有下列优点：它在电弧高温下生成的等离子体电离度很高，故弧隙能量小，冷却特性好，燃弧时间短，触头电磨损小；介质强度恢复快，绝缘及灭弧性能好，绝缘距离小，有利于缩小电器的体积和重量，节省材料；基本上无腐蚀作用；无火灾及爆炸危险；采用全封闭结构时易实现免维修运行；可在较宽的温度和压力范围内使用；无噪声及无线电干扰；SF_6 气体中的触头不会被氧化，接触电阻小而稳定。SF_6 气体的主要缺点是易液化（-40 ℃ 时，工作压力不得大于 0.35 MPa；-35 ℃ 时不得大于 0.5 MPa），而且在不均匀电场中其击穿电压会明显下降。

目前，SF_6 气体灭弧装置已广泛应用于高压断路器，同时此气体还广泛用于全封闭式高压组合及成套设备中作为灭弧和绝缘介质。

9. 真空灭弧装置

此灭弧装置以真空作为绝缘及灭弧手段。当灭弧室真空度在 1.33×10^{-3} Pa 以下时，气体分子很少，发生碰撞电离的概率极小，不易产生电离，绝缘性能很好。因此，电弧是靠电极蒸发的金属蒸气生成的。若电极材料选用得当，且表面加工良好，金属蒸气就既不多又易扩散，故真空灭弧效果比其他方法都强得多。

真空灭弧具有下列优点：它不需要任何绝缘和灭弧介质，不会引起爆炸和火灾，可用于任何场合，具有很高的分断电流的能力；分合时几乎没有噪声；具有很好的绝缘性能和灭弧能力；触头开距小（10 kV 级的仅需 10 mm 左右），真空开关的体积小、重量轻，节省材料；所需操作力也小，动作迅速；燃弧时间短到半个周期左右，且与电流大小无关；触头使用期限长，尤适宜于操作频率高的场合。其缺点主要是截流能力过强，灭弧时易产生甚高的过电压；对触头材料要求很高，需采用产生气量极小且避免产生截流的触头材料；要求密封工艺高，以保证足够的真空度，制造工艺较复杂；价格较高。

目前，高低压电器均发展了采用真空灭弧装置的工业产品。

习题与思考题

3.1 电弧对电器是否仅有弊而无益？

3.2 何谓电离和消电离？它们各有哪几种形式？

3.3 电弧的本质是什么？电弧放电有何特点？

3.4 试从电的观点及热的观点分析电弧内部的基本矛盾，怎样才能熄弧？

3.5 电弧电压和电场是怎样分布的？

3.6 直流电弧的动伏安特性为什么与静伏安特性不同？

3.7 试分析直流电弧的熄灭条件？何谓稳定燃烧点？如何提高直流电弧的静伏安特性的位置？

3.8 熄灭直流电弧为什么会产生过电压？开断直流纯电阻电路有无过电压？若交流电弧在未过零值前被切断，会不会产生过电压？

3.9 试分析交流电弧的熄灭条件并阐述介质恢复过程和电压恢复过程。

3.10 弧长不变的交流电弧在稳定燃烧时，为什么燃弧电压总是大于熄弧电压？

3.11 为什么熄灭电感性电路中的电弧要困难些？

3.12 何谓近阴极效应？它对熄灭哪一种电弧更有意义？

3.13 何谓"热击穿"？何谓"电击穿"？

3.14 开断电感性电路时，触头两端的恢复电压由哪两种分量组成？瞬态恢复电压的最大值会不会超过工频电源电压幅值的 2 倍？瞬态恢复电压的平均电压恢复速率与哪些因素有关？

3.15 熄灭长弧与熄灭短弧所采用方法有何不同？熄灭交流电弧时，栅片灭弧室中的金属栅片具体起何作用？

3.16 试通过电弧的电压方程分析各种灭弧装置的作用？

3.17 有一直流含电感电路的电源电压 U=220 V，负载电阻 R=5 Ω 电弧的伏安特性如下：

U_A/V	220	180	160	137	113	100	95	85	80
I_A/A	1	2	3	5	10	15	20	30	40

问稳定燃烧时电弧电流 I_A 有多大？为使电弧熄灭，应在电路中串入多大的附加电阻？

第4章 电接触

电路的通断和转换是通过电器中的执行部件即触头来实现的。本章主要讨论电接触现象的本质，触头在各种工作状态下的行为，以及延长寿命和改善工作性能的技术措施。

4.1 电接触与触头

在电路中，经常将两个导电零件接触在一起，两个导体相互接触处称为电接触。电接触使电流从一个导体流到另一个导体，完成电路接通的任务，因此，又叫电接触连接。通过互相接触以实现导电的具体物件称为电触头（简称触头），它是接触时接通电路、操作时因其相对运动而断开或闭合电路的两个或两个以上的导体。电接触和触头是电器中极为重要的部分，如果设计或加工不好，接触不良，运行中就可能成为产生严重事故的根源。

4.1.1 电接触连接的分类

电接触连接按工作方式一般可分为三大类。

1. 固定接触连接

两个导体用焊接或者用螺钉、铆钉等紧固件连接起来，在工作中接触面不发生相互分离和相对移动的连接，称为固定接触连接。例如母线与电器接线端的连接；母线与母线的连接等。

2. 滑动及滚动连接

在工作过程中，一个接触面沿着另一个接触面滑动或滚动，但不能分开的电接触，称为滑动或滚动接触连接。例如直流电机的换向器；交流电机的滑环与电刷；滑线电阻器中的滑臂与电阻线之间的连接等。

3. 可动接触连接

在工作中两接触面可以分开又可以接触的连接，称为可动接触连接。是电器中用以接通、分断及转换电路的执行部件，并且总是以动触头和静触头的形式成对出现。它具有多种形式，诸如楔形触头、刷形触头、指形触头、桥式触头和瓣式触头等。这类连接广泛用于各种断路器、接触器和继电器中。

触头按在电路中的作用分为主触头和辅助触头。主触头用于主电路，辅助触头用于辅助电路和控制电路。因为辅助触头常起电气联锁作用，所以又称为联锁触头。联锁触头又分为正联锁触头（即常开触头）和反联锁触头（即常闭触头）。在无电情况下，触头是断开的为常开触头，触头是常闭的为常闭触头。

触头按接触方式分为三种：点接触触头、线接触触头、面接触触头。如图 4-1 所示。

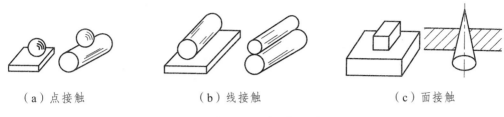

（a）点接触　　　　　　（b）线接触　　　　　　（c）面接触

图 4-1　触头的接触形式

点接触触头是指两个导体只在一点或者很小的面积上发生接触的触头。它常用于 20 A 以下的小电流电器，如继电器的触头、接触器和断路器的辅助触头等。由于接触面积小，所需保证其可靠性的接触互压力也较小。线接触触头是两个导体沿着线或者较窄的面积发生接触的触头。其接触面积和触头压力都适中，常用于几十安至几百安电流的中等容量的电器中，例如中、小容量的接触器和断路器的主触头。面接触触头是指两个导体沿着较广的表面发生接触的触头。其接触面积和触头压力都较大，多用于大电流的电器，例如大容量接触器和断路器的主触头。

对接触连接的基本要求是电阻小而稳定，并且耐电弧、抗熔焊和电侵蚀；长期通过额定电流时温升不超过规定值；通过短路电流时有足够的热稳定性和电动稳定性；能耐受周围介质的作用（如氧化、化学气体腐蚀）等。

4.1.2　触头的基本参数和工作状况

任何电器的触头，都有其工作参数、特性指标和结构参数。

所谓工作参数是指关于触头使用条件的参数，一般包括额定电压、额定电流、工作制、操作频率、通电持续率等。

触头工作的特性指标一般有：容许温升、电动稳定电流和热稳定电流、电寿命（即触头在规定的电路参数下能够正常接通和分断规定负载电流的操作次数）。

触头的结构参数是指保证触头在其工作参数下能可靠工作的结构措施，主要有以下基本参数：研距，开距，超程，初压力和终压力。

1. 研距

在触头闭合过程中，接触线是逐渐移动的。动、静触头在开始接触时的接触线与最后接触以导通工作电流的接触线不在同一个地方。此过程是依靠动触头弹簧在衔铁闭合过程中受压力而产生弹性变形，使触头表面呈圆弧形滚动来完成的。整个接触过程称为研磨过程，接触过程中不仅有相对滚动，而且有相对滑动存在，触头的滚动量与滑动量之和称为研距。触头表面有滑动，可以擦除触头表面的氧化层及脏物，减小接触电阻。触头表面有滚动，可以使正常工作接触线（最终接触线）和开始接触线错开，以免电弧烧损正常工作的接触线，保证其接触良好。

2．开距

开距是触头处于断开状态时其动静触头间的最短距离，见图 4-2 中的距离 s。触头开距必须保证触头分断电路时可靠地灭弧，并具有足够的绝缘能力，经得起过电压的冲击而不被击穿。

3．超程

触头超程是指触头运动到闭合位置后，将静触头移开时动触头在触头弹簧的作用下还能继续前移的距离，见图 4-2 中的距离 r。其值取决于触头在其使用期限内遭受的电侵蚀，是用来保证在允许磨损的范围内仍能可靠地工作的。

4．触头的初压力和终压力

触头闭合后，其接触处有一定的互压力，称为触头压力。触头压力是由触头弹簧产生的。动触头刚和静触头接触时的互压力，称为触头初压力。动、静触头研磨过程结束时的接触压力称为触头终压力。触头具有初压力，可以防止刚接触

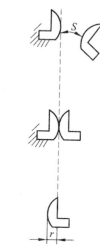

图 4-2　触头开距 s 和超程 r

时的碰撞振动及电动斥力使两触头弹开。触头终压力使得实际接触面积增加，接触电阻减小。

触头开距、超程、初压力和终压力都是必须进行检测的重要参数。在电器的使用和维修中，常用这些参数来观察触头的工作情况及检验电器的工作状态。

触头有四种工作状况：

（1）触头处于闭合状态：主要问题是触头的发热以及热和电动的稳定性。触头的发热是由接触电阻引起的，因此必须设法减小接触电阻。

（2）触头闭合过程：主要是减小由于触头碰撞而产生的机械振动，从而减少触头电磨损和避免触头的熔焊。

（3）触头处于断开状态：触头必须有足够的开距，以保证可靠地熄灭电弧和开断电路。

（4）触头的开断过程：这是触头最繁重的工作过程。当触头开断电流时，一般在触头间会产生电弧，这个过程的主要问题是熄灭电弧和减少由于电弧而产生的触头电磨损。

4.2　触头接触电阻及其影响因素

4.2.1　接触电阻

如图 4-3 所示，如果将一段导体于截断后再对接好，则在测量其电阻时将发现一电阻增量，后者是因两截导体接触时产生的，故称为接触电阻，以 R_{j} 表示。

接触电阻包括束流电阻和膜层电阻。

两个接触表面无论经过多么细致的加工处理，其表面总是凹凸不平的，它们不是整个面积接触，而是某些点接触，如图 4-4 所示。两个表面相互接触时，只有某些凸出部分相接触，且随着接触压力的增加，凸出部分的接触面随之增加，但实际接触面积比视在接触面积小得

多。电流通过实际接触面积，迫使电流线收缩，导体有效电阻增加，所以呈现附加电阻，称为束流电阻。

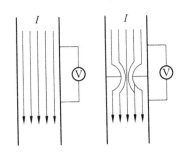
图 4-3　导体及电接触的电阻

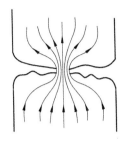
图 4-4　电流线收缩

导体的接触表面暴露在大气中会导致表面膜层的产生，它包含尘埃膜、化学吸附膜、无机膜和有机膜。尘埃膜和化学吸附膜虽会使接触电阻略增，但一般无害，仅使之欠稳定。无机膜主要是氧化膜及硫化膜，它能使电阻率增大 3·4 个数量级（如银的氧化膜）至十几个数量级（银的硫化膜和铜的氧化膜），严重时甚至呈现半导体状态（如氧化亚铜膜）。银的氧化膜温度较高时即可分解，铜的氧化膜要近于其熔点时才能分解，故危害甚大。有机膜由绝缘材料或其他有机物排出的蒸汽聚集在接触面上形成，它不导电，击穿强度又高，对接触极有害；但当其厚度不超过 5×10^{-9} m 时，尚可借隧道效应导电，否则只能借空穴或电子移动导电，而其电阻亦类同绝缘电阻。这些导电性能很差的膜层导致的电阻增量称为膜层电阻，其值可能比束流电阻要大好多倍。

束流电阻和膜层电阻迄今仍难以通过解析方式计算。因此，接触电阻 R_j 在工程上往往以下面的经验公式计算：

$$R_j = \frac{K_c}{F_j^m} \tag{4-1}$$

式中　K_c——与触头材料、接触面加工情况以及表面状况有关的参数（见表 4-1）；

　　　F_j——接触压力；

　　　m——与接触形式有关的指数，点接触 $m=0.5$，线接触 $m=0.5 \sim 0.7$，面接触 $m=1.0$。

表 4-1　各种触头材料的 K_c 值

触头材料	K_c	触头材料	K_c
铜—铜	$(0.08 \sim 0.14) \times 10^{-3}$	铜—铝	0.98×10^{-3}
黄铜—黄铜	0.67×10^{-3}	铝—黄铜	1.9×10^{-3}
铝—铝	$(3 \sim 6.7) \times 10^{-3}$	铜—铜镀锡	$(0.07 \sim 1) \times 10^{-3}$
黄铜—铜	0.38×10^{-3}	银—银	0.06×10^{-3}

式（4-1）说明，接触电阻 R_j 与接触压力、接触形式、接触材料、表面状况等因素有关，但必须指出，式（4-1）的局限性很大，不能概括各种因素对接触电阻的影响。因此，工厂中常采用测量接触电压降的方法来实测接触电阻值 R_j，接触电压降是指通过一定电流 I 时，电接触连接处的电压降 U_j，即

$$U_j = IR_j \qquad (4\text{-}2)$$

4.2.2 影响接触电阻的主要因素

1. 接触压力

它是确定接触电阻的决定性因素，当接触压力很小时，接触压力微小的变化将使接触电阻的值产生很大的波动。从式（4-1）可知，触头接触电阻与触头压力呈近似双曲线关系，即接触电阻在一定的压力范围内随外加压力的增大而减小。当接触电阻 R_j 减小到一定数值时，即使再增加接触压力 F_j，R_j 的减小也不明显，即 R_j 的数值近似不变（见图 4-5）。这是因为在压力作用下，两表面接触处产生弹性变

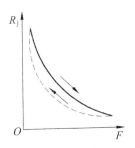

图 4-5 接触电阻与接触压力的关系

形，压力增大，变形增加，有效接触面积也增加，接触电阻减小。但压力的增加无法使整个表面接触，故接触电阻无法完全消除，而只能减小到一定的数值。由于塑性变形的缘故，压力减小时接触电阻变化的曲线较压力升高时的电阻变化曲线低些。

2. 接触形式

从式（4-1）可知，接触电阻与接触形式也有关，表面上看似乎面接触的接触电阻最小，但也不尽然。若接触压力不大，面接触时的接触斑点多，每个斑点上的压力反而很小，以致接触电阻增大很多。因此，继电器和小容量电器的触头普遍采用点接触形式，大中容量电器触头才采用线和面接触形式。表 4-2 中关于铜触头的试验数据便是实证。

表 4-2　接触形式与接触电阻值

接触形式		点接触	线接触	面接触
$R_j / \times 10^{-6}\,\Omega$	$F_j = 9.8\ \text{N}$	230	330	1900
	$F_j = 980\ \text{N}$	23	15	1

3. 触头温度

触头的接触电阻与它本身的金属电阻一样，也受温度的影响，随着触头温度的升高，接触电阻增加。由试验得到，接触电阻与温度之间的关系式为：

$$R_j = R_{j0}\left(1 + \frac{2}{3}\alpha_0\theta\right) \qquad (4\text{-}3)$$

式中　R_{j0}——触头在 0 ℃ 时的接触电阻（Ω）；

　　　α_0——触头材料的电阻温度系数（1/℃）；

　　　θ——触头的温度（℃）。

图 4-6 表示在接触压力不变的情况下，接触电阻 R_j 与触头温度的关系曲线。曲线 1 的互压力比曲线 2 的互压力小，因此接触电阻大。

在 B 点以前，R_j 与 θ 的关系由式（4-3）决定。接触电阻随温度升高而增加到 B 点时，θ 在 $250 \sim 400\,°C$，材料要软化，接触面扩大，接触电阻突降，这时触头材料机械强度突减，触头将遭到破坏，这是不允许的。这种情况有可能发生在触头通过较长时间的短路电流的故障状态。当触头温度达到材料的熔化点温度后，接触处就会熔焊在一起，触头难以分离，电器将不能正常工作。在设计触头时，应恰当地选择触头的材料和触头压力，使触头在通过额定电流时不会软化，通过最大电流时也不致熔焊。

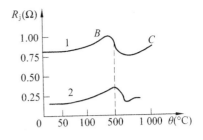

图 4-6　接触电阻与温度的关系

4. 表面加工状况

表面粗糙度影响接触点数目，因而影响接触电阻。对于大、中电流的触头表面，不要求精加工，加工接触表面粗糙度达到 $Ra = 12.5 \sim 3.2\,\mu m$ 即可，重要的是平整。两个平整而较粗糙的平面接触在一起，接触点数较多，且能有效地清除氧化膜；而两个精加工的表面，当装配稍有歪斜时，接触点数显著较少，R_j 反而越大。

对于某些小功率的电器，触头电力小到毫安以下，为了保证接触电阻小而稳定，要求表面粗糙度小于 $0.2\,\mu m$；表面光滑的触头不易受污染，也不易生成有机膜和无机膜等。为了达到小于 $0.2\,\mu m$ 的粗糙度，往往采用机械、电或化学抛光等先进工艺。

5. 材料性质

构成电接触的金属材料的性质直接影响接触电阻的大小。这些材料的性质包括电阻系数、材料的机械强度和硬度、材料的化学性能等。电阻系数愈高，R_j 愈大。硬度大，材料不易变形，接触面积小，因而 R_j 增大。材料越易氧化，就越容易在表面形成氧化膜，如果不设法清除，R_j 就会显著增大。

6. 化学腐蚀及电化学腐蚀

触头在长期工作过程中，其接触电阻有所变化，原因主要是由于化学腐蚀及电化学腐蚀。

各种金属的活泼性，可按它们在电化电位顺序表 4-3 中的位置先后来决定。具有较负电位的金属更活泼，也更易被腐蚀。

表 4-3　金属电化电位顺序表

金属	Al 铝	Zn 锌	Cr 铬	Fe 铁	Cd 镉	Ni 镍	Sn 锡	H 氢	Cu 铜	Ag 银	Pt 铂
电位/V	-1.34	-0.76	-0.56	-0.44	-0.4	-0.2	-0.14	0	0.345	0.8	0.86

为了减小电化学腐蚀作用，不宜采用在电化电位顺序表中相隔较远的金属构成触头对。在两种金属的接触表面，用电镀或喷涂等方法覆盖同一种金属，可以减少电化学腐蚀，但覆盖层金属应具有较稳定的化学性能及良好的电性能。保持触头清洁并与大气隔绝，如在电接触缝隙处涂漆及凡士林等的薄膜，避免空气中水分凝结在接触面上，也可预防电化学腐蚀。

4.3 触头的发热及热稳定性

4.3.1 触头的发热计算

触头的发热与一般导体不同，它分为本体发热和触点发热两部分。触点处有接触电阻，产生的热量很大，同时其表面积很小，热量只能通过热传导传给触头本体。因此，触点的温度要比触头本体高。

由于触头接触电阻 R_j 受许多因素影响，难以准确计算；触头、触头支架以及连接导线的形状复杂，热传导的路径、散热面积等都无法准确计算，因此，触头的热计算只能近似估算。

由于开关电器的触头导电板多用截面很大的紫铜制成，紫铜导热性良好，当导电板具有足够长度时，导电板的稳定温升 τ_{wd} 可用下式计算：

$$\tau_{wd} = \frac{I^2\rho}{K_T pS} \tag{4-4}$$

式中　I——流过导电板的电流（A）；

　　　ρ——导电板的电阻率（Ω·m）；

　　　K_T——导电板综合表面散热系数[W/（m²·K）]；

　　　P——导电板横截面的周长（m）；

　　　S——导电板的横截面积（m²）。

触头与导电板连接表面上的稳定温升 τ_{jd} 可用下式计算：

对于单断点触点，有

$$\tau_{jd} = \tau_{wd}\left[1 + \frac{175U_j}{\sqrt{\tau_{wd}}}\right] \tag{4-5}$$

对于双断点触头，有

$$\tau_{jd} = \tau_{wd}\left[1 + \frac{350U_j}{\sqrt{\tau_{wd}}}\right] \tag{4-6}$$

式中　U_j——一个触头上的接触电压降（V）。

触头接触点的稳定温升 τ_{jm} 可用下列公式计算：

对于单断点触头，有

$$\tau_{jm} = \tau_{jd} + \frac{U_j^2}{8\rho\lambda} = \tau_{wd}\left[1 + \frac{175U_j}{\sqrt{\tau_{wd}}}\right] + \frac{U_j^2}{8\rho\lambda} \tag{4-7}$$

对于双断触头，有

$$\tau_{jm} = \tau_{jd} + \frac{U_j^2}{8\rho\lambda} = \tau_{wd}\left[1 + \frac{350U_j}{\sqrt{\tau_{wd}}}\right] + \frac{U_j^2}{8\rho\lambda} \tag{4-8}$$

式中　λ、ρ——触头材料的热导率和电阻率。

金属材料的 λ 值越大，ρ 值就越小。任何金属的 λ 与 ρ 值大抵仅与绝对温度 T 有关，即

$$\lambda\rho = LT \qquad\qquad (4-9)$$

式中 L——洛伦兹常数，其值为 2.4×10^{-8} V^2/K^2。

将式（4-9）代入式（4-7）得

$$\tau_{jm} = \tau_{wd}\left[1 + \frac{175U_j}{\sqrt{\tau_{wd}}}\right] + \frac{U_j^2}{8LT}$$

将式（4-9）代入式（4-8）得

$$\tau_{jm} = \tau_{wd}\left[1 + \frac{350U_j}{\sqrt{\tau_{wd}}}\right] + \frac{U_j^2}{8LT}$$

4.3.2 触头的热稳定性

触头在闭合位置流过短路电流时，接触部分强烈发热，在几秒钟时间内，触头可能因过热而局部熔化，甚至互相焊接。触头承受短路电流的热作用而不致损坏的能力，称为触头的热稳定性。

由式（4-7）可见，当 U_j 增大时，触点温升是增大的。当触点温度高达能令触点金属材料发生软化时对应的 U_j，称为软化电压 U_s。如果 U_j 继续逐渐增大，增至 U_m 时，此时接触面积因温度已达熔点而增大很多，R_j 猛降，该电压降 U_m 称为融化电压。软化电压和融化电压均为触点材料的特性参数（见表4-4）。

表 4-4 触头材料的软化电压 U_s 和熔化电压 U_m

材料	U_s/V	U_m/V	材料	U_s/V	U_m/V
Al	0.1	0.3	Cd	—	0.15
Fe	0.21	0.6	Sn	0.07	0.13
Ni	0.22	0.65	Au	0.08	0.43
Cu	0.12	0.43	W	0.4	1.1
Zn	0.1	0.17	Pt	0.25	0.65
Ag	0.09	0.37	Cu-Zn（40%）	—	0.2

为保证触头接触稳定、工作可靠，触头接触处的最高温升 τ_{jm} 应小于触头材料的软化温度。也就是使触头在通过额定电流时的电压降 U_j 小于该种材料的 U_s；若通过过载电流时的电压降 U_j 小于 U_m，则热稳定性合格。为安全起见，一般应使 U_j 值远比 U_s 小。

对于继电器触头，通常取

$$U_j = (0.5 \sim 0.8)U_s \qquad\qquad (4-10)$$

若已知触点允许通过的热稳电流 I，则大体上可以求得触点的允许接触电阻

$$R_j = U_j/I \qquad\qquad (4-11)$$

4.4 触头的电动力及电动稳定性

触头间的电动力相当于变截面载流导体受到的电动力。当导体截面变化时，电力线会弯曲，而电动力 dF 是与电力线垂直的，故它恒指向截面变大的一侧（见图 4-7）。此电动力有两个分量：径向分量 dF_x 和轴向分量 dF_y。前者是径向压力，后者是趋于在截面变化处将导体拉断的电动排斥力。

设通过触头的电流为 i，运用安培力公式可以导出总电动力的轴向分量为

$$F_y = \int dF_y = \frac{\mu_0}{4\pi} i^2 \ln \frac{r_1}{r_2}$$

$$= 10^{-7} i^2 \ln \frac{r_1}{r_2} \ (\text{N}) \qquad (4\text{-}12)$$

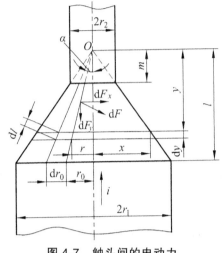

图 4-7 触头间的电动力

或

$$F_y = \frac{\mu_0}{4\pi} i^2 \ln \sqrt{\frac{S_1}{S_2}} = 10^{-7} i^2 \ln \sqrt{\frac{S_1}{S_2}} \ (\text{N}) \qquad (4\text{-}13)$$

式中　r_1、r_2——导体粗处和细处的半径；

　　　S_1、S_2——导体粗处和细处的截面面积。

由式（4-12）及式（4-13）可见：轴向电动力与导体粗处的半径或截面面积之比有关，而与一截面向另一截面过渡处的渐缩段的形状、尺寸以及电流的方向无关。若导体有若干个渐缩段，则当电流值一定时，总电动力仅与最大截面和最小截面之比有关。显然，单点接触处导体截面的变化最大，当发生短路时，巨大的电动力很可能将触头斥开，并导致发生电弧或者发生触头熔焊。

当接触压力为 F_j、触点材料的抗压强度为 σ，且压力和电流都均匀分布时，触头的有效接触面积与接触压力成正比，有效接触面积 S_2 为

$$S_2 = F_j / \sigma \qquad (4\text{-}14)$$

故式（4-13）将变为

$$F_y = 10^{-7} i^2 \ln \sqrt{\frac{\sigma S_1}{F_j}} \qquad (4\text{-}15)$$

式中　i——通过触头的电流；

　　　S_1——触头的视在接触面积。

必须指出，这样求出的电动斥力并不准确，电接触区的互相作用极其复杂，其计算结果只能是近似的。

式（4-15）说明电动斥力与触头视在接触面积 S_1、触头材料的抗压强度 σ、触头压力 F_j 等有关。S_1 和 σ 越大，电流线收缩得越厉害，电动斥力也就越大。触头压力 F_j 越大，有效接触面积增加，电动斥力也就越小。实际上，接触点不止一个，所以，流过每个接触点的电流减

小了，故电动斥力将小得多。

当触头材料、结构和参数一定时，电动斥力与电流的二次方成正比。触头处于闭合位置而且通过短路电流时，其收缩电动力企图将触头排斥开。如果收缩电动力大于触头压力，触头将被排斥开，并且产生电弧，然而电弧电阻使电流减小，收缩电动力随之减小，触头又闭合，然后又被电动力斥开，从而导致触头烧损或熔焊。

触头承受短路电流所产生的电动力而不致损坏的能力，称为触头的电动稳定性，以动稳定电流表示。当触头通过动稳定电流时，收缩电动力及回路电动力的代数和小于触头接触压力，不会使触头分开，则触头的动稳定性合格。因此校核触头的电动稳定性时，既要考虑触头回路产生的电动斥力，又要核算触头接触处电流线收缩产生的电动斥力。

为了保证电器工作的可靠性，往往采取各种措施削弱电动力对触头的作用，称为电动力补偿措施。

如图 4-8（a）所示结构，动触头所受电动力 F_n 为两个电动斥力 F_d 与回路电动力 F_c 之和，即

$$F_n = 2F_d + F_c \tag{4-16}$$

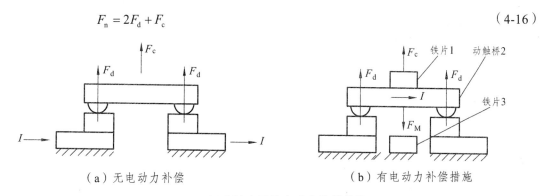

（a）无电动力补偿   （b）有电动力补偿措施

图 4-8　桥式触头及其电动力补偿措施

如果在动触桥 2 上加铁片 1，并在静触头之间加固铁片 3，如图 4-8（b）所示，当电流通过动触桥时，两铁片均被磁化，产生吸力 F_M，与动斥力方向相反，则提高了电动稳定性，即

$$F_n = 2F_d + F_c - F_M \tag{4-17}$$

有的电器静触头分成两个平行的导电片，所产生的回路电动力将动触头夹紧；而且由于电流分成两路，触头间收缩电动力也减为原来的四分之一，提高了电动稳定性。

额定电流比较大的隔离开关和刀开关，也常常将闸刀分成两个平行的导电片，被静触头夹住，其回路电动力也起到电动力补偿作用。

4.5　触头的电侵蚀

触头材料在工作过程中的损失称为侵蚀，按照产生的原因可分机械的、化学的和电的三种。机械侵蚀由触头在通断过程中的机械摩擦引起，化学腐蚀有触头表面的氧化膜破碎所致，这些侵蚀量都不大，一般不作考虑。电侵蚀是触头通断过程中产生金属液桥、电弧和火花放电等各种现象，从而引起触头材料金属转移、喷溅和汽化，使触头损耗和变形。它是触头损

坏的主要原因，它占全部磨损的 90% 以上。本节要讨论的就是电侵蚀。

电侵蚀有两种类型：液桥的金属转移即桥蚀；火花放电抑或电弧放电使触头材料逐渐耗损，即弧蚀。

4.5.1 桥 蚀

触头在开断过程中，若分断电流足够大，最后分断点的电流密度高达（$10^7 \sim 10^{12}$）A/m²。于是，该点及其附近的触头表面金属材料将融化，并在动触头继续分离时形成液态金属桥。当动静触头相隔到一定程度时，金属桥就断裂了。由于其温度最高点偏于阳极一侧，故断裂发生在近阳极处，这就使阳极表面因金属向阴极转移而出现凹陷，阴极表面出现凸起物，结果阳极遭到电蚀。液态金属桥断裂以致材料自一极向另一极转移的现象称为桥蚀或桥转移。触头每分断一次都出现一次桥蚀，只是转移的金属甚小而已。

据试验，桥蚀中阳极材料的侵蚀程度可按照下式计算：

$$V = aI^2 \qquad\qquad\qquad (4\text{-}18)$$

式中 V ——一次分断的材料体积转移量（cm³）；

I ——通过触头的电流（A）；

a ——转移系数。

表 4-5 给出了在无弧或无火花、线路电压小于最小燃弧电压、线路电感 $L < 10^{-6}$ H 条件下断开电路时的转移系数 a 值。

表 4-5 部分金属的转移系数

金属或合金	金	银	铂	钯	金-镍（84-16）	金-银-镍（70-25-5）
$a / (\text{cm}^3 \cdot \text{A}^{-2})$	0.16×10^{-12}	0.6×10^{-12}	0.9×10^{-12}	0.3×10^{-12}	0.04×10^{-12}	0.07×10^{-12}
I_b / A	4.0	1~10	1.5~10	3.0	4.0	3~20

表中的 $I_b = I(1 - U_b / E)$ 为液态金属桥断裂时的电流，而式中的 I 为触头闭合时的电流，U_b 为对应于材料沸点的电压，E 为被分断电路的电动势。

4.5.2 弧 蚀

液态金属桥断裂并形成触头间隙后，若触头工作电流不大，间隙内将发生火花放电。这是电压较高而功率却较小时特有的一种物理过程。较高的电压使触头间隙最薄弱处可能为电击所击穿，较小的功率则使间隙内几乎不可能发生热电离，终于只能形成火花放电。火花放电电流产生的电压降可能使触头两端的电压下降到不足以维持气体放电所需强电场，以致放电中止。此后气体又会因电压上升再度被击穿，重新发生火花放电。因此，火花放电呈间歇性，而且很不稳定。火花放电时是阴极向阳极发射电子，故将有部分触头金属材料自阴极转移到阳极，也即阴极遭到电蚀。

火花放电时切换电路一次触头材料的侵蚀量为

$$V=\lambda q \tag{4-19}$$

式中　q——通过触头的电量；

　　　λ——与材料有关的系数。

为降低火花放电导致的电侵蚀，通常是采用灭火花电路。

若液态金属桥断裂时触头工作电流较大，就会产生电弧。它是稳定气体放电过程的产物。电弧柱为等离子体，其中正离子聚集于阴极附近成为密集的正空间电荷层，使该处出现很强的电场，质量较大的正离子为电场加速后轰击阴极表面，使之凹陷，而相应地阳极表面则出现凸起物。换言之，即阴极材料转移到了阳极，形成阴极电蚀。与此同时，在电弧高温作用下阴极和阳极表面的金属均将局部融化和蒸发，并在电场力的作用下溅射和扩散到周围空间，使材料遭受净侵蚀。

弧蚀发生时，触头在一次分断中被侵蚀的程度取决于电弧电流、电弧在触头表面上的移动速度和燃烧时间、触头的结构形式等，它也与操作频率有关。在中流较大而操作频率不高时，触头的电侵蚀与分断次数通常呈线性关系。此外，如果电流在数百安以内，触头电侵蚀量还与磁吹磁场有关。当磁吹磁场的磁感应强度 B 值较小时，电弧在触头表面移动的速度是随它一起增大的，故侵蚀量会减小，并在某一 B 值时达到最小。此后当 B 值增大时，侵蚀量先是增大，然后趋于一稳定值。在强磁场下会出现液态金属从触头向外喷溅的现象，而当磁场较弱时，有一部分液态金属还能重新凝固并残留在触头表面上。

根据试验，若触头操作次数为 n、分断的电流为 I，则以质量 m 来衡量的电侵蚀量为

$$m=KnI^a \times 10^{-9} \quad (\text{g}) \tag{4-20}$$

式中　a——与电流值有关的指数，当 $I=100 \sim 200$ A 时，$a=1$；当 $I>400$ A 时，$a=2$；

　　　K——侵蚀系数，铜为 0.7，银为 0.3，银-氧化镉合金为 0.15，银-镍合金为 0.1。

必须指出，这类经验公式很多，但都有一定的适用范围，故不一一介绍了。

4.6　触头的振动与熔焊

4.6.1　触头的振动

如图 4-9（a）所示，触头在闭合过程中可能发生振动。动触头以速度 v_0 碰撞静触头，静触头受撞击后获得速度 v_1。若 $v_1 > v_0$，则动、静触头又分离。以后，动触头移向静触头，静触头则在触头弹簧压力的作用下，使速度 v_1 逐渐降低，于是动、静触头又重新接触，发生第二次碰撞。所以，触头的闭合过程是经历一系列的碰撞后才完成的，这种现象称为触头在闭合过程中的机械振动。触头的机械振动，不仅由于闭合过程中触头相互碰撞引起，触头间收缩电动力也引起触头间振动。

设触头间距离为 l，则在闭合过程中触头距离对时间 t 的变化曲线 $l=f(t)$ 如图 4-9（b）所示。

在触头闭合过程中，撞击和摩擦的结果，使接触面产生压皱、裂痕或塑性变形及磨损，统称为机械磨损；对于接通较大电流的触头，闭合过程中的振动会在触头之间产生电弧，造成电磨损，严重时甚至会造成触头熔焊。

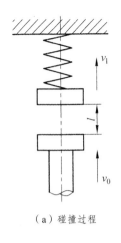
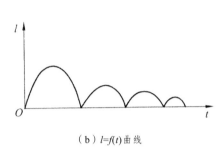

（a）碰撞过程 　　　　　　　　　　　　　（b）$l=f(t)$曲线

图 4-9　触头闭合中产生振动

为减少接通电路时触头的磨损和防止触头熔焊，可采取增大触头初压力、提高触头弹簧刚度、减少运动部分最后的速度以及适当减少动触头系统的质量的措施。

4.6.2　触头的熔焊

触头在通过大的过载电流或短路电流时，电动力可能将触头斥开，使触头间断续产生电弧，在电弧高温下，触头表面金属熔化，当触头最终闭合时，动、静触头焊接在一起不能分开；这种动静触头因被加热而熔化以致焊在一起无法正常分开的现象，称为触头的"熔焊"或"热焊"。必须指出，触头的"熔焊"可能发生于严重过载或短路电流情况下，在额定电流下不可能发生。

熔焊可分为静熔焊与动熔焊。静熔焊是连接触头或闭合状态下的转换触头由于通过大电流时，因热效应和正压力的作用使接触斑点及其邻近的金属熔化并焊为一体的现象，其发生过程一般无电弧产生；动熔焊是转换触头在接通过程中因电弧的高温作用使触区局部熔化发生的熔焊现象。若触头接通过程伴随有机械振动，由于电弧和金属桥的出现，发生动熔焊的可能性更大。闭合状态的转换触头为短路电流产生的巨大电动力斥开时，同样有可能发生动熔焊。

影响熔焊的因素主要有：

1．电参数

包括流过触头的电流、电路电压和参数。导致熔焊的根本原因是通过触头的电流产生的热量。触头开始熔焊时的电流称为最小熔焊电流 I_{min}，它与触头材料、接触形式和压力、通电时间等许多因素有关。线路电压对静熔焊的影响仍是电流的影响，对动熔焊则表现为电压越高越易燃弧，且电弧能量越大。电路参数的影响是指电感和电容的影响。接通电感性电路时，若负载无源，电感有抑制电流增长的作用；若负载有源，则因起动电流甚大而易发生熔焊。接通电容性负载时，涌流的出现也易导致触头熔焊。

2．机械参数

主要是接触压力，其增大可降低接触电阻，提高抗熔焊能力。触头闭合速度也对熔焊有影响，速度大，易发生振动，因而也易发生熔焊。

3. 表面状况

接触面越粗糙，接触电阻就越大，也越易发生熔焊。但接触面的氧化膜虽对导电不利，因其分解温度高，对提高抗熔焊能力却是有利的。

4. 材料

影响熔焊的是材料品种、比热容、电导率和热导率。粉末合金材料的抗熔焊能力一般较强。当动静触头采用不同材料时，就静熔焊而论，抗熔焊能力仅相对弱的一方有所提高；就动熔焊而论，不仅未必能提高抗熔焊能力，有时甚至会降低。

4.6.3　触头的冷焊

除熔焊外，还有一种触头焊接现象产生于常温状态，通常称为"冷焊"。"冷焊"常常发生在用贵金属材料（如金和金合金等）制成的小型继电器触头中。其原因为贵金属表面不易形成氧化膜，纯洁的金属接触面在触头压力作用下，由于金属原子和原子之间化学亲和力的作用，使两个触头表面牢固地黏结在一起，产生"冷焊"现象。它一旦发生就很难处理，由"冷焊"产生的触头黏接力很小，但是在小型或高灵敏继电器中，由于使触头分开的力也很小（一般小于 0.1 N），不能把由于"冷焊"黏结在一起的触头弹开，常常使触头黏住而不释放，况且弱电触头又常密封于外壳内，很难以其他手段使之分离。因此，必须采取一定措施防止"冷焊"。目前，为防止发生冷焊，一般是通过实验，在触头及其镀层材料的选择方面采取适当的措施。

4.7　触 头 材 料

电器触头的性能，诸如接触电阻、温升、抗熔焊能力和抗侵蚀能力等，无不与其材料性能密切相关。可以毫不夸大地说，采用具有优异性能的触头材料乃是改善电器性能和制造出高技术经济指标电器产品的关键性措施之一。

对触头材料通常有下列要求：具有低的电阻率和低的电阻温度系数；具有高的最小燃弧电压和最小燃弧电流；具有高的热导率、比热容以及高的熔点和沸点；具有高的抗氧化和抗化学腐蚀能力；具有适当的硬度和良好的工艺性能。显然，要求一种材料兼具有上述所有性能并不现实，所以实用上应根据主要矛盾选择触头材料。

触头材料一般有纯金属、合金、粉末合金三类。

1. 纯金属材料

（1）银（Ag）：在金属材料中它具有最高的电导率和热导率。其氧化膜电阻率较低，且易去除；其硫化膜电阻率虽然较高，仍易去除。因此，银触头接触电阻小，而且稳定。银的工艺性一般也优于其他材料。由于熔点和硬度均较低，故银的耐弧、耐侵蚀和抗焊性能较差，所以银触头多用于中小容量开关电器。

（2）铜（Cu）：铜的电导率和热导率在纯金属材料中仅次于银，其比热容大、工艺性好、价格低廉。铜易氧化，其氧化膜的电阻率很高，不易去除，故铜触头接触电阻大而且不稳定。目前，仅动、静触头的接触面之间有相对运动的电器才用铜触头

（3）铝（Al）：其电导率和热导率在纯金属中居第三，质轻而具有一定的机械强度，价格便宜，故亦属最常用的导电材料。缺点是在大气中金属表面很快形成一层氧化膜，该膜导电性极差，也不易破坏。铝在空气中腐蚀速度快，所以铝不能做触头材料，而被广泛地用作母线材料及其他线材。

（4）铂（Pt）：铂是贵金属，化学性能稳定，在空气中既不生成氧化膜，也不产生硫化膜，接触电阻非常稳定。铂的导电和导热性能差，在触头开始分断时容易产生金属桥，使触头上形成毛刺。铂价格昂贵，资源缺乏，因此不采用纯铂作继电器的触头材料，一般用铂的合金作小功率继电器的触头。

（5）钨（W）：它具有高的熔点、沸点与硬度，故耐弧、耐电蚀和耐熔焊。但其电阻率大，易氧化，且氧化膜几乎不导电，以致接触电阻特别大。工程上不采用纯钨触头。

由于纯金属本身性能的差异，将它们与不同的成分相配合构成合金或金属陶瓷材料，能使触头的性能得以改善。

2. 合金材料

（1）铜钨合金：其含铜量在 20%～80%。由于钨的熔点高，故此合金有非常高的耐弧、耐侵蚀及抗熔焊能力。但因电阻率高，需要高接触压力，故主要用于高压及大电流断路器。

（2）铜石墨合金：其石墨含量为 4%～5%，性能与铜钨合金相似，由于它在很大的冲击电流作用下也不致发生熔焊，故也常用于大中容量开关电器。

（3）银钨合金：其含钨量为 30%～80%，它耐弧、基本上不熔焊，而在工艺性及电阻率方面优于铜钨合金。因此，它尤适用于大容量开关电器。

（4）银镍合金：其含镍量 5%～40%。镍熔点较高，加入后可提高抗硫化及抗熔焊性能。它的接触电阻稳定，耐侵蚀，易作碾压加工，但抗熔焊能力很低，且价格高。此合金一般用于中小容量开关电器。

（5）银石墨合金：其含碳量与铜石墨合金相似，具有高抗熔焊能力，但质地软，不耐摩擦，一般用于非频繁操作的大中容量电器。

（6）银炭化钨合金：碳化钨的化学稳定性优于钨，耐腐蚀性也较高，故接触电阻较稳定，能耐受大电流，适用于低电压大电流电器。

（7）银铜合金：铜的掺入可提高硬度和抗侵蚀性能，故用于频繁操作时性能优于纯银。但铜含量达一半后极易氧化，使接触电阻不稳定。因此，它不宜用于接触压力小的电器。银铜合金的熔点低，可作焊接触头的银焊料。

（8）铜铋合金：铜铋合金具有良好的导电性和导热性；具有良好的抗熔焊能力，由于铜铋合金在燃弧时蒸发大量的铋蒸汽，增加了电弧的游离强度，降低了截流值与截流过电压；而且铜铋合金的熔点较低，即使达到熔点温度，也不会显著地发射热电子，所以铜铋合金具有良好的分断电流的能力。铜铋合金的缺点是金属蒸汽压力较高，虽对降低截流值有好处，但在电流过零时的介质恢复速度比较慢，在过电压作用下，易引起触头间隙击穿；而且触头烧损较快，影响电寿命。

此外，继电器和弱电电器还常采用与镍、铂、锆的合金以及铂和铱的合金。

3. 粉末合金材料

粉末合金也称金属陶瓷材料，它是两相金属的机械混合物，而每相金属均保留其原有性能。两相金属中有一相是硬度大、熔点高的难熔相，它在合金结构中起着骨架作用，如钨、钼、镍或其他氧化物，在电弧高温作用下不易变形和熔化，称为耐熔相。另一相的金属有很高的电导率和热导率，如银、铜等，称为导电相，它主要起载流作用。载流相金属在电弧高温作用下熔化后能保留在难熔相金属骨架形成的空隙中，故可防止发生大量喷溅现象。因此，粉末合金既有较低的接触电阻，又耐弧、耐侵蚀和抗熔焊。

（1）银氧化镉粉末合金：其含镉为 12%～15%。含量过低，氧化镉效用难以发挥；含量过高，不仅不能扩大效果，反而有损工艺性。氧化镉除在合金中起骨架作用外，还有下列作用：一是它有较低的蒸气压，易为电弧热量所蒸发，从而去除接触面上的氧化物，并有助于吹灭电弧和驱使弧斑迅速移动，最终减小电侵蚀量；二是其分解要吸收大量热能，有助于冷却及熄灭电弧；三是分散的镉微粒能增大触头表面熔融物黏度，减少液态金属喷溅；四是镉蒸气有部分会与氧重新结合，生成固态氧化镉沉积在触头表面，加强抗熔焊能力。其缺点是镉蒸气有毒。

近年来，此合金中还添加少许其他元素（硅、铝、钙等）以细化晶粒，提高抗腐蚀性能。

（2）银氧化锡铟粉末合金：它的优点是无毒，且抗熔焊和分断能力均与银氧化镉相当，而耐侵蚀能力强。氧化锡骨架有较高的热稳定性，能不为电弧高温所蒸发，自始至终能有效阻止银的蒸发和喷溅。银氧化锡的缺点是弧斑移动较少，易使电弧移动停滞。但适当控制铟的含量，并着力去除触头表面层内所含碳等易产生电子发射的元素，同时再注意表面加工质量，问题是可以解决的。

（3）银氧化锌粉末合金：它抗熔焊、抗电侵蚀好，而且电导率高，常用于各种低压开关电器。

（4）银镍粉末合金：其电阻率小，接触电阻小，抗电侵蚀性能好，又无毒，多用于小容量电器。

（5）银铬粉末合金：这种合金由于铬分散于银母相中，故抗熔焊及抗电侵蚀性能好，接触电阻小而稳定，它常用作真空开关电器的触头材料。其耐压水平及分断能力高于铜铋触头，截流值低于铜铋触头。如 CuCr50 真空触头材料，致密、均匀无缺陷，具有高的开断短路电流的能力，极限电流密度大于 1.6×10^7 A/m²；耐压强度高，在 0.75 mm 间隙时击穿电压为 38.1 kV；截流值低，平均截流值 4.92 A；具有优良的真空性能，由于 Cr 的强烈吸气能力，能保证灭弧室内一定的真空度。

（6）银钨粉末合金：其抗熔焊及抗电侵蚀性能因两种元素保持了各自的本色而优于银钨合金，而且是随着钨含量增加而提高。用于低压电器时，钨含量 30%～40%；用于高压电器时，钨含量 60%～80%。此合金的缺点是分断过程中表面产生三氧化钨或钨酸银薄膜，它们是不导电的，故接触电阻将随分断次数增加而剧增。

（7）银碳化钨粉末合金：它具有很好的抗熔焊和抗电侵蚀性能。由于其抗氧化性好，故接触电阻稳定。此外，它还具有体积小、重量轻又能节银的特点。

习题与思考题

4.1 电接触和触头是同一概念吗？

4.2 触头有哪几个基本参数？

4.3 触头大体上分为几类？对它们各有何基本要求？

4.4 接触电阻是怎样产生的？影响它的因素有哪些？

4.5 在长期通电的运行过程中，接触电阻是否不变？为什么？

4.6 某小容量接触器采用银-银触头材料，其触头为桥式、点接触，接触压力 F_j=10 N，试计算其接触电阻值。

4.7 何谓触头的研距、开距、超程、初压力和终压力？各起什么作用？

4.8 已知触头导电板厚度 h=8 mm，宽度 b=50 mm，电阻率 $\rho = 2.3 \times 10^{-8}$ Ω·m，综合表面散热系数 $K_T = 9$ W/(m²·K)，单断点触头接触电阻 $R_j = 5 \times 10^{-6}$ Ω，当通过电流 $I = 1000$ A 时，求触头接触点温升 τ_{jm}。（周围环境温度 $\theta_0 = 40$ ℃）

4.9 已知瓣形触头的接触电阻 $R_j = 4.9 \times 10^{-6}$ Ω，问通过 4 s 热稳定电流 20 kA 时，触头是否会熔焊？若 $R_j = 100 \times 10^{-6}$ Ω 时怎样？

4.10 何谓触头的热稳定性？如何校核？

4.11 何谓触头的电动稳定性？如何校核？

4.12 瓣形触头的电动稳定性是否比对接式触头好？为什么？

4.13 触头电侵蚀有几种形式？它与哪些因素有关？如何减小电侵蚀？

4.14 何谓熔焊？它有几种形式？

4.15 何谓冷焊？怎样防止发生冷焊？

4.16 对触头材料有何要求？

4.17 银氧化镉和银氧化锡粉末合金有何特点？

第 5 章　电磁机构理论

电磁机构是通过电与磁的相互作用来完成所需动作的组件或部件，由磁系统和励磁线圈组成。它广泛用于有触点电器中，作为电器的感测元件（接收输入信号）、驱动机构（实行能量转换）或灭弧装置的磁吹源。它既可以单独成为一类电器，如牵引电磁铁、制动电磁铁、起重电磁铁和电磁离合器等；也可以作为电器的其中部件，如各种电磁开关电器和电磁脱扣器的感测部件、电磁操动机构的执行部件。

电磁机构的磁系统包含由磁性材料制成的导磁体和各类气隙。当励磁线圈通电后，其周围空间中就建立了磁场，磁场使导磁体磁化，产生电磁吸力吸引衔铁，使之运动做机械功，以达到预定目的。因此，电磁机构兼具能量转换和控制作用。

本章主要讨论各种电磁机构的计算方法和特性。

5.1　概　述

对于有触点的电磁式电器，感测与控制部分大都是电磁机构，而执行部分则是触点系统（触头）。电磁机构是各种自动电磁式电器的主要组成部分，它将电磁能转换成机械能，从而带动触头闭合或断开。

常用的电磁机构的结构形式如图 5-1 所示。分为如下几类：

（1）衔铁绕棱角转动：如图 5-1（a）所示，衔铁绕磁轭的棱角而转动，磨损较小。铁心用软铁，适用于直流接触器、继电器。

（2）衔铁绕轴转动：如图 5-1（b）所示，衔铁绕轴转动，用于交流接触器。铁心用硅钢片叠成。

（3）衔铁直线运动：如图 5-1（c）所示，衔铁在线圈内做直线运动。多用于交流接触器中。

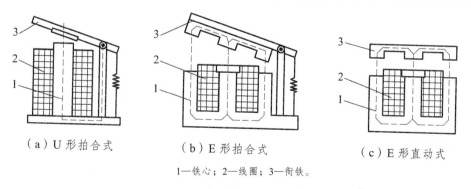

（a）U 形拍合式　　　　（b）E 形拍合式　　　　（c）E 形直动式

1—铁心；2—线圈；3—衔铁。

图 5-1　常用电磁机构的形式

电磁机构由吸引线圈和磁路两部分组成。按励磁电流的性质，吸引线圈可分为直流线圈和交流线圈，并有各种电压等级。磁路包括铁心、衔铁、磁轭和空气隙。

按励磁线圈的接入方式，电磁机构有并励的（线圈与控制电源并联）和串励的（线圈与负载串联）、含永磁铁的以及交直流同时磁化的。按结构形式区分有内衔铁式的（衔铁可伸入线圈内腔）和外衔铁式（衔铁只能在线圈外运动）的。

5.2 磁场与磁路

电磁机构的励磁线圈通电后，其周围的空间就建立了磁场。

5.2.1 磁场的基本物理量

实验证明，一个电量为 q 的带电粒子以速度 v 在磁场中运动时，将受到磁场对它的力的作用，即洛仑兹力的作用。此力为

$$\vec{F} = q\vec{v} \times \vec{B} \tag{5-1}$$

式中　　B——表征磁场的磁感应强度矢量。

洛仑兹力 F 的方向与 v、B 方向之间的关系如图 5-2（a）所示。磁场对载有电流 I 的导体元的作用力由安培力公式

$$\mathrm{d}F = I\mathrm{d}l \times B$$

所决定。磁场对整根载流导体 l 的作用则为

$$F = \int \mathrm{d}F = I\int_0^l \mathrm{d}l \times B \tag{5-2}$$

其方向与 $\mathrm{d}l$、B 的方向关系如图 5-2（b）所示。

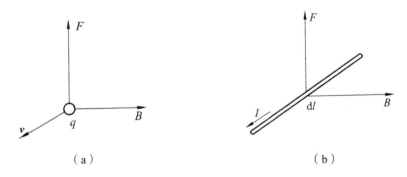

（a）　　　　　　　　　　（b）

图 5-2　磁场对运动电荷及载流导体的作用

磁场对电流的作用与产生磁场的原因无关，不论磁场是电路中的宏观电流产生的、还是电真空器件中的电子流产生的，效果完全一样。

若将一个与磁感应强度 B 垂直的电流元 $I\mathrm{d}l$ 引入磁场，而电流元又不致使原磁场畸变，则

$$B = \lim_{I\mathrm{d}l \to 0} \frac{F}{I\mathrm{d}l} \tag{5-3}$$

可见磁感应强度相当于作用在载有单位电流的单位长度导体上的、可能的最大磁场力。

整个磁场可借场域内各点的磁感应强度来描述，但场内各点 B 通常具有不同的量值和方向，所以 B 是空间坐标函数，即 $B=B（x、y、z）$。

为了形象化地表示磁场，人为地引入了一种空间曲线——磁力线，其每一点的切线方向代表该点 B 矢量的方向。磁场的强弱亦能通过磁力线表示，即规定其密度与 B 值成正比。

根据矢量的通量的定义，B 矢量通过某个平面 A 的通量——磁通为

$$\Phi = \int_A B \cdot dA \tag{5-4}$$

它表示磁场的分布情况。通常取磁力线的数量与 Φ 的量值相等，故亦称磁力线为磁通线，而磁感应强度则称磁通密度。

同一电流所建立的磁场的磁场感应强度将因磁介质不同而异，这在某种意义上于磁场计算颇为不便，故引入磁场强度

$$H = B/\mu = B/(\mu_r \mu_0) \tag{5-5}$$

式中　μ, μ_r, μ_0——分别表示磁介质的磁导率、相对磁导率和真空磁导率。

磁感应强度 B、磁场强度 H、磁通 Φ 和磁导率 μ 都是磁场的基本物理量。

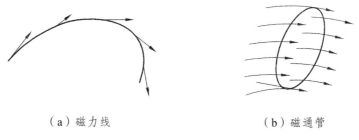

（a）磁力线　　　　　　　（b）磁通管

图 5-3　磁力线与磁通管

一般，电磁机构的磁场都是三维场，其计算非常复杂。通常使用的一种简捷的方法是，将整个磁场按磁通管和等磁位面划分为许多个串联和并联的小段，即把磁场化为串并联的磁路，只考虑沿磁导体形成闭路的磁通（主磁通），把磁通看作完全在磁导体内流动，这样，磁导体也就成为与电路对应的磁路，这就是磁场的路化。

5.2.2　磁路的基本概念

磁路是磁场集中化处理所得，是磁通经过的闭合回路。一般情况下，由电流产生的磁通分布于整个空间。但是，在电磁机构中，由于采用了铁磁材料制成的导磁体，铁磁材料的磁导率是空气的几千倍到几万倍，使得磁通主要集中于导磁体和工作气隙之中，这部分磁通称为主磁通或工作气隙磁通，常用 Φ_δ 表示；还有一部分磁通不通过工作气隙，只通过线圈周围空间和部分导磁体形成回路，这部分磁通称为漏磁通，常用中 Φ_l 表示，如图 5-4 所示。当工作气隙较小而且磁路不太饱和时，漏

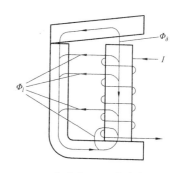

Φ_δ—主磁通；Φ_l—漏磁通。

图 5-4　电磁铁的磁通分布情况

磁通远小于主磁通，往往可以忽略；但是，当工作气隙较大时，漏磁通常不能忽略，而漏磁通的存在，使铁心和铁轭内各处磁通值不相等，并且使磁路成为比较复杂的串并联磁路。

5.2.3　磁路的基本定理

1. 磁路的基尔霍夫第一定律

根据磁通连续性定理，磁力线是闭合的。基尔霍夫第一定律指在磁路任一节点处，进入节点的磁通为与离开节点的磁通相等。如图 5-5（a）所示，以离开节点 A 的磁通为正，进入节点的磁通为负，则汇聚在磁路任一节点的磁通代数和为零，其一般数学表达式为：

$$\sum \Phi = -\Phi_1 + \Phi_2 + \Phi_3 = 0 \qquad (5\text{-}6)$$

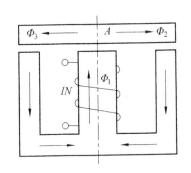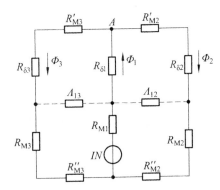

图 5-5　电磁机构及其等效磁路

2. 磁路的基尔霍夫第二定律

根据安培环路定律，磁场强度矢量 H 沿任一闭合回路 l 的线积分，等于穿越该回路所界定面积的全部电流的代数和。即：

$$\oint_L H\mathrm{d}l = \sum i \qquad (5\text{-}7)$$

若沿各段磁导体的中心线取一包含连接的空气隙在内的闭合回路，并认为 H 处处与 dl 同相。而回路的磁动势等于与回路交链的全部电流——回路所包围的线圈的电流 I 与线圈匝数 N 之积的代数和（见图 5-5），则安培环路定律可表示为

$$\sum Hl = \sum IN \qquad (5\text{-}8)$$

此即磁路的基尔霍夫第二定律。它说明磁路中沿任一闭合回路的磁压降的代数和等于回路中各磁动势的代数和。

5.2.4　磁路的参数及等效磁路

由上可知，磁路计算的基本定律与电路计算有相似之处，讨论磁路要借用电路的概念，其参数也应互相对应。例如，电路有电阻和电导，磁路也有磁阻和磁导。若一段磁路两端的磁压降为 U_M，通过它的磁通为 Φ，则其磁阻为

$$R_{\mathrm{M}} = \frac{U_{\mathrm{M}}}{\varPhi} \tag{5-9}$$

而它的磁导

$$\varLambda = \frac{1}{R_{\mathrm{M}}} = \frac{\varPhi}{U_{\mathrm{M}}} \tag{5-10}$$

若磁路是等截面的（面积为 A）、且长度为 l，则有

$$\left. \begin{array}{l} R_{\mathrm{M}} = \dfrac{U_{\mathrm{M}}}{\varPhi} = \dfrac{Hl}{BA} = \dfrac{l}{\mu A} \\[2mm] \varLambda = \dfrac{\mu A}{l} \end{array} \right\} \tag{5-11}$$

为了清晰地表示磁路状况，也可仿照电路图作等效磁路，如图 5-5（b）所示，其中 $R_{\delta 1}$、$R_{\delta 2}$、$R_{\delta 3}$ 为空气隙的磁阻，R_{M1}、R_{M2}、R'_{M2}、R''_{M2}、R_{M3}、R'_{M3}、R''_{M3} 为磁导体的磁阻，$\varLambda_{12}$、$\varLambda_{13}$ 为漏磁通路径的磁导，IN 为线圈磁动势。作等效磁路图有助于建立正确的关系式，避免发生差错。

直流励磁时，除在过渡过程中磁导体内无功率损耗，其他时候均存在磁阻。取一段截面面积为 A、长度为 l 的磁导体，其磁阻可按定义式（5-9）计算。但磁性材料的磁导率 μ 不是一个常数，而是磁场强度 H 的函数，故式（5-9）并不适用。实际计算时，往往是根据已知磁通 $\varPhi$、求出磁导体的磁感应强度 B，再通过磁导体材料的直流平均磁化曲线查出对应的 H 值，然后按下式计算磁导体的磁阻

$$R_{\mathrm{M}} = \frac{l}{\mu A} = \frac{Hl}{\varPhi} \tag{5-12}$$

交流励磁时，磁导体内有铁损，其出现不仅使得励磁电流增大，而且使磁导体各段的磁压降与磁通之间有了相位差。因此，磁导体除磁阻 R_{M} 外，还有与其铁损相联系的磁抗 X_{M}，而磁导体的磁阻抗

$$Z_{\mathrm{M}} = R_{\mathrm{M}} + \mathrm{j}X_{\mathrm{M}} \tag{5-13}$$

若已有磁导材料的交流平均磁化曲线，通过此曲线容易求得磁导体的磁阻抗为

$$Z_{\mathrm{M}} = \frac{U_{\mathrm{M_m}}}{\varPhi_{\mathrm{m}}} = \sqrt{2}\,\frac{Hl}{\varPhi_{\mathrm{m}}} \tag{5-14}$$

式中　$U_{\mathrm{M_m}}$、$\varPhi_{\mathrm{m}}$——磁压降和磁通的幅值。

根据资料推证，磁导体的磁抗为

$$X_{\mathrm{M}} = \frac{2P_{\mathrm{Fe}}}{\omega \varPhi_{\mathrm{m}}^2} \tag{5-15}$$

式中　P_{Fe}——磁导体的铁损；

　　　ω——电源角频率。

于是，磁导体的磁阻为

$$R_{\mathrm{M}} = \sqrt{Z_{\mathrm{M}}^2 - X_{\mathrm{M}}^2} \tag{5-16}$$

如果没有交流平均磁化曲线，而只有直流的，则可先按后者求出 R_M，再根据铁损求出 X_M，那么，磁导体的磁阻抗就是

$$Z_M = \sqrt{R_M^2 + X_M^2} \qquad (5-17)$$

5.2.5 磁路的特点

同电路比较，磁路具有下列特点：

（1）由于磁路主体磁导体的磁导率不是常数，而是 H 值的非线性函数，所以磁路是非线性的。

（2）电路中导体与电介质的电导率相差达 20~21 个数量级，故在非高压频率条件下忽略泄漏电流对工程计算几乎无影响，而磁导体与磁介质的磁导率相差才 3~5 个数量级，故忽略泄漏磁通可能会产生不能容许的误差。

（3）虽然泄漏磁通处处存在着，但主要集中于磁导体之间，所以构成等效磁路时，也只考虑这部分磁漏通。

（4）磁动势由整个线圈产生，它是分布性的，泄漏磁通也存在于整个磁导体之间，同样是分布性的，因而磁路也是分布性的。

（5）与电流在电阻上要产生电能和热能的转换不同，磁通并不是实体，所以说它通过磁导体不过是一种计算手段，绝无任何物质流动，结果当然也无能量消耗与交换。

可见，磁路的计算既复杂，又不准确。

5.2.6 磁路的计算

磁路的计算任务有两类：设计任务（正求任务）和验算任务（反求任务）。

正求任务时，已知条件多为要求它应产生的电磁力，而此力又与磁通值有关，所以也可认为已知条件为该电磁机构必须产生的磁通，待求的则是电磁机构的几何参数和电磁参数，其中最重要的是建立已知磁通所需的磁动势。正求任务比较简单。

反求任务恰恰相反，是在已知电磁机构几何参数和电磁参数（主要是磁动势）的条件下，求该磁动势能够产生的磁通。由于未求得磁通之前无法知道磁路中各段磁导体的磁阻，故无法直接求解，往往要借试探方式——先设一磁通值，反过来求建立它所需的磁动势，与已知磁动势进行比较，直至它们吻合为止。因此，反求任务较正求任务复杂得多。

根据磁通求磁动势或根据磁动势求磁通的运算称为磁路计算。它仅仅是电磁机构计算的一个部分。在设计或验算中还要计算电磁力、静态和动态特性等。电磁机构计算内容的关系，可视情况借图 5-6 所示框图表示。

随着计算机和计算技术的发展，近年来在电磁机构的设计和验算方面已越来越多地采用计算机辅助分析（CAA）与计算机辅助设计（CAD），包括从零件到整个电磁机构的设计乃至优化设计，均由计算机来完成。它还能与计算机辅助制造（CAM）技术结合，形成融设计与制造为一体的、完整的自动化设计系统，并朝着专家系统的形成发展。但是，实现这些技术必须要有电磁机构的数学模型，下面讨论的传统计算方法就是数学模型的基础。

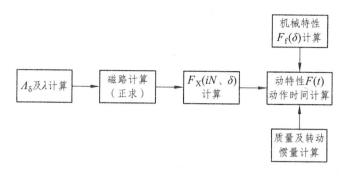

图 5-6　电磁机构的计算任务

5.3　气隙磁导的计算

5.3.1　概　述

凡借衔铁运动做机械功的电磁机构必然具有气隙。就气隙的作用而言，有产生机械位移做功的主气隙（工作气隙），有因结构原因必须有的可变或固定结构气隙，还有以防止因剩磁过大妨碍衔铁正常释放而设的防剩磁气隙，以及用以取代后者的非磁性垫片，如图 5-7 所示。

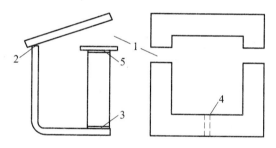

1—主气隙；2—可变机构气隙；3—固定结构气隙；4—防剩磁气隙；5—非磁性垫片。

图 5-7　电磁机构的气隙

与导磁体长度比较，气隙长度非常小，但气隙磁阻较导磁体的磁阻大得多。因此，在释放位置，气隙磁压降几乎占全部磁动势的 80% ~ 90% 及以上。这样，气隙磁导计算的准确度便决定了磁路甚至电磁机构计算的准确度。

磁路中的磁导体在直流磁场中只呈现磁阻，在交变磁场中则呈现磁阻抗。当它们的值与气隙磁阻为可比时，其计算同样很重要。由于磁导体的磁导率是非线性变数，故其计算需应用磁化曲线，而且磁抗计算还涉及铁损计算。

计算气隙磁导的方法有解析法、分割磁场法、经验公式和作图法等。

5.3.2　解析法

当气隙磁场分布均匀且磁极边缘的磁通扩散可忽略不计时，其磁力线和等磁位线的分布规律可用数学方式来描述，并根据磁导的定义式（5-10）导出气隙磁导的计算公式。然而，即使气隙两端磁极的端面相互平行，也只有当其尺寸趋于无穷大或气隙长度趋于零时，气隙磁场才是均匀的。因此，以解析法计算气隙磁导，难免产生一定的误差。

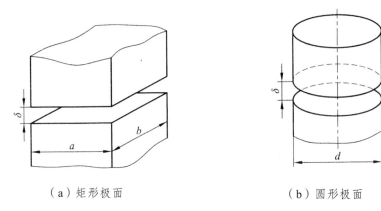

（a）矩形极面　　　　　　　　　　　　（b）圆形极面

图 5-8　平行极面间的气隙磁导

以平行平面磁极间的气隙磁导为例，如果气隙值 δ 与极面的线尺寸比较为甚小，如图 5-8 中 $\delta \leqslant 0.1a$、$\delta \leqslant 0.1b$ 或 $\delta \leqslant 0.1d$，可近似地认为气隙磁场为均匀场。于是，对于矩形端面磁极，极间气隙磁导按式（5-11）当为

$$\Lambda_\delta = \mu_0 \frac{A}{l} = \mu_0 \frac{ab}{\delta} \tag{5-18}$$

而对于圆形端面的磁极，则有

$$\Lambda_\delta = \mu_0 \frac{\pi d^2}{4\delta} \tag{5-19}$$

若需要考虑磁极边缘的磁通扩散，则公式（5-12）及式（5-13）应修正为：

$$\Lambda_\delta = \frac{\mu_0}{\delta} \left(a + \frac{0.307\delta}{\pi} \right) \left(b + \frac{0.307\delta}{\pi} \right) \tag{5-20}$$

$$\Lambda_\delta = \mu_0 \left(\frac{\pi d^2}{4\delta} + 0.58d \right) \tag{5-21}$$

由此可见，解析法计算磁导具有概念清晰的特点，但适用性很差，通常只在衔铁与铁心已闭合或接近闭合时，才应用这种公式计算气隙磁导。常用的解析法磁导计算公式及其修正公式见表 5-1。

表 5-1 中序号 1 的磁极形状，是一互成角度的平面磁极，两磁极间的夹角为 φ（用弧度表示），磁极的宽度为 b，磁极的内半径为 R_1，外半径为 R_2；当气隙较小时，忽略边缘磁通的扩散现象；取一微段元 $b\mathrm{d}x$，$b\mathrm{d}x$ 截面上的磁导为 $\mathrm{d}\Lambda_\delta$，根据公式（5-18），则：

$$\mathrm{d}\Lambda_\delta = \mu_0 \frac{b\mathrm{d}x}{\varphi x}$$

$$\Lambda_\delta = \int \mathrm{d}\Lambda_\delta = \int_{R_1}^{R_2} \mu_0 \frac{b\mathrm{d}x}{\varphi x} = \frac{\mu_0 b}{\varphi} \ln \frac{R_2}{R_1}$$

表 5-1　解析法气隙磁导的计算公式

序号	磁极形状	气隙磁导计算公式
1		$$\Lambda_\delta = \mu_0 \frac{b}{\varphi} \ln \frac{R_2}{R_1}$$
2		$$\Lambda_\delta = \mu_0 \frac{\pi d}{2\delta \cos\alpha}\left(\delta \sin\alpha - \frac{d}{2\cos\alpha}\right)$$
3		$$\Lambda_\delta = \mu_0 d \left\{ \frac{\pi d}{4\delta \sin^2\alpha} - \frac{0.157}{\sin^2\alpha} - \frac{1.97}{\sin\alpha} \times (1-\eta) \cdot \right.$$ $$\left[\frac{0.6-\eta}{\ln(1+\frac{\delta}{d}\sin 2\alpha)} + \frac{1+\eta}{\ln(1+5\frac{\delta}{d}\sin\alpha)} \right] + 0.75 \right\}$$ 式中 当 $\delta/d < h/(H\sin 2\alpha)$ 时，$\eta = \frac{h}{H} + 0.29\tan\left(1-\frac{h}{H}\right)$ 当 $\delta/d \geqslant h/(H\sin 2\alpha)$ 时，$\eta = \delta \sin 2\alpha/d$ 当 $\delta/d < 1/(2\tan\alpha)$ 时，$\eta = 1$
4		$$\Lambda_\delta = \mu_0 \frac{2\pi R}{\varphi}\left(1 - \sqrt{1 - \frac{r^2}{R^2}}\right)$$
5		$$\Lambda_\delta = \mu_0 \frac{b}{\varphi} \ln\left(1 + \frac{a}{R}\right)$$

序号	磁极形状	气隙磁导计算公式
6		$\Lambda_\delta = \mu_0 \dfrac{2\pi l}{\ln(u + \sqrt{u^2 + 1})}$ 式中 $\quad u = (a^2 - r_1^2 - r_2^2)/(2r_1 r_2)$
7		$\Lambda_\delta = \mu_0 \dfrac{2\pi l}{\ln(u + \sqrt{u^2 - 1})}$ 式中 $\quad u = 2a/r$
8		$\Lambda_\delta = \mu_0 \dfrac{2\pi l}{\ln(u + \sqrt{u^2 - 1})}$ 式中 $\quad u = (r_1^2 + r_2^2 - a^2)/(2r_1 r_2)$
9		$\Lambda_\delta = 2\mu_0 \left(\dfrac{b}{c} + \dfrac{a}{c + \dfrac{\pi a}{4}} \right) t$
10		$\Lambda_\delta = \mu_0 \left(\dfrac{b}{c} + \dfrac{2a}{c + \dfrac{\pi a}{4}} \right) t$

这类公式还可从其他参考文献中查询。

5.3.3 分割磁场法

该法是按气隙磁场分布情况和磁通的可能路径,将整个磁场分割为若干几何形状规则化的磁通管,然后以解析方式求出它们的磁导,并按其串并联关系求出整个气隙磁导。以图 5-9 所示一平行六面体磁极 A 与一平面磁极 B 之间的气隙磁导计算为例,其总磁导为

$$\Lambda_\delta = \Lambda_0 + 2(\Lambda_1 + \Lambda_1' + \Lambda_3 + \Lambda_3') + 4(\Lambda_5 + \Lambda_7) \tag{5-22}$$

其中,Λ_0 按式(5-12)计算,Λ_1 和 Λ_1'、Λ_3 和 Λ_3'、Λ_5 和 Λ_7 则分别参照表 5-2 中第 1、3、5、7 各栏公式计算。

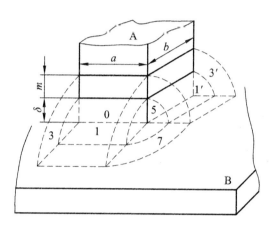

图 5-9　平行六面体与平面间的气隙磁道

表 5-2　磁场分割法气隙磁导计算公式

序号	磁通管形状	名称	计算公式
1		四分之一圆柱体	$\Lambda_1 = \mu_0 0.528a$
2		半圆柱体	$\Lambda_2 = \mu_0 0.264a$

序号	磁通管形状	名称	计算公式
3		四分之一圆筒	$\Lambda_3 = \mu_0 \dfrac{2a}{\pi} \cdot \dfrac{1}{\left(\dfrac{\delta}{m} + \dfrac{1}{2}\right)}$ 当 $\delta < 3m$ 时, $\Lambda_3 = \mu_0 \dfrac{2a}{\pi} \ln\left(1 + \dfrac{m}{\delta}\right)$
4		半圆筒	$\Lambda_4 = \mu_0 \dfrac{2a}{\pi} \cdot \dfrac{1}{\left(\dfrac{\delta}{m} + 1\right)}$ 当 $\delta < 3m$ 时, $\Lambda_4 = \mu_0 \dfrac{a}{\pi} \ln\left(1 + \dfrac{2m}{\delta}\right)$
5		八分之一球体	$\Lambda_5 = \mu_0 0.308\delta$
6		四分之一	$\Lambda_6 = \mu_0 0.077\delta$
7		八分之一球壳	$\Lambda_7 = \mu_0 0.5m$

88

序号	磁通管形状	名称	计算公式
8		四分之一球壳	$\Lambda_8 = \mu_0 0.25m$
9		四分之一圆旋转体	$\Lambda_9 = \mu_0 1.63(d+\delta)$
10		半圆旋转体	$\Lambda_{10} = \mu_0 0.83\left(d+\dfrac{\delta}{2}\right)$
11		四分之一圆环旋转体	$\Lambda_{11} = \mu_0 \dfrac{4(d+2\delta)}{\dfrac{2\delta}{m}+1}$ 当 $\delta < 3m$ 时， $\Lambda_{11} = \mu_0 2(d+2\delta)\ln\left(1+\dfrac{m}{\delta}\right)$
12		半圆环旋转体	$\Lambda_{12} = \mu_0 \dfrac{2(d+\delta)}{\dfrac{\delta}{m}+1}$ 当 $\delta < 3m$ 时， $\Lambda_{12} = \mu_0 (d+\delta)\ln\left(1+\dfrac{2m}{\delta}\right)$
13		半圆锥体	$\Lambda_{13} = 0.35a$

序号	磁通管形状	名称	计算公式
14		半截头圆锥体	$\Lambda_{14} = \mu_0 0.35 \dfrac{\delta^2 a - \delta_1^2 a_1}{(\delta + \delta_1)^2}$
15		均匀壁厚半截头中空圆锥体	$\Lambda_{15} = \mu_0 \dfrac{2a}{\pi\left(\dfrac{\delta + \delta_1}{2m} + 1\right)}$
16		局部圆环	单位长度的磁导 $\lambda = \dfrac{\mu_0}{\varphi} \ln \dfrac{R_2}{R_1}$
17		半弓形	单位长度的磁导 $\lambda = \mu_0 1.335 \dfrac{R_2 - R_1}{h + \varphi_2 R_2}$
18		半月形	单位长度的磁导 $\lambda = \mu_0 1.335 \dfrac{R_2 + \Delta - R_1}{\varphi_1 R_1 + \varphi_2 R_2}$

表 5-2 公式中的 m 一般是凭经验选取。或者，暂定 m 与最大气隙值 δ_{max} 相等，但应注意相邻气隙的磁力线不可相交或相切。

磁场分割法也称可能路径法，它因误差相对较小而被工程计算普遍采用。

另外，经验公式法是建立在对具体形状的，在不同气隙及不同磁极尺寸下进行大量的试验，测出气隙磁导与有关参数的试验曲线，根据曲线，导出相近的经验公式。作图法是利用磁力线与等位面相互垂直的原则，作出磁场分布图景（由磁场对称线开始作图，并不断修改），根据磁场图景求气隙磁导。此法只适用于二维磁场即平行平面，因而使用有限。考虑到本章的篇幅，不再赘述。

5.4 不计漏磁时无分支直流磁路计算

如图 5-10 所示，在不计漏磁的条件下，U 形电磁机构的等效磁路是一个简单的无分支磁路。这种磁路的计算相对简单。而关于有分支磁路（E 形电磁机构）的计算，本节不做说明。

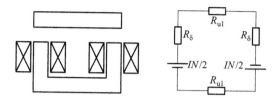

图 5-10　U 形电磁机构及其等效磁路

5.4.1　正求任务计算

无分支磁路在已知磁通 Φ 的条件下，可以按以下步骤求励磁线圈磁动势 IN：

（1）按磁导体材料和截面面积的不同，将它分为若干段，然后绘制等效磁路图。

（2）计算各气隙的磁导 $\Lambda_{\delta j}$。

（3）根据已知的磁通值求磁路各段的磁感应强度 $B_i = \Phi / A_i$。

（4）根据磁导体材料的平均磁化曲线查出与各段磁感应强度 B_i 对应的磁场强度 H_i。

（5）根据磁路的基尔霍夫第二定律求建立已知磁通 Φ 所需的线圈磁动势：

$$IN = \sum_{j=1}^{m} \frac{\Phi}{\Lambda_{\delta j}} + \sum_{i=1}^{n} H_i l_i \qquad (5\text{-}23)$$

如图 5-11 所示，有一环形铁心磁系统，导磁体截面面积为 A，磁路平均长度为 l，气隙很小为 δ 且磁场分布均匀，气隙磁导为

$$\Lambda_{\delta} = \mu_0 \frac{A}{\delta}$$

气隙中的磁位降为：$\Phi_{\delta} R_{\delta} = \dfrac{\Phi_{\delta}}{\Lambda_{\delta}} = \Phi_{\delta} \cdot \dfrac{\delta}{\mu A} = U_{\delta}$

铁心中的磁感应强度为：$B = \dfrac{\Phi_{\delta}}{A}$

根据 B，查磁化曲线得 H，铁心中磁压降为：$U_{\mu} = Hl$

从而求得磁势 IN 为：$IN = U_{\mu} + U_{\delta} = Hl + \Phi_{\delta} \dfrac{\delta}{\mu_0 A}$

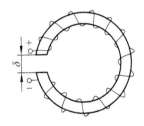

（a）环形电磁机构

（b）B 与 H 的关系曲线

图 5-11

如果磁路中有工作气隙和非工作气隙，则气隙磁压降为所有气降压降之和。如果导磁体各段截面积不相同，例如第 i 段为 S_i，则 $B_i = \dfrac{\Phi_{\delta}}{S_i}$，根据 B_i 查磁化曲线得 H_i，导磁体中总的压降为 $\sum H_i l_i$（l_i 为第 i 段的磁路长度）。

5.4.2 反求任务计算

由于磁场强度 H 为磁感应强度 B 的函数，而 B 又必须在求得磁通 Φ 后方能知道，故已知磁动势时并不能直接运用式（5-23）求磁通，而必须运用试探法或图解解析法求解。

1. 试探法

这是一种逐次逼近的计算方法，如图 5-12 所示，其计算步骤如下：

（1）作等效磁路图。

（2）设定一个磁通 Φ_1。当气隙较大时，可认为线圈磁动势 IN 全部降落在气隙磁阻上，故取 $\Phi_1 = IN\Lambda_\delta$。

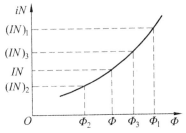

图 5-12 试探法求磁通

（3）根据设定的 Φ_1 值，按上述正求任务计算方法求出对应的 $(IN)_1$。由于不计磁导体磁阻设定的 Φ_1 偏大，故 $(IN)_1$ 必然也偏大。

（4）根据 $(IN)_1$ 与已知的 IN 之差值，适当地选一个 Φ_2，使 $\Phi_2 < \Phi_1$，并据此求出对应的 $(IN)_2$。

（5）根据 $(IN)_2$ 与 IN 之差值，适当地增减 Φ_2 值得另一磁通 Φ_3，并据此求出对应的 $(IN)_2$。再据此求出对应的 $(IN)_3$。

（6）若 $(IN)_3$ 与 IN 的差值甚小，已符合工程计算要求，即可认为 Φ_3 为计算结果。否则就以三次试探计算所得 Φ 和 IN 值作一曲线，然后按已知的 IN 值自曲线上查出对应的 Φ 值，后者就是待求的磁通值。

2. 图解解析法

先将式（5-23）改写为

$$IN = \Phi R_\delta + H_{eq} l_1 \tag{5-24}$$

式中

$$H_{eq} = H_1 + H_2 \frac{l_2}{l_1} + \cdots + H_n \frac{l_n}{l_1} \tag{5-25}$$

是归算到第 1 段磁导体（一般以濒临工作气隙的铁心作为第 1 段）的等值磁场强度。于是有：

$$\frac{IN}{l_1} = H_{eq} + \frac{A_1 B_1}{l_1} \cdot \frac{1}{\Lambda_\delta} \tag{5-26}$$

即

$$\frac{IN}{l_1} - H_{eq} = \frac{A_1}{l_1 \Lambda_\delta} \cdot B_1 \tag{5-27}$$

推导可知

$$\frac{B_1}{\dfrac{IN}{l_1} - H_{eq}} = \frac{l_1 \Lambda_\delta}{A_1} \tag{5-28}$$

式中　B_1——第 1 段磁导体的磁感应强度。

式（5-28）中的 H_{eq} 和 B_1 均属未知，故必须借磁化曲线消元。但此处所说磁化曲线是指将材料的磁化曲线处理后所得的 $B_1 = f(H_{eq})$ 。处理方法如下：由小到大地设定许多 Φ 值，就每一 Φ 值求出对应的 B_1、B_2、$\cdots$、B_n，再从磁导体的磁化曲线查出 H_1、H_2、$\cdots$、H_n，然后按式（5-25）求 H_{eq}，并据此作 $B_1 = f(H_{eq})$ 曲线。

有了 $B_1 = f(H_{eq})$ 曲线，在其横轴上截取与 IN/l_1 对应的线段 Oa，并从点 a 作射线 ab，使之与横轴的夹角为 α，由图可知 $\tan\alpha = \dfrac{l_1\varLambda_\delta}{A_1}$，则

$$\alpha = \operatorname{arc\,cot}\left(\frac{A_1}{l_1\varLambda_\delta}\right) \tag{5-29}$$

此射线交曲线 $B_1 = f(H_{eq})$ 于 b 点，它就是磁导体的工作点，其纵坐标与横坐标 Oc 和 Od 便是 B_1 和 H_{eq}，而待求的磁通即为 $\Phi = A_1 B_1$。

显然，气隙值 δ 不变，α 角也不会变。因此，作射线 ab 的平行线，可求得同一气隙值在不同磁动势下的磁通。若从 a 点以不同角度 α 作一系列射线，还可得同一磁动势下不同气隙时的磁通，如图 5-13（b）所示。

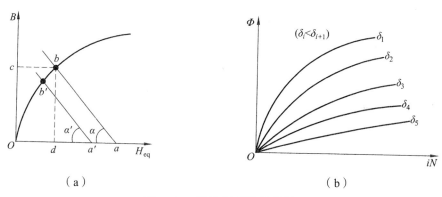

（a）   （b）

图 5-13   图解解析法求磁通

5.5   交流磁路计算

交流励磁时，由于导磁体中出现磁滞、涡流现象，导致了一部分的功率损耗，该损耗称为铁损。铁损与励磁电流的频率有关，当频率增大时，磁滞回线变宽，磁滞涡流损耗增大；同时，由于感应电动势增大，涡流损耗也增大。铁损还与磁感应强度有关，磁感应强度越大，铁损也越大，其关系是非线性的。由于交流磁路与直流磁路都是非线性和分布性的，所以它们的计算方法基本一致，前面几节介绍的磁路计算方法均适用于交流磁路。然而，铁损的存在使得交流磁路的计算不同于直流磁路，并且显得更为复杂。

5.5.1   交流磁路的特点

交流磁路具有下列特点：

（1）电磁感应现象的出现使其计算除要应用磁路的基尔霍夫定律外，还涉及电磁感应定律。

（2）由于有铁损，励磁电流中便含有与磁通同相的磁化分量与超前磁通 90°的损耗分量。因此，磁动势与磁通间存在相位差，以致不仅磁路参数要以复数表示，磁路也要以相量法计算。

（3）在磁化曲线非线性的影响下，当电源电压为正弦量时，并励线圈的电流有可能为非正弦量；而当线圈电流为正弦量时，串励线圈两端的电压有可能为非正弦量。但磁路通常并非十分饱和，因而波形畸变不严重，所以常常是以有效值相等的正弦波电压或电流取代波形略有畸变的电压或电流。

（4）励磁线圈的阻抗是磁路参数的函数，其电抗 $X_L = \omega L = \omega N^2 \varLambda$（$N$ 为线圈匝数；$\varLambda$ 为磁路总磁导）。当衔铁处于释放位置时，$\varLambda$ 值甚小，故 X_L 也很小，而线圈电流很大；反之，衔铁处于吸合位置时，$\varLambda$ 值很大，故 X_L 也很大，而线圈电流很小。这样，并励的交流电磁机构就是变磁动势性质的了。

（5）由于磁通为正弦交变量，与其平方成比例的电磁吸力自然会有等于零的时候，故常需在磁极端面设置短路的导体环——分磁环以消除此现象。

5.5.2　交流磁路的基本定律

1. 基尔霍夫第一定律

由于交流磁路中的磁通为正弦交变量，故其基尔霍夫第一定律的形式为

$$\sum \phi_i = \sum \varPhi_{\mathrm{m}} \sin(\omega t + \theta_i) = 0 \tag{5-30}$$

其相量形式为

$$\sum \dot{\varPhi}_{\mathrm{m}i} = 0 \tag{5-31}$$

式中　$\varPhi_{\mathrm{m}i}$——第 i 支路正弦磁通的幅值；

　　　ω——正弦量的角频率；

　　　θ_i——第 i 支路的初相角；

　　　ϕ_i——第 i 支路磁通的瞬时值。

2. 基尔霍夫第二定律

电流也是正弦交变量，所以基尔霍夫第二定律的形式是

$$\sum \phi_i Z_{\mathrm{M}i} = \sum i_j N_j$$

或

$$\sum \varPhi_{\mathrm{m}i} Z_{\mathrm{M}i} \sin(\omega t + \theta_i) = \sum \boldsymbol{I}_{\mathrm{m}j} N_j \sin(\omega t + \theta_j) \tag{5-32}$$

其相量形式为

$$\sum \dot{\varPhi}_{\mathrm{m}i} Z_{\mathrm{M}i} = \sum \dot{\boldsymbol{I}}_{\mathrm{m}j} N_j = \sqrt{2} \sum \dot{\boldsymbol{I}}_j N_j \tag{5-33}$$

式中　$i_j, \boldsymbol{I}_j, \boldsymbol{I}_{\mathrm{m}j}$——第 j 个励磁线圈电流的瞬时值、有效值和幅值；

N_j——第 j 个线圈的匝数；

θ_j——电流 i 的初相角。

3. 电磁感应定律

电磁感应定律可表示为

$$e = -N\frac{\mathrm{d}\phi}{\mathrm{d}t} = -\omega N\Phi_{\mathrm{m}}\cos(\omega t + \theta_i) \qquad (5\text{-}34)$$

其相量形式为

$$\dot{E} = -\mathrm{j}\omega N\Phi_{\mathrm{m}}/\sqrt{2} = -\mathrm{j}4.44fN\Phi_{\mathrm{m}} = -\mathrm{j}4.44f\psi_{\mathrm{m}} \qquad (5\text{-}35)$$

式中　e, $\dot{E}$——感应电动势的瞬时值和有效值。

以上三个定律就是交流磁路的基本定律。

5.5.3　交流磁路和铁心电路的相量图

如图 5-14 所示 U 形交流电磁机构，其工作气隙因磁极表面嵌有分磁环而分为两个部分：分别为分磁环圈内部气隙 δ_1 和外部气隙 δ_2。据此可以绘制电磁机构的等效磁路。

今以气隙磁通 $\dot{\Phi}_{\delta\mathrm{m}}$ 为参考相量作磁路相量图。据等效磁路，漏磁通 $\dot{\Phi}_{\sigma\mathrm{m}}$ 应超前 $\dot{\Phi}_{\delta\mathrm{m}}$ 一个相位角，磁通 $\dot{\Phi}_{\mathrm{m}}$ 是它们二者之相量和，它也超前于 $\dot{\Phi}_{\delta\mathrm{m}}$。令气隙 δ_1，δ_2，δ_3 和衔铁的总磁阻和总磁抗为 R_{ab} 和 X_{ab}。无功磁压降 $\dot{\Phi}_{\delta\mathrm{m}}R_{\mathrm{ab}}$ 与磁通 $\dot{\Phi}_{\delta\mathrm{m}}$ 同相，有功磁压降 $\dot{\Phi}_{\delta\mathrm{m}}X_{\mathrm{ab}}$ 比 $\dot{\Phi}_{\delta\mathrm{m}}$ 超前 90°。它们的相量和为磁压降 $\sqrt{2}U_{\mathrm{ab}}$。后者再加上与 $\dot{\Phi}_{\mathrm{m}}$ 同相的无功磁压降 $\dot{\Phi}_{\mathrm{m}}R_{\mathrm{M2}}$ 和超前它 90°的有功磁压降 $\dot{\Phi}_{\mathrm{m}}X_{\mathrm{M2}}$，即得线圈磁动势的 $\sqrt{2}$ 倍，即 $\sqrt{2}\dot{I}N$。至此，磁路相量图已绘制完毕，如图 5-14（c）中实线部分所示。

铁心电路的相量图应从线圈感应电动势 $\dot{E}$ 画起，它比 $\dot{\Phi}_{\mathrm{m}}$ 滞后 90°。线圈的有功电压降 $\dot{I}R$ 与 $\dot{I}N$ 同相，$\dot{I}R$ 与 $-\dot{E}$ 的相量和就是线圈电压 $\dot{U}$，如图 5-14（c）中的虚线部分所示。

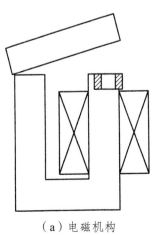

（a）电磁机构

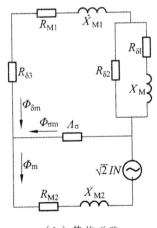

（b）等值磁路

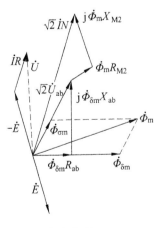

（c）相量图

图 5-14　交流电磁机构的相量图

95

5.5.4 交流磁路的计算方法

通常所说的交流磁路多半是指并励交流电磁机构的磁路，也即恒磁链磁路。它的计算任务与直流磁路的略有不同。以正求任务而论，已知的固然还是气隙磁通，待求的却是线圈的电压，而且要以计算结果是否与线圈电源电压相符为准；至于反求任务，待求的虽仍为气隙磁通，但已知的不是线圈磁动势，而是它的电压。

铁损的存在使得交流磁路计算格外复杂。然而，在工作气隙较大时，铁损往往很小，可以忽略不计，从而可以把交流磁路当成直流磁路来计算，只不过计算中必须使用交流平均磁化曲线而已。但当气隙值较小时，铁损就不能不予考虑，同时磁阻也应代之以磁阻抗。必须注意，铁损计算的误差（它决定了磁抗的计算误差）是导致磁路计算误差比直流时更大的主要原因。有时，根据铁损求出的 X_M 值甚至会比 Z_M 值还大，这是因为在已知的 B_m 值下求得的 Z_M 值是由磁导体材料的磁化曲线决定的，而 X_M 值则是由具体磁导体中的损耗决定的。若有具体电磁机构的磁化曲线并据此确定 Z_M 值，自然可避免出现这种现象。

还有，虽然交流磁路的电磁参数均按正弦规律变化，但习惯上磁通、磁链和磁感应强度是以幅值表示，而磁动势、磁场强度、电流和电压则是以有效值表示。计算中对此务必格外注意。

最后，以图 5-14 中的电磁机构为例介绍交流磁路的计算过程。具体计算步骤如下：

（1）将磁导体分段并作等效磁路。

（2）计算工作气隙磁 Λ_δ，并按恒磁链原则计算归算漏磁导 Λ_σ。

（3）根据已知的 $\boldsymbol{\Phi}_{\delta m}$（正求任务）或按公式 $U \approx E = \omega N \boldsymbol{\Phi}_m / \sqrt{2}$ 估计的 $\boldsymbol{\Phi}_{\delta m}$（反求任务）计算磁感应强度 $B = \dfrac{\boldsymbol{\Phi}_{\delta m}}{\Lambda}$，可知磁场强度 $H = \dfrac{B}{\mu}$，则磁阻抗 $Z_M = \dfrac{\sqrt{2} H l}{\boldsymbol{\Phi}_{\delta m}}$；根据磁感应强度 B 和电源频率 f 可算出铁损 P_{Fe}，再根据公式（5-15）算出磁抗 X_M，根据公式 $Z_M = R_M + jX_M$ 求 R_{M1}。

（4）计算 R_{ab} 和 X_{ab}（不包含 Λ_σ）。

（5）求 $\dot{U}_{ab} = \boldsymbol{\Phi}_{\delta m}(R_{ab} + jX_{ab})/\sqrt{2}$。

（6）求 $\dot{\boldsymbol{\Phi}}_{\sigma m} = \sqrt{2} U_{ab} \Lambda_\sigma$。

（7）求 $\dot{\boldsymbol{\Phi}}_m = \boldsymbol{\Phi}_{\delta m} + \dot{\boldsymbol{\Phi}}_{\sigma m}$。

（8）根据 $\dot{\boldsymbol{\Phi}}_m$ 求 R_{M2} 和 X_{M2}。

（9）计算线圈磁动势 $\sqrt{2}\,\dot{I}\,N = \sqrt{2}\,\dot{U}_{ab} + \boldsymbol{\Phi}_m(R_{M2} + jX_{M2})$，可知

$$\dot{I} = \frac{\sqrt{2}\,\dot{U}_{ab} + \boldsymbol{\Phi}_m(R_{M2} + jX_{M2})}{\sqrt{2}\,N}$$

（10）计算线圈电压 $\dot{U} = \dot{I}\,R + (-\dot{E}) = \dot{I}\,R + j\omega N \dot{\boldsymbol{\Phi}}_m / \sqrt{2}$。

反求任务时，上述计算常常需要反复数次方能得到令人满意的结果，即线圈电压的计算值与实际值近乎相等。

5.6 电磁吸力计算

电磁吸力计算常采用能量平衡公式和麦克斯韦公式。

5.6.1 能量平衡公式

如图 5-15 所示的线圈电路，当控制开关闭合时，电路即与电源接通了，其电压方程为

$$u = iR - e \tag{5-36}$$

式中　u——线圈电源电压；

I——线圈电流；

R——线圈电阻；

e——线圈于电流变化时产生的感应电动势。

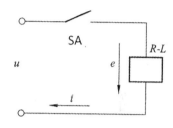

图 5-15　电磁机构的线圈电路

考虑到 $e = -\mathrm{d}\psi / \mathrm{d}t$（$\psi$ 为线圈磁链），将式（5-36）乘以 $i\mathrm{d}t$ 后，得

$$ui\mathrm{d}t = i^2 R\mathrm{d}t + i\mathrm{d}\psi \tag{5-37}$$

这就是电磁机构线圈电路的能量平衡方程。等式左边是电路于时间 $\mathrm{d}t$ 内从电源获取的能量；等式右边前项为同一时间内消耗于电路中的能量，后项为转换为电磁机构能的电能。在电流 i 由零增至稳态值 ψ_s 的过程中，由电能转换成的磁能为

$$W_\mathrm{M} = \int_0^{\psi_\mathrm{s}} i\mathrm{d}\psi \tag{5-38}$$

图 5-16 是电磁机构的磁链 ψ 与电流 i 的关系。当电流达稳定值 I_s 时，磁链也达稳定值 ψ_s。$\psi(i)$ 曲线上方为 ψ_w 线所围面积，代表电磁机构的磁能 W_M。如果励磁电流增大 I 后衔铁非常缓慢地由气隙值为 δ_1 移动到 δ_2（$\delta_2 < \delta_1$），则可认为在此过程中 i 为常数，但磁链却由 $\psi_{\delta 1}$ 增大到 $\psi_{\delta 2}$。从能量关系来看，电磁机构储存的磁能原本正比于面积 $A_1 + A_2$，在衔铁运动时又从电源输入正比于面积 $A_3 + A_4$ 的能量。后者的一部分补充到电磁机构储存的能量中，使之在 $\delta = \delta_2$ 时储有正比于面积 $A_1 + A_3$ 的磁能，另一部分则转化成衔铁移动时所做的机械功 ΔW_m。显然，ΔW_m 是正比于面积 $A_2 + A_4 = (A_1 + A_2) + (A_3 + A_4) - (A_1 + A_3)$。

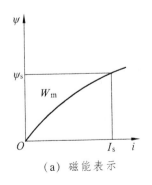

（a）磁能表示

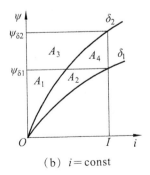

（b）$i = \mathrm{const}$

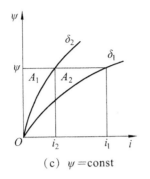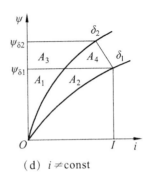

$$(c)\ \psi=\text{const} \qquad\qquad (d)\ i\neq\text{const}$$

图 5-16 电磁机构的能量平衡关系

衔铁运动时作用于它的电磁吸力平均值为

$$F_{av}=\frac{\Delta W_m}{\delta_2-\delta_1} \tag{5-39}$$

由于 $\delta_2<\delta_1$，故 F_{av} 为负值，它说明电磁力是作用在使气隙减小的方向上，也即它是吸引力。对上式取极限，即令 $\delta\to 0$，即得 $i=$const 时电磁力的瞬时值，为

$$F=\frac{\mathrm{d}W_m}{\mathrm{d}\delta} \tag{5-40}$$

若衔铁移动非常迅速，以致反电动势与电源电压相当，则可认为电磁机构是工作于另一种特殊状态，即 $\psi=$const 的状态。在这种场合，励磁电流 i 由 i_1 减至 i_2。衔铁在移动过程中完成的机械功 ΔW_m 正比于电磁机构所贮磁能的增量（负值）——面积 $A_2=(A_1+A_2)-A_1$。显然，在 $\psi=$const 的条件下，衔铁所受电磁力的瞬时值为

$$F=\frac{\mathrm{d}W_m}{\mathrm{d}\delta}=-\frac{\mathrm{d}W_M}{\mathrm{d}\delta} \tag{5-41}$$

上式中的负号说明在 $\psi=$const（$id\varphi=0$）时，电磁机构自电源取得能量，衔铁作机械功必然要以其磁能之减少为代价。

然而，i 和 ψ 均非不变的，故与机械功成正比的面积 A_2+A_4 是为衔铁起止位置上的二曲线以及电磁机构工作点于衔铁运动时在 i-ψ 平面转移的轨迹所界定。此轨迹取决于电磁机构的电磁参数和运动部件的机械特性及惯性。因此，为得到解析形式的电磁吸力计算公式就不得不以近似方法来推导。例如，忽略漏磁通和铁心磁阻的影响，磁链与励磁电流间便呈线性关系，因而有 $\psi=Li=N^2\Lambda_\delta i$（$L$ 为线圈电感，N 为线圈匝数，Λ_δ 为气隙总磁导）。这样，由式（5-38）和（5-41）可以导出

$$F=-\frac{1}{2}(iN)^2\frac{\mathrm{d}\Lambda_\delta}{\mathrm{d}\delta} \tag{5-42}$$

若考虑铁心磁阻上的磁压降，式（5-42）中的 iN 就应代之以气隙磁压降 $U_\delta=\phi_\delta R_\delta$，故有

$$F=-\frac{1}{2}U_\delta^2\frac{\mathrm{d}\Lambda_\delta}{\mathrm{d}\delta}=-\frac{1}{2}(\phi_\delta R_\delta)^2\frac{\mathrm{d}\Lambda_\delta}{\mathrm{d}\delta} \tag{5-43}$$

根据能量守恒定律也即能量平衡关系导出的电磁吸力计算公式，称为能量公式，其实用形式就是式（5-42）和式（5-43）。

若衔铁的运动引起漏磁通的变化（如内衔铁式电磁机构），计算电磁吸力时就不能忽略漏磁的影响。如线圈长度为 l、而衔铁伸入线圈内腔部 ϕ 长度为 n，则式（5-43）将变为

$$F = -\frac{1}{2}(\phi_\delta R_\delta)^2 \left[\frac{\mathrm{d}\Lambda_\delta}{\mathrm{d}\delta} - \lambda\left(\frac{n}{l}\right)^2 \right] \qquad （5-44）$$

能量公式中的 $\dfrac{\mathrm{d}\Lambda_\delta}{\mathrm{d}\delta}$ 只有当 Λ_δ 与 δ 之间的函数关系能以解析方式表示时，方可用解析方法计算，否则就必须根据 $\Lambda_\delta = f(\delta)$ 曲线以图解方法计算，如图 5-17 所示。具体地说，即在该曲线上的某点作切线，后者的斜率与该点气隙磁导的导线间存在下列关系：

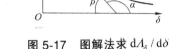

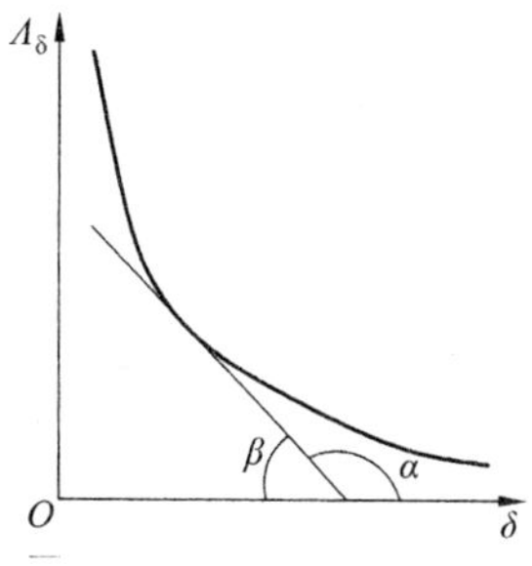

$$\frac{\mathrm{d}\Lambda_\delta}{\mathrm{d}\delta} = \frac{a}{b}\tan\alpha = -\frac{a}{b}\tan\beta \qquad （5-45）$$

图 5-17 图解法求 $\mathrm{d}\Lambda_\delta / \mathrm{d}\delta$

式中 a、b——横坐标与纵坐标的比例尺。

显然，在气隙较小时，$\Lambda_\delta = f(\delta)$ 曲线很陡峭，若以图解方法求 $\dfrac{\mathrm{d}\Lambda_\delta}{\mathrm{d}\delta}$ 会产生甚大的误差。因此，能量公式一般宜用于气隙不是很小处。

5.6.2 麦克斯韦电磁力计算公式

根据电磁场理论，若将电磁机构本身及其周围空间内的磁场视为向外电源和铁心内部分子电流共同建立的合成场，则由毕奥-萨伐尔定律和安培力公式可导出电磁吸力计算公式为

$$F = \iiint\limits_V j \times B \mathrm{d}V \qquad （5-46）$$

式中 $\mathrm{d}V$——体积元；

j、B——体积元内的电流密度和磁感应强度；

F——磁场与微电流间的相互作用力。

经变换后，式（5-46）变成了

$$F = \frac{1}{\mu_0} \oiint\limits_A \left[(B \cdot n_0^\circ)B - \frac{1}{2}B^2 n_0^\circ \right] \mathrm{d}A \qquad （5-47）$$

式中 B——面积元 $\mathrm{d}A$ 外的磁感应强度；

n_0°——面积元的单位外法线。积分应包围着受电磁力作用物体的全表面进行。

式（5-47）就是麦克斯韦电磁力计算公式，它是一个普遍适用的公式。如果电磁机构铁心的磁导率非常大，以致磁感应强度处处垂直于铁心表面，则式（5-47）变化为

$$F = \frac{1}{2\mu_0} \oiint\limits_A B^2 \cdot n_0^\circ \mathrm{d}A \qquad （5-48）$$

结合具体电磁机构，式（5-48）可进一步简化为

$$F = \frac{\mu_1 - \mu_0}{2\mu_1\mu_0} B_1^2 A \cos\alpha \left(1 + \frac{\mu_1}{\mu_0}\tan^2\alpha\right) \qquad （5-49）$$

式中　μ_0, μ_1——空气和铁心的磁导率（$\mu_1 >> \mu_0$）；

$\quad\quad B_1$——空气中的磁感应；

$\quad\quad A$——极面的表面面积；

$\quad\quad \alpha$——极面外法线与 B_1 间的夹角（$\alpha = 0$）。

将 $\alpha = 0$ 代入式（5-49），得实用的麦克斯韦电磁力计算公式

$$F = \frac{B^2 A}{2\mu_0} = \frac{\phi_\delta^2}{2\mu_0 A} \quad\quad\quad (5\text{-}50)$$

显然，它只适用于气隙较小、气隙磁场接近于均匀的场合，否则将产生甚大的计算误差。

虽然能量公式和麦克斯韦公式是从不同角度分析导出的，但就本质而论却相同。例如，当气隙磁场均匀时（同时气隙变化不影响漏磁），由于 $\varLambda_\delta = \dfrac{\mu_0 A}{\delta}$，可知 $\mathrm{d}\varLambda_\delta / \mathrm{d}\delta = -\mu_0 A / \delta^2$，故代入式（5-44）后即得

$$F = -\frac{1}{2}(\phi_\delta R_\delta)^2 \frac{\mathrm{d}\varLambda_\delta}{\mathrm{d}\delta} = -\frac{1}{2}\left(\frac{\phi_\delta}{\varLambda_\delta}\right)^2 \frac{\mathrm{d}\varLambda_\delta}{\mathrm{d}\delta} = \frac{\phi_\delta^2}{2\mu_0 A} = \frac{B^2 A}{2\mu_0} \quad\quad (5\text{-}51)$$

可见能量公式与麦克斯韦公式可以互相转化。

然而，这绝不意味着实用上不论什么场合皆可任选一种公式计算电磁吸力，而是应视气隙的大小来选。大气隙时，应用能量平衡公式；小气隙时，则应用麦克斯韦公式。

5.7 交流电磁机构的电磁力与分磁环原理

前两节导出的电磁吸力计算公式既适用于直流电磁机构，也适用于交流电磁机构，只是在后一种场合相应参数应取瞬时值。

5.7.1 交流电磁吸力的特点

交流电磁机构的励磁电压或电流为正弦交变量，故其磁通也是正弦交变 $\phi = \varPhi_m \sin \omega t$，代入式（5-50），得电磁吸力的瞬时值为

$$F = \frac{\phi^2}{2\mu_0 A} = \frac{\varPhi_m^2}{2\mu_0 A}\sin^2 \omega t = \frac{\varPhi_m^2}{4\mu_0 A}(1 - \cos 2\omega t) = F_- - F_\sim \quad (5\text{-}52)$$

$$F_m = \frac{\varPhi_m^2}{2\mu_0 A}$$

图 5-18（a）绘出了交流磁通和电磁吸力随时间变化的曲线。显然，就单相交流电磁机构而论，电磁吸力的瞬时值在零与其最大值之间以 2 倍电源频率按正弦规律随时间变化。

式（5-52）说明交流电磁吸力有两个分量：一个是恒定分量，它是电磁吸力在一个周期内的平均值，且等于最大值的一半，即

$$F_{av} = \frac{F_m}{2} = \frac{1}{2}\cdot\frac{\varPhi_m^2}{2\mu_0 A} = \frac{\varPhi^2}{4\mu_0 A} = F_- \quad\quad (5\text{-}53)$$

式中　$\varPhi$——交流磁通有效值。

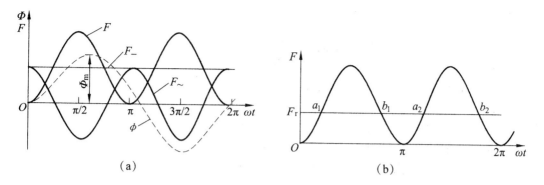

图 5-18　磁通和吸力随时间的变化

第二个分量是交流分量，即

$$F_{\sim} = \frac{\Phi_m^2}{4\mu_0 A}\cos 2\omega t = F_{av}\cos 2\omega t \qquad (5\text{-}54)$$

它以 2 倍电源频率随时间变化。

交流分量的存在使电磁机构的电磁吸力 F 在半个周期内将与机械反力 F_r 相交两次，如图 5-18（b）。若电磁机构处于吸持状态，则当 $F<F_r$ 后，衔铁将在反力作用下离开铁心。然而，当 F 回升到大于 F_r 后，刚离开铁心的衔铁又将重新被吸引到与铁心接触。于是，电磁机构在一个周期内将发生 2 次振动，其结果是加速电磁机构本身以及与之作刚性连接的零部件的损坏，还会产生令人难以忍受的噪声。在电气方面，振动还可能使触头弹跳，加重侵蚀乃至发生熔焊。因此，必须采取专门措施消除这种有害的振动现象或最大限度地削弱它。

5.7.2　分磁环及其作用

单相电磁机构应用最广泛，但却具有衔铁会发生有害振动的缺点。为克服此缺点，它常采用裂极结构，也即以导体制短路环——分磁环套住部分磁极表面，如图 5-19（a）所示。分磁环内会产生感应电动势 e_2 和感应电流 i_2，后者又产生一穿越分磁环的磁通，它与原来经过环外的磁通叠加后，使环外磁通 ϕ_1 与环内磁通 ϕ_2 之间出现相位差 φ_0。分磁环的得名也就在于它能使通过极面的 φ_0 分为相位不同的 ϕ_1 与 ϕ_2 两股。

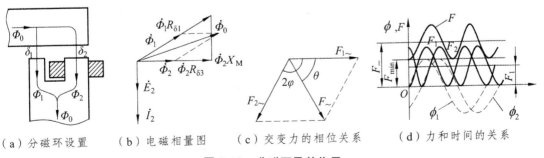

（a）分磁环设置　（b）电磁相量图　（c）交变力的相位关系　（d）力和时间的关系

图 5-19　分磁环及其作用

由于 $\begin{cases} \phi_1 = \Phi_{1m}\sin\omega t \\ \phi_2 = \Phi_{2m}\sin(\omega t - \varphi) \end{cases}$

于是，它们产生的电磁吸力将为：

$$F_1 = \frac{\Phi_{1m}^2}{4\mu_0 A_2}(1 - \cos 2\omega t) = F_{1av}(1 - \cos 2\omega t) = F_{1-} - F_{1\sim}$$

$$F_2 = \frac{\Phi_{2m}^2}{4\mu_0 A_2}[1 - \cos 2(\omega t - \varphi)] = F_{2av}[1 - \cos 2(\omega t - \varphi)] = F_{2-} - F_{2\sim}$$

它们的合力是

$$F = F_1 + F_2 = F_{1-} - F_{1\sim} + F_{2-} - F_{2\sim} = F_- - F_\sim$$

其中的恒定（平均）分量为

$$F_{av} = F_- = F_{1-} + F_{2-} = \frac{1}{4\mu_0}\left(\frac{\Phi_{1m}^2}{A_1} + \frac{\Phi_{2m}^2}{A_2}\right) \tag{5-55}$$

交变分量为

$$F_\sim = F_{1\sim} + F_{2\sim} = \sqrt{F_{1-}^2 + F_{2-}^2 + 2F_{1-}F_{2-}\cos 2\varphi}\cos(2\omega t - \theta) \tag{5-56}$$

式中　A_1，A_2——磁通 ϕ_1、ϕ_2 所通过的磁极端面的面积；

　　　θ——$F_\sim$ 与 $F_{1\sim}$ 之间的夹角。

　　因此，电磁吸力之间的合力为

$$F = \frac{1}{4\mu_0}\left(\frac{\Phi_{1m}^2}{A_1} + \frac{\Phi_{2m}^2}{A_2}\right) - \frac{1}{4\mu_0}\cos(2\omega t - \theta) \times \sqrt{\left(\frac{\Phi_{1m}}{A_1}\right)^2 + \left(\frac{\Phi_{2m}}{A_2}\right)^2 + 2\frac{\Phi_{1m}^2\Phi_{2m}^2}{A_1 A_2}\cos 2\varphi} \tag{5-57}$$

　　显然，当 $2\omega t - \theta = n\pi$（$n$ 为奇数）时，合力具有最大值，为

$$F_{max} = F_{1-} + F_{2-} + \sqrt{F_{1-}^2 + F_{2-}^2 + 2F_{1-}F_{2-}\cos 2\varphi} \tag{5-58}$$

当 $2\omega t - \theta = (n-1)\pi$（$n$ 为奇数）时，合力具有最小值，为

$$F_{min} = F_{1-} + F_{2-} - \sqrt{F_{1-}^2 + F_{2-}^2 + 2F_{1-}F_{2-}\cos 2\varphi} \tag{5-59}$$

　　只要合力的最小值大于反力，也即满足条件 $F_{min} > F_r$，衔铁就不会发生机械振动。然而，合力仍含有交变分量，或者说有脉动现象。欲使交变分量等于零，据式（5-57），必须有 $F_{1-} = F_{2-}$ 和 $\varphi = \pi/2$。经分析可知，完全消除电磁吸力的脉动现象既不可能，也没必要。

5.8　电磁机构静态特性

5.8.1　静态吸引特性

　　在线圈电阻、匝数、电源电压、导磁体材料及截面、铁心柱间距离、线圈窗口面积等都基本上相同的条件下，得到的静吸力特性如图 5-20 所示。直流电磁机构的静吸力特性属于恒磁势系统，其吸力特性较交流恒磁链系统的要陡。另外，带极靴的拍合式直流电磁铁比不带极靴的直流电磁铁静吸力特性要缓。

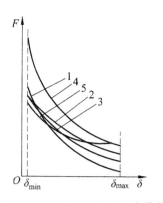
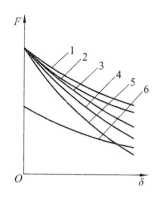

（a）常用直流电磁机构静吸力特性
1—拍合式；2—带极靴的拍合式；
3—单U形；4—山字形；5—装甲螺管式。

（b）常用交流电磁机构静吸力特性
1—双U形；2—双E形；3—T形；
4—单U形；5—单E形；6—装甲螺管式。

图 5-20　常用电磁机构静吸力特性

电路参数保持不变或者衔铁缓慢运动条件下，电磁机构的电磁吸力 F 与衔铁位移 x 或工作气隙 δ 的关系，称为电磁机构的静态吸引特性（简称吸引特性）。

5.8.2　静态反力特性

反力特性是指归算到衔铁电磁吸力作用点上的反作用力与工作气隙的关系曲线。以一个直流接触器为例，归算后的反力特性如图 5-21 所示，总反力特性 6 是重力 1、辅助触头弹簧反力 2 和 3、开断弹簧反力 4 以及主触头弹簧反力 5 之和。触头愈多，触头弹簧反力特性愈陡，总的反力特性也愈陡。

图 5-21　直流接触器反力特性

5.8.3　静吸力特性与反力特性的配合

吸力-反力特性配合除了应保证电磁机构在工作电压的下限值时能可靠吸合，还应保证电磁机构特别是激磁线圈在允许电压的上限位时不致过热。配合不当，不仅会破坏电器的正常工作，还有可能导致触头烧损或激磁线圈烧毁（对于交流电磁机构而言）。另外，还会导致电磁铁和触头发生猛烈的撞击，并因此损坏，尤其是触头，更可能发生严重的电气磨损或是熔焊。

通常，电磁机构的静特性（见图 5-22 曲线 1）必须位于反力特性（曲线 2）的上方，以保证衔铁在吸合运动过程中不致被卡住。但为避免衔铁在运动中积聚过多动能，致使衔铁在吸合时与铁心猛烈相撞，有时也使静特性（曲线 3）与反力特性相交。一般认为，只要图中的面积 Ⅰ 大于面积 Ⅱ，而且大的多些，衔铁即可顺利地闭合。这对直流电磁机构是完全成立的，但对交流电磁机构成立与否，尚与合闸相角有关。

至于释放过程中，电磁吸力特性（见图 5-22 曲线 4）则应位于反力特性下方。

近年来，人们已经开始从动态观点来要求电器。一方面希望电磁系统动作迅速，这显然是要求电磁吸力与反作用力的差值越大越好；另一方面又要求衔铁铁心（以及动触头与静触头）之间的撞击更轻微，这势必要尽量减小两种力的差值。这样看来两种要求似乎是完全矛盾的。其实不然，因为衔铁的运动时间主要取决于它开始运动不久后的初速度，而撞击的强弱则主要取决于运动终了时衔铁具有的动能。这就促使人们想到采取类似图 5-23 所示的特性配合方式，利用两种力在释放位置附近巨大的差值，使衔铁在其运动初期具有大的加速度，借此缩短运动时间；再利用两种力在小气隙附近的负差，将衔铁在发生撞击前的功能吸收掉一大部分，从而大幅度地减小撞击能量。

采取这种配合方式时必须特别注意两个问题：

（1）动作值时的吸力-反力特性负差部分的面积（它代表被吸收的衔铁能量），必须小于正差部分的面积（它代表加速衔铁运动的能量）。否则，衔铁就不可能持续运动到终点。

（2）动作值时的吸力特性在 $\delta=\delta_{min}$ 处必仍大于反作用力。否则，衔铁即使运动到该处，也不可能保持在该处不动。

合理的吸力-反力配合，可借调整反力特性和吸力特性来实现。具体方法将在后续课程中讨论。

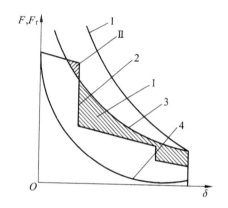

图 5-22　静特性与反力特性的配合

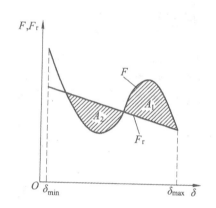

图 5-23　一种合理的吸力-反力特性配合方式

5.9　电磁机构的动态特性

电磁机构的动态特性是指其励磁电流 i、磁通 ϕ、磁链 ψ、电磁吸力 F、衔铁运动速度 v 等参数在衔铁吸合（向铁心运动）或释放（离开铁心）过程中，与衔铁位移 x 及时间 t 之间的关系。研究电磁机构的动特性比静特性更有实际意义，因为评价其工作可靠性、工作寿命等都取决于动特性与反力特性的配合。研究动特性可求得电磁机构的动作时间和释放时间。

电磁机构的动态过程包括两个过程：动作过程和释放过程。动作过程又包括触动阶段和吸合运动阶段，释放过程又包括开释阶段和返回运动阶段。这两个过程循环进行。动态特性是衡量电磁机构乃至整个电磁式电器工作性能的重要依据。它由吸力特性和机械反力特性相互间的配合所决定，故其计算除涉及电磁吸力计算外，还需运用达兰贝尔原理。

电磁机构的各种动态问题可以归纳为两方面的问题：电磁参数对电磁吸力的影响；电磁吸力和机械力对运动速度和动态过程时间的影响。决定这两方面的基本方程有：

1. 电压方程

$$u = iR + \frac{\mathrm{d}\psi}{\mathrm{d}t} \tag{5-60}$$

式中　u，R——线圈的电压和电阻；

　　　i，ψ——励磁电流和它建立的磁链。

2. 达兰贝尔原理

$$F - F_\mathrm{r} = m\frac{\mathrm{d}^2 x}{\mathrm{d}t^2} \tag{5-61}$$

式中　F，F_r——作用于运动部件上的电磁吸力与机械反力；

　　　m，x——运动部件的质量和位移。

研究电磁机构的动态过程，即需求解上面的两个方程。

5.9.1 直流电磁机构的动态特性

以并励电磁机构为例。

1. 触动时间计算

触动时间是指从励磁线圈获得电流起至电流增大到电磁吸力足以克服机械反力而令衔铁开始运动为止的一段时间 t_c。对应的线圈电流 I_c 称为触动电流。

若电磁机构只有一个励磁线圈，且不计涡流的影响，触动时间 t_c 为

$$t_\mathrm{c} = T \ln \frac{1}{1 - I_\mathrm{c}/I_\mathrm{w}} = T \ln \frac{1}{1-K} \tag{5-62}$$

式中　T——线圈的电磁时间常数；

　　　I_c——触动电流（A）；

　　　I_w——线圈稳态电流（A），$I_\mathrm{w} = U/R$。

如果电磁机构还有一个短接的阻尼线圈，又要考虑涡流的影响，则触动时间为

$$t_\mathrm{c} = T\left(1 + \frac{R}{R'_\mathrm{d}} + \frac{R}{R'_\mathrm{e}}\right)\ln\frac{K_\mathrm{c}}{K_\mathrm{c}-1} \tag{5-63}$$

式中　$R'_\mathrm{d} = R_\mathrm{d}(N/N_\mathrm{d})^2$——归算到励磁线圈的阻尼线圈电阻（$R_\mathrm{d}$，$N_\mathrm{d}$ 为阻尼线圈电阻和匝数）；

　　　$R'_\mathrm{e} = N^2 R_\mathrm{e}$——归算到励磁线圈的等值涡流电阻（$R_\mathrm{e}$ 为等值涡流电阻）；

　　　R，N——励磁线圈的电阻和匝数。

由式（5-63）可知：短路线圈使触动时间增长，R'_d 愈小，触动时间愈长。这是因为短路线圈中的涡流阻碍磁通和电磁吸力的增长，R'_d 愈小，涡流愈大，阻碍作用愈强。

2. 吸合运动过程计算

由于一般电磁机构在吸合运动过程中主要工作于磁化曲线的线性部分，故可近似地认为

全过程为线性过程。于是，电压方程为

$$u = iR + L\frac{\mathrm{d}i}{\mathrm{d}t} + iv\frac{\mathrm{d}L}{\mathrm{d}x} = iR + L\frac{\mathrm{d}i}{\mathrm{d}t} + ivL'$$

而在线性情况下 $W_M = Li^2/2$，又 $\mathrm{d}x = -\mathrm{d}\delta$，故吸力为

$$F = -\frac{1}{2}i^2\frac{\mathrm{d}L}{\mathrm{d}\delta} = \frac{1}{2}i^2\frac{\mathrm{d}L}{\mathrm{d}x} = \frac{1}{2}i^2 L'$$

将此式代入式（5-61），得达兰贝尔原理方程为

$$F_r + m\frac{\mathrm{d}v}{\mathrm{d}t} = \frac{1}{2}i^2 L' \tag{5-64}$$

电压方程和式（5-64）均为变系数微分方程，求其解殊为不易，为方便计算，将它们化为差分方程，并由此得一方程组：

$$\left.\begin{aligned}
\Delta v_k &= \frac{\frac{1}{2}i_k^2 L_k' - F_r}{m}\Delta t_k \\
v_{kav} &= (v_{k+1} + v_k)/2 \\
\Delta x_k &= v_{kav}\Delta t_k \\
\Delta i_k &= \frac{u - i_k(R + v_{kav}L_k')}{L_k}\Delta t_k
\end{aligned}\right\} \tag{5-65}$$

解此差分方程组，即得电磁机构的全部动态特性。

3. 开释时间计算

开释时间是指线圈电路切断后，磁链由稳态值 ψ_w 减至衔铁开始开释运动时的 ψ_k 所需要的时间 t_k。若无阻尼线圈，又不计涡流的影响，则 t_k 常常小于触头间隙的燃弧时间。

若有阻尼线圈，则电压方程为

$$i_d R_d + \frac{\mathrm{d}\psi_d}{\mathrm{d}t} = 0 \tag{5-66}$$

考虑到吸合位置上磁导体一般为非线性的，式（5-66）宜以图解积分法求解。同时，计算 $\psi = f(i)$ 较容易，故 i_d, ψ_d 和 R_d 均应向励磁线圈归算，条件是磁动势和磁通均不变，即 $iN = i_d N_d$ 和 $\psi/N = \psi_d/N_d$。于是，开释时间

$$t_k = -\frac{1}{R_d'}\int_{\Psi_w}^{\Psi_k}\frac{\mathrm{d}\Psi}{i} \tag{5-67}$$

以图解方式求积分（过程省略），并考虑涡流的影响，则释放时间为

$$t_k = -\left(\frac{1}{R_d'} + \frac{1}{R_e'}\right)\int_{\Psi_w}^{\Psi_k}\frac{\mathrm{d}\Psi}{i} = -\left(\frac{1}{R_d'} + \frac{1}{R_e'}\right)A_k \tag{5-68}$$

4. 返回时间

电磁机构的返回时间 t_f 一般均比开释时间小很多，故无须计算。

5.9.2 交流电磁机构的动态特性

由于励磁电流或励磁电压是交变量，加上合闸相角对过渡过程影响较大，使得交流电磁机构的动态计算比直流复杂得多，这里免去一些繁复的推导，直接引出公式，并对其做一些定性分析。

1. 触动时间的估算

$$t_c = \frac{1}{\omega}\arcsin\frac{i_c Z}{U_m} \qquad\qquad (5\text{-}69)$$

其中，ω——电源的角频率；

$\quad i_c$——触动电流；

$\quad Z$——线圈阻抗；

$\quad U_m$——线圈电压的幅值。

根据以上分析，交流电磁机构的触动时间既与触动电流（即机械反力的初值）有关，又与合闸相角有关，且其值在 $1/4 \sim 1/2$ 周期之间，并小于同容量直流电磁机构的触动时间。

2. 吸合运动过程计算

计算时可沿用直流电磁机构吸合运动过程的方法，但必须注意以下几点：交流电磁机构有铁损和分磁环损耗，励磁电流也可能是非正弦的，但为简化计算常常不予考虑，若必须考虑，则应将它们引入原始方程中。合闸相角也会影响电磁吸力和运动速度。

计算时应注意电压 u 是正弦量，同时 Δt_k 应取周期的等分数，以便于计算。在每一段时间内，电压应取平均值，即

$$u_{kav} = (u_k + u_{k+1})/2$$

如果是在负半周，计算时应取 u_{kav} 的负值。

计算时的初始条件为：$t=0$ 时，$i = I_c$、$\psi = \Psi_c$ 和 $u = U_m\sin(\omega t + \theta)$。

3. 开释时间计算

开释时间主要由励磁线圈电路控制触头分断时的灭弧时间决定。由于交流电弧的熄灭时间极短，故不计剩磁、涡流及分磁环的影响时，可参照直流电磁机构所用计算方法进行计算，但应注意到不同分闸相角下将有不同的剩磁，因而也将有不同的开释时间。

4. 返回运动时间

这段时间同直流时一样是非常短暂的，通常也不予考虑。

习题与思考题

5.1 电磁机构在电器中有何作用？

5.2 试述磁场的基本物理量和基本定律。

5.3 试述磁路的基本特点及基本定律。

5.4 解析法计算气隙磁导有何特点？

5.5 有一对矩形截面的磁极，其端面两边长为 $a=1.5$ cm，$b=1.8$ cm。试运用解析法和磁场分割法计算气隙值 δ 为 10、8、6、4、2 及 0.5mm 时的气隙磁导，并对计算结果加以讨论。

5.6 试计算两截头圆锥面之间的气隙磁导。已知：$d=2$ cm，$a=40°$，$h=1$ cm，$H=1.5$ cm，$\delta=15$、10、5、1 mm。

5.7 磁路计算的复杂性表现在哪里？

5.8 考虑铁心磁阻时的归算漏磁导为什么比不考虑铁心磁阻时的小？

5.9 衔铁被吸合以后还有漏磁通吗？

5.10 交流磁路与直流磁路的计算有何异同？

5.11 为什么交流并励电磁机构在气隙不同时有不同的励磁电流？

5.12 如果将交流并励电磁机构的线圈接到电压相同的直流电源上，或将直流并励电磁机构的线圈接到电压相同的交流电源上，它们还能正常运行吗？为什么？

5.13 计算电磁吸力的能量公式在磁路已饱和时是否适用？麦克斯韦公式在气隙较大时是否适用？

5.14 电磁机构的衔铁完全吸合后，电磁结构是否还要从电源吸取能量？

5.15 励磁线圈中的电流改变方向时，电磁吸力的方向是否随之改变？

5.16 单相交流电磁机构为什么需要分磁环？分磁环是否可用磁性材料制造？

5.17 将额定频率为 50 Hz 的交流电器用于额定频率为 60 Hz 的场合，会出现哪些问题？

5.18 在其他参数不变的条件下，增减并励线圈的匝数，对直流电磁机构和交流电磁机构各有何影响？

5.19 为保证吸合动作的可靠性，电磁机构的静态特性与机械反力特性应怎样配合？

第 6 章　常用低压电器

本章介绍了电气控制系统中常用的刀开关、组合开关、熔断器、低压断路器、继电器（电磁式继电器、中间继电器、时间继电器、热继电器、速度继电器、干簧继电器、固态继电器等）、接触器和主令电器（按钮、行程开关、接近开关、光电开关、万能转换开关、主令控制器等）的结构、基本工作原理、作用、应用场合、主要技术参数、典型产品、图形符号和文字符号以及选择、使用方法等，并对智能电器作了初步的介绍。

6.1　概　述

6.1.1　低压电器

电器是一种能够根据外界信号的要求，手动或自动地接通或断开电路，断续或连续地改变电路参数，以实现电路或非电对象的切换、控制、保护、检测、变换和调节作用的电气设备。简而言之，电器就是一种能控制电的工具。

电器按其工作电压等级可分成高压电器和低压电器。低压电器通常是指额定电压等级在交流 1200 V、直流 1500 V 及以下，在电路中起通断、保护、控制或调节作用的电器产品。本书仅介绍电力拖动控制系统中常用的低压电器。

6.1.2　对低压电器的要求

低压电器产品属于基础配套元件，是构成电气成套设备的基础。低压电器产品的质量好坏、可靠性高低将直接影响和制约电工产品的发展和进步。从使用角度看，要求低压电器产品缩小体积、减轻重量、降低能耗、节约材料，提高可靠性和使用寿命，提高各项经济技术指标，以及改善使用和维修便利性。

低压电器主要工作于电力拖动控制系统和低压配电系统，前者称为低压控制电器，后者称为低压配电电器。

电力拖动控制系统对低压控制电器的主要要求是工作准确可靠、操作频率高、机械寿命和电气寿命长、尺寸小等。常用低压控制电器有接触器、控制继电器、主令电器、控制器、变阻器和电磁铁等。低压控制电器应能接通与分断过载电流，而不能分断短路电流。

电子技术的发展特别是集成电路和微处理器技术的发展，对传统的有触点控制电器正在产生深刻的影响。当前常把主令（操作）电器、检测电器、控制电器、接口电器、驱动（执行）电器和显示、报警电器统称为"控制电器"。

《低压开关设备和控制设备总则》规定了低压电器产品应遵循的一般规则和基本要求。它包括名词和术语、分类、特性、正常工作条件和安装条件、结构和性能要求、验证特性、结构和性能要求的试验与规则、标志、包装、运输和储存，以及其他要求等。各类低压电器的特殊要求在各类组产品标准中分别加以补充规定。《低压开关设备和控制设备总则》应与各类组产品标准结合使用。

6.2 刀开关

6.2.1 概 述

刀开关是低压配电电器中结构最简单、应用最广泛的手动电器，主要在低压成套配电装置中，用于不频繁地手动接通和分断交直流电路或作隔离开关。也可以用于不频繁地接通与分断额定电流以下的负载，如小型电动机等。

刀开关的典型结构如图 6-1 所示，它由手柄、触刀、静插座和底板组成。刀开关按极数分为单极、双极和三极；按操作方式分为直接手柄操作式、杠杆操作机构式和电动操作机构式；按刀开关转换方向分为单投和双投等。

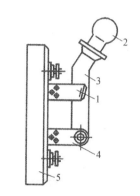

1—静插座；2—手柄；3—触刀；
4—铰链支座；5—绝缘底板。

图 6-1 刀开关典型结构图

6.2.2 常用的刀开关

刀开关的型号及其含义如下：

$$HD \boxed{1} \boxed{2} - \boxed{3} / \boxed{4} \boxed{5}$$

其中 HD——代表单投刀开关，HS 表示双投刀开关；

1——数字 11 表示中央手柄式，12 表示侧方正面操作机构式，13 表示中央杠杆操作机构式，14 表示侧面手柄式；

2——派生代号 B（安装板尺寸较小）；

3——额定电流（A）；

4——极数；

5——数字 0 表示不带灭弧罩，1 表示有灭弧罩；对于中央手柄式：8 表示板前接线，9 表示板后接线，无则表示仅有一种接线方式。

目前常用的刀开关型号有 HD 系列单投刀开关、HS 系列双投刀开关、HR 型熔断器式刀开关、HZ 型组合开关、HK 型闸刀开关和 HY 型倒顺开关等。其中，HD 系列刀开关按现行新标准应该称 HD 系列刀形隔离器，而 HS 系列为双投刀形转换开关。在 HD 系列中，HD11、HD12、HD13、HD14 为老型号，HD17 系列为新型号，产品结构基本相同，功能相同。也有 HD18 系列换代产品，采用组合式结构，有人力操作和动力操作两种，最大额定电流 4000 A。

为了使用方便的同时减少体积，在刀开关上安装熔丝或熔断器，组成兼有通断电路和保护作用的开关电器，如胶盖闸刀开关、熔断器式刀开关等。

6.2.3　刀开关的选用及图形、文字符号

刀开关的额定电压应等于或大于电路额定电压。其额定电流应等于（在开启和通风良好的场合）或稍大于（在封闭的开关柜内或散热条件较差的工作场合，一般选 1.15 倍）电路工作电流。在开关柜内使用还应考虑操作方式，如杠杆操作机构、旋转式操作机构等。当用刀开关控制电动机时，其额定电流要大于电动机额定电流的 3 倍。

刀开关的图形符号及文字符号如图 6-2 所示。

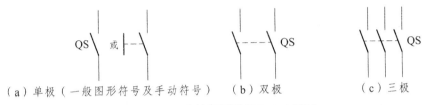

（a）单极（一般图形符号及手动符号）　（b）双极　　　　　　（c）三极

图 6-2　刀开关的图形符号和文字符号

6.2.4　其他形式的刀开关

组合开关，又称转换开关，也是一种刀开关，不过它的刀片（动触片）是转动式的，比刀开关轻巧而且组合性强，能组成各种不同的线路；常用于比较狭小的场所，如机床或配电箱。组合开关一般用于电气设备的非频繁操作、切换电源和负载以及控制小容量感应电动机和小型电器。

组合开关有单极、双极和三极之分，由若干个动触片及静触片分别装在数层绝缘件内组成，动触片随手柄旋转而变更其通断位置。顶盖部分由滑板、凸轮、扭簧及手柄等零件构成操作机构。由于该机构采用了扭簧储能结构，从而能快速闭合及分断开关，使开关闭合和分断的速度与手动操作无关，提高了产品的通断能力。其结构示意图如图 6-3（b）所示。由图 6-3（c）可知，静止时虽然触点位置不同，但当手柄转动 90°时，三对动、静触点均闭合，接通电路。

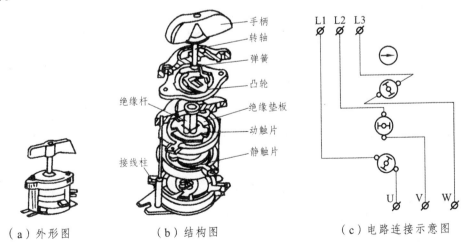

（a）外形图　　　　（b）结构图　　　　　（c）电路连接示意图

图 6-3　组合开关

组合开关的图形符号和文字符号如图 6-4 所示。

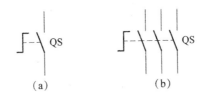

图 6-4　组合开关的图形符号和文字符号

组合开关的型号及其含义如下：

$$HZ\ \boxed{1}-\boxed{2}/\boxed{3}\ \boxed{4}\ \boxed{5}$$

其中　HZ——表示组合开关；

　　　1——表示设计序号；

　　　2——表示额定电流（A）；

　　　3——极数；

　　　4——数字 0 表示有断路，1 表示有断路和限位；

　　　5——转换电路数：1 或 2。

常用的组合开关有 HZ5、HZ10 和 HZ15 系列（HZ15 是在 HZ10 的基础上改进组装的）。以 HZ15 系列为例，其主要技术参数列于表 6-1。

表 6-1　HZ15 组合开关技术参数表

型号	极数	额定电压 /V	额定电流 /A	使用类别 代号	通断能力/A		电寿命 /次	机械寿命 /次
					接通电流	分断电流		
HZ15-10	1，2，3，4	交流 380	10	配电电器 AC-20 AC-21 AC-22	30	30	10 000	30 000
HZ15-25			25		75	75		
HZ15-63			63		190	190		
HZ15-10			3	控制电动机 AC-3	30	24	5000	
HZ15-25			6.3		63	50		
HZ15-10		直流 220	10	DC-20 DC-21	15	15	10 000	30 000
HZ15-25			25		38	38		
HZ15-63			63		95	95		

注：通断能力以及电寿命栏内的数据均为功率因数 0.65，直流时时间常数 1 ms 条件下的数据。

6.3　熔　断　器

熔断器是最普遍的和最简单有效的电流保护电器之一。它串联在低压电路或电动机控制电路中，在正常情况下，相当于一根导线，当线路发生短路或严重过载时，电流很大，熔断器中的熔体因过热熔化，从而切断电路。熔断器具有结构简单、体积小、重量轻、使用和维护方便、价格低廉、可靠性高等优点。

6.3.1　熔断器的结构及保护特性

熔断器由熔体和安装熔体的绝缘底座（或称熔管）等组成。熔体为丝状或片状，材料通常有两种：一种是由铅锡合金和锌等熔点低、导电性能差的金属制成，因而不易灭弧，多用于小电流的电路；另一种由银、铜等熔点高、导电性能好的金属丝制成，易于灭弧，多用于大电流电路。当正常工作的时候，流过熔体的电流小于或等于它的额定电流，由于熔体发热温度尚未达到熔体的熔点，所以熔体不会熔断，电路保持接通。当流过熔体的电流达到额定电流的 1.3 ~ 2 倍时，熔体缓慢熔断；当流过熔体的电流达到额定电流的 8 ~ 10 倍时，熔体迅速熔断。电流越大，熔断越快，熔断器的这种特性称为保护特性或安秒特性，如图 6-5 所示。图中，I_N 为熔体额定电流，通常取 $2I_N$ 为熔断器的熔断电流，其熔断时间为 30 ~ 40 s。因此，熔断器对轻度过载反应比较迟钝，一般只能作短路保护用。

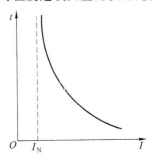

图 6-5　熔断器的安秒特性

图 6-6　熔断器的图形符号和文字符号

6.3.2　熔断器的型号意义

低压熔断器的型号含义如下：

$$R \boxed{1} \boxed{2} - \boxed{3} / \boxed{4}$$

其中　R——熔断器；

1——组别、结构代码：C 表示插入式，L 表示螺旋式，M 表示无填料密封式，T 表示有填料密封式，S 表示快速式，Z 表示自复式；

2——设计序号；

3——熔断器额定电流（A）；

4——熔体额定电流（A）。

电气图形符号及文字符号如图 6-6 所示。

6.3.3　常用的熔断器

1. RC1A 系列插入式熔断器

常用的插入式熔断器为 RC1A 系列，用于交流 50 Hz、额定电压 380 V 及以下的电路末端，作为供配电系统导线及电气设备（如电动机、负荷开关）的短路保护，也可作为民用照明等电路的保护。RC1A 为 RC1 系列的改进产品，性能有较大改善，其技术参数见表 6-2。

2. RM 系列无填料封闭管式熔断器

RM 系列熔断器适用于经常发生过载和短路故障的场合，作为低压电力网络或成套配电装置的连续过载及短路保护。常用 RM7 系列熔断器的外形结构与 RM10 系列基本相同，但熔管不一样，使其分断能力比 RM10 系列有所提高。

表 6-2　RC1A 系列部分型号插入式熔断器技术参数

型号	额定电压/V	额定电流/A	熔体额定电流/A	极限分断能力/A
RC1A-5	交流 380 或单相 220	5	2、5	250
RC1A-10		10	2、4、6、10	500
RC1A-30		30	15、20、25、30	1500
RC1A-100		100	60、80、100	300
RC1A-200		200	120、150、250	

3. RT 型有填料封闭管式熔断器

目前，熔断器使用最广泛的灭弧介质填料是石英砂。因为石英砂具有热稳定性好、熔点高、化学惰性、热导率高和价格低等优点。常用的有填料封闭管式熔断器有：螺栓连接的 RT12、RT15 系列，产品符合国际电工 IEC269 低压电器标准；圆筒形帽熔断器 RT14、RT19、RT18 系列。RT14、RT19 系列配带撞击器的熔断器，与熔断式隔离器配合使用时，可作为电动机的缺相保护。有填料管式熔断器的额定电流为 50 ~ 1000 A，主要用于短路电流大的电路和有易燃气体的场所。

4. 螺旋式熔断器

螺旋式熔断器主要由磁帽、熔心和底座组成，适用于电气线路中作输配电设备、电缆、导线过载和短路保护器件。熔体的上端盖有一熔断指示器，一旦熔体熔断，指示器马上弹出，可透过瓷帽上的玻璃孔观察到。常用的螺旋式熔断器有 RL6 系列、RL7 系列、RLS2 和 FB 系列等。产品全部符合 IEC269 标准。

5. 半导体器件保护用熔断器

目前常用的半导体保护性熔断器有 NGT 型和 RS0、RS3 系列快速熔断器，以及 RS21、RS22 型螺旋式快速熔断器。其中，NGT 型是引进德国 AGE 公司熔断 99 制造技术生产的产品，具有分断能力强、限流特性好、周期性负载特性稳定、低功率损耗等优点，能可靠地保护半导体器件晶闸管及其成套装置。产品的电压等级为交流 380 ~ 1000 V，电流规格齐全。

6. NT 型低压高分断能力熔断器

NT 型熔断器是引进德国 AEG 公司制造技术生产的产品，具有体积小、重量轻、功耗小、分断能力强等特点。广泛用于额定电压至 660 V，额定频率 50 Hz，额定电流至 1000 A 的电路，作为工业电气设备过载和短路保护使用。产品符合 IEC269 标准，与国外同类产品具有通用性和互换性。NT 型熔断器额定电压可至 660 V，因此还可作为 660 V 矿用电气设备的过载和短路保护之用。

7. 自复式熔断器

自复式熔断器是一种限流元件，它本身不能分断电路，而是与低压断路器串联使用，以提高分断能力。当故障消除后，它又能迅速复原，重新投入运行。因此，这种限流元件被称为自复熔断器或永久熔断器。

自复式熔断器要并联一附加电阻（80~120 MΩ）。自复熔断器的工业产品有 RZ 系列，它用于交流 380 V 的电路，与断路器配合使用，组合后的分断能力为 100 kA；熔断器的额定电流有 100 A、200 A、400 A、600 A 四个等级，限流系数为≤0.1。

必须指出，尽管自复熔断器可多次重复使用，但其技术特性却将逐渐劣化，故一般只能重复工作数次。

6.3.4 熔断器的选择

工业上选择熔断器一般应从以下几个方面考虑：

（1）熔断器的类型应根据线路的要求、使用场合及安装条件进行选择。

（2）熔断器的额定电压必须等于或高于熔断器工作点的电压。

（3）熔断器的额定电流根据被保护的电路（支路）及设备的额定负载电流选择。熔断器的额定电流必须等于或高于所装熔体的额定电流。

（4）熔断器的额定分断能力必须大于电路中可能出现的最大故障电流。

（5）熔断器的选择需考虑电路中其他配电电器、控制电器之间选择性配合等要求。为此，应使上一级（供电干线）熔断器的熔体额定电流比下一级（供电支线）大 1~2 个级差。

（6）熔断器所装熔体额定电流的选择：

① 对于照明线路等没有冲击电流的负载，应使熔体的额定电流等于或稍大于电路的工作电流，即

$$I_{FU} \geqslant I$$

式中，I_{FU} 为熔体的额定电流，I 为电路的工作电流。

② 对于电动机类负载，要考虑起动冲击电流的影响，应按下式计算

$$I_{FU} \geqslant (1.5 \sim 2.5) I_N$$

③ 对于多台电动机由一个熔断器保护时，熔体额定电流应按下式计算

$$I_{FU} \geqslant (1.5 \sim 2.5) I_{NMAX} + \sum I_N$$

式中，I_{NMAX} 为容量最大的一台电动机的额定电流，$\sum I_N$ 为其余电动机额定电流的总和。

④ 降压起动的电动机选用熔体的额定电流等于或略大于电动机的额定电流。

6.4 低压断路器

低压断路器俗称自动开关或空气开关，用于低压配电电路中不频繁的通断控制。在电路发生短路、过载或欠电压等故障时能自动分断故障电路，是一种控制保护电器。

低压空气断路器种类繁多，可按用途、结构特点、极数、传动方式等来分类。

① 按用途分有保护线路用、保护电动机用、保护照明线路用和对地漏电保护用。

② 按主电路极数分有单极、两极、三极、四极断路器。小型断路器还可以拼装组合成多极断路器。

③ 按保护脱扣器种类来分有短路瞬时脱扣器、短路短延时脱扣器、过载长延时反时限保护脱扣器、欠电压瞬时脱扣器、欠电压延时脱扣器、漏电保护脱扣器等。以上各类脱扣器可在断路器中个别或综合组合成非选择性或选择性保护断路器，当配备有漏电保护脱扣器则也称为具有漏电保护功能的低压空气断路器。

④ 按其结构形式分有框架式和塑料外壳式低压空气断路器。

⑤ 按是否具有限流性能，分一般型和限流型低压空气断路器。

⑥ 按操作方式分有直接手柄操作、手柄储能操作快放合闸、电磁铁操作、电动机操作、电动机储能操作快速合闸和电动机预储能操作式低压空气断路器。

⑦ 按触点类型可以分为机械断路器、固态断路器和混合式断路器。固态断路器（Solid State Circuit Breaker）主要依托于现代电子技术，通过无触点开关如 GTO、IGBT 等实现对断路器操动速度和准确性的控制。固态断路器集合了微电子技术、现代通信技术以及传感器技术等多种高端技术，是断路器智能化、现代化发展的主要方向。

下面，我们以塑壳断路器为例，简单介绍断路器的结构、工作原理、使用及选用方法。

6.4.1 断路器的结构及工作原理

断路器主要由 3 个基本部分组成，即触头系统、灭弧系统和各种脱扣器，包括过电流脱扣器、失压（欠电压）脱扣器、热脱扣器、分励脱扣器和自由脱扣器。

断路器的工作原理如图 6-7（a）所示。断路器开关是靠操作机械手动或电动合闸的，触头闭合后，自由脱扣结构将触头锁在合闸位置上。当电路发生故障时，通过各自的脱扣器使自由脱扣机构动作，自动跳闸以实现保护作用。分励脱扣器则作为远距离控制分断电路用。

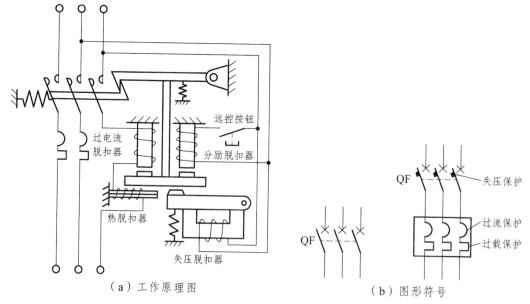

（a）工作原理图　　　　　　　　（b）图形符号

图 6-7　低压断路器工作原理图及图形符号

过电流脱扣器用于线路的短路和过电流保护，当线路的电流大于整定的电流值时，过电流脱扣器产生的电磁力使挂钩脱扣，动触头在弹簧的拉力下迅速断开，实现断路器的跳闸功能。

热脱扣器用于线路的过负荷保护，工作原理与热继电器相同。

失压（欠电压）脱扣器用于失压保护，失压脱扣器的线圈直接在电源上，处于吸合状态，断路器可以正常合闸；当停电或电压过低时，失压脱扣器的吸力小于弹簧的反力，弹簧使动铁心向上正常合闸，实现断路器的跳闸功能。

分励脱扣器用于远方跳闸，当在远方按下按钮时，分励脱扣器得电产生电磁力，从而使其脱扣跳闸。

6.4.2 低压断路器的主要技术参数

（1）通断能力：开关电器在规定的条件下，能在给定的电压下接通和分断的预期电流值。也称为额定短路通断能力。

（2）极限短路分断能力：规定条件下的分断能力，按规定的试验顺序动作之后不考虑断路器继续承载它的额定电流。

（3）运行短路分断能力：规定条件下的分断能力，按规定的试验顺序之后须考虑断路器继续承载它的额定电流。

（4）保护特性，包括：

① 过电流保护特性：断路器的动作时间与过电流脱扣器的动作电流的关系曲线。

② 欠电压保护性能：当主电路电压低于规定值范围时，使机械开关电器有延时或无延时地断开或闭合的保护性能。零电压保护特性是欠电压保护特性中一种特殊保护，当主电器电压降低至接近消失时能使机械开关电器有延时或无延时地断开或闭合的保护性能。

③ 剩余（漏电）电流保护特性：在规定条件下，当剩余（漏电）电压达到或超过整定值时能使机械开关电器断开的保护性能。

④ 零序电流保护特性：当零序电流超过规定值时，断路器应能瞬时动作，将电路断开。

（5）分断时间：从开关电器断开操作开始瞬间起，到燃弧时间结束时的时间间隔。

6.4.3 断路器的型号意义及图形符号

断路器的型号意义如下：

$$D \boxed{1} \boxed{2} \boxed{3} - \boxed{4} \boxed{5} \boxed{6} / \boxed{7} \boxed{8} \boxed{9}$$

其中　D——断路器；

　　　1——W 表示万能式，Z 表示塑壳式；

　　　2——派生代号（可无），X 表示限流型，L 表示漏电保护型；

　　　3——设计序号；

　　　4——辅助代号（可无），M 表示灭磁式，C 表示抽屉式；

　　　5——额定电流；

　　　6——品种派生代号（可无）；

　　　7——极数；

　　　8、9——脱扣器及附件代号。

图形符号如图 6-7（b）所示。

6.4.4 常用低压断路器

1. 框架式低压断路器

框架式低压断路器即万能式低压断路器，常见有 DW10、DW15、DW16、DW17 和 DW15HH 系列，其主要技术参数见表 6-3。DW10 系列万能式断路器适用于交流 50 Hz，电压 380 ~ 440 V 的电气线路中，作过载、短路、失压保护及正常条件下的不频繁转换用。当三极断路器在直流电路中串联使用时，电压允许提高至 440 V。

表 6-3　DW 系列部分断路器主要技术参数表

型号	额定电流/A	机械寿命/电寿命/次	过电流脱扣范围/A	短路通断能力					
				交流			直流		
				电压/V	电流（有效值）/kA	cosφ	电压/V	电流/kA	时间常数/s
DW10	200	10 000/5000	100 ~ 200	380	10	0.4	440	10	0.01
	1000		400 ~ 1000		20			20	
	4000	2000/1000	2000 ~ 4000		40			40	
DW15	200	20 000/10 000	100 ~ 200	380	20/5	0.3/0.8			
				660	10/5	0.3			
	1000	5000/500	100 ~ 1000	380	40/30	0.3			
	4000	4000/500	2500/4000		60/30	0.25			
DW17（ME）630	630		200 ~ 400、350 ~ 630						
DW17（ME）1000	1000	20 000/1000	200 ~ 400 350 ~ 630 500 ~ 1000	660	50	0.25	220	40	0.01
DW17（ME）4000	4000	3000/150	10 000 ~ 20 000		80	0.2		60	

DW15 系列适用于 50 Hz，额定电流至 4000 A，额定工作电压至 1140 V（壳架等级额定电流 630 A 以下）至 80 V（壳架等级额定电流 1000 A 及以上）的配电网络中。DW16 系列的用途和性能与 DW15 相似，额定电流 100 ~ 630 A 的可用来保护电动机短路、过载和欠电压，并可作为变压器中性点直接接地的 TN 配电系统中单相金属性对地短路保护。DW17 系列是引进德国 AEG 公司的 ME 系列断路器技术而改进的产品，适用于额定工作电压 380 V、660 V，电流至 4000 A 的交流配电网络，作为分配电能、线路的不频繁转换及对线路和设备的短路、过载和欠压保护，并具备分级选择保护功能。DW15HH 系列是智能型万能式断路器，我们将在后面的内容中阐述。

2. 塑料外壳式低压断路器

塑料外壳式低压断路器又称装置式低压断路器，用作配电线路的保护开关以及电动机和照明线路的控制开关等。有 DZ5、DZ10、DX10、DZ12、DZ15、DZX19、DZ20 等系列。一般壳式低压断路器主要技术参数见表 6-4。

表 6-4　一般塑壳式低压断路器主要技术参数

型号	额定电流/A	机械寿命/电寿命/次	过电流脱扣范围/A	短路通断能力					
				交流			直流		
				电压/V	电流（有效值）/kA	cosφ	电压/V	电流/kA	时间常数/s
DZ5	10	—	0.5～20	220	1	0.7	220	1.2	0.01
	50		10～50	380	1.2				
DZ10	100	10 000/5000	15～20	380	7	0.4		7	0.01
			25～50		9			9	
			60～100		2			2	
	250	8000/4000	100～250		30			20	
	600	7000/2000	200/600		50			25	
DZ20Y-100	100	8000/4000	16、20、32、40、50、100		18	0.3	220	10	
DZ20J-400	400	5000/1000	250、350、400	380	42	0.25		25	0.01
DZ20Y-1250	1250	3000/500	630、800、1000、1250		50	0.20	380	30	
TO-100BA	100		50～100		12/8				
TO-600BA	600		450～600		30/25				
TH-5SB	50		10～50		3/5				
YH-5DB					5				

DZ5 系列塑料外壳式断路器适用于 50 Hz，380 V、额定电流 0.15～50 A 的电路，作为电动机的过载和短路保护，在配电电路中用来分配电能和作为线路及电源设备的过载和短路保护之用，也可分别作为电动机不频繁启动及线路的不频繁转换之用。

DZ10 系列适用于 50 Hz、380 V、直流 220 V 及以下配电电路，用来分配电能和保护线路及设备的过载、欠电压和短路，以及在正常工作条件下不频繁分断和接通线路之用。

DZ20 系列用于额定电流 1250 A，额定工作电压 AC 380 V、DC 220 V 及以下的电路中作配电保护用，200（225）A 及以下也可作为电动机保护用。正常工作条件下，也可分别作为电动机不频繁启动及线路的不频繁转换之用。它与 DZ10 相比，具有较高的分断能力，DZ10 一般只有 10 kA，DZ20 中 380 V 可达到 42 kA 甚至更高。

此外，还有引进日本寺崎公司技术的 TO 系列（标准型）、TG 系列（高分断能力型），用于交流 50 Hz 或 60 Hz、额定电压 660 V 及以下、电流 6～600 A 之间的陆用线路或海用电子线路中，正常情况下用于不频繁线路转换及在电路中起过载、短路、欠压保护作用。

6.4.5　低压断路器的选择原则

低压断路器的选择应从以下几个方面考虑：

（1）断路器的类型：应根据使用场合和保护要求来选择。如一般选用塑壳式；短路电流较大时选用限流型；额定电流较大或有选择性保护要求时选用框架式；控制和保护含有半导体器件的直流电路时应选用直流快速断路器等。

（2）断路器额定电压、额定电流应大于或等于线路、设备的正常工作电压、工作电流。

（3）断路器极限通断能力大于或等于电流最大短路电流。

（4）欠电压脱扣器额定电压等于线路额定电压。

（5）过电流脱扣器的额定电流大于或等于线路的最大负载电流。

6.5 接触器

接触器是一种用来自动地接通或断开大电流电路的电器。大多数情况下，其控制对象是电动机、也可用于其他电力负载，如电热器、电焊机、电炉变压器等。接触器不仅能自动地接通和断开电路，还具有控制容量大、低电压释放保护、寿命长、能远距离控制等优点，所以在电气控制系统中应用十分广泛。

接触器的触点系统可以用电磁铁、压缩空气或液体压力等驱动，因而可分为电磁式接触器、气动式接触器（又称电空接触器）和液压式接触器，其中，以电磁式接触器应用最为广泛。根据接触器主触头通过电流的种类，可分为交流接触器和直流接触器；按灭弧介质分有空气电磁式接触器、油浸式接触器和真空接触器等；按电磁机构的励磁方式分有直流励磁操作与交流励磁操作两种。

6.5.1 接触器的结构组成及工作原理

1. 交流接触器

交流接触器主要由触点系统、电磁机构和灭弧装置等组成，如图6-8所示。

（1）触点系统。

触点是接触器的执行元件，用来接通和断开电路。交流接触器一般采用双断点桥式触点，两个触点串联于同一电路中，同时接通或断开。接触器的触点有主触点和辅助触点之分，主触点用以通断主电路，辅助触点用以通断控制回路。

（2）电磁机构。

电磁机构的作用是将电磁能转换成机械能，操纵触点的闭合或断开。交流接触器一般采用衔铁拍合式电磁机构和衔铁直动式的

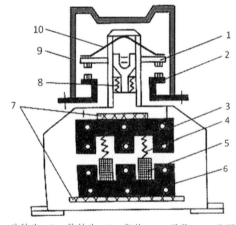

1—动触头；2—静触头；3—衔铁；4—弹簧；5—线圈；
6—铁心；7—垫毡；8—触头弹簧；9—灭弧罩；
10—触头压力弹簧。

图6-8 交流接触器结构示意图

电磁机构。交流接触器的线圈通交流电，为了减少涡流损耗、磁滞损耗，以免铁心发热过甚，铁心由硅钢片叠铆而成。同时，为了减小机械振动和噪音，在静铁心极面上要装有分磁环（又称"短路环"）。

（3）灭弧装置。

交流接触器分断大电流电路时，往往会在动、静触点之间产生很强的电弧。容量较小（10 A以下）的交流接触器一般采用的灭弧方法是双断点和电动力灭弧。容量较大（20 A 以上）的交流接触器一般采用灭弧栅灭弧。

（4）其他部分。

交流接触器的其他部分有底座、反力弹簧、缓冲弹簧、触点压力弹簧、传动机构和接线柱等。反力弹簧的作用是当吸引线圈断电时，迅速使主触点和动合辅助触点断开；缓冲弹簧的作用是缓冲衔铁在吸合时对静铁心和外壳的冲击力；触点压力弹簧的作用是增加动、静触点之间的压力，增大接触面积以降低接触电阻，避免触点由于接触不良而过热灼伤，并有减振作用。

交流接触器的工作原理如图 6-9 所示。当交流接触器电磁系统中的线圈 6、7 间通入交流电流以后，铁心 8 被磁化，产生大于反力弹簧 10 弹力的电磁力，将衔铁 9 吸合。一方面，带动了主触点 1、2、3 的闭合，接通主电路；另一方面，4 和 5 处的常闭辅助触点首先断开，接着，常开辅助触点闭合。当线圈断电或外加电压太低时，在反力弹簧 10 的作用下衔铁释放，主触点断开，切断主电路；常开辅助触点首先断开，接着，常闭辅助触点恢复闭合。图中 11 ~ 17 和 21 ~ 27 为各触点的接线柱。

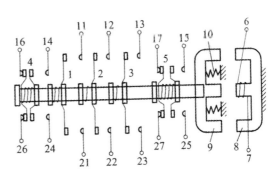

图 6-9　交流接触器的工作原理

2. 直流接触器

直流接触器和交流接触器一样，也是由触点系统、电磁机构、灭弧装置和安装固定部分等组成。图 6-10 为直流接触器的原理图。原理类似交流接触器。

与交流接触器不同的是，直流接触器铁心采用整块铸铁或铸钢制成，无须安装短路环。铁心中无磁滞和涡流损耗，因而铁心不发热。线圈的匝数较多，电阻大，线圈本身发热，因此吸引线圈做成长而薄的圆筒状，且不设线圈骨架，使线圈与铁心直接接触，以便散热。

直流接触器主触头在分断较大电流时，灭弧更困难，一般是采用磁吹式灭弧装置。对于小容量的直流接触器也有采用永久磁铁产生磁吹力的，对中大容量的接触器则常用纵缝灭弧加磁吹灭弧法。

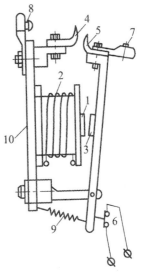

1—铁心；2—线圈；3—衔铁；4—静触点；
5—动触点；6—辅助触点；7、8—接线柱；
9—反作用弹簧；10—底板。

图 6-10　直流接触器的结构原理图

6.5.2 接触器的型号意义及图形符号

接触器的型号及意义如下：

C □1□ □2□ - □3□ □4□

其中　C——接触器；

　　　1——类别代号，J 表示交流，Z 表示直流；

　　　2——设计序号；

　　　3——主触头额定电流（A）；

　　　4——主触头数。

接触器的图形符号及文字符号如图 6-11 所示。

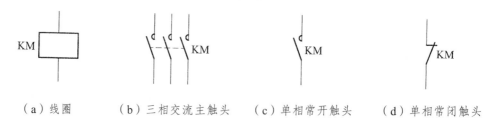

　（a）线圈　　　（b）三相交流主触头　　　（c）单相常开触头　　　（d）单相常闭触头

图 6-11　接触器的图形符号和文字符号

6.5.3 接触器的主要技术参数

1. 接触器的主要技术参数

（1）额定电压，指主触点的额定工作电压，交流主要有 220 V、380 V 和 660 V，在特殊场合应用的高达 1140 V，直流主要有 110 V、220 V 和 440 V。此外，还应规定辅助触点及吸引线圈的额定电压。交流线圈常用的电压等级为 36 V、127 V、220 V 和 380 V，直流线圈常用的电压等级为 24 V、48 V、110 V、220 V 和 440 V。

（2）额定电流，指主触点的额定工作电流。它是在规定条件下（额定工作电压、使用类别、额定工作制和操作频率等），保证电器正常工作的电流值。若改变使用条件，额定电流也要随之改变。目前常用的电流等级为 10 ~ 800 A。

（3）机械寿命与电气寿命，接触器是频繁操作电器，应有较长的机械寿命和电气寿命，目前有些接触器的机械寿命已达 1000 万次以上，电寿命达 100 万次以上。

（4）操作频率，指每小时允许的操作次数，常采用每小时 300、600、1200 次等几种。操作频率直接影响接触器的电寿命及灭弧室的工作条件，对于交流接触器还影响线圈温升，是一个重要的技术指标。

（5）接通与分断能力，指接触器的主触点在规定的条件下能可靠地接通和分断的电流值。在此电流值下，接通时，主触点不应发生熔焊；分断时，主触点不应发生长时间燃弧。

（6）约定发热电流，指在使用类别条件下，允许温升对应的电流值。

（7）约定封闭发热电流，指有封闭外壳时，在允许温升下的发热电流。

（8）额定绝缘电压，指接触器绝缘等级对应的最高电压。低压电器的绝缘电压一般为 500 V。但根据需要，AC 可提高到 1140 V，DC 可达 1000 V。

（9）工作频率，一般为 AC 50 Hz 或 60 Hz。

6.5.4　常用接触器

1. 交流接触器

目前常用的交流接触器有 CTJ、CJX 系列；引进技术生产的 3TB、3TF 系列和 B 系列。

CJ 系列常见的有 CJ20、CJ24、CJ26、CJ28、CJ29、CJ38、CJ40，此外还有 CJ12、CJ15 等系列大功率重任务交流接触器。

3TB 和 3TF 系列，是引进德国西门子公司技术生产的产品，国内型号为 CJX1，其外形和接线端如图 6-12 所示。常见的还有 CJX2、CJX3、CJX4、CJX5、CJX8 系列。TB 系列交流接触器适用于 50 Hz 或 60 Hz、电压至 660 V、电流至 630 A 的电力系统中，供远距离频繁启动和控制电动机用，也可用于闭合和断开电容负载、照明负载、电阻负载和部分直流负载。3TF 系列使用于 50 Hz 或 60 Hz，电压至 1000 V，在 AC-3 使用类别下，额定工作电压为 380 V 时，额定电流至 400 A 的电路中，供远距离接通和分断电路，并可与热过载继电器组成电磁启动器，以保护可能发生的操作过负载的电路。

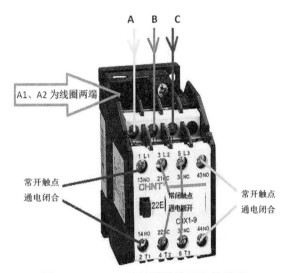

图 6-12　CJX1 接触器的外形和接线端

B 系列交流接触器适用于交流 50 Hz 或 60 Hz、额定电压至 660 V、额定电流至 475 A 的电力线路中，供远距离接通和分断电动机电路，具有失压保护功能，常与 T 系列热继电器组成电磁启动器，并具有过载和断相保护作用。

B 系列交流接触器型号表示如下：

B ☐1☐ - ☐2☐ ☐3☐

其中　B——表示交流接触器；

　　　1——表示基本规格代号；

　　　2——表示常开主触头数；

　　　3——表示常闭主触头数。

B 系列交流接触器的技术数据如表 6-5 所示。

表 6-5 B 系列交流接触器的技术参数

产品型号	额定绝缘电压/V	额定电压/V	约定发热电流/A	断续周期工作制下的额定工作电流/A		AC-3 使用类别下的额定工作功率/kW			不间断工作制的额定电流/A	外形尺寸（宽×高×深）/（mm×mm×mm）	用途
				AC-1	AC-3，AC-4						
					220 V 380 V	660 V	220 V	380 V	660 V			
B9			16	16	8.5	3.5	2.2	4	3	16		在电力系统中通断电路，并能与适当的热继电器组合成电动机起动器，以实现过载保护
B12			20	20	11.5	4.9	3	5.5	4	20	44×67×218	
B16			25	25	15.5	6.7	4	7.5	5.5	25		
B25			40	40	22	13	6.5	11	11	40	54×81×108	
B30			45	45	30	17.5	9	15	15	45		
B37	690	220 380 660	45	45	37	21..	11	18.5	18.5	45	112×81×178.5	
B45			60	60	44	25	13	22	22	60		
B65			80	80	65	45	18.5	33	40	80	92×132×193.5	
B85			100	100	85	55	25	45	50	100		
B105			140	140	105	82	30	55	75	140	116×152×218	
B170			230	230	170	118	55	90	110	230	133×163×218	
B250			300	300	245	170	75	132	160	300	200×250×150	
B370			410	410	370	268	110	200	250	410	200×250×135	

2. 直流接触器

常用的直流接触器有 CZ0、CZ18、CZ21、CZ22、CZ28 等系列。其中，CZ0 系列主要用于远距离通断额定电压至 220 V、额定电流至 600 A 的直流高电感负载，如高压油断路器的电磁操作机构或频繁通断起重电磁铁、电磁阀、离合器的电磁线圈等；CZ18 适用于直流额定电压为 440 V、额定电流 40～1600 A 的电力线路中，供远距离接通与分断电路之用。也可用于直流电动机的频繁启动、停止、反转或反接制动控制；CZ21、CZ22 系列直流接触主要用于远距离通断额定电压 440 V、额定发热电流至 63 A 的直流线路中，并适宜直流电动机的启动、停止、反向及反接制动；CZ28 系列主要用于直流电动力的频繁启动、反接制动或反转、点动、动态中分断，也可用于远距离闭合和断开直流电路。

表 6-6 部分型号直流接触器的技术参数

型号	额定电压/V	额定电流/A	常分主触头数	辅助触头		额定发热电流/A	主触头额定分断能力/A	操作频率/（次/h）	机械寿命/万次	电寿命/万次
				常分	常合					
CZ21-16	440	25	2	2	2	5	100	1200	300	30
CZ22-63	440	53	2	2	2	5	252	1200	1000	100
CZ18-40/10	400	40	1	2	2	6	160	1200	500	50

型号	额定电压/V	额定电流/A	常分主触头数	辅助触头			主触头额定分断能力/A	操作频率/（次/h）	机械寿命/万次	电寿命/万次
				常分	常合	额定发热电流/A				
CZ18-160B/10	440	160	1	2	2	10	640	600	500	50
CZ18-315B/20	400	315	2	2	2	10	1260	600	300	30
CZ18-1000/10	440	1000	1	2	2	10	4000	600	300	30
CZ18-1000B/20	400	1000	2	2	2	10	4000	600	300	30
CZ18-1600B/10	440	1600	1	2	2	10	6400	600	300	30
CZ0-40C	110/220	490/245	2	0	0	5			10	0.1
CZ0-100GB	110/220	490/245	2	2	2	5			10	0.1
CZ0-40G	220	10、20、40	2	2	2	5			100	5
CZ0-100G	220	40、60、100	2	2	2	5			100	1

6.5.5 接触器的选用

为了保证系统正常工作，必须根据以下原则正确选择接触器：

1. 接触器类型的选择

接触器的类型应根据电路中负载电流的种类来选择，即交流负载应选用交流接触器，直流负载应选用直流接触器。

根据使用类别选用相应系列产品，接触器产品系列是按使用类别设计的，所以应根据接触器负担的工作任务来选择相应的使用类别。若电动机承担一般任务，其接触器可选 AC-3 类；若承担重任务，可选用 AC-4 类。如选用 AC-3 类用于重任务时，应降低容量使用，例如，AC-3 设计的控制 4 kW 电动机的接触器，用于重任务时，应降低一个容量等级，只能控制 2.2 kW 电动机等。直流接触器的选择类别与交流接触器类似。

2. 接触器主触点的额定电压选择

被选用的接触器主触点的额定电压应大于或等于负载的额定电压。

3. 接触器主触点额定电流的选择

对于电动机负载，接触器主触点额定电流按下式计算

$$I_N = \frac{P_N \times 10^3}{\sqrt{3} U_N \cos\varphi \cdot \eta} \tag{6-1}$$

式中 P_N——电动机功率（kW）；U_N——电动机额定线电压（V）；$\cos\varphi$——电动机功率因数，其值为 0.85 ~ 0.9；η——电动机的效率，其值一般为 0.8 ~ 0.9。

在选用接触器时，其额定电流应大于计算值。也可以根据电气设备手册给出的被控电动机的容量和接触器额定电流对应的数据选择。

根据式（6-1），在已知接触器主触点额定电流的情况下，可以计算出所控制电动机的功率。例如，CJ20～63 型交流接触器在 380 V 时的额定工作电流为 63 A，故它在 380 V 时能控制的电动机的功率为

$$P_N = \sqrt{3} \times 380\ V \times 63\ A \times 0.9 \times 0.9 \times 10^{-3} \approx 33\ kW$$

其中，$\cos\varphi$、η 均取 0.9。

由此可见，在 380 V 的情况下，63 A 的接触器的额定控制功率为 33 kW。在实际应用中，接触器主触点的额定电流也常常按下面的经验公式计算

$$I_N = \frac{P_N \times 10^3}{K U_N} \qquad\qquad (6\text{-}2)$$

式中，K 为经验系数，取 1～1.4。

在确定接触器主触点电流等级时，如果接触器的使用类别与所控制负载的工作任务相对应，一般应使主触点的电流等级与所控制的负载相当，或者稍大一些；如果不对应，则需降低电流等级使用。例如，当负载为电容器或白炽灯时，接通时的冲击电流可达额定工作电流的十几倍，这时宜选用 AC-4 类的接触器。如果不得不用 AC-3 类别的产品，则应降低为 70%～80%额定容量来使用。

4. 接触器吸引线圈电压的选择

如果控制线路比较简单，所用接触器数量较少，则交流接触器线圈的额定电压一般直接选用 380 V 或 220 V。如果控制线路比较复杂，使用的电器又比较多，为了安全起见，线圈的额定电压可选低一些。例如，交流接触器线圈电压可选择 127 V、36 V 等，这时需要附加一个控制变压器。

直流接触器线圈的额定电压应视控制回路的情况而定。同一系列、同一容量等级的接触器，其线圈的额定电压有几种，可以选线圈的额定电压与直流控制电路的电压一致。

直流接触器的线圈加的是直流电压，交流接触器的线圈一般是加交流电压。有时为了提高接触器的最大操作频率，交流接触器也有采用直流线圈的。

6.6　继　电　器

继电器是一种根据电量（电压、电流等）或非电量（热、时间、转速、压力等）的变化使触点动作，接通或断开控制电路，以实现自动控制和保护电力拖动装置的电器。继电器一般由感测机构、中间机构和执行机构三个基本部分组成。感测机构把感测到的电量或非电量传递给中间机构，将它与预定值（整定值）进行比较，当达到整定值时，中间机构使执行机构动作，从而接通或断开电路。

继电器的种类和形式很多，主要按以下方法分类：

（1）按用途可分为控制继电器和保护继电器。

（2）按工作原理可分为电磁式继电器、感应式继电器、热继电器、机械式继电器、电动式继电器和电子式继电器等。

（3）按反应的参数（动作信号）可分为电流继电器、电压继电器、时间继电器、速度继电器、压力继电器等。

（4）按动作时间可分为瞬时继电器（动作时间小于 0.05 s）和延时继电器（动作时间大于 0.15 s）。

（5）按输出形式可分为有触点继电器和无触点继电器。

6.6.1 电磁式继电器

电磁式继电器是以电磁力为驱动力的继电器，是电气控制设备中用得最多的一种继电器。图 6-13 是电磁式继电器的典型结构，它由铁心、衔铁、线圈、反力弹簧和触点等部分组成。在这种磁系统中，铁心 7 和磁轭为 ·整体，减少了非工作气隙；极靴 8 为一圆环，套在铁心端部；衔铁 6 制成板状，绕棱角（或绕轴）转动；线圈不通电时，衔铁靠反力弹簧 2 作用而打开。衔铁上垫有非磁性垫片 5。装设不同的线圈后可分别制成电流继电器、电压继电器和中间继电器。这种继电器线圈有交流的和直流的两种，即交流电磁式继电器和直流电磁式继电器。直流电磁式继电器再加装铜套 11 后可构成电磁式时间继电器。

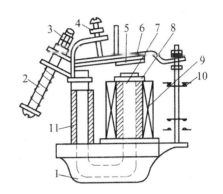

1—底座；2—反力弹簧；3、4—调整螺钉；
5—非磁性垫片；6—衔铁；7—铁心；
8—极靴；9—电磁线圈；10—触点系统。

图 6-13　电磁式继电器的典型结构

与接触器不同，继电器一般用于控制电路中，控制小电流电路，触点额定电流不大于 5 A（有的中间继电器触点额定电流大于 5 A），所以不加灭弧装置；而接触器一般用于主电路中，控制大电流电路，需加灭弧装置。其次，接触器一般只能对电量的变化做出反应，而各种继电器可以在相应的各种电量或非电量作用下动作。

1. 电磁式电流继电器

电流继电器的线圈串联在被测量的电路中，以反映电路电流的变化。为了不影响电路的正常工作，电流继电器线圈匝数少、导线粗、线圈阻抗小。

除一般用于控制的电流继电器外，还有保护用的过电流继电器和欠电流继电器。

（1）过电流继电器。

线圈电流高于整定值时动作的继电器称为过电流继电器。过电流继电器的动断触点串联在接触器的线圈电路中，动合触点一般用作对过电流继电器的自锁和接通指示灯线路。过电流继电器在电路正常工作时衔铁不吸合，当电流超过某一整定值时衔铁才吸上（动作）。于是它的动断触点断开，从而切断接触器线圈电源，使接触器的动合触点断开被测电路，使设备脱离电源，起到保护作用。同时过电流继电器的动合触点闭合进行自锁或接通指示灯，指示发生过电流。过电流继电器整定值的整定范围为 1.1 ~ 3.5 倍额定电流。有的过电流继电器，发生过电流后不能自动复位，必须手动复位，这样可避免重复过电流的事故发生。

（2）欠电流继电器。

当线圈电流低于整定值时动作的继电器称为欠电流继电器。欠电流继电器一般将动合触点串联在接触器的线圈电路中。欠电流继电器的吸引电流为线圈额定电流的 30% ~ 65%，释放电流为额定电流的 10% ~ 20%。因此，在电路正常工作时，衔铁是吸合的，只有当电流降低到某一整定值时，继电器释放，输出信号去控制接触器断电，从而控制设备脱离电源，起到保护作用。这种继电器常用于直流电动机和电磁吸盘的失磁保护。

2. 电磁式电压继电器

电压继电器是根据线圈两端电压大小而接通或断开电路的继电器。这种继电器线圈的导线细、匝数多、阻抗大，并联在电路中。电压继电器有过电压、欠电压和零电压继电器之分。

过电压继电器在电压为额定电压的 110% ~ 120%以上时动作，对电路进行过压保护，其工作原理与过电流继电器相似。欠电压继电器在电压为额定电压的 40% ~ 70%时动作，对电路进行欠电压保护，其工作原理与欠电流继电器相似。零压继电器在电压降至额定电压的 5% ~ 25%时动作，对电路进行零压保护。

中间继电器在结构上是一个电压继电器，但它的触点数多、触点容量大（额定电流 5 ~ 10 A），是用来转换控制信号的中间元件。其输入是线圈的通电或断电信号，输出信号为触点的动作。其主要用途是当其他继电器的触点数或触点容量不够时，可借助中间继电器来扩大它们的触点数或触点容量。

3. 电磁式继电器的特性、主要参数和整定方法

（1）电磁式继电器的特性。

继电器的主要特性是输入-输出特性，电磁式继电器的输入-输出特性如图 6-14 所示，这一矩形曲线称为继电特性。

图 6-14 中，x_2 称为继电器的吸合值，欲使继电器动作，输入量 x 必须大于此值；x_1 称为继电器的释放值，欲使继电器释放，输入量 x 必须小于此值。

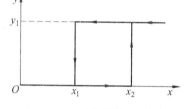

图 6-14　继电器输入-输出特性曲线

（2）电磁式继电器的主要参数。

①灵敏度。使继电器动作的最小功率称为继电器的灵敏度。

②额定电压和额定电流。对于电压继电器，它的线圈额定电压为该继电器的额定电压；对于电流继电器，它的线圈额定电流为该继电器的额定电流。

③吸合电压或吸合电流。使继电器衔铁开始运动时线圈的电压（对电压继电器）或电流（对电流继电器）称为吸合电压或吸合电流，用 U_{XH} 或 I_{XH} 表示。

④释放电压或释放电流。继电器衔铁开始释放时线圈的电压或电流，用 U_{SF} 或 I_{SF} 表示。

⑤返回系数。释放电压（或电流）与吸合电压（或电流）的比值，称为返回系数，用 K 表示，K 值恒小于 1。

电压继电器的返回系数 $K = U_{SF} / U_{XH}$

电流继电器的返回系数 $K = I_{SF} / I_{XH}$

K 值可以调节，具体方法随继电器的结构不同而有所差异。返回系数实际上是表示继电器的吸合值与释放值的接近程度。返回系数越接近 1，越适宜作保护电器。

⑥ 吸合时间和释放时间。吸合时间是从线圈接受电信号到衔铁完全吸合所需的时间；释放时间是从线圈断电到衔铁完全释放所需的时间。它们的大小影响继电器的操作频率。一般继电器的吸合时间和释放时间为 0.05 ~ 0.15 s，快速继电器可达 0.005 ~ 0.05 s。

⑦ 整定值。根据控制系统的要求，预先设置继电器达到某一个吸合值或释放值，吸合（电压或电流）或释放值（电压或电流）就称为整定值。

（3）电磁式继电器的整定。

继电器在使用前，应预先将它们的吸合值和释放值或返回系数整定到控制系统所需要的值。对图 6-13 所示的继电器整定方法如下：

① 调节调整螺钉 3 上的螺母可以改变反力弹簧 2 的松紧度，从而调节吸合电流（或电压）。反力弹簧调得越紧，吸合电流（或电压）就越大，反之就越小。

② 调节调整螺钉 4 可以改变初始气隙的大小，从而调节吸合电流（或电压）。气隙越大，吸合电流（或电压）越大，反之就越小。

③ 改变非磁性垫片的厚度可以调节释放电流（或电压）。非磁性垫片越厚，释放电流（或电压）越大，反之则越小。除了吸合值和释放值要整定外，有些继电器要求增大返回系数，以提高控制灵敏度。

4. 常用的电磁式继电器

目前常用的电磁式继电器有 JZC 系列、JZC4 系列接触器式中间继电器；JZ7 系列、DZ-638A 型、DZ-644 型、DZ-650 型、DZ-690（T90）型等中间继电器；DY-50Q/50T 系列、DJ-100 系列电压继电器；JL12 系列过电流延时继电器；JL14 系列电流继电器以及用作直流电压、时间、欠电流的中间继电器 JT3 系列等。

JZC1 系列性能指标等同于德国西门子公司的 3TH 系列产品；JZC4 系列符合国际 IEC 及国家 GB1497 标准，是 JZ7 系列的更新换代产品；DZ-650 型继电器是消化引进技术的派生产品，达到 ABB 公司产品 RXMA2 同等水平，可替代 ABB 产品；DZ-690（T90）型等中间继电器广泛用于自动控制、顺序控制以及家用电器、医疗设备中换接交直流电路，可与日本 OMRON 公司的 G8P 系列继电器互换使用。DY-50Q/50T 系列的磁系统有两个线圈，可以随意串联或并联来改变保护动值的整定范围，作过电压或欠电压闭锁元件。

电磁式继电器的一般图形符号是相同的，如图 6-15 所示。电流继电器的文字符号为 KI，线圈方格中用 I >（或 I <）表示过电流（或欠电流）继电器。电压继电器的文字符号为 KV，线圈方格中用 U <（或 U = 0）表示欠电压（或零压）继电器。中间继电器的文字符号为 KA。时间继电器的文字符号为 KT。

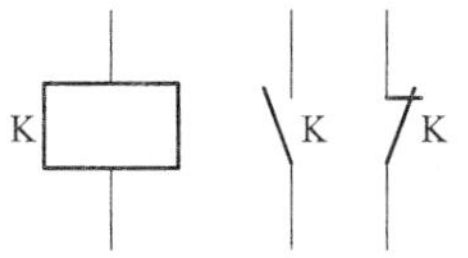

图 6-15　电磁式继电器的
一般图形符号

电磁式继电器在选用时应考虑继电器线圈电压或电流满足控制线路的要求，同时还应按照控制需要区别选择过电流继电器、欠电流继电器、过电压继电器、欠电压继电器、中间继电器等，另外要注意交流与直流之分。

6.6.2 中间继电器

中间继电器是最常用的继电器之一，其结构与接触器基本相同，主要由传动装置和触头装置组成。中间继电器在控制电路中起逻辑变换和状态记忆功能，同时用于扩展接点的容量和数量。另外，在控制电路中还可以调节各继电器、开关之间的动作时间，防止电路误动作。中间继电器实质上是一种电压继电器，它根据输入电压的有、无而动作，一般 8 对触头（通常为 4 开 4 闭），触头容量额定电流为 5 ~ 10 A。中间继电器体积小，动作灵敏度高，一般不用于直接控制电路的负荷，但当电路的负荷电流在 5 ~ 10 A 以下时，也可代替接触器起控制负荷的作用。

常用的中间继电器型号有 JZ7、JZ14 型，还有 JZC 系列、JZC4 系列接触器式中间继电器。中间继电器的图形符号如图 6-16 所示，其型号及含义如下：

$$JZ\,C\ \boxed{1}\ -\ \boxed{2}\ \boxed{3}\ /\ \boxed{4}$$

其中　JZ——中间继电器；

　　　C——接触器式；

　　　1——设计序号；

　　　2——常开触头数；

　　　3——常闭触头数；

　　　4——线圈电压数值代号（可无）。

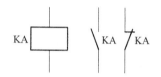

图 6-16　中间继电器的图形符号

JZC4 系列中间继电器的主要技术参数列于表 6-7。

表 6-7　JZC4 系列中间继电器的主要技术参数

额定绝缘电压/V	约定发热电流/A	最小负载（可靠工作）	额定功率		电寿命/（10^4 次数）	机械寿命/（10^4 次数）	线圈电压AC/V
			DC	AC			
660	10	0.6V·A（6 V 或 10 mA 以上）	DC-11 220V 33W DC-13 50W	AC-11 380V 300V·A AC-15 400V·A	≥200	≥2000	24、（36）、48、110、（127）、220、380

6.6.3 时间继电器

在电力拖动控制系统中，不仅需要动作迅速的继电器，而且需要当吸引线圈通电或断电以后其触点经过一定延时再动作的继电器，这种继电器称为时间继电器。按其动作原理与构造不同，可分为电磁式、空气阻尼式、电动式和电子式等时间继电器。

1. 直流电磁式时间继电器

电磁式时间继电器一般在直流电气控制电路中应用较广，只能直流断电延时动作。它的结构是在图 6-13 的 U 形静铁心 7 的另一柱上装上阻尼铜套 11，即构成时间继电器。其工作原理是，当线圈 9 断电后，通过铁心 7 的磁通要迅速减少，由于电磁感应，在阻尼铜套 11 内产生感应电流。根据电磁感应定律，感应电流产生的磁场总是阻碍原磁场的减弱，使铁心继续吸持衔铁一小段时间，达到延时的目的。

这种时间继电器延时时间的长短是靠改变铁心与衔铁间非磁性垫片的厚度（粗调）或改变释放弹簧的松紧（细调）来调节的。垫片越厚延时越短，反之越长；而弹簧越紧则延时越短，反之越长。因非导磁性垫片的厚度一般为 0.1 mm、0.2 mm、0.3 mm，具有阶梯性，故用于粗调。由于弹簧松紧可连续调节，故用于细调。

电磁式时间继电器的优点是，结构简单、运行可靠、寿命长，但延时时间短。

2. 空气阻尼式时间继电器

空气阻尼式时间继电器是利用空气阻尼作用获得延时的，线圈电压为交流，因交流继电器不能像直流继电器那样依靠断电后磁阻尼延时，因而采用空气阻尼式延时。它分为通电延时和断电延时两种类型。图 6-17 是 JS7-A 系列时间继电器的结构示意图，它主要由电磁系统、延时机构和工作触点三部分组成。

图 6-17（a）为通电延时型时间继电器，当线圈 1 通电后，铁心 2 将衔铁 3 吸合，同时推板 5 使微动开关 16 立即动作。活塞杆 6 在塔形弹簧 8 的作用下，带动活塞 12 及橡皮膜 10 向上移动，由于橡皮膜下方气室空气稀薄，形成负压，因此活塞杆 6 不能迅速上移。当空气由进气孔 14 进入时，活塞杆才逐渐上移。移到最上端时，杠杆 7 才使微动开关 15 动作。延时时间即为自电磁铁吸引线圈通电时刻起到微动开关 15 动作为止这段时间。通过调节螺杆 13 来改变进气孔的大小，就可以调节延时时间。

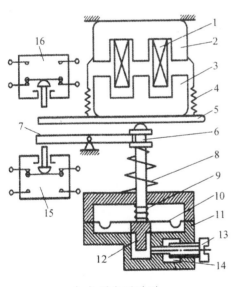

（a）通电延时型　　　　　　　　（b）断电延时型

1—线圈；2—铁心；3—衔铁；4—复位弹簧；5—推板；6—活塞杆；7—杠杆；8—塔形弹簧；9—弱弹簧；10—橡皮膜；11—空气室壁；12—活塞；13—调节螺杆；14—进气孔；15、16—微动开关。

图 6-17　JS7-A 系列时间继电器动作原理图

当线圈 1 断电时，衔铁 3 在复位弹簧 4 的作用下将活塞 12 推向最下端。因活塞被往下推时，橡皮膜下方气室内的空气，都通过橡皮膜 10、弱弹簧 9 和活塞 12 肩部所形成的单向阀，经上气室缝隙顺利排掉，因此延时与不延时的微动开关 15 与 16 都能迅速复位。

将电磁机构翻转 180°安装后，可得到图 6-17（b）所示的断电延时型时间继电器。它的工作原理与通电延时型相似，微动开关 15 是在吸引线圈断电后延时动作的。

空气阻尼式时间继电器的优点是结构简单、寿命长、价格低，还附有不延时的触点，所以应用较为广泛。缺点是准确度低、延时误差大（±10%～±20%），在要求延时精度高的场合不宜采用

国产空气阻尼式时间继电器型号为 JS7 系列和 JS7-A 系列，A 为改型产品，体积小。JS7-A系列空气阻尼式时间继电器主要技术参数列于表 6-8。

表 6-8　JS7-A 系列空气阻尼式时间继电器主要技术参数

型号	瞬时动作触点数量		有延时的触点数量				触点额定电压/V	触点额定电流/A	线圈电压/V	延时范围/s	额定操作频率/（次/h）
			通电延时		断电延时						
	动合	动断	动合	动断	动合	动断					
JS7-1A	—	—	1	1	—	—	380	5	24 36 110 127 220 380 420	0.4～60 及 0.4～180	600
JS7-2A	1	1	1	1	—	—					
JS7-3A	—	—	—	—	1	1					
JS7-4A	1	1	—	—	1	1					

3. 电子式时间继电器

电子式时间继电器按其构成可分为 RC 式晶体管时间继电器和数字式时间继电器，多用于电力传动、自动顺序控制及各种过程控制系统中，并以其延时范围宽、精度高、体积小、工作可靠的优势逐步取代传统的电磁式、空气阻尼式等时间继电器。

（1）晶体管式时间继电器。

晶体管式时间继电器是以 RC 电路电容充电时，电容器上的电压逐步上升的原理为延时基础制成的。

图 6-18 所示是一种最简单的 RC 晶体管时间继电器电路图。它用 RC 作延时环节；稳压管 V_W 与晶体三极管 V 作比较放大环节（V_W 的击穿电压与 V 的开启电压之和 U_1 为比较电压，也就是该电器的动作电压）；电磁继电器 KA 为执行环节。RC 晶体管时间继电器的基本工作原理是利用电容电压不能突变而只能缓慢升高的特性来获得延时的。

当合上开关 S 时（$t=0$），电源电压 E 就通过电阻 R 开始向电容 C 充电，此时电容上的电能被立即击穿，V 不能导通，KA 处于释放状态；当 $t=t_1$ 时，U_C 增加到 U_1，于是 V_W 被击穿，V 导通，电源经 R 与 V_W 供给 V 以基极电流 I_b，经过放大后推动继电器 KA 吸合，达到延时动作的目的。在延时时间 t_1 内，U_C 随时间的变化规律如图 6-18（b）中曲线段 obc 所示。当断开 S 时，C 就通过 V_W 与 V 很快放电（此时它们的电阻很小），U_C 很快下降，但当 U_C 稍许减小后 V_W 就恢复阻断状态；V 截止，KA 释放，可见释放过程是非常快的，延时很小，所以该继电器为吸合延时，释放后电容上电压（电荷）将自然地放掉，到等于零时就可以接受下一次动作了。

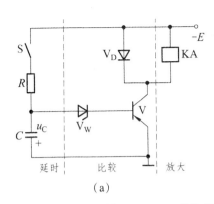
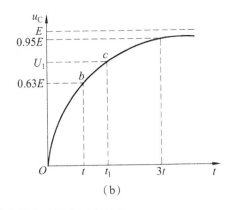

（a）   （b）

图 6-18　RC 晶体管时间继电器电路及充放电特性

常用的晶体管式时间继电器有 JS14A、JS15、JS20、JSJ、JSB、JS14P 等系列。其中，JS20 系列晶体管时间继电器是全国统一设计产品，延时范围有 0.1～180 s、0.1～300 s、0.1～3600 s 三种，电气寿命达 10 万次，适用于交流 50 Hz、电压 380 V 及以下或直流 110 V 及以下的控制电路中。

（2）数字式时间继电器。

RC 晶体管时间继电器是利用 R、C 充放电原理制成的。由于受延时原理的限制，不容易做成长延时，且延时精度易受电压、温度的影响，精度较低，延时过程也不能显示，因而影响了它的使用。随着半导体技术、特别是集成电路技术的进一步发展，采用新延时原理的时间继电器—数字式时间继电器便应运而生，各种性能指标得到大幅度的提高。目前最先进的数字式时间继电器内部装有微处理器。

目前市场上的数字式时间继电器型号很多，有 DH48S、DH14S、DH11S、JSS1、JS14S 系列等。其中，JS14S 系列与 JS14、JS14P、JS20 系列时间继电器兼容，取代方便。DH48S 系列数字时间继电器，为引进技术及工艺制造，替代进口产品，延时范围为 0.01 s～99 h 99 min，任意预置。另外，还有从日本富士公司引进生产的 ST 系列等。

时间继电器的图形符号和文字符号如图 6-19 所示。

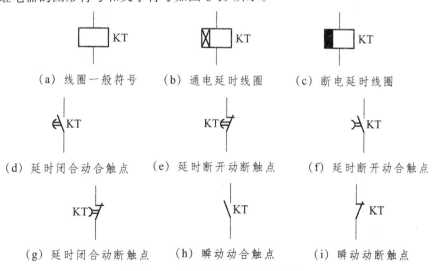

（a）线圈一般符号　　（b）通电延时线圈　　（c）断电延时线圈

（d）延时闭合动合触点　（e）延时断开动断触点　（f）延时断开动合触点

（g）延时闭合动断触点　（h）瞬动动合触点　　（i）瞬动动断触点

图 6-19　时间继电器的图形符号

在图 6-19 中，（d）和（e）为通电延时型时间继电器的触点，它们在线圈通电时延时动作，在线圈断电时瞬时动作；（f）和（g）为断电延时型时间继电器的触点，它们在线圈通电时瞬时动作，在线圈断电时延时动作。

对于通电延时型时间继电器，使用通电延时线圈（b），所用的触点是延时闭合动合触点（d）和延时断开动断触点（e）；对于断电延时时间继电器，使用断电延时线圈（c），所用的触点是延时断开动合触点（f）和延时闭合动断触点（g）；有的时间继电器还附有瞬动动合触点（h）和瞬动动断触点（i）。

选用时间继电器时，应考虑延时方式（通电延时或断电延时）、延时范围、延时精度要求、外形尺寸、安装方式、价格等因素。

常用的时间继电器有气囊式、空气阻尼式、电磁式、电动式及电子式等，在要求延时范围大、延时准确度较高的场合，应选用电动式或电子式时间继电器。当延时精度要求不高、电源电压波动大的场合，可选用价格较低的电磁式或气囊式时间继电器。

6.6.4　热继电器

热继电器是一种具有延时过载保护特性的过电流继电器，广泛用于电动机及其他电气设备的过载保护。电动机在运行过程中，如果长期过载、频繁起动、欠电压运行或者断相运行等，都有可能使电动机的电流超过它的额定值。如果超过额定值的量不大，熔断器在这种情况下不会熔断，这样将引起电动机过热，损坏绕组的绝缘，缩短电动机的使用寿命，严重时甚至烧坏电动机。因此，常采用热继电器作为电动机的过载保护以及断相保护。

1. 热继电器的结构和工作原理

热继电器结构多样，最常用的是双金属片式结构，如图 6-20 所示，双金属片 2 使用两种不同线膨胀系数的金属片，通过机械碾压在一起，一端固定，另一端为自由端。当双金属片的温度升高时，由于两种金属的线膨胀系数不同，所以它将弯曲，热元件 3 串接在电动机定子绕组中，电动机绕组电流即为流过热元件的电流。当电动机正常运行时，热元件产生的热量虽能使双金属片 2 弯曲，但不足以使继电器动作；当电动机过载时，热元件产生的热量增大，使双金属片弯曲位移量增大，经过一段时间后，双金属片弯曲推动导板 4，并通过补偿双金属片 5 与推杆 14 将触点 9 和 6 分开，触点 9 和 6 为热继电器串于接触器线圈回路的动断触点，断开后使接触器断电，接触器的动合触点断开电动机等负载回路，保护了电动机等负载。

补偿双金属片 5 可以在规定的范围内（-30 ℃～+40 ℃）补偿环境温度对热继电器的影响。如果周围温度升高，双金属片向左弯曲程度加大，然而补偿双金属片 5 也向左弯曲，使导板 4 与补偿双金属片之间距离保持不变，故继电器特性不受环境温度升高的影响，反之亦然。有时可采用欠补偿，使补偿双金属片 5 向左弯曲的距离小于双金属片 2 因环境温度升高向左弯曲的变动值，以便在环境温度较高时，热继电器动作较快，更好地保护电动机。

调节旋钮 11 是一个偏心轮，它与支撑件 12 构成一个杠杆，转动偏心轮，即可改变补偿双金属片 5 与导板 4 的接触距离，从而达到调节整定动作电流值的目的。此外，靠调节复位螺钉 8 来改变动合静触点 7 的位置，使热继电器能工作在手动复位和自动复位两种工作状态。调试手动复位时，在故障排除后需按下按钮 10，才能使动触点 9 恢复到与静触点 6 相接触的位置。

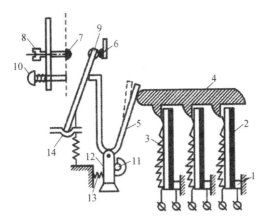

1—接线柱；2—双金属片；3—热元件；4—导板；5—补偿双金属片；6—动触点；7—动合静触点；
8—复位螺钉；9—静触点；10—按钮；11—调节旋钮；12—支撑件；13—弹簧；14—推杆。

图 6-20　热继电器的结构原理图

2. 带断相保护的热继电器

上述结构的热继电器适用于三相同时出现过载电流的情况，若三相中有一相断线而出现过载电流，则因为断线那一相的双金属片不弯曲而使热继电器不能及时动作，有时甚至不动作，故不能起到保护作用。这时就需要使用带断相保护的热继电器，其结构原理如图 6-21 所示，其中剖面 3 为双金属片，虚线表示动作位置，图 6-21（a）为断电时的位置。

当电流为额定值时，三个热元件均正常发热，其端部均向左弯曲推动上、下导板同时左移，但达不到动作位置，继电器不会动作，如图 6-21（b）所示。

当电流过载达到整定值时，双金属片弯曲较大，把导板和杠杆推到动作位置，继电器动作，使动断触点立即打开，如图 6-21（c）所示。

当一相（设 L1 相）断路时，L1 相（右侧）的双金属片逐渐冷却降温，其端部向右移动，推动上导板向右移动；而另外两相双金属片温度上升，使端部向左移动，推动下导板继续向左移动，产生差动作用，使杠杆扭转，继电器动作，起到断相保护作用。

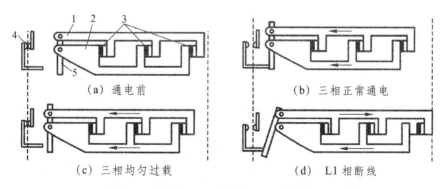

（a）通电前　　　　　　　　（b）三相正常通电

（c）三相均匀过载　　　　　　（d）L1 相断线

1—上导板；2—下导板；3—双金属片；4—动断触点；5—杠杆。

图 6-21　带断相保护的热继电器

3. 常用的热继电器

热继电器的图形符号及文字符号如图 6-22 所示。

目前国内生产的热继电器品种很多，常用的有 JR0、JR15、JR16、JR20、JRS1、JRS2、JRS5 和 T 系列等。

JR20 系列热继电器采用立体布置式结构，且系列动作机构通用。除具有过载保护、断相保护、温度补偿以及手动和自动复位功能外，还具有动作脱扣灵活、动作脱扣指示以及断开检验按钮等功能装置。

JR20 系列热继电器型号及其含义如下：

(a) 热元件　　(b) 动断触点

图 6-22　热继电器的图形符号和文字符号

$$\text{JR}\boxed{1}-\boxed{2}\boxed{3}/\boxed{4}$$

其中　JR——热过载继电器；

　　　1——设计序号；

　　　2——额定电流值；

　　　3——特征代号，Z 表示与交流接触器组合安装，L 表示独立安装，GZ 表示标准导轨组合安装，GL 表示标准导轨独立安装；

　　　4——派生代号，TH 表示热带产品。

JR20 系列产品共有 8 个额定电流等级，46 个热元件规格，可适用于 0.1～630 A 保护范围。其主要技术参数见表 6-9。

表 6-9　JR20 系列部分热继电器主要技术参数

型号	额定电流/A	热元件号	整定电流调节范围/A
JR20-10	10	1R～15R	0.1～11.6
JR20-16	16	1S～6S	3.6～18
JR20-25	25	1T～4T	7.8～29
JR20-63	63	1U～6U	16～71
JR20-160	160	1W～9W	33～176
JR20-630	630	1Z～2Z	320～630

4. 热继电器接入电动机定子电路方式

三相交流电动机的过载保护大多数采用三相式热继电器，由于热继电器有带断相保护和不带断相保护两种，根据电动机绕组的接法，这两种类型的热继电器接入电动机定子电路的方式也不尽相同。当电动机的定子绕组为星形时，带断相保护和不带断相保护的热继电器均可接在线电路中，如图 6-23（a）所示。采用这种接入电路方式，在发生三相均匀过载、不均匀过载乃至发生一相断线事故时，流过热继电器的电流即为流过电动机绕组的电流，所以热继电器可以如实地反映电动机的过载情况。

电动机的额定电流是指线电流，电动机在三角形时，额定线电流为每相绕组额定相电流的 $\sqrt{3}$ 倍。当发生断相运行时，如果故障线电流达到电动机的额定电流，可以证明，此时电动机电流最大一相绕组的电流将达到额定相电流的 1.15 倍。若将热继电器的热元件串联在三角形电动机的电源进线中，并且按电动机的额定电流选择热继电器，当故障线电流达到额定电流时，在电动机绕组内部，电流较大的那一相绕组的故障相电流将超过额定电流。因热继电器串在电源进线中，所以热继电器不动作，但对电动机来说就有过热危险了。

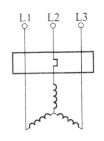
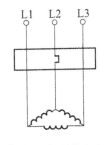
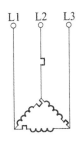

（a）星形带断相式和不带断相式　　　　（b）三角形带断相式　　　　（c）三角形不带断相式

图 6-23　热继电器接入电路的方式

因此，当电动机定子绕组为三角形时，若采用普通热继电器，为了能进行断相保护，必须将三个发热元件串联在电动机的每相绕组上，如图 6-23（c）所示。如果采用断相式热继电器，可以采用图 6-23（b）的接线形式。

5. 热继电器的选用

热继电器的选用是否得当直接影响着对电动机进行过载保护的可靠性。

（1）热继电器有两相、三相和三相带断相保护等形式。星形的电动机及电源对称性较好的情况可选用两相或三相结构的热继电器；三角形的电动机应选用带断相保护装置的三相结构热继电器。

（2）原则上热继电器的额定电流应按电动机的额定电流来选择。但对于过载能力较差的电动机，一般选取热继电器的额定电流（实际上是选取发热元件的额定电流）为电动机额定电流的 60% ~ 80%。在不频繁起动的场合，要保证热继电器在电动机的起动过程中不产生误动作。通常，当电动机的起动电流为其额定电流的 6 倍、起动时间不超过 5 s 且电动机很少连续起动时，就可按电动机的额定电流来选用热继电器。热元件选好后，还需按电动机的额定电流来调整它的整定值。

（3）对于工作时间较短、间歇时间较长的电动机，以及虽然长期工作但过载的可能性很小的电动机，可以不设过载保护。

（4）双金属片式热继电器一般用于轻载、不频繁起动电动机的过载保护。对于重载、频繁起动的电动机，则可用过电流继电器（延时动作型的）作它的过载保护和短路保护。因为热元件受热变形需要时间，故热继电器不能作短路保护用。

（5）热继电器有手动复位和自动复位两种方式。对于重要设备，宜采用手动复位方式；如果热继电器和接触器的安装地点远离操作地点，且从工艺上又易于看清过载情况，宜采用自动复位方式。

另外，热继电器必须按照产品说明书规定的方式安装。当与其他电器安装在一起时，应将热继电器安装在其他电器的下方，以免其动作受其他电器发热的影响。

6.6.5　速度继电器

速度继电器常用于三相感应电动机按速度原则控制的反接制动线路中，亦称反接制动继电器。它主要由转子、定子和触点三部分组成。转子是一个圆柱形永久磁铁，定子是一个笼形空心圆环，由硅钢片叠成，并装有笼形绕组。

速度继电器的工作原理如图 6-24 所示。其转子轴与电动机轴相连接，定子空套在转子上。当电动机转动时，速度继电器的转子（永久磁铁）随之转动，在空间产生旋转磁场，切割定子绕组，而在其中感应出电流。此电流又在旋转磁场作用下产生转矩，使定子随转子转动方向旋转一定的角度，与定子装在一起的摆锤推动触点动作，使动断触点断开，动合触点闭合。当电动机转速低于某一值时，定子产生的转矩减小，动触点复位。

速度继电器的图形符号及文字符号如图 6-25 所示。

常用的速度继电器有 JY1 型和 JFZ0 型。JY1 型能在 3000 r/min 以下可靠工作；JFZ0-1 型适用于 300 ~ 1000 r/min，JFZ0-2 型适用于 1000 ~ 3600 r/min；JFZ0 型有两对动合、动断触点。一般速度继电器转轴在 120 r/min 左右即能动作，在 100 r/min 以下触点复位。

JY1 型和 JFZ0 型速度继电器的主要技术参数列于表 6-10。

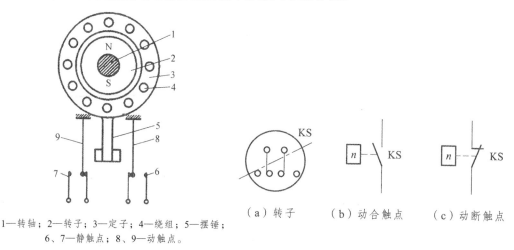

1—转轴；2—转子；3—定子；4—绕组；5—摆锤；
6、7—静触点；8、9—动触点。

图 6-24　速度继电器原理示意图　　图 6-25　速度继电器的图形及文字符号

表 6-10　JY1 型和 JFZ0 型速度继电器的主要技术参数

型号	触点容量		触点数量		额定工作转速 /（r/min）	允许操作频率 /（次/h）
	额定电压/V	额定电流/A	正转时动作	反转时动作		
JY1 JFZ0	380	2	1 组转换触点	1 组转换触点	100 ~ 3600 300 ~ 3600	<30

6.6.6　干簧继电器

干式舌簧继电器简称干簧继电器，是近年来迅速发展起来的一种新型密封触点的继电器。普通的电磁继电器由于动作部分惯量较大，动作速度不快；同时因线圈的电感较大，其时间常数也较大，因而对信号的反应不够灵敏。而且普通继电器的触点暴露在外，易受污染，使触点接触不可靠。干簧继电器克服了上述缺点，具备快速动作、高度灵敏、稳定可靠和功率消耗低等优点，为自动控制装置和通信设备所广泛采用。

干簧继电器的主要部件是由铁镍合金制成的干簧片，它既能导磁又能导电，兼有普通电磁继电器的触点和磁路系统的双重作用。干簧片装在密封的玻璃管内，管内充有纯净干燥的惰性气体，以防止触点表面氧化。为了提高触点的可靠性和减小接触电阻，通常在干簧片的触点表面镀有导电性良好且耐磨的贵重金属（如金、铂、铑及合金）。

在干簧管外面套一励磁线圈就构成一只完整的干簧继电器，如图6-26（a）所示。当线圈通以电流时，在线圈的轴向产生磁场，该磁场使密封管内的两个干簧片被磁化，于是两个干簧片触点产生极性相反的两种磁极，它们相互吸引而闭合。当切断线圈电流时，磁场消失，两干簧片也失去磁性，依靠其自身的弹性而恢复原位，使触点断开。

除了可以用通电线圈来作为干簧片的励磁之外，还可以直接用一块永久磁铁靠近干簧片来励磁，如图6-26（b）所示。当永久磁铁靠近干簧片时，触点同样也被磁化而闭合，当永久磁铁离开干簧片时，触点则断开。

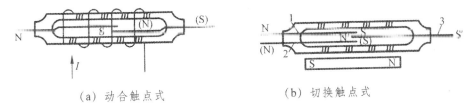

（a）动合触点式　　　　　　　（b）切换触点式

图 6-26　干簧继电器

干簧片的触点有两种：一种是如图6-26（a）所表示的动合式触点，另一种则是如图6-26（b）所表示的切换式触点。后者当给予励磁时（例如用条形永久磁铁靠近），干簧管中的三根簧片均被磁化，其中，簧片1、2的触点被磁化后产生相同的磁极（图示为S极性）而互相排斥，使动断触点断开；而簧片1、3的触点则因被磁化后产生的磁性相反而吸合。

常用的干簧继电器有JAG-2型、小型JAC-4型、大型JAC-5型等，其中，又分常开、常闭与转换三种不同的类型。其主要技术参数列于表6-11。

表 6-11　干簧继电器主要技术参数

参数	JAG-2		JAG-3		JAG-4		JAG-5	
	H 型	Z 型	H 型	Z 型	H 型	Z 型[1]	H 型	Z 型
触点类型	动合	转换	动合	转换	动合	转换	动合	转换
使用环境温度/°C	$-10\sim+55$		$-25\sim+55$		$-10\sim+55$		$-10\sim+55$	
舌簧管外形尺寸/mm	$\phi4\times36$	$\phi4\times35$	$\phi3\times20$	$\phi3\times20$	$\phi3\times21$	$\phi3\times20$	$\phi8\times42$	$\phi8\times50$
吸合安匝	$60\sim80$	$45\sim65$	$45\sim85$	$45\sim85$	$25\sim40$	$60\sim100$	$180\sim330$	$180\sim330$
释放安匝	≥25	≥20	$25\sim30$	$25\sim30$	≥8	≥20	≥60	≥60
吸合时间/ms	≤1.7	≤2.5	≤3	≤3	≤0.9		≤5[1]	≤5[1]
接触电阻/Ω	≤0.1	≤0.15	≤0.2	≤0.2	≤0.15	≤0.15	≤0.5	≤0.5
触点容量/阻性	DC 24 V × 0.2 A	DC 24 V × 0.1 A	DC 24 V × 0.1 A	DC 24 V × 0.1 A	DC 24 V × 0.05 A	DC 24 V × 0.05 A	最大电压 DC 300 V，直流最大电流 2 A，最大功率 200 W[2]	
寿命/次	10^7	10^6	10^6	10^5	10^6		5×10^4	
备注	上述参数均在标准线圈中测出						环境温度可达 +55 °C	

注：① 为参考数据；② 特殊情况下 3000 V × 0.1 A 负荷亦可。

另外，还有双列直插式塑料封装的干簧继电器，其外形尺寸和引脚与 14 根引出端的 DIP 标准封装的集成电路完全一致，因此称为 DIP（双列直插）封装的干簧继电器，它符合安装标准，可直接装配在印制电路板上。该继电器具有一组动合触点，还可内装保护电子回路的抑制二极管。线圈工作电压有 5 V、6 V、12 V、24 V 等系列，可用半导体元件或集成电路直接驱动。

6.6.7　固态继电器

1. 概述

固态继电器简称 SSR，是一种无触点通断电子开关，因为可实现电磁继电器的功能，故称"固态继电器"。

与电磁继电器相比，它具有体积小、重量轻、工作可靠、寿命长、对外界干扰小、能与逻辑电路兼容、抗干扰能力强、开关速度快、使用方便等一系列优点。同时由于采用整体集成封装，使其具有耐腐蚀、抗振动、防潮湿等特点。固态继电器的应用在电磁继电器难以胜任的领域得到扩展，如计算机和可编程控制器的输入输出接口、计算机外围和终端设备、机械控制、中间继电器、电磁阀、电动机等的驱动装置、调压装置、调速装置等。在一些要求耐振、耐潮、耐腐蚀、防爆的特殊装置和恶劣的工作环境以及要求工作可靠性高的场合中，使用固态继电器都较传统电磁继电器具有无可比拟的优越性。

2. 固态继电器的分类

（1）固态继电器按负载电源类型分类，可分为交流型固态继电器（AC-SSR）和直流型固态继电器（DC-SSR）两种。AC-SSR 以双向晶闸管作为开关元件，而 DC-SSR 一般以功率晶体管作为开关元件，分别用来接通或关断交流或直流负载电源。

交流型固态继电器可分为过零型（过零触发型）和随机导通型（调相型）两种，它们之间的主要区别在于负载端交流电流导通的条件不同。对于随机导通型 AC-SSR，当在其输入端加上导通信号时，不管负载电源电压处于何种相位状态下，负载端立即导通，如图 6-27（a）所示；而对于过零型 AC-SSR，当在其输入端加上导通信号时，负载端并不一定立即导通，只有当电源电压过零时才导通，如图 6-27（b）所示，因此减少了晶闸管接通时的干扰，高次谐波干扰少，可用于计算机 I/O 接口等场合。随机导通型 AC-SSR 由于是在交流电源的任意状态（指相位）上导通，因而导通瞬间可能产生较大的干扰。

双向晶闸管的关断条件是控制极导通电压撤除，同时负载电流必须小于双向晶闸管导通的维持电流。因此，对于随机导通型和过零型 AC-SSR，在导通信号撤除后，都必须在负载电流小于双向晶闸管维持电流时才关断，可见这两种 SSR 的关断条件是相同的。

DC-SSR 内部的功率器件一般为功率晶体管，在控制信号的作用下工作在饱和导通或截止状态。DC-SSR 在导通信号撤除后立刻关断。

（2）固态继电器按安装形式来分类，可分为装配式固态继电器、焊接式固态继电器和插座式固态继电器。装配式 SSR 可装配在电路板上，焊接式 SSR 可直接焊装在印制电路板上。

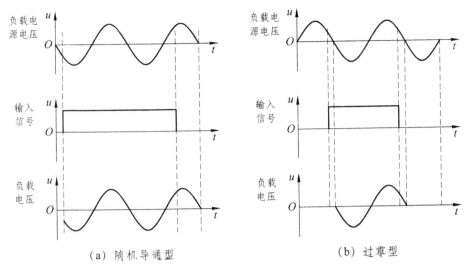

(a) 随机导通型　　　　　　　　(b) 过零型

图 6-27　AC-SSR 输入输出关系波形图

3. 固态继电器的应用

AC-SSR 为四端器件，两个输入端，两个输出端。DC-SSR 有四端型和五端型之分，其中，两个为输入端，对于五端型输出增加一个负端。

如图 6-28 所示，在具体使用时，图中的 1、2 端接控制信号，3、4 端接负载和交流电源。图中的 R_L 为负载。

直流固态继电器的使用与交流固态继电器类似，这里不再叙述了。在使用时注意参看产品说明书。

图 6-28　固态继电器应用电路

4. 固态继电器型号及使用注意事项

国产固态继电器的型号及其含义如下：

$$GTJ \boxed{1} - \boxed{2}\ \boxed{3} - \boxed{4}$$

其中　GTJ——固态继电器；

　　　1——设计序号；

　　　2——耐压范围；

　　　3——电流容量；

　　　4——生产字母缩写。

固态继电器的主要技术参数见表 6-12。

表 6-12　GTJ6 固态继电器的主要技术参数表

输入参数				输出参数		
输入电压/V	关闭电压/V	输入电流/mA	接通电流/mA	工作电压/V	工作电流/A	绝缘电压/V
DC 3～12					0.5～2	≥AC 2000
DC 3～12	DC1.5	≤25	5	AC 220 AC 380	1～3	≥AC 2500
DC 3～32					10～60	≥AC 2500

固态继电器的输入端一般只需 100 mA 左右的驱动电流即可，最小工作电压为 3 V，所以 MOS 管逻辑信号通常要经过晶体管缓冲级放大后再去控制固态继电器，对于 CMOS 电路可利用 NPN 晶体管缓冲器。当输出端的负载容量很大时，直流固态继电器可通过功率晶体管（交流固态继电器通过双向晶闸管）再驱动负载。

当温度超过 35 ℃ 后，固态继电器的负载能力（最大负载电流）随温度升高而降低，因此使用时必须注意散热或降低电流使用。

对于容性或电阻类负载，应限制其开通瞬间的浪涌电流值（一般为负载电流的 7 倍），对于电感性负载，应限制其瞬时峰值电压，以防止损坏固态继电器。具体使用时，可参照产品使用说明书。

固态继电器 SSR 的内部电子元件均具有一定的漏电流，其值通常在 5～10 mA。因此，它的输出回路不能实现电气隔离，这一点在使用中应特别注意。

6.7　主令电器

自动控制系统中用于发送控制指令的电器称为主令电器。主令电器是一种机械操作的控制电器，对各种电气系统发出控制指令，使继电器和接触器动作，从而改变拖动装置的工作状态（如电动机的起动、停车、变速等），以获得远距离控制。

主令电器应用广泛，种类繁多。常用的主令电器有控制按钮、行程开关、接近开关、主令控制器、万能转换开关等。

6.7.1　控制按钮

控制按钮是发出控制指令和信号的电器开关，是一种手动且一般可以自动复位的主令电器。用于对电磁起动器、接触器、继电器及其他电气线路发出指令信号控制。

控制按钮的结构如图 6-29 所示，它由按钮帽 1、复位弹簧 2、动触点 3、动断静触点 4、动合静触点 5 和外壳等组成，通常制成具有动合触点和动断触点的复式结构。指示灯式按钮内可装入信号灯以显示信号。

LA 系列按钮的型号及其含义如下：

LA ⬚1 - ⬚2 ⬚3 / ⬚4

其中　LA——按钮；

　　　1——设计序号；

　　　2——常开触点数；

　　　3——常闭触点数；

　　　4——结构形式，K 为开启式，S 为防水式，H 为保护式，F 为防腐式，J 为紧急式，X 为旋钮式，Y 为钥匙式，D 为带指示灯式，DJ 为带灯紧急式。

按钮的结构形式有多种，适用于不同的场合：紧急式装有突出的蘑菇形钮帽，以便于紧急操作；指示

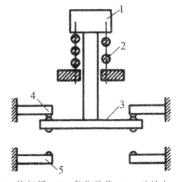

1—按钮帽；2—复位弹簧；3—动触点；
4—动断静触点；5—动合静触点。

图 6-29　按钮结构示意图

灯式在透明的按钮内装入信号灯，用作信号显示；钥匙式为了安全起见，需用钥匙插入方可旋转操作等。为了表明各个按钮的作用，避免误操作，通常将钮帽做成不同的颜色以示区别，其颜色一般有红、绿、黑、黄、蓝、白等。一般以红色表示停止按钮，绿色表示起动按钮。

目前使用比较多的有 LA10、LA18、LA19、LA20、LA25、LAY3、LAY5、LAY9、HUL11、HUL2 等系列产品。其中，LAY3 系列是引进产品，产品符合 IEC337 标准及国家标准 GB1497-85。LAY5 系列是仿法国施耐德电气公司产品，LAY9 系列是综合日本和泉公司、德国西门子公司等产品的优点而设计制作，符合 IEC337 标准。

图 6-30 是按钮的图形符号及文字符号。

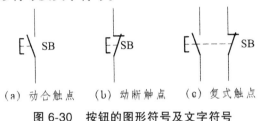

（a）动合触点　（b）动断触点　（c）复式触点

图 6-30　按钮的图形符号及文字符号

6.7.2　行程开关

依据生产机械的行程发出命令以控制其运行方向或行程长短的主令电器，称为行程开关。若将行程开关安装于生产机械行程终点处，以限制其行程，则称为限位开关或终点开关。行程开关广泛用于各类机床和起重机械中，以控制这些机械的行程。

行程开关的工作原理与控制按钮类似，只是它用运动部件上的撞块来碰撞行程开关的推杆。行程开关触点结构示意如图 6-31 所示。触点结构是双断点直动式，为瞬动型触点，瞬动操作是靠传感头推动推杆 1 达到一定行程后，触桥中心点

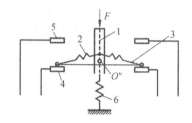

1—推杆；2—弹簧；3—动触点；4—动断静触点；
5—动合静触点；6—复位弹簧。

图 6-31　行程开关的触点结构示意图

过死点 O″以使触点在弹簧 2 的作用下迅速从一个位置跳到另一个位置，完成接触状态转换，使动断触点断开（动触点 3 和静触点 4 分开）、动合触点闭合（动触点 3 和静触点 5 闭合）。闭合与分断速度不取决于推杆行进速度，而由弹簧刚度和结构决定。各种结构的行程开关，只是传感部件的机构方式不同，而触点的动作原理都是类似的。

行程开关的种类很多，其主要变化在于传动操作方式和传动头形状的变化。操作方式有瞬动型和蠕动型。头部结构有直动、滚动直动、杠杆单轮、双轮、滚动摆杆可调式、杠杆可调式以及弹簧杆等。

行程开关的型号及其含义如下：

$$LX\ \boxed{1}-\boxed{2}\ \boxed{3}\ \boxed{4}$$

其中　LX——行程开关；

1——设计序号；

2——数字 0 表示无滚轮，数字 1 表示单轮，数字 2 表示双轮，数字 3 表示直动不带轮，

数字 4 表示直动带轮；

3——数字 0 表示仅径向传动杆，数字 1 表示滚动轮装在传动杆外侧，数字 2 表示滚动轮装在传动杆内侧，数字 4 表示滚动轮装在传动杆凹槽内侧；

4——数字 1 表示自动复位，数字 2 表示不能自动复位。

$$\text{JLXK} \boxed{1} - \boxed{2} \boxed{3} \boxed{4}$$

其中　J——机床电器；LX——位置开关；K——快速；

1——设计序号；

2——数字 1 表示单轮，2 表示双轮，3 表示直动不带轮，4 表示直动带轮；

3——常开触点数；

4——常闭触点数。

目前，市场上常用的行程开关有 LX19、LX22、LX32、LX33、JLXL1 以及 LXW-11、JLXK1-11、JLXW5 系列等。

图 6-32 为直动式行程开关的外形图，图 6-33 所示为 LX19 系列行程开关外形图。行程开关的图形符号及文字符号如图 6-34 所示。

选用行程开关时，主要根据机械位置对开关形式的要求和控制线路对触点的数量要求以及电流、电压等级来确定其型号。

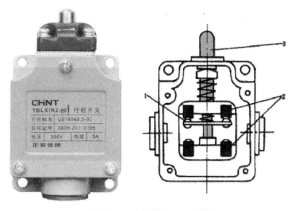

1—动触点；2—静触点；3—推杆。

图 6-32　直动式行程开关

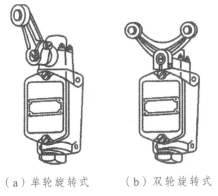

（a）单轮旋转式　　（b）双轮旋转式

图 6-33　LX19 系列行程开关

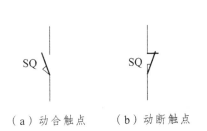

（a）动合触点　　（b）动断触点

图 6-34　行程开关的图形符号及文字符号

6.7.3 接近开关

接近开关是非接触式物体检测装置。当运动物体接近它时，信号机构发出"动作"信号的开关。接近开关又称为无触点行程开关，当检测物体接近它的工作面并达到一定距离时，不论检测体是运动的还是静止的，接近开关都会自动地发出物体接近而"动作"的信号，而不像机械式行程开关那样需施以机械力。

接近开关是一种开关型传感器，它既有行程开关、微动开关的特性，同时又具有传感器的性能，且动作可靠、性能稳定、频率响应快、使用寿命长、抗干扰能力强，而且具有防水、防震、耐腐蚀等特点。它不但有行程控制方式，而且根据其特点，还可以用于计数、测速、零件尺寸检测、金属和非金属的探测、无触点按钮、液面控制等电量与非电量检测的自动化系统中，还可以同微机、逻辑元件配合使用，组成无触点控制系统。

接近开关的种类很多，但其基本组成都是由信号发生机构（感测机构）、振荡器、检波器、鉴幅器、输出电路和稳压电源组成，如图 6-35 所示。检波器和鉴幅器组成开关器。感测机构的作用是将物理量变换成电量，实现由非电量向电量的转换。

目前市场上接近开关的产品很多，型号各异，例如 LXJO 型、LJ-1 型、LJ-2 型、LJ-3 型、CJK 型、JKDX 型、JKS 型晶体管无触点接近开关以及 J 系列接近开关等，但功能基本相同，外形有 M6 ~ M34 圆柱形、方形、普通形、分离形、槽形等。

图 6-35　接近开关组成方框图

接近开关的型号意义比较复杂，一般包含外形尺寸代码、种类代码、检测方式（安装方式）、检测距离（mm）、输出形式和输出状态几项。具体应以厂家产品介绍为准。

接近开关的图形符号及文字符号如图 6-36 所示。

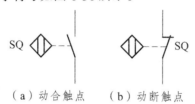

（a）动合触点　　（b）动断触点

图 6-36　接近开关的图形及文字符号

6.7.4 光电开关

光电开关又称为无接触检测和控制开关。它利用物质对光束的遮蔽、吸收或反射等作用，对物体的位置、形状、标志、符号等进行检测。

光电开关能不接触、无损伤地检测各种固体、液体、透明体、烟雾等。它具有体积小、功能多、寿命长、功耗低、精度高、响应速度快、检测距离远和抗光、电、磁干扰性能好等优点。它广泛应用于各种生产设备中作为物体检测、液位检测、行程控制、产品计数、速度监测、产品精度检测、尺寸控制、宽度鉴别、色斑与标记识别、人体接近开关和防盗警戒等，成为自动控制系统和生产线中不可缺少的重要元件。

光电开关是一种新兴的控制开关。光电器件是光电开关中最重要的，是把光照强弱的变化转换为电信号的传感元件。光电器件主要有发光二极管、光敏电阻、光电晶体管、光电耦合器等，它们构成了光电开关的传感系统。

光电开关的电路一般是由投光器和受光器组成，光传感系统根据需要有的是投光器和受光器相互分离；也有的是投光器和受光器组成一体。投光器的光源有的用白炽灯，而现在普遍采用以磷化镓为材料的发光二极管作为光源。受光器中的光电元件既可用光电晶体管也可用光电二极管。

目前市场上的光电开关型号很多，如 G 系列等，但功能基本相同，需要注意的是，并非所有的光电开关都能用作人身安全保护。G 系列光电开关的型号含义如下：

$$G\ \boxed{1}-\boxed{2}\ \boxed{3}\ \boxed{4}\ \boxed{5}$$

其中　G——红外线光电开关；

　　　1——外形代号；

　　　2——检出方式，D 表示扩散反射型，R 表示镜片反射型，T 表示对射型，U 表示沟型；

　　　3——检测距离（mm）；

　　　4——输出形式：N 表示 NPN，P 表示 PNP，A 表示交流，R 表示继电器；

　　　5——输出状态：K 表示常开，B 表示常闭，H 表示一开一闭。

6.7.5　主令控制器

主令控制器是用来较为频繁地切换复杂的多回路控制电路的主令电器。它操作轻便，允许每小时通电次数较多，触点为双断点桥式结构，适用于按顺序操作的多个控制回路。

主令控制器一般由触点、凸轮、定位机构、转轴、面板及其支承件等部分组成。图 6-37 为主令控制器的工作原理，图中，1 和 7 是固定于方轴上的凸轮块；2 是接线柱，由它连向被操作的回路；静触点 3 由桥式动触点 4 来闭合与断开；动触点 4 固定于能绕轴 6 转动的支杆 5 上。当操作者用手柄转动凸轮块 7 的方轴使凸轮块达到推压小轮 8 带动支杆 5 向外张开时，将被操作的回路断电，在其他情况下（凸轮块离开推压轮）触点是闭合的。根据每块凸轮块的形状不同，可使触点按一定的顺序闭合与断开。这样只要安装一层层不同形状的凸轮块，即可实现控制回路顺序地接通与断开。

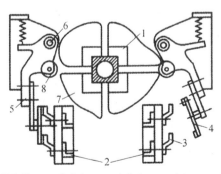

1、7—凸轮块；2—接线柱；3—静触点；4—动触点；5—支杆；6—转动轴；8—小轮。

图 6-37　主令控制器的工作原理

从结构形式来看，主令控制器有两种类型，一种是凸轮调整式主令控制器，它的凸轮片上开有孔和槽，凸轮片的位置可根据给定的触点分合表进行调整；另一种是凸轮非调整式，其凸轮不能调整，只能按触点分合表做适当的排列组合。主令控制器的型号及其含义如下：

LK $\boxed{1}$ – $\boxed{2}$

其中　LK——主令控制器；

1——设计序号；

2——结构形式。

目前常用的主令电器有 LK4、LK5、LK14、LK17 和 LK18 系列。其中，LK4 系列属于调整式主令控制器，即闭合顺序可根据不同要求进行任意调节。LK5 有直接手动操作、带减速器的机械操作与电动机驱动操作等三种形式的产品，凸轮控制其双断点触头的通断，适用于额定电压 AC 380 V，DC 440 V 的电路，供频繁操作各类电力驱动装置和实现远距离控制。

6.7.6　万能转换开关

万能转换开关是由多组相同结构的触点组件叠装而成的多回路控制电器。它由操作机构、定位装置和触点等三部分组成。主要用于各种配电装置的远距离控制，也可作为电气测量仪表的转换开关或用作小容量电动机的起动、制动、调速和换向的控制。

万能转换开关的外形如图 6-38 所示。由于每层凸轮可做成不同的形状，因此当手柄转到不同位置时，通过凸轮的作用，可以使各对触点按需要的规律接通和分断。

图 6-38　LW5 系列万能转换开关

目前常用的万能转换开关有 LW2，LW5，LW6，LW8，LW9，LW12 和 LW15 等系列。其中 LW9 和 LW12 系列符合国际 ICE 有关标准和国家标准，该产品采用一系列新工艺、新材料，性能可靠，功能齐全，能替代目前全部同类产品。

其型号及其含义如下：

LW $\boxed{1}$ – $\boxed{2}$ $\boxed{3}$ $\boxed{4}$ / $\boxed{5}$

其中　LW——万能转换开关；

1——设计序号；

2——额定电流（A）；

3——定位特征代码（字母表示）；

4——接线图编号（数字表示）；

5——触头组件节数（数字表示）。

万能转换开关的触点在电路图中的图形符号如图 6-39（a）所示。但由于其触点的分合状态是与操作手柄的位置有关的，为此，在电路图中除画出触点图形符号之外，还应有操作手柄位置与触点分合状态的表示方法。在通断表中用有无"×"分别表示操作手柄于不同位置时触点的闭合和断开状态，如图 6-39（b）所示。

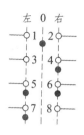

触点号	位置		
	左	0	右
1-2		×	
3-4			×
5-6	×		×
7-8	×		

（a）图形符号及文字符号　　　　（b）通断表

图 6-39　万能转换开关的图形符号及文字符号与通断表

万能转换开关主要用于低压断路操作机构的合闸与分闸控制、各种控制线路的转换、电压和电流表的换相测量控制、配电装置线路的转换和遥控等。

6.8　电磁阀

电磁阀（Electromagnetic valve）是一种进行电能-机械能相互转化的元件，它利用电磁铁推动阀芯来控制气路或油路等流体的通断；它是用电磁控制的工业设备，是用来控制流体的自动化基础原件，属于执行器，并不限于液压、气动。常用在工业控制系统中调整介质方向、流量、速度和其他的参数。电磁阀能配合不同的电路来实现预期的控制，且控制的精度和灵活性都能够保证。电磁阀作为工业领域中信号控制和运动调节的重要部件，同时具有高可靠性、响应时间短、动作速度快、抗干扰能力强等优点，在各领域应用十分广泛。

6.8.1　电磁阀的分类

电磁阀的分类很多，主要可以从以下几个方面分类。

（1）按电磁阀工作原理分为三大类，即：直动式电磁阀、先导式电磁阀、分步直动式电磁阀。

（2）电磁阀从阀结构和材料上的不同与原理上的区别，分为六个分支小类：直动膜片结构、分步直动膜片结构、先导膜片结构、直动活塞结构、分步直动活塞结构、先导活塞结构。

（3）电磁阀按照功能分类：水用电磁阀、蒸汽电磁阀、制冷电磁阀、低温电磁阀、燃气电磁阀、消防电磁阀、氨用电磁阀、气体电磁阀、液体电磁阀、微型电磁阀、脉冲电磁阀、液压电磁阀、常开电磁阀、油用电磁阀、直流电磁阀、高压电磁阀、防爆电磁阀等。

（4）按照材质上可以分为三大类：不锈钢电磁阀、黄铜电磁阀、塑料电磁阀。

（5）电磁阀根据作用分类：开关式电磁阀、比例式电磁阀。

6.8.2　电磁阀的结构和原理

电磁阀由电磁部件和阀体部件组成。电磁部件由固定铁心、动铁心、线圈等部件组成；

阀体部分由滑阀芯、滑阀套、弹簧底座等组成。

其通用工作原理是：当线圈接通电流，便产生了磁性，吸引阀芯移动，接通不同的控制通道；关闭电源，阀芯就复位了，这样电磁阀就完成了做功过程。当线圈通电或断电时，磁芯的运转将导致流体通过阀体或被切断，以达到开关或改变流体方向的目的。

如图 6-40 所示为二位二通电磁阀的简易结构图，其主要由线圈、铁心、阀芯以及弹簧等构成。在电磁阀未通电时，电磁阀阀芯由于受到弹簧的作用力，在初始状态位置静止不动；当向电磁铁线圈两端接入电压时，回路中有电流流过，根据电流的磁效应，电磁铁内部产生磁动势，其在铁心、气隙和阀芯之间形成了磁通回路，该磁通回路则产生电磁力，从而使阀芯受力移动。这样通过控制电磁铁的电流通断就控制了机械运动。

下面按工作原理分类来对电磁阀进行介绍。

1. 直动式电磁阀

如图 6-41 所示为直动式电磁阀结构图，其工作原理为：在电磁线圈未通电时，主阀芯处于初始状态，在弹簧的作用下提起或压在阀体上，从而保持打开或关闭的状态；当电磁线圈通电时，电磁线圈产生感应磁场，使动铁心受到电磁力，克服来自弹簧的作用力而运动，从而转换至工作状态。常断式直动式电磁阀通断状态图如图 6-42 所示，断电时阀是关着的，通电时阀打开，常通式与其相反。图中 P 为输入口，A 为输出口。

特点：在真空、负压、零压时能正常工作，但通径一般不超过 25 mm。

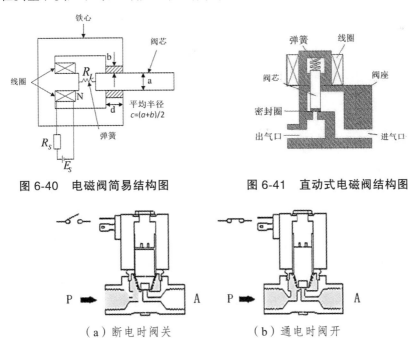

图 6-40 电磁阀简易结构图　　　　图 6-41 直动式电磁阀结构图

图 6-42 直动式电磁阀通断状态图

2. 先导式电磁阀

如图 6-43 为先导式电磁阀结构图，其工作原理为：以常断式为例，在电磁线圈未通电时，电磁阀呈关闭状态。当电磁线圈通电时，动铁心受线圈所产生的磁力作用而与静铁心吸合，使先导口打开，内部流体介质通过先导口流至出口侧，此时关闭件上腔内部压力迅速下降，低于关闭件下方进口侧的压力，形成了一种上低下高的流体压差，使关闭件克服弹簧的作用力而向上运动，以切换到打开状态；而当电磁线圈断电时，电磁力消失，动铁心受弹簧的反向作用力使先导口关闭，进口侧的流体压力通过旁通口进入关闭件上腔，形成了一种上高下低的流体压差，产生的流体压力将关闭件闭合，以切换到关闭状态。然而，由于先导式电磁阀的工作原理是基于流体在动作件上下产生压差，所以在使用时必须保证流体满足一定的压差条件，使用范围会受到局限。

特点：体积小，功率低，流体压力范围上限较高，可任意安装（需定制），但必须满足流体压差条件。

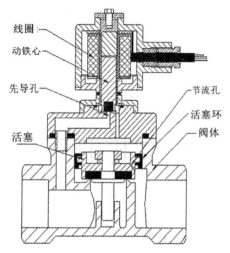

图 6-43　先导式电磁阀结构图

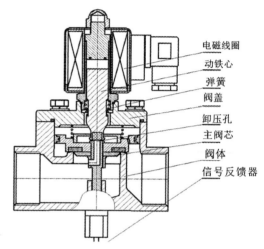

图 6-44　分步直动式电磁阀结构图

3. 分步直动式电磁阀

如图 6-44 所示为分步直动式电磁阀结构图，分步直动式是一种结合了直动式和先导式工作特点的工作方式。其工作原理为：以常断式为例，当进口侧与出口侧两侧流体没有压差时，电磁线圈通电后，所产生的电磁力直接将动铁心所连的先导口阀和主阀芯所连的关闭件依次向上提起，电磁阀切换至打开状态。而当进口侧与出口侧两侧流体达到启动压差时，在电磁线圈通电后，所产生的电磁力先带动先导口阀打开，阀体上腔内部的流体经先导口卸荷，在电磁力和压力差的共同作用下使关闭件向上运动，使电磁阀切换至打开状态，流体介质流通；当电磁线圈断电时，电磁力消失，动铁心在自重和弹簧力的共同作用下向下移动将先导口关闭，流体介质经平衡孔进入阀体上腔，使其内部压力上升，在复位弹簧和压力差的共同作用下关闭件向下移动，使电磁阀切换至关闭状态，流体介质断流。分步直动式电磁阀在零压差或高压均可工作，但须水平安装。

特点：在零压差或真空、高压时亦能动作，但功率较大，要求必须水平安装。

6.8.3　电磁阀"几位""几通"的概念

电磁阀的"通"和"位"是电磁阀的重要概念。不同的"通"和"位"构成了不同类型的电磁阀。

几通：若按阀的切换通口（包括输入口、输出口、排气口）的数目来分类，有两通阀、三通阀、四通阀、五通阀等。几位：阀芯的工作位置简称"位"，阀芯有几个工作（切换）位置就称为几位阀。阀芯具有三个工作位置的阀称为三位阀。当阀芯处于中间位置时，各通口呈关闭状态则称中间封闭式，各输出口全与排气口接通则为中间泄压式，若输出口都与输入口接通则称为中间加压式。

通常所说的"二位阀""三位阀"是指换向阀的阀芯有两个或三个不同的工作位置。所谓"二通阀""三通阀""四通阀"是指换向阀的阀体上有两个、三个、四个各不相通且可与系统中不同油管或气管相连的接口，不同油道或气路之间只能通过阀芯移位时阀口的开关来沟通。

6.8.4　电磁阀的型号意义及图形符号

电磁阀的型号很多，不同的厂家有不同的型号，以某厂家的 VNA 系列为例，如图 6-45 所示，通常型号中会规定阀的大小和功能、接管口径、额定电压等。如 VNA201A-10A，意思是 VNA 系列气控阀、孔直径为 15 mm、阀功能为常断、接管口径为螺纹拧入 3/8。

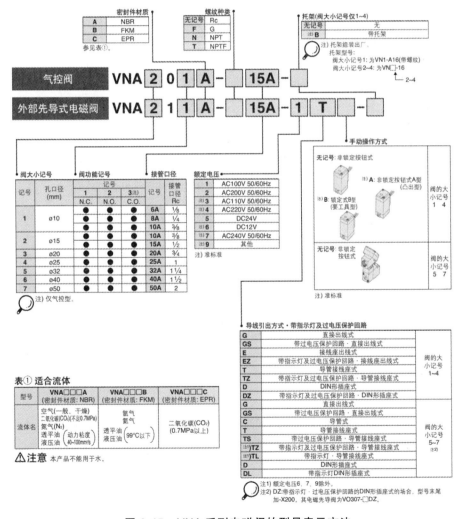

图 6-45　VNA 系列电磁阀的型号表示方法

电磁阀的电气符号，如图 6-46 所示，文字符合为 YV。

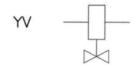

图 6-46 电磁阀的文字符号与电气符号

电磁阀符号是指对电磁阀功能进行描述的示意图，通常应用于气动系统设计及产品标识上，以供气动系统设计人员及电磁阀使用者了解产品功能。如图 6-47 所示为三位四通和两位四通电磁阀符号和状态。

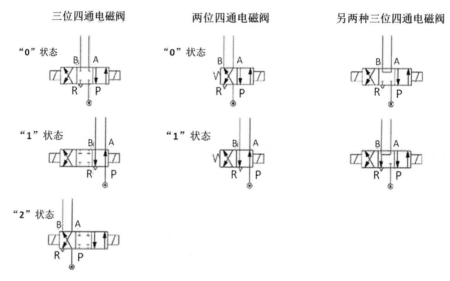

图 6-47 三位四通和两位四通电磁阀符号和状态

电磁阀符号的含义：

（1）用方框表示阀的工作位置，有几个方框就表示有几"位"。

（2）方框内的箭头表示油路处于接通状态，但箭头方向不一定表示液流的实际方向。

（3）方框内符号"⊥"或"⊤"表示该通路不通。

（4）方框外部连接的接口数有几个，就表示几"通"。

（5）一般，阀与系统供油路或气路连接的进油口/进气口用字母 P 表示，阀与执行元件连接的油口/气口用 A、B 等表示，用 R 表示泄漏油口/气口。

（6）换向阀都有两个或两个以上的工作位置，其中一个为常态位，即阀芯未受到操纵力时所处的位置。

图形符号中的中位是三位阀的常态位。利用弹簧复位的二位阀，则以靠近弹簧的方框内的通路状态为其常态位。绘制系统图时，油路/气路一般应连接在换向阀的常态位上。

6.8.5 电磁阀选型依据

电磁阀选型首先应该依次遵循安全性、可靠性、适用性、经济性四大原则，其次是根据六个方面的现场工况即管道参数、流体参数、压力参数、电气参数、动作方式、特殊要求进行选择。

选型依据：

（1）根据管道参数选择电磁阀的通径规格（即 D_N）、接口方式。

① 按照现场管道内径尺寸或流量要求来确定通径（D_N）尺寸；

② 接口方式，一般 $D_N>50$ 要选择法兰接口，$D_N \leqslant 50$ 则可根据用户需要自由选择。

（2）根据流体参数选择电磁阀的材质、温度。

① 腐蚀性流体：宜选用耐腐蚀电磁阀和全不锈钢；食用超净流体：宜选用食品级不锈钢材质电磁阀；

② 高温流体：要选择采用耐高温的电工材料和密封材料制造的电磁阀，而且要选择活塞式结构类型的电磁阀；

③ 流体状态：大至有气态、液态或混合状态，特别是口径 $D_N>25$ 时一定要区分开来；

④ 流体黏度：通常在 50cSt 以下可任意选择，若超过此值，则要选用高黏度电磁阀。

（3）根据压力参数选择电磁阀的原理和结构品种。

① 公称压力：这个参数与其他通用阀门的含义是一样的，是根据管道公称压力来定；

② 工作压力：如果工作压力低，则必须选用直动或分步直动式原理；最低工作压差在 0.04 MPa 以上时，直动式、分步直动式、先导式均可选用。

（4）电气选择：电压规格应尽量优先选用 AC 220 V、DC 24 V 较为方便。

（5）根据持续工作时间长短来选择常断、常通或可持续通电。

① 如果电磁阀需要长时间开启并且持续的时间多于关闭的时间，应选用常通型；

② 要是开启的时间短或开和关的时间不多，则选常断型；

③ 但是有些用于安全保护的工况，如炉、窑火焰监测，则不能选常开的，应选可长期通电型。

（6）根据环境要求选择辅助功能：防爆、止回、手动、防水雾、水淋、潜水。

6.9 智能控制电器

6.9.1 概 论

1. 智能控制电器的发展

随着计算机技术的发展，智能化技术渗到了控制电器中，这种智能控制电器的核心是微处理器，智能控制电器不仅具有相应的传统控制电器的功能，而且还扩充了测量、显示、控制、报警、参数设定、数据记忆及通信等功能。同时，由于各种专用微处理器和相关集成器件芯片的采用，从而提高了系统的相应速度。另外，新型智能化和集成化传感器的采用，使智能控制电器的整体性能又得以提高，尤其是通信智能技术的应用，智能控制电器网络化的发展前景相当美好。

2. 智能控制电器的特点

（1）控制和保护的智能化：智能控制电器可根据电网和被控对象的运行状态进行智能监护控制，例如过电流保护的无级差配合装置和某些综合调节装置等。

智能控制电器组成通信控制网络后，控制、通信、保护可实现的智能化程度将大大提高，如环网供电系统中保护的动态配合。另外，智能控制电器具有对自身工作状态的监控、控制、故障诊断和自动保护的功能。

（2）系统网络化和分散化：采用一种或多种工业级总线形式，与工厂的 DCS（Distributed Control System，集散型控制系统）和 ERP（Enterprise Resource Planning，企业资源计划）进行融合，成为一个独立的，完全分散的控制节点。

（3）产品结构的模块化和标准化：通过"以软代硬"的构造方法和模块化的组合方式，可大大提高智能控制电器的适应性，使产品形式标准化、模块化，同时减少了备件。

（4）系统设计和应用简化：一个具有计量、控制、保护、通信等全部功能的智能控制电器，其设计和连线工作都很少，用户仅需将所有电压、电流信号，断路器位置信号和出口控制信号用少量的电缆接通，即完成了布线工作，其各项功能便可通过软件实现。

（5）可靠性增强：增强智能控制电器的可靠性主要通过三种方法，即功能一体化、系统简化、减少可能故障点。

（6）具有自诊断功能：检测信息的增加和多种传感器的利用，对电、磁、热、机、光、液、气等多种物理量实行在线检测和优化监控，便可自动诊断其工况，检测其运行。

（7）维护方便简化：具有计量、控制、保护、通信等全部功能的智能控制电器，因外连接线少，所以维护和校验工作就大为简化，而且方便。

3. 智能控制电器的分类

通常把能够按照外界指定信号手动或自动地接通或断开电路，实现对电路控制的电器称为控制电器。于是对具有一定智能功能的控制电器（如接触器、继电器、各种开关等）就称为智能控制电器，如智能接触器等。

外界指定信号对控制电器的作用即为控制电器的输入；控制电器对电路的通、断功能即为控制电器的输出。控制电器的输出只有通、断两种状态。因此，控制电器是一种双态元件。如前所述，控制电器接通电路的状态可记为输出为"1"状态，断开电路可记为输出为"0"状态，所以控制电器可被看作一种逻辑元件。

对于智能控制电器，根据不同分类方法可分为以下几类：

（1）按其工作电压的高低分类，可分为高压智能控制电器和低压智能控制电器。

（2）按其输出形式分类，可分为触点智能控制电器和无触点智能控制电器。

（3）按其功用分类，可分为智能监控电器和智能监护电器。

（4）按其构造分类，可分为单模块智能控制电器和多模块智能控制电器。

（5）按其机理分类，可分为纯硬件型智能控制电器和硬软件结合型智能控制电器。

智能控制电器的分类方法很多，并且相互交叉、覆盖，即某一电器按不同分类方法，可分属不同种类。如工作电压为 380 V 的智能交流接触器，按不同分类方法划分，既可属于低压智能控制电器，又可属于有触点智能控制电器，既属于智能监控电器，又可属于多模块智能控制电器，还可属于硬软件结合型智能控制电器。

4. 智能电器的一般组成结构

智能电器分元件和成套电器设备两类，都包括一次开关和监控器，基本结构如图 6-48 所示。从工作原理看，智能监控器具有相同的模块结构，由输入、中央处理与控制、输出、通信和人机交互 5 大模块组成。

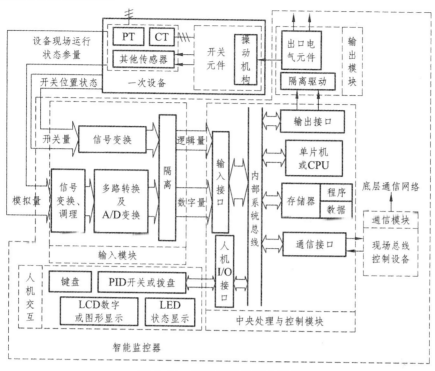

图 6-48　智能电器的基本结构

输入模块主要完成对开关元件和被监控对象运行现场的各种状态、参数和特性的在线检测，并将结果送入中央处理与控制模块。来自运行现场的输入参数可分为模拟量和开关量两类，分别经过相应的变换器转换成与中央处理与控制模块输入兼容的数字量信号和逻辑量信号。为提高中央处理与控制模块的可靠性和抗干扰能力，在变换器输出及中央处理与控制模块的输入接口间必须要有可靠的隔离。

中央处理与控制模块基本上是一个以 MCU 或其他可编程数字处理器为中心的最小系统，完成对一次开关或被保护控制对象的运行状态和运行参数的处理；根据处理结果判断是否有故障，有何种故障；按照判断结果或管理中心经通信网络下达的命令，决定当前是否进行一次开关的分、合动作；输出操作控制信号，并确认操作是否完成。

输出模块接收中央控制模块输出并经隔离放大后的操作控制信号，传送至一次开关的操动机构，使其完成相应的动作。

通信模块把智能电器现场的运行参数、一次开关工作状态等信息通过数字通信网络上传至后台管理计算机系统，又称上位机，并接收它们发送给现场的有关信息和指令，完成"四遥"功能。

人机交互模块为现场操作人员提供完善的就地操作和显示功能，包括现场运行参数和状态的显示、保护特性和参数的设定、保护功能的开启与关闭以及一次开关的现场控制操作。

尽管智能电器元件和开关设备有基本相同的结构组成，但是无论在实现的主要功能和基本物理结构上，还是有很大区别。

6.9.2 智能接触器

1. 智能接触器的基本功能

智能接触器是电力驱动系统和自动控制系统中使用量很大和涉及面很广的一种很实用的控制电器，可用来频繁地接通和分断交直流主回路和大容量控制回路。其主要控制对象是电动机，能实现远距离自动控制，并具有欠（零）电压等多种自动保护功能，它具有比工作电流大数十倍的接通和分断能力，但不能分断极其严重的短路电流。由于它体积小、价格便宜和维护方便，因而使用十分广泛。智能接触器最主要的用途，是控制要求比较高并且复杂电动机驱动的电控系统和机、液、电等装置组合的控制系统，因此它是电控系统中很重要也是最常用的控制电器之一。

2. 智能接触器的组成原理

智能接触器一般由基本的电磁接触器及附件构成。附件包括智能控制模块、副触点组、机械联锁机构、报警模块、测量显示模块、通信接口模块等，所有智能化功能都集成在一块以微处理器或单片机为核心的控制板上。从外形结构上看，与传统产品不同的是智能接触器在出线端增加了一块带微处理器及测量线圈的电器板。

智能接触器能对其整个动态工作过程进行实时控制，根据动作过程中检测到的电磁系统的参数，如线圈电流、电磁吸力、运动位移、速度和加速度、正常吸合门槛电压和释放电压等，进行实时数据处理，并依此选择实现存储在控制芯片中的相应控制方案，以实现"确定"的动作，从而进行同步吸合、保持和分断三个过程，并使触点开断过程的电弧最小，实现三个过程的最佳实时控制。

3. 智能接触器的典型产品

NC1 系列智能接触器是十分典型的产品，主要用于交流 50 Hz（或 60 Hz）、电压 220 ~ 660 V、电流 35 ~ 95 A 的电路中，供远距离接通和分断电路，频繁启动和控制交流电动机之用，并可与适合的热继电器组成电磁启动器，以保护可能发生操作过负荷的电器设备。

4. 智能接触器的应用

智能接触器在许多控制电路中都有应用，以其用于双向通信与控制接口的一个应用为例。在实际应用中，智能接触器与传统接触器的二次控制电路结构不完全相同。传统接触器的接通和分断操作完全接受负载控制系统的操作和保护指令控制，而智能接触器的线圈电压接通与否，除接受负载控制指令外，还通过通信接口直接与自动控制系统的通信网络相连，通过数据总线可输出工作状态参数，负载数据和报警信息等，另一方面可接受上位控制计算机及PLC（Programmable controller）的控制指令，其通信接口可以与当前工业上应用的大多数低压智能电器数据通信规约兼容。

6.9.3 智能继电器

所谓智能继电器，就是以微处理器为控制核心，完成信号的输入输出及其转换，按指定规则算法进行计算、控制、处理，实现对电动机的监控与保护，并能与上位控制计算机进行通信，完成信息交换。

1. 智能继电器的优点

与传统继电器相比较，智能继电器具有下列优点：

（1）智能继电器是以微处理器为核心进行控制工作的数字化装置，具有强大的控制和数据处理功能，使它在反应快速化、控制自动化、性能优越化以及高精度和高可靠性方面发生了巨大的变化。例如，智能继电器可以利用微处理器的算术运算和逻辑判断功能，按照一定的算法方便地消除由于漂移与增益变化和干扰所引起的误差，从而提高了控制精度。

（2）智能继电器把多种保护功能集中起来，将其固态设计方案制作成小型组件，使其具有高度的集成性和强大的功能性，不仅大大降低了安装成本，还能够为生产系统提供良好的运行环境。

（3）智能继电器通过通信接口与工业现场进行通信，这样就方便地实现了对用电设备的运行状态的监视和远程控制，并能将其运作参数放到网络上实现信息共享。

（4）在控制过程中，智能继电器可以提前预测出被控对象的故障，并提供相应的预报警，在危急时刻用脱扣设施来保护用电设备，因而对减少停工期和不定期维护时间有重要意义。

2. 智能继电器的组成原理

智能继电器实际上是一个专用的微型计算机控制与监护系统，其不仅具有常规继电器的控制作用，而且还具有监视运作、自动保护、通信等功能。智能继电器由硬件和软件两大部分组成。

（1）硬件。

硬件部分主要包括主机电路、模拟量输入/输出通道、人机接口电路和标准通信接口，如图 6-49 所示。由于智能继电器所处理的对象大部分是模拟量，而智能继电器的核心——微处理器能接收和处理的是数字量，因此被测模拟量必须先通过 A/D 转换器转换成数字量，并通过适当的接口送入微处理器。同样，微处理器处理后的数据往往又需要使用 D/A 转换器及相应的接口将其变换成模拟量送出。在这里，把 A/D 转换器及其接口统称为模拟量输入通道，把 D/A 转换器及相应的接口称为模拟量输出通道。

智能继电器通常要有人机对话功能，即人与机器交换信息的功能。这个功能有两方面的含义：一是人对智能继电器进行状态干预和数据设置；二是智能继电器向人显示运行状态和处理结果。实现智能继电器人机对话的部件有电器面板、人机交互界面和上位机的显示器等，这些部件同智能电器主体电路的连接由人机接口电路来完成的。

由于数字系统处理检测数据需要时间，所以输入量（电压、电流和接点状态）必须按离散时间进行检测，而输出量（接点状态）也必须按离散时间进行更新。前后检测数据间的时间间隔可以为几秒、几毫秒或几微秒。几秒级适用于慢变化的执业测量，毫秒级适用于电控系统频率的直接检测，微秒级适用于行波的测量。

智能继电器的通信处理电路，为控制电器整定值、故障记录以及其他信息提供了就地和远程通信通道。

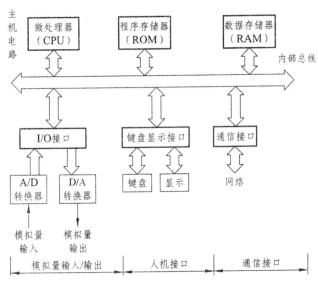

图 6-49　智能继电器的结构框图

（2）软件。

智能继电器的软件就是存放在 ROM 中的系统程序，类似于计算机的操作系统。监控程序主要执行两种运作：其一，接受并分析来自用户设置的各种功能、操作方式等程控操作码；其二，将设备的运行状态送给人机界面，以便用户对设备的运行状态进行实时监控。

逻辑处理程序是整个软件的核心，主要对用户设置的参数和设备运行参数按照相应的功能要求进行逻辑处理。例如，当微处理器接收到用户的复位，微处理器将按照复位逻辑程序把 RAM 中的数据全部清空，也就是初始化处理。当设备的运行参数超过允许范围时，微处理器将按照脱扣处理程序进行脱扣处理，实现对设备的保护。在进行逻辑处理时，可能要用到一些规律算法，如本章前面所提到的模型算法等，这些规律算法也属于逻辑处理程序的范围，存放在 RAM 中。

系统诊断程序用来对智能继电器本身进行故障检测，一旦智能继电器出现故障，系统就能通过诊断程序检测到故障原因，并做故障处理。

智能继电器内部采用的是总线型结构，按照并行方式通信；而外部的现场总线采用的是串行通信方式，为实现智能继电器与现场总线的通信，必须进行通信方式的转换，这就要用到通信管理程序。

（3）通信连线及过程。

一般智能继电器都可以与上位机进行通信，智能继电器所采用的都是低层网络，不同厂家设计的通信网络不尽相同。

3. 常见的智能继电器

现在，一些著名的自动化公司纷纷推出具有自主知识产权的智能继电器产品，美国罗克韦尔自动化公司的智能继电器其产品主要有 SMP-3 和 E3 两大系列。其中 SMP-3 是早期推出的产品，在此基础上又推出了 E3 和 E3 Plus。E3 系列在保护功能和状态监控方面更为全面，而 SMP-3 的主要优点是可以脱离设备网而单独工作，也可以与人机交互界面 HIM 配合使用。

SMP-3 是智能固态过载继电器，它是采用固体半导体元件组装而成的一种无触点开关的新型继电器。由于接触或断开没有机械接触部件，因而具有开关速度快、工作频率高、使用寿命长、噪声低和动作可靠等一系列优点。目前，它不仅在许多自动化控制装置中代替了常规机电式继电器，而且广泛应用于数字程控装置、微电动机控制、调温装置、数据处理系统及计算机终端接口电路，尤其适用于动作频繁、防爆耐潮和耐腐蚀等特殊场合。固态继电器主要有控制功率小、可靠性高、抗干扰能力强、动作快、寿命长、能承受的浪涌电流大和耐压水平高等特点。

SMP-3 和 E3 都属于固态继电器，由于其内部采用微处理器技术对所采集的信号进行数字处理，比一般的固态继电器具有更高的精度和更好的通信能力，具有智能电器的特性，而且，主要对单、三相鼠笼式感应电动机提供过载保护，所以 SMP-3 和 E3 都被称为智能固态过载继电器。

6.9.1 智能断路器

传统的常规断路器引入智能化控制单元后，就成了智能断路器。显然，智能断路器具备常规断路器的功用，并且还具有一定的智能监控、监视和监护功能。常规断路器基本采用一对一的封闭监控模式，不作为智能通信网络的现场设备。

1. 智能断路器的基本功能及特点

智能断路器也有基本骨架、触点系统和操作机构。所不同的是，常规断路器上的脱扣器现在成了具有一定智能的控制单元，或者叫智能型脱扣器。这种智能型脱扣器的核心是微处理器，其功能不仅覆盖了全部脱扣器的保护功能（如短路保护、过流保护、漏电保护、缺相保护等），而且还能够显示被控电路中的各种参数（电流、电压、功率、功率因数等）。各种保护功能的动作参数也可以显示、设定和修改。被保护电路在断路器动作时故障参数，可以存储在非易失性存储器中以便查询。并且扩充了测量、控制、预警、数据记忆及传输与通信等功能，其性能大大优于传统的常规断路器产品。

2. 智能断路器的组成原理

智能断路器的组成原理框图如图 6-50 所示。微处理器对各路电压进行规定的监测。当被测电压过低或过高时发出脱扣信号。当缺相功能有效时，若三相电流不平衡，超过设定值，亦发出缺相脱扣信号。同时对各相电流进行检测，根据设定的参数实施三段式（瞬动整定值、短延时、长延时）电流热模拟保护。

3. 常见的智能断路器

目前国内生产智能断路器的厂家还不多，其中有的是国内合作生产的，如贵州长征电器九厂生产的 MA40B 系列智能万能式断路器；上海人民电器厂生产的 RMW1 系列智能空气断路器。有的是引进技术生产的，如上海施耐德配电电器有限公司引进法国梅兰日兰公司的技术生产的 M 系列智能万能式断路器。厦门 ABB 低压电器设备有限公司引进 ABB SACE 公司的技术，设备生产的 F2 系列的智能万能式断路器和三菱的 AE 系列。另外，西门子的 3WN

系列，还具有脱扣前导信号，当3WN断路器过载时，过载脱扣器前200ms时会给出报警信号，在某些场合如晶闸管变流系统中这个功能很重要。

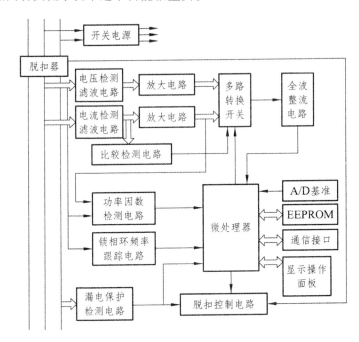

图6-50　智能断路器原理框图

6.9.5　智能化低压成套开关设备

低压成套开关设备主要用于电力系统末端，实现低压用电设备的开关、控制、监视、保护和隔离。低压成套开关设备内部一般都有多个独立工作的功能单元，每个单元有自己的主开关、其他一次回路元件和相应的保护控制电路。功能单元在成套设备外壳中有固定安装和抽出式两种安装方法。电器智能化中常用的低压成套开关设备有封闭式动力配电柜和抽出式成套开关设备。动力配电柜中功能单元为平面多回路布置，单元间可以相互隔离，也可以不隔离。抽出式成套开关设备中每个单元都是一个相互隔离的可抽出部件，这种开关设备最典型的应用就是电动机控制中心。

智能化低压成套开关设备中的主开关大多数采用智能低压断路器，监控功能与断路器智能监控器合一。当设备内部有不止一个开关元件时，每个开关的智能监控器行使自己的保护和检测功能，同时通过网络直接与上级管理系统通信，开关设备的运行参数和状态将在上级管理系统中显示，并接受管理系统的指令，实现开关操作、参数调整等功能。

习题与思考题

6.1　为什么闸刀开关在安装时不得倒装？

6.2　哪些低压电器可以保护线路的电路？

6.3　常用的低压熔断器有哪些类型？

6.4　断路器有哪些保护功能？

6.5 一个继电器的返回系数 K 为 0.85，吸合值为 100 V，释放值如何计算？

6.6 空气式时间继电器的结构有什么特点？工作原理是什么？

6.7 速度继电器的工作原理是什么？

6.8 热继电器在电路中起什么作用？其工作原理是什么？热继电器接点动作后，能否自动复位？

6.9 热继电器与电路的连接方式有哪几种？

6.10 过零型与随机导通型交流固态继电器有什么区别？

6.11 电磁阀的"位"和"通"的概念是什么？

6.12 智能电器有什么特点？其核心部件是什么？

6.13 简述智能接触器的组成及工作原理。

6.14 智能接触器与常规接触器有什么异同点？

6.15 智能继电器的由哪些部分组成？

6.16 智能断路器的基本功能是什么？

第7章 牵引电器

7.1 概 述

一般把专门用于电力机车、动车组及城轨车辆等各种牵引设备上的电器统称牵引电器。在这些牵引设备上由于工作条件和工作环境的特殊性，既有专门为它设计制造的适用于轨道交通运输机车中的牵引电器，也有选用的一般工业企业通用电器，本课程中，两者统称为牵引电器。

7.1.1 分 类

根据其特殊情况，电力机车电器还有以下特有的分类方法：

1. 按电力机车电器所接入的电路分

主电路电器——使用在电力机车主电路中的电器，如受电弓、主断路器、高压连接器、高压互感器、避雷器和转换开关等。

辅助电路电器——使用在电力机车辅助电路中的电器，如接触器、自动开关、刀开关等。

控制电路电器——使用在电力机车控制电路中的电器，如司机控制器、继电器、按钮开关、转换开关等。

2. 按电器在电力机车中的用途分

控制电器——用于对电力机车上牵引设备进行切换、调节的电器，如司机控制器、接触器、继电器、按钮开关、转换开关、刀开关等。

保护电器——用于保护电力机车上电气设备不受过电压、过电流及保护其他设备不受损害的电器，如避雷器、自动开关、熔断器、接地及过载继电器、风压及风速继电器、油流继电器等。

检测电器——用于与其他设备配套，检测电力机车各电路电压、电流及机车运行速度等的电器。如互感器、传感器等。

受流器——用于电力机车从接触电网上取得电能的电器，如受电弓。

3. 按电流种类分

直流电器、交流电器。

4. 按电路电压高低分

高压电器、低压电器。

5. 按传动方式分

手动电器、电磁式电器、电空传动电器、机械传动电器和电动机传动电器。

6. 按执行机构分

有触点电器、无触点电器。

由于电力机车电器安装在运行的电力机车上，而电力机车内部空间又极为有限，因此，电力机车电器的工作条件与一般工业企业用电器截然不同。

7.1.2 牵引电器的工作条件和特点

牵引电器的工作条件及特点主要是：受较强烈振动、大气环境及污染严重、温度与湿度变化人、操作频率高、工作电压和电流波动人及安装空间位置受限等。

（1）连续而强烈的机械振动和断续的机械冲击。电力机车正常运行时，会产生强烈的振动和冲击，在电器内部则会产生惯性力，从而破坏电器内部各力之间的分布，如果不加考虑，则电器往往会产生误动作。因此，要求电力机车电器在结构上应能承受振动和冲击。

（2）周围空气污染相当严重。电力机车运行时，空气形成涡流，易将灰沙尘土带入电器内部，同时雨雪还会侵入安装在电力机车车顶和下部的电器。因此，要求电力机车电器的结构设计必须与使用环境相适应。

（3）温度和湿度变化很大。电力机车上的电器，需要在温度为-25～+40 ℃和相对湿度为90%的条件下工作，而且在-40 ℃时能存放。因此，电力机车电器所用的材料（尤其是绝缘材料）必须适应这种情况。

（4）电压电流变化范围大。电力机车主电路的电压经常在较大范围内变化，电流则随牵引电动机的工作状况变化。因此，要求电力机车电器必须具有足够的电稳定性和热稳定性。

（5）电器安装受电力机车空间尺寸的限制，因此，对电器的安装方式、外形以及大小等都必须周密考虑，使其在有限的空间内安装紧凑，便于维修。

（6）电力机车在正常运行时操作频繁，因此，对电力机车电器的机械磨损和电磨损必须给予重视。

尽管电力机车电器的工作条件与工作环境十分恶劣，但也必须要保证它具有最大的可靠性。因为任何一个电器的损坏或者是误动作，都可能导致列车阻塞、运输中断，甚至可能发生严重的伤亡事故。对电力机车电器总的要求是：准确可靠、质轻体小、经济耐用、易造易修。

7.1.3 牵引电器的发展概况及趋势

牵引电器发展的一般趋势主要有以下几点。

（1）从有触点电器逐步过渡到无触点电器，且使两者相互结合，取长补短。

随着电子技术的迅速发展，使用电子元件的无触点电器得到了广泛的应用。无触点电器有很多优点，如不怕振动、工作可靠、操作频率高、寿命长、体积小、重量轻、维护方便，适用于防火、防爆场合，有利于实现系统的自动化且动作可靠、灵敏。但也有不足之处，主要缺点有：导通时有较大的管压降、阻断时有较大的残余电流、不能完全切断电路；功率损耗大；承受过载和过电压的能力差。因此，在牵引电器的发展中，有触点电器与无触点电器联合使用，各自发挥其优点，从而推动牵引电器发展。

（2）单台电器过渡到成套电器或成套装置。

所谓成套装置，不是指将一般结构的电器简单地、机械地连接在一起，而是将所有电器、组件和小体积的零件按照一定的要求，有机地结合在一起。目前，电力机车同一电路中的电器安装在同一屏柜上，这样既便于安装又便于检修。

（3）标准化、系列化、通用化、小型化。

牵引电器在发展中越来越标准化、系列化、通用化、小型化。

总的来说，牵引电器是向着提高工作可靠性、电气寿命，提高分断能力及减少体积、简化拆装线路、降低费用的基本方向发展的。随着我国牵引设备更新换代速度的加快，将有更多性能及质量更好的电器产品应用在电力机车上。

7.2 受电弓

7.2.1 概 述

受电弓是一种铰接式的机械构件，它通过绝缘子安装于电力机车车顶。受电弓的集电头升起后与接触网导线接触，从接触网上汲取电流，并将其通过车顶母线传送到车内供机车使用。

当司机在司机室中按下升弓按钮时，电磁阀得电，压缩空气进入气囊升弓装置时，将使气囊膨胀抬升，并带动作用于下臂杆的钢丝绳，钢丝绳拉拽下臂杆使受电弓升起，并使受电弓集电头与接触网保持接触状态。

当司机在司机室中按下降弓按钮时，电磁阀失电，切断供风，气囊升弓装置开始排气，受电弓靠自重下降，然后使弓头保持在两个橡胶止挡上。

此外当受电弓滑板磨耗到限或折断时，滑板内气腔漏气，ADD 装置将动作，迅速降弓，实现自动保护功能。

图 7-1 受电弓在电力机车上

受电弓在工作时，气囊升弓装置一直被供以压缩空气，由于弓头采用弓头悬挂装置，使弓头具有一定的自由度，接触网高度方面较小的差异通过弓头悬挂装置进行补偿，较大的差异，例如在桥梁和隧道，通过铰链系统进行补偿，因此受电弓可随接触网的不同高度而自由地变换其高度而保持接触压力基本恒定。

对于单臂受电弓，集电头被一个铰链系统垂向操纵，铰链系统形成一个四杆机构。由于集电头的垂向运动，这个运动方向对接触压力没有影响，因此受电弓适合在两个方向进行安装使用。带有滑板的集电头，将尽可能地位于转轴上方绕转轴进行自由摆动。当气囊中的气压达到调压阀的设定值时，受电弓将逐渐升起，与接触网相接触的接触压力将被确定。通过释放气囊中的压缩空气，依靠受电弓的自重进行降弓，通过绝缘软管提供压缩空气。

受电弓的使用环境条件如下：

（1）海拔不超过 2500 m。

（2）最低环境温度为-40 ℃，最高环境温度为+70 ℃。

（3）温度保持 40 ℃ 不变时，相对湿度为 95%；温度从-25 ℃～+30 ℃ 快速变化时，相对湿度为 95%，最大绝对湿度为 30 g/m³。

（4）暴露在机车外部的部分能承受雨、雪、风、沙的侵袭，并且具有防水、防风、防沙的能力。

（5）受电弓的振动和冲击满足 IEC-61373 标准 I 类 A 级的相关要求。

图 7-2　受电弓总览图

7.2.2　主要技术参数

额定工作电压……………………………30 kV（AC）

电压波动范围……………………………19～31 kV（AC）

额定工作电流……………………………1000 A

额定运行速度……………………………200 km/h

折叠高度（包括支持绝缘子）……………≤678 mm

最小工作高度（从落弓位滑板面起）………220 mm

最大工作高度（从落弓位滑板面起）………2250 mm

最大升弓高度（从落弓位滑板面起）·········≥2400 mm

受电弓集电头（弓头）长度··············1950±10 mm

受电弓集电头（弓头）宽度··············330±3 mm

受电弓集电头（弓头）高度··············285±10 mm

滑板长度·····················1250±1 mm

受电弓集电头轮廓形状·············符合 UIC608.4a 的要求

静态接触压力··················70±10 N

环境工作温度··················−40 ℃ ~ +70 ℃

最小工作压力··················400 kPa

最大工作压力··················1000 kPa

额定工作压力（供风）·············550 kPa

静态接触压力为 70 N 时气囊压力·········380 ~ 400 kPa

降弓位置保持力·················≥150 N

升弓时间····················6 ~ 10 s

降弓时间····················≤6 s

总重（不包括支持绝缘子）···········≤110 kg

安装尺寸····················1100 × 800±1 mm

电气区域····················≤301±10 mm

电气间隙····················≥350 mm

气路接口尺寸··················G1/4″

7.2.3 受电弓的结构及作用

受电弓结构如图 7-3 所示。该型受电弓主要由底架部分、铰链机构、弓头部分升弓装置和气路组装几大部分构成。

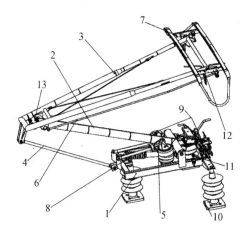

1—底架；2—下臂杆；3—上框架；4—拉杆；5—气囊升弓装置；6—平衡杆；7—弓头组装；
8—阻尼器；9—气路及 ADD 装置；10—支持绝缘子；11—底架电流连接组装；
12—肘接电流连接组装；13—弓头电流连接组装。

图 7-3 受电弓结构图

1. 底架部分

刚性底架由型材（钢材）组焊而成，是整个受电弓的基座部分，并通过支持绝缘子固定于机车车顶。底架上安装有气囊升弓装置、一套铰链机构和受电弓阻尼器。气囊升弓装置和阻尼器一端安装在底架上，另一端均安装在铰链机构中的下臂杆上。

2. 铰链机构

铰链机构是实现受电弓弓头升降运动的机构，由下臂杆、上框架、拉杆、平衡杆等构成，它们之间通过各种铰链座铰接。上框架由变径铝合金管和板材焊接而成，下臂杆和平衡杆由钢管材组焊而成，拉杆为铝合金材料。连接各主要构件的铰链座都装有滚动轴承，并采用金属软导流线进行短接，以防止电流对轴承的损耗。平衡杆可以保证弓头滑板面在受电弓整个工作高度范围内始终保持水平状态。

3. 弓头部分

弓头组装包括弓头和弓头悬挂。弓头是直接与接触导线接触、受流的部件，其上安装有碳滑板。弓头悬挂采用橡胶弹簧元件结构。橡胶弹簧元件的一端与上框架中的转轴相连接，另一端与弓头上的滑板托架相连接，这种结构使滑板在机车运行方向上移动灵活，而且能够有效吸收各方向上的冲击，达到保护滑板与接触导线的目的。

滑板中有气腔并通有压缩空气，是自动降弓装置的一部分。如果滑板出现磨损到极限或断裂时，自动降弓装置启动工作保护，受电弓迅速自动地降下。更换滑板后，自动降弓装置重新启动。

4. 升弓装置和气路组装

升弓装置通过钢丝绳组装、升弓气囊等传递，实现对受电弓升降运动的控制。升弓装置一端安装在底架上，另一端通过钢丝绳与螺栓固定在下臂杆的调整板上。气路组装是提供压缩气体的管路系统，其一端与升弓装置的气囊连接，为受电弓提供工作气压，另一端通过绝缘软管连接到车内的供风设备，实现受电弓的升、降弓控制。

7.2.4 受电弓的动作原理

受电弓采用气囊驱动方式升弓。受电弓的升弓装置和气路原理图如图 7-4 所示。

如图 7-4，受电弓升弓时，电磁阀得电，气路打开，压缩空气通过空气过滤器、单向调速阀（升弓）、调压阀、气压表、单向调速阀（降弓）、稳压阀，进入气囊，构成升弓气路。同时压缩空气经稳压阀后通过快排阀向具有气腔的受电弓碳滑板供气，构成自动降弓保护气路。

电力机车的接地电位与接触网线间的电位差为 25 kV，自动降弓装置的压缩空气输入端与管路间通过绝缘软管连接，通过该绝缘软管的空气须保证其绝缘性能。当受电弓正常降弓时，启动在压缩空气输入端前端的电控排气阀并进行排气，受电弓靠自重降弓。

当受电弓滑板破裂、磨耗到限或管路泄漏时，控制管路的气压下降，换向阀打开，气囊及管路中的压缩空气经过换向阀的排气口排放到大气中。同时空气压力继电器动作，发出机车空气管路压力下降信号，主断路器紧急切断，从而防止受电弓在带电负载情况下从接触网线脱离。

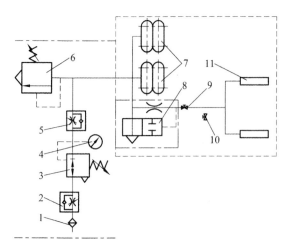

1—空气过滤器；2—单向调速阀（升弓）；3—调压阀；4—气压表；5—单向调速阀（降弓）；

6—稳压阀；7—气囊；8—快排阀；9—截止阀；10—试验阀；11—碳滑板。

图 7-4   受电弓升降工气路原理图

如图 7-5 所示，气囊升弓装置主要包括连接板、钢丝绳组装、升弓气囊、调整板和蝴蝶座。升弓气囊下端安装于底架上，上端与蝴蝶座连接。蝴蝶座与连接板和钢丝绳组装连接。钢丝绳组装通过调整板连接下臂杆。调整板固定在下臂杆上。升弓气囊充以压缩空气时，逐渐膨胀并抬升蝴蝶座，此时连接板相对底架转动，同时抬升力通过钢丝绳组装经过调整板传递到下臂杆，下臂杆相对底架旋转，通过铰链机构实现弓头的上升，从而实现整个受电弓的升弓运动，反之则靠自重降弓。升弓气囊采用特殊橡胶材料制作，在-40 ℃ ~ +70 ℃ 的环境温度下可长期有效的工作，使用寿命长。

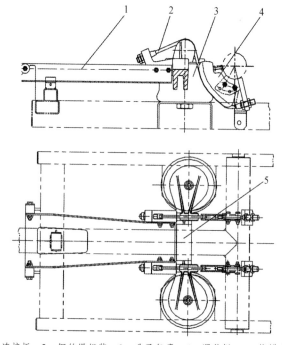

1—连接板；2—钢丝绳组装；3—升弓气囊；4—调整板；5—蝴蝶座。

图 7-5   升弓装置原理图

7.2.5 受电弓的维护和调整

1. 受电弓的维护

使用前，应检查所有的紧固件状态是否良好；软编织导线是否完整，有断股严重的应及时更换；支持绝缘子不允许有裂缝，并应保持其干净清洁；弓头滑板应保持平整，连接圆滑，对已磨耗到限的滑板应及时更换。

2. 受电弓的调整

调整工作应由两个人在司机室内和机车车顶同时进行。在进行调试工作前，受电弓应至少进行三次正常升、降弓操作，并需准备好测量范围在 0～100 N 的弹簧秤一个。

（1）静态接触压力的调整。

在车内把节流阀完全打开，将调压阀转到操作位置，松开节流阀的锁紧螺母，顺时针调大气压，逆时针调小气压，设定气压值在 3.8～4 bar。把弹簧秤和受电弓的顶管直接相连（也可在顶管上套上绳子）。再次调节调压阀直到受电弓慢慢上升为止，然后在高出车顶 1.5 m 处拉弹簧秤下端，使受电弓不再上升。此时弹簧秤示值应为 70 N。

精确调整接触压力的方法是：先拉动弹簧秤使受电弓缓慢向下运动，再稍微减小对弹簧秤的拉力，使受电弓向上缓慢运动（上升和下降运动均是在大约 1.5 m 的高度上进行，且每次向上或向下移动的距离为 0.5 m）。读取弹簧秤所测得的力，取平均值即为平均接触压力，其值为 70 N。

如图 7-6 所示，受电弓向下运动时，力的最大值不超过 85 N，向上运动时，力的最小值不小于 55 N，两个值的变化都不应超过 20 N。由于滑板上的磨损（重量损耗），接触压力最大可以增加 10N，然而，这个过程不能调整接触压力，因为一旦安装新的滑板后又将恢复到以前的接触压力值。调压阀上压力表的示值只能用于接触压力的粗略检查，而不能用于调整校正目的。

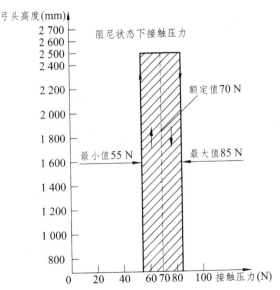

图 7-6 升降弓高度和接触压力的关系

（2）升、降弓时间的调整。

静态接触压力调好后，从受电弓落弓位置到滑板工作位置（即受电弓从落弓位置升高约1.8 m）的升、降弓时间，分别通过图 7-4 中的调速阀 2 和 5 来调整。

升弓时间整定值为 6～10 s，降弓时间整定值≤6 s。

调整过程中升弓时不允许受电弓有任何回跳，降弓时不允许跌落到橡胶止挡上。

如果实际操作值与规定值有偏差，那么首先应该重新调试调速阀 2 和 5。

（3）自动降弓装置的调试。

受电弓的 ADD 控制阀不能经常操作。

第一次动作时，ADD 控制阀必须调节到以下基本调试位置：关闭阀在"开"位置，试验阀在"工作"位置。

关闭阀在"闭"位置时将关闭试验阀，切断滑板压缩空气的供应。

（4）橡胶止挡安装位置的检测。

底架上的三个橡胶止挡承载着整个受电弓活动框架，且在落弓位置时，有弓头支撑弹簧保护弓头。

受电弓在安装到车顶后，为消除底架水平误差，必须目检底架上的橡胶止挡是否水平。如果不平，应该重新调整橡胶止挡的高度。

应确保上框架的顶管在落弓位置时由两个橡胶止挡均匀支撑。应确保支撑下臂杆的橡胶止挡在落弓位置时应与下臂杆保持一定间隔。

（5）弓头的调整。

弓头的调整包括弓头平衡的调整、弓头悬挂装置和橡胶弹簧元件的调整。检查弓头在工作范围内任一高度时平衡杆中止挡杆的前后摆动量，若水平不对称，则应调整平衡杆。通过改变平衡杆的长度，保持弓头滑板面的水平。弓头悬挂应转动自如，无阻滞现象，否则应对弓头进行详细检查，找出影响弓头悬挂运动的原因。因为弓头受到来自接触网上硬点的冲击，常伴随有弓头的变形，所以该项调整较为复杂。若为橡胶弹簧元件的原因，则应更换橡胶弹簧元件。

7.3 空气主断路器

7.3.1 概　述

主断路器连接在受电弓与主变压器原边绕组之间，安装在机车车顶中部，它是电力机车电源的总开关和机车的总保护电器。当主断路器闭合时，机车通过受电弓从接触网导线上获得电源，投入工作；若机车主电路和辅助电路发生短路、过载、接地等故障时，故障信号通过相关控制电路使主断路器自动开断，切断机车总电源，防止故障范围扩大。

它具有如下优点：机车气源充足，容易实现频繁操作；在开断电流时，产生过电压小；无火灾危险。

但是它也存在一些缺点，如结构复杂，加工和装配要求高，需要较多的有色金属，成本较高；操作时噪音较大。

7.3.2 空气断路器的主要技术参数

TDZ1A-10/25 型空气断路器主要技术参数如下：

标称电压··25 kV

额定电压··30 kV

额定电流··400 A

额定频率··50 Hz

额定分断电流··10 kA

额定分断容量··250 MV·A

额定工作气压··700 ~ 900 kPa

固有分闸时间··≤30 ms

延时时间··35 ~ 55 ms

合闸时间··≤0.1 s

额定控制电压··DC 110 V

7.3.3 空气断路器的基本结构及主要部件作用

TDZ1A-10/25 型空气断路器结构如图 7-7 所示。

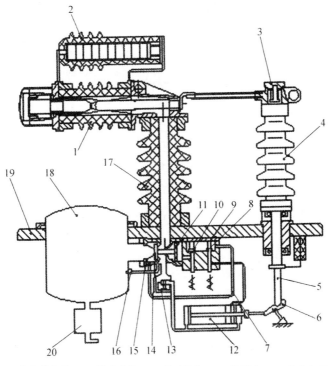

1—灭弧室；2—非线性电阻；3—隔离开关；4—转动瓷瓶；5—控制轴；6—传动杠杆；7—气管；
8—合闸阀杆；9—起动阀；10—分闸阀杆；11—活塞；12—传动气缸；13—延时阀；
14—主阀阀门；15—主阀；16—通风塞门；17—支持瓷瓶；18—储风缸；
19—底板；20—辅风缸。

图 7-7 TDZ1A-10/25 型空气断路器结构

它分成高压和低压两个部分,这两部分以底板 19 为界。高压部分主要包括灭弧室、非线性电阻、隔离开关等部件;低压部分主要包括储风缸、辅风缸、主阀、起动阀、延时阀、传动气缸、电磁铁等部件。

1. 灭弧室

灭弧室整体结构如图 7-8 示。灭弧室瓷瓶一端接风道接头,通过支持瓷瓶的中心空腔与主阀的气路接通;另一端接法兰盘,以它对动触头座的导向作用确定动触头在分、合时的运行轨迹。静触头固定在风道接头上,其头部为球形,端部镶着耐高温的钼块,静触头后座与隔离开关静触头连通。在分断过程中,通过支持瓷瓶上来的压缩空气进入灭弧室,使动触头向左运动,动、静触头分离。此时,压缩空气在触头喷口处形成一股高速气流,对动、静触头分离时产生的电弧进行强烈的气吹和冷却,迫使电弧在电流过零时熄灭。电弧熄灭后,弧隙迅速由新鲜的压缩空气填充,使断口间的绝缘介质迅速恢复,避免了重击穿,从而实现电路的可靠分断。

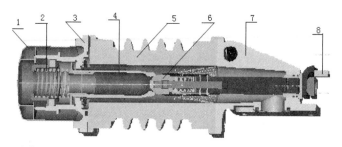

1—外罩;2—弹簧;3—08 法兰;4—动触头;5—瓷瓶;6—静触头;7—风道接头;8—静触片。

图 7-8　灭弧室整体结构

2. 非线性电阻

空气断路器在分断小电感电流时,由于灭弧能力太强,易产生截流过电压。同时,其分断的可靠性也受到断口间恢复电压上升速度的很大影响。为了抑制截流过电压和降低恢复电压的上升速度,此型断路器在动、静触头间并联了一个非线性电阻。

非线性电阻结构如图 7-9 所示。在非线性电阻瓷瓶内,装了 10 块非线性电阻片以及干燥器和弹簧等主要部件。非线性电阻瓷瓶内腔要求密封并保持干燥,避免非线性电阻片吸潮后发生性能的改变。

非线性电阻片由碳化硅和结合剂烧结制成,其电阻随外加电压的升高而降低。其伏安特性可用下式表示:

$$U = AI$$

式中　I——通过非线性电阻片的电流;

　　　U——非线性电阻片上的压降;

　　　A——材料参数。

由于非线性电阻片的特性,可以抑制截流过电压的产生,降低恢复电压的上升速度和幅值,从而保证了系统的安全和提高了断路器的分断可靠性。

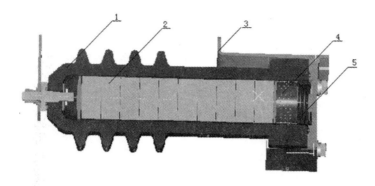

1—瓷瓶；2—电阻片；3—连接板；4—干燥器；5—弹簧。

图 7-9　非线性电阻结构

3. 隔离开关

隔离开关结构如图 7-10 所示。弹簧装置用来保证触指夹紧隔离开关静触头，并保持一定的接触压力。连接件作为主断路器的电气引出点与机车顶穿墙套管中母线相连接。

隔离开关本身不带灭弧装置，不具有分断大电流的能力，因此它的分断是在主触头分断完以后进行。

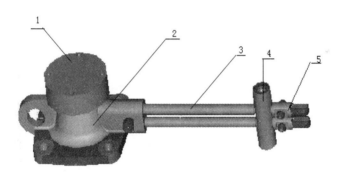

1—联结件；2—法兰盘；3—闸刀杆；4—弹簧盒；5—触指。

图 7-10　隔离开关结构

4. 主阀

主阀采用气压直动式结构，其结构如图 7-11 所示。主阀左端气室与储风缸相通，右端气室与起动阀 E 腔相通。正常情况下，阀盘受到压缩空气及塔形弹簧的共同作用使阀门紧闭。当主断路器进行分断时，从起动阀 E 腔迅速向主阀右端气室充入压缩空气，由于活塞的直径大于阀盘的直径，使阀杆受到一个向左的合成力，推动阀门打开，储风缸的压缩空气迅速通过主阀及支持瓷瓶进入灭弧室进行分断动作。

5. 起动阀

起动阀结构如图 7-12 所示。图中 D 腔与储风缸气路相通，E 腔与主阀右端气室相通，F 腔与传动气缸相通。图示左边阀杆为合闸阀杆，右边阀杆为分闸阀杆。均由相应的电磁铁来操纵。

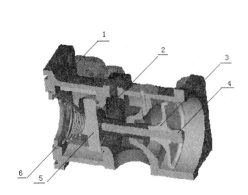

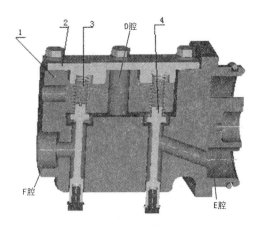

1—主阀体；2—铜套；3—活塞；4—阀杆；5—阀盘；6—弹簧。

图 7-11　主阀结构

1—阀体；2—盖板；3—弹簧；4—阀杆。

图 7-12　起动阀结构

正常情况下，阀门在弹簧及压缩空气的共同作用下保持紧闭。当分闸电磁铁得电动作时，其衔铁撞击分闸阀杆使之上移，阀门打开，D 腔里的压缩空气经 E 腔进入主阀右端气室，使主阀动作而分断电路。当合闸电磁铁得电动作时，其衔铁撞击合闸阀杆使之上移，阀门打开，D 腔压缩空气经 F 腔进入传动气缸，使隔离开关闭合。

6. 延时阀

断路器在分断过程中，储风缸的压缩空气经主阀进入灭弧室的同时，也进入延时阀，经过一定的延时控制后，再进入传动气缸，使隔离开关分闸动作。

延时阀结构如图 7-13 所示。其动作原理为：从主阀来的压缩空气经延时阀阀盖上的进气管路、阀体中的通道、调整螺钉与阀座通孔之间的间隙进入到膜片下部的阀体空腔内。因为所经管路截面小、风阻大，膜片下部的气压上升得较慢，经过一定时间后，膜片下部的气压所产生的推力足以推动阀杆，打开阀门，这时大量压缩空气通过阀口进入传动气缸，使隔离开关分闸。其中延时的长短可以通过调节调整螺钉来控制。

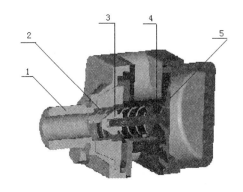

1—阀体；2—弹簧；3—阀门；4—阀杆；5—膜片。

图 7-13　延时阀结构

7. 传动气缸

传动气缸结构如图 7-14 所示。左边气缸体和主活塞是驱动隔离开关分、合闸的动力部件；缓冲气缸体和缓冲活塞是在活塞行程将结束时起缓冲作用，以便减小隔离开关动作过程中的冲击。在分断过程中，主活塞左侧和缓冲活塞右侧从延时阀进入压缩空气，使主活塞向右运动，当其运动至碰到套筒时，使套筒及缓冲活塞随之右移，随着缓冲活塞右侧压缩空气的压缩与释放，使主活塞的运动受到缓冲。同样，在合闸过程中，主活塞右侧和缓冲活塞左侧进入压缩空气，使主活塞向左运动，当运动至一定距离，连杆销碰到套筒迫使缓冲活塞左移，随着缓冲活塞左侧压缩空气的压缩与释放，使主活塞运动得到缓冲。

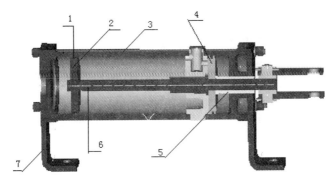

1—活塞环；2—主活塞；3—气缸体；4—缓冲活塞；5—铜套；6—活塞杆；7—连接板。

图 7-14 传动气缸结构

7.3.4 空气断路器的动作原理

如图 7-7 所示，断路器在正常状态时，储风缸的压缩空气与主阀左端气室及起动阀的 D 腔是相通的。这时，主阀及起动阀的各阀门紧闭，只有少量压缩空气经通风塞门进入支持瓷瓶和灭弧室，使灭弧室内保持一个对外的正压力，防止外界潮湿空气进入灭弧室。

当分闸信号通过辅助开关联锁触头，使分闸电磁铁得电动作，其衔铁撞击起动阀的分闸阀杆，使 D 腔的压缩空气迅速充入主阀右端气室，迫使主阀活塞左移而打开阀门，储风缸里的压缩空气经主阀、支持瓷瓶进入灭弧室，使主触头分断，同时吹灭电弧。与此同时，一部分压缩空气进入延时阀，经过一定延时后充入传动气缸，使隔离开关分闸。此时，辅助联锁也随之动作而切断分闸电磁铁的电源，使灭弧室停止进入压缩空气，主触头在弹簧作用下恢复闭合状态。整台断路器由隔离开关分闸而处于分断状态，分闸过程结束。

当合闸信号通过辅助开关联锁触头，使合闸电磁铁得电动作，其衔铁撞击起动阀合闸阀杆，使 D 腔压缩空气经 F 腔进入传动气缸，由杠杆传动使隔离开关合闸。同时辅助联锁切断合闸电磁铁电源，合闸过程结束。整台断路器处于合闸状态。

7.3.5 使用维护注意事项

为了使断路器处于良好的工作状态，必须加强维护管理。主要应做到：

（1）保持气路洁净。

空气断路器用来灭弧的压缩空气必须干燥洁净。因为潮湿或不洁的气体会破坏主触头分断后断口间的绝缘，从而造成电弧不能熄灭或重击穿，严重者会造成灭弧室炸裂。同时，潮湿及不洁气体也会降低支持瓷瓶内腔的绝缘强度，造成沿面放电。因此，断路器储风缸进风管上装有分水滤气器，以保持空气洁净。同时，储风缸下部装有蓄水的辅风缸，应定时排水。

（2）定时更换橡胶件。

空气断路器是一种结构复杂的气动电器，各部件对密封性能要求较高，为保证良好的密封性能，应定时更换橡胶件。

（3）定期检查各主要部件，保持各部件良好的技术状态。

① 对灭弧室：要定期检测主触头超程。动、静触头由于分、合频繁会相互磨损，从而造成超程减小，接触压力减小。当超程减小到一定程度时，要更换动、静触头。同时必须定期（一般为机车运行8万千米左右）更换动触头复原弹簧。因为复原弹簧承受的是频繁的冲击载荷，而且是工作在高温与常温相交替的恶劣环境，极容易产生疲劳变形甚至断裂，造成断路器故障甚至炸裂，严重影响行车安全。

② 对非线性电阻：要定期更换非线性电阻中的干燥剂，检测非线性电阻片的电阻值。若电阻值的变化超过一定程度，必须更换。

③ 对传动气缸：要适当调节好传动气缸的缓冲，保证隔离开关分闸时的动作良好。要定期检测活塞与缸体之间的配合精度，通过修整或更换零部件保证其良好的动作性能。

④ 对主阀：定期检查活塞与阀体间的配合尺寸，对尺寸超差者必须更换。

⑤ 对通风塞门：必须定期更换塞门中的填料，同时检测塞门的通风量。当通风量不符合要求时，必须将其调整至允许范围之内。

7.4 真空断路器和接地开关

7.4.1 概 述

电力机车断路器要分断大容量电路，且要求有较强的灭弧能力。将真空灭弧应用于机车断路器中就形成了电力机车真空断路器。真空断路器是以真空作为绝缘介质和灭弧介质，利用真空耐压强度高和介质强度恢复速度快的特点进行灭弧的。与空气断路器相比，真空断路器具有结构简单、工作可靠、分断容量大、动作速度快、绝缘强度高、整机检修工作量小等诸多优点，因而在电力工业中得到了广泛应用。由于电力机车的特殊使用环境和一些恶劣工作条件所限，真空断路器现在已经广泛运用到电力机车和动车车辆。

HXD3C 型电力机车安装的是真空断路器（22CBDP1）和接地开关（35KSDP1）组件。整个组件安装在车内的高压电器柜中。真空断路器和接地开关组件的外形如图7-15所示。

图 7-15 HXD3C 型电力机车安装的
真空主断路器和接地开关组件

7.4.2 22CBDP1型真空主断路器

HXD3C型电力机车目前采用22CBDP1型真空主断路器，其外形如图7-16所示。22CBDP1型真空主断路器是电力机车的一个重要电气部件，它是整车与接触网之间电气连通、分断的总开关，是机车上最重要的保护设备，当机车发生各种严重故障时能迅速、可靠、安全地切断机车总电源，从而保护机车设备。该断路器与35KSDP1型接地开关直接装配，安装在车内高压电器柜中。22CBDP1型真空主断路器是以真空作为绝缘介质和灭弧介质，利用真空状态下的高绝缘强度和电弧扩散能力形成的去游离作用进行灭弧，其结构特点为单断口直立式、自动式气缸传动、电空控制，是一种新型的电力机车主断路器，适用于干线交流25 kV各类型电力机车。

图 7-16　22CBDP1型真空主断路器

与空气断路器相比，真空断路器具有结构简单、工作可靠、动作速度快、绝缘强度高、维修方便等优点。采用真空断路器可以彻底避免以往空气断路器灭弧室瓷瓶爆炸，非电性电阻瓷瓶爆炸，隔离开关轴折断，主阀卡位、漏风，控制线圈烧损等惯性故障，减少机车事故，保证铁路运输安全。同时可延长主断路器的检修周期，减少维修工作量，降低检修成本。

1. 22CBDP1型真空断路器的主要技术参数

工作环境温度·······························–40 ℃ ~ +70 ℃

标称电压 ·····································25 kV

额定电压·····································30 kV

最大工作电压·································31.5 kV

额定频率·····································50 Hz

额定电流·····································1000 A

额定工频耐受电压 ····························75 kV/min

额定冲击耐受电压····························（U1.2/50 μs）170 kV

额定短路接通能力 ···························40 kA（峰值）

额定短路开断能力 ···························20 kA（有效值）

额定容量·····································500 MV·A

固有分闸时间·································≤40 ms

合闸时间·····································≤100 ms

合闸功率·····································18 W

保持功率·····································14 W

额定控制电压 ································DC 110 V

控制回路气压·································450 ~ 1000 kPa

辅助触头·······················3 常开/4 常闭

电气寿命·····················20 000 次（1000 A）

机械寿命·····················25 万次

重量························115 kg

2. 22CBDP1 型真空断路器的结构

22CBDP1 型真空管断路器的结构如图 7-16 所示。两个陶瓷绝缘子垂直安装，一个安装在另一个上，然后通过铸铝基座安装在固定框架上。空气进气接头 22 和连接器 25 安装在基座侧面，如图 7-17 所示。

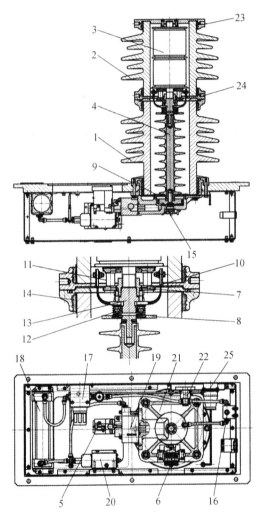

1—下绝缘子；2—上绝缘子；3—真空开关管；4—传动杆；5—电磁阀；6—辅助触头；7—压紧环；8—传动盘；
9—活塞限位环；10—弹簧座；11—主弹簧；12—恢复弹簧；13—连接块；14—软连线；15—活塞；
16—节流阀；17—调压阀；18—储气缸；19—转换阀；20—压力开关；21—气缸；22—进气接头；
23—上接线端；24—下接线端；25—电连接器。

图 7-17　22CBDP1 型真空主断路器

由主开关触头和外壳装置组成的真空开关管 3 与断路器上绝缘子 2 用硅橡胶浇注成一体。

上、下铜铬铸造法兰浇注在上绝缘子上，它们不仅用作主电流接线端子 23 和 24，而且支撑着接地开关（35KSDP1）的接地触头。上接线端子 23 用于 25 kV 高压电输入连接，下接线端子 24 连接主变压器原边的输入高压电缆。

真空开关管 3 的操作装置通过传动杆 4 与活塞 15 连接。

真空开关管动触头与压紧环 7 连接，电流通过软连线 14 从动触头连接到下接线端子 24。

真空开关管内部是真空的，因此由于环境压力，压紧环 7 会向上移动。弹簧座借助弹簧 11 和 12 的反弹力使真空开关管动触头保持断开状态。

真空断路器的控制和监测设备（控制阀、压力开关、辅助触头等）安装在基座中。

3. 22CBDP1 型真空断路器的工作原理

如图 7-17 和 7-18，干燥的压缩空气通过进气接头 22 进入断路器后分为两路：一路通过调压阀 17 进入储气缸 18；一路经过节流阀 16 进入下绝缘子内腔中起到吹扫作用，保证下绝缘子内腔的干燥及清洁，确保断路器安全工作（断路器正常工作时，在断路器基座中，始终会听到压缩空气排出的声音，属于正常现象）。

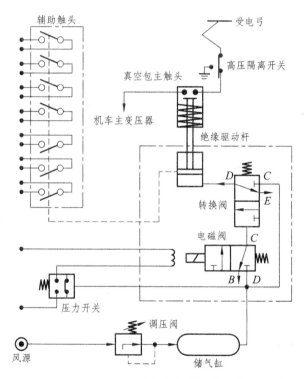

图 7-18　22CBDP1 型真空主断路器工作原理图

压缩空气经过调压阀后，将气压调节到 483～497 kPa。

闭合主断路器时，电磁阀 5 线圈得电，打开电磁阀，储气缸中的压缩空气一路经电磁阀进入转换阀 19 的控制腔，打开转换阀；另一路通过转换阀送入风缸，驱动活塞、绝缘推动杆和主断路器的动触头上移，使真空断路器闭合。断开主断路器时，电磁阀线圈失电，电磁阀和转换阀均在弹簧的作用下复位，将风缸内的压缩空气释放掉，绝缘推动杆和主断路器的动触点在机械装置弹力作用下向下移动，在小于 40 ms 的时间内将真空断路器的主触头断开。

压力开关 20 与电磁阀 5 在电气上串联，当压缩空气压力下降至低于 345～358 kPa 时，压力开关打开，电磁阀线圈失电，主断路器自动断开。要想重新闭合主断路器，压缩空气压力必须超过 390～420 kPa。

为了确保断路器主触头闭合，电磁阀必须一直处于得电状态。

当断路器活塞移动时，辅助触头 6 装配的凸轮板也随之运动，使断路器的 7 组辅助触头正常开闭。具体合闸过程如下（主断路器断开状态见图 7-19）：

（1）将主断路器扳键开关置"合"位，电磁阀线圈得电，闭合电磁阀，储气缸中的压缩空气一路经电磁阀进入转换阀的控制腔，打开转换阀，另一路通过转换阀送入风缸（见图 7-20）；

（2）驱动活塞、绝缘推动杆和主断路器的动触头上移，压缩主弹簧，闭合主触头（见图 7-21）；

（3）主触头接触下面的恢复弹簧被压缩（见图 7-22）。

具体分闸过程如下（主断路器闭合状态如图 7-21 所示）：

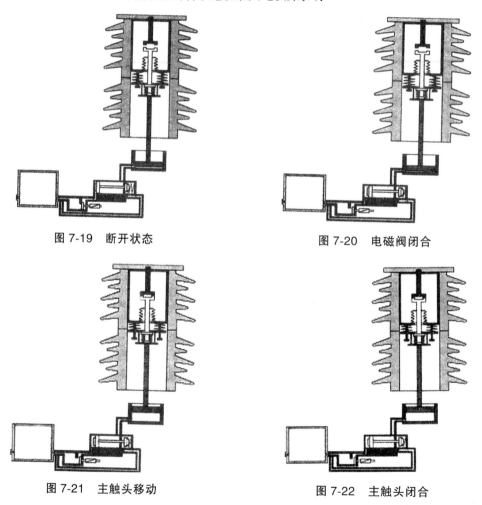

图 7-19　断开状态　　　　　　　　　　　图 7-20　电磁阀闭合

图 7-21　主触头移动　　　　　　　　　　图 7-22　主触头闭合

（1）将主断路器扳键开关置"分"位，电磁阀线圈失电（见图 7-23）；

（2）电磁阀和转换阀均在弹簧的作用下复位，将风缸内的压缩空气释放掉（见图 7-24）；

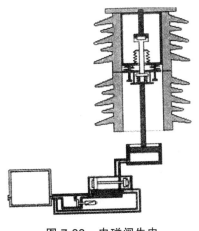

图 7-23　电磁阀失电

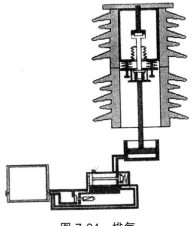

图 7-24　排气

（3）绝缘推动杆和主断路器的动触点在机械装置弹力作用下，向下移动，打开主触头（见图 7-25）。

4．维护保养

为了保证主断路器良好的工作状态，必须加强日常的检查和维护，同时，由于主断路器属于 25 kV 高压电器设备，必须注意对其使用与维护的安全性。

5．安全警告

在检查和维护时，为避免电危害，必须将所有连接断路器的电气源隔离。主断路器上所有检查和维修的执行必须在接触网断电接地、降受电弓和主断路器接地的情况下操作。

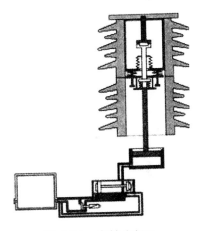

图 7-25　主触头断开

禁止非专业技术人员进行主断路器内部维护。部件的更换和内部调整必须由专业技术人员进行操作。

禁止替换断路器的部件或改进断路器，有可能增加更大的危害。

禁止安装替换部件或执行任何对本装置无授权的改动。

断路器出现损坏和故障，必须由经过培训的专业技术人员维修，否则主断路器不能操作和保证安全。

7.4.3　35KSDP1 型接地开关

接地开关的主要功能是在受电弓降下、主断路器断开状态下，将主断路器两侧的车顶高压设备回路和主变压器原边接地，与主断路器配套使用。接地开关保证了机车的安全操作，当工作人员进行机车检查或维护时，消除故障或进行修理时，保证工作人员的人身安全。

HXD3C 型电力机车采用的是与 22CBDP1 型真空断路器配套的 35KSDP1 型接地开关。35KSDP1 型接地开关的外形如图 7-26 所示。

1. 35KSDP1 型接地开关的主要技术参数

标称电压·······················25 kV

额定电压·······················30 kV

额定电流·······················400 A

峰值耐受电流···················20 kA

短时耐受电流···················8 kA/s

机械寿命·······················20 000 次

辅助触点·······················2 常开/2 常闭

操作方式·······················手动

工作温度·······················−40 ℃ ~ +70 ℃

质量···························约 26 kg

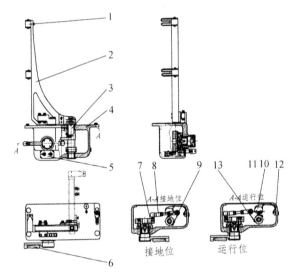

图 7-26　35KSDP1 型接地开关

2. 35KSDP1 型接地开关的结构

接地开关的结构如图 7-27 所示。主要部件有接地夹、接地臂、箱体、转轴、锁组装、手柄组装、转盘、连接杆组成、转套、微动开关（1）、微动开关（2）、AMP 连接器、凸轮等。

1—接地夹；2—接地臂；3—箱体；4—转轴；5—锁组装；6—手柄组装；7—转盘；8—连杆杆组成；
9—转套；10—微动开关（1）；11—微动开关（2）；12—AMP 连接器；13—凸轮。

图 7-27　接地开关的结构

3. 35KSDP1 型接地开关的工作原理

转动手柄，可以带动由转盘、连接杆组成、转套、转轴组成的传动机构动作，从而带动转臂转动，最后实现接地夹与真空断路器的接地触头的连接与分离。手柄组装从一端旋转 180°到另一端时，转臂也相应从"运行"位旋转 90°到"接地"位或者从"接地"位旋转 90°到"运行"位。而控制是否能够转动的装置是锁组装。锁组装共有两个锁，一个供蓝钥匙使用，一个供黄钥匙使用。仅在蓝钥匙插入蓝色锁后，手柄组装才能从"运行"位旋转到"接地"位，旋转到"接地"位后，就可把黄钥匙从黄色锁中取出，同时联锁机构就被黄色锁锁在"接地"位。手柄组装位于"接地"位时，凸轮将微动开关（1）的滑轮压下，微动开关（2）的滑轮松开，AMP 连接器 1、2 点导通，3、4 点不导通；手柄组装位于"运行"位时，凸轮将微动开关（1）的滑轮松开，微动开关（2）的滑轮压下，AMP 连接器 1、2 点不导通，3、4 点导通。

4．操作说明

（1）置"运行"位操作。

在机车运行之前，应将接地开关置于"运行"位，而后取下蓝色钥匙开通机车升弓气路。具体操作如下：

① 确认机车联锁钥匙箱上所有绿钥匙收集完毕。

② 从联锁钥匙箱上旋转取出黄色钥匙，插入到接地开关黄色锁内，逆时针旋转 90° 至水平位置。

③ 拉出操纵手柄逆时针旋转 180°（即由"接地"位旋转到"运行"位）。

④ 逆时针旋转接地开关蓝色钥匙 90° 至垂直位置，并拔出蓝色钥匙，插入受电弓开关锁内，并旋转到"受电弓上升"位置。

（2）置"接地"位操作。

当机车库内试验或入库检修时，操作人员需要接触高压电器设备，此时应将接地开关置于"接地"位，拔下黄色钥匙插入联锁钥匙向上，并取出绿色钥匙。

具体操作如下：

① 将受电弓开关锁蓝色钥匙旋至 "受电弓降下"位置，取出蓝色钥匙，并插入接地开关蓝色锁内。

② 顺时针旋转蓝色钥匙 90° 至水平位置。

③ 拉出操纵手柄顺时针旋转 180°（即由"运行"位旋转到"接地"位）。

④ 顺时针旋转黄色钥匙至垂直位置，拔出黄色钥匙并插入联锁钥匙箱上，而后取出绿色钥匙打开高压设备柜门或车顶门，进行高压设备试验及维修工作。

7.5 司机控制器

司机控制器是司机用来操纵机车运行状态的主令电器。它通过控制电路的电器来间接控制主电路的电气设备，使司机操作既方便又安全可靠。在电传动机车上，司机控制器包括主司机控制器和辅助司机控制器。辅助司机控制器又称调车控制器，司机用它来从事调车作业。

随着电力机车调压系统和控制方式的不同，对主司机控制器与辅助司机控制器的结构也有不同的要求。SS1 和 SS3 型机车是采用有级调压方式，它通过调压开关的触头来改变变压器抽头，以调节变压器的电压。因此，它们的司机控制器的结构基本相同，只是调速鼓的工作位置有所不同。SS4 型机车采用半控桥式整流电路进行相控调压，取消了调压开关，实行无级调节。SS9 型机车上采用推拉式手柄的司控器。7.5.1 节和 7.5.2 节介绍 SS9 型电力机车主、辅司机控制器，7.5.3 节介绍地铁车辆使用的 M3919b 型司机控制器。

7.5.1　主司机控制器

1．主司机控制器的结构特点

以 SS9 型电力机车为例，司机控制器由上、中、下三层组成（见图 7-28），上层（面板上）有推拉式调速手柄 1、换向手柄 17、限位器 16、左上罩 3、右上罩 18、左标牌 2、右标牌 19、换向标牌 15。中层有上面板组成 4 和面板 5。下层主要为机械传动联锁装置、调速部分和换向部分的辅助触头组、调速电位器和接线插座等，有轴 6、联锁杆 7、联锁座 8、插座板 9、定位杠杆组成 10、换向轴组成 11、遮光罩 12、轴套 13、限位器座 14。

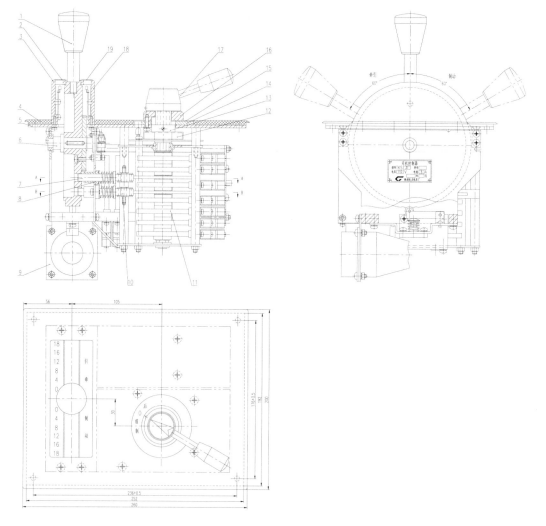

1—调速手柄；2—左标牌；3—左上罩；4—上面板组成；5—面板；6—轴；7—连锁杆；8—连锁座；
9—插座板；10—定位杠杆组成；11—换向轴组成；12—遮光罩；13—轴套；14—限位器座；
15—换向标牌；16—限位器；17—换向手柄；18—右上罩；19—右标牌。

图 7-28　主司机控制器结构示意图

该控制器左侧为调速手柄，通过传动齿轮连接调速主轴，再通过连轴器连接调速电位器。调速手柄有牵引区、0 位、制动区三个区域，用于调节机车的速度。右侧为换向手柄，连接换向轴，用于控制机车的运行状态及方向，共有后、0、前、制四个位置，这四个位置有机械联锁装置定位。

2. 主司机控制器原理

（1）机械联锁关系。

司机通过调速手柄和换向手柄来实现对司机控制器的操作。调速手柄为推拉式，是固定的，司机通过推动它到不同的角度来实现机车的不同速度。换向手柄采用可取式（钥匙式），利用面板上限位器的缺口来保证换向手柄只有在处于 0 位时，才能插入和取出。同时，手柄也是辅助司机控制器的手柄，利用辅助司机控制器上的限位器的缺口，可保证只有当主轴处于"取"位时，手柄才能插入或取出。这样，整台机车的主司机控制器和辅助司机控制器共用一个活动手柄，从而保证了机车在运行中，司机只能操作一台司机控制器，其余 3 台均被锁在"0"位或"取"位，不会引起电路指令的混乱。

为了防止可能产生的误操作，确保机车设备及机车运行安全，调速手柄和换向手柄之间设有机械联锁装置，主司控器的调速手柄和换向手柄之间的联锁关系要求如下：

① 换向手柄在"0"位时，才能插入和取出；

② 换向手柄在"0"位时，调速手柄被锁住而不能推动；

③ 换向手柄在"前"或"后"位时，调速手柄只可推向"牵引"区域；

④ 换向手柄在"制"位时，调速手柄只可推向"制动"区域；

⑤ 调速手柄在"0"位时，换向手柄可在"后""0""前""制"位之间转换；

⑥ 调速手柄在"牵引"区域时，换向手柄被锁在"前"或"后"位；

⑦ 调速手柄在"制动"区域时，换向手柄被锁在"制"位。

以上机械联锁要求是通过机械联锁装置来实现的。

（2）闭合表要求的实现。

电逻辑即闭合表的要求是由主轴、换向轴辅助触头盒及电连接来实现的。其结构如图 7-29 所示。

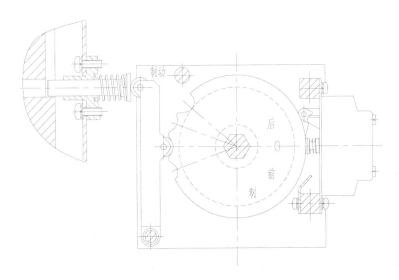

图 7-29 辅助触头盒实现闭合的结构示意图

当推动调速手柄时，通过齿轮传动带动调速轴转动，轴上的凸轮随之转动，当凸轮的凸起位置转动到辅助触头盒的杠杆位置时，杠杆受到凸轮块的挤压而将与其连接的动触头顶开，此时使该触头盒的常开或常闭状态发生变化，从而使与该辅助触头盒相连接的控制线路得、失电的状态发生变化；反之，当凸轮块转到无凸起的地方时，由于触头盒自身恢复弹簧的作用，辅助触头盒的触点复原，从而使与该辅助触头盒相连接的控制线路得、失电的状态恢复原样。利用此原理，可根据电路原理图上司机控制器各控制线路得、失电情况，在调速轴和换向轴上布置相应的凸轮块，这种结构非常灵活、方便。对应不同的机车，可能有不同的闭合表要求，但使用这种系列司控器，只需改变凸轮块方位或凸轮即可满足要求，因此这种结构是司机控制器系列化、简单化的理想结构。

为了保证夜间行车时司机也能看清标牌，司机控制器带有夜光照明功能，在夜间行车时，当打开扳键开关中的仪表灯开关时，调速手柄和换向手柄的指示标牌会发出柔和的绿光，方便司机看清手柄级位和换向手柄的位置等。夜光照明是采用 DC 24 V 电源作为工作电源。

司机控制器的对外电气接口是通过一个 20 芯接插件实现与机车控制电路布线的连接。图7-30 为司机控制器的电气接口图，其中括号内为 II 端司机室的线号。

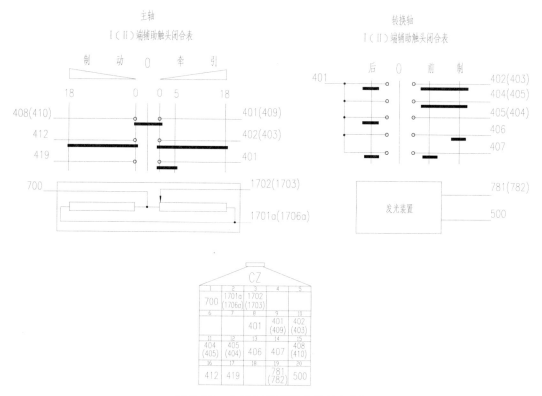

图 7-30　主司机控制器电气接口图

7.5.2　辅助司机控制器

以 SS9 型电力机车为例，辅助司机控制器在结构及原理上与主司机控制器基本相似。所不同的是，辅助司机控制器只有一根轴，手柄共有"取""向前""取""向后"四个位置，"取"位为辅助司机控制器的机械"0"位。手柄只能从"取"位插入或取出。它的电位器原理同主司机控制器，但其限位器限制了手柄在"向前"或"向后"转动的最大范围，加上分压电阻的作用，司机操纵此控制器最大只能到六级。辅助司机控制器的闭合表的要求是通过主轴上的凸轮块的相应配置达到要求的。

辅助司机控制器结构见图 7-31。

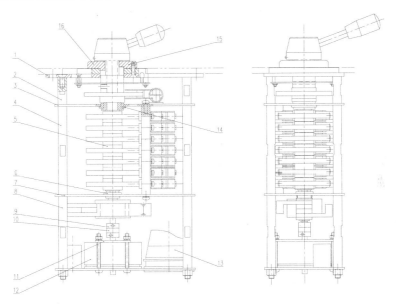

1—面板；2，4，8—定距支柱；3—中上钢板组装；5—主轴；6，14—轴套；7—中下钢板组装；
9，10—联结件；11—夹板；12—电位器；13—插座；15—限位器；16—限位器座。

图 7-31　辅助司机控制器结构示意图

7.5.3　M3919b 型司机控制器

1. M3919b 型司机控制器功能及用途

司机控制器是机车的主令控制电器，用来转换机车的牵引与制动工况，改变机车的运行方向，设定机车运行速度，实现机车的起动和调速等工况。图 7-32 为 M3919b 型司机控制器总图。

2. M3919b 型司机控制器的技术参数

司机控制器的机械寿命······························≥2×10^6 次

辅助触头盒电寿命······························≥2×10^5 次

司机控制器的质量······························≤9 kg

辅助触头盒的防护等级······························IP40（依照 IEC60529）

辅助触头盒标称电压······························110 V（DC）

辅助触头盒约定发热电流······························5 A

最小电气间隙······························>3 mm

最小爬电距······························>4 mm

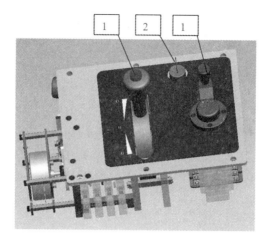

1—牵引制动单元；2—电钥匙；3—方向转换开关。

图 7-32   司机控制器总图

3. M3919b 型司机控制器的结构及技术说明

M3919b 型司机控制器的结构见图 7-33 和图 7-34。

4. M3919b 型司机控制器的工作原理

1）牵引/制动单元

牵引/制动单元位于司机控制器左侧，用于调节机车的牵引和制动工况。可前后推动，具有"牵引""0""制动"三个区域。牵引/制动单元手柄垂直时为"0"位，向前推进入"牵引"区，推动 55° 后到达"牵引"最大位；向后拉进入"制动"区，拉动 55° 后到达"制动"最大位。

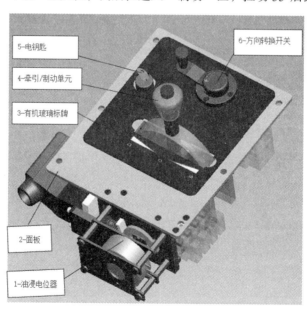

图 7-33   M3919b 型司机控制器结构图（1）

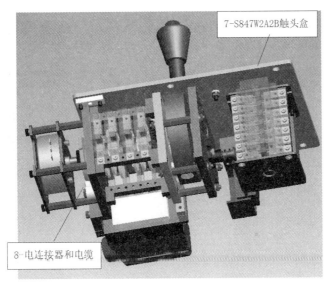

图 7-34　M3919b 型司机控制器结构图（2）

2）方向转换开关

方向转换开关有"向前""0""向后"三个位置，每个位置之间开关的转动角度为30°。

3）钥匙开关

钥匙开关具有"ON"和"OFF"两个位置。使用 IKON 锁，部件号 360012K1，对应西门子部件号 3SB1000-5LA01。

4）牵引/制动单元与方向转换开关之间机械联锁关系

（1）当方向转换开关在"0"位时，转换手柄才能插入或取出。

（2）当方向转换开关在"0"位时，牵引/制动单元手柄被锁在"0"位。

（3）当方向转换开关在"向前"位或"向后"位时：

①牵引/制动单元手柄从"0"位向前推动进入牵引区域时，必须按下该单元手柄头部红色警惕按钮。

②牵引/制动单元手柄从"0"位向后拉动进入制动区域时，无须按下该单元手柄头部红色警惕按钮。

③牵引/制动单元手柄在"0"位时，方向转换开关可在"向前""0""向后"之间转换。

④牵引/制动单元手柄在"牵引"或"制动"区域时，方向转换开关被锁在"向前"位或"向后"位。

7.6　电空阀

电空阀是一种借助电磁吸力来控制压缩空气管路开通或截断，从而实现远距离控制气动器件目的的阀类元器件。SS9 型机车上使用的是 TFK1B-110 型螺管式电磁铁、立式安装的闭式电空阀，用于受电弓、两位置转换开关及电气接触器等的控制，它的型号意义见图 7-35。

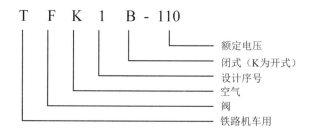

图 7-35　TFK1B-110 型电空阀型号意义

7.6.1　TFK1B-110 型电空阀的结构及工作原理

TFK1B-110 型电空阀由电磁结构及气阀两大部分构成，其结构如图 7-36 所示。电磁机构由铁心座、磁轭、动铁心、铜套、线圈及接线座等组成。气阀部分由阀座、阀门、阀杆、滑道和弹簧等组成。阀门由阀门体中注橡胶制成，密封性能较好。

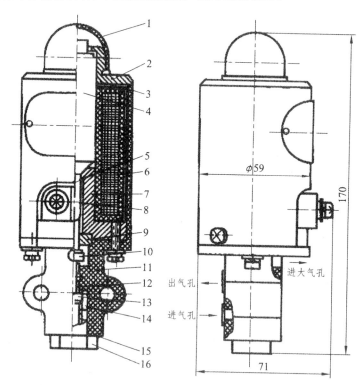

1—防尘帽；2—磁轭；3—铜套；4—动铁心；5—心杆；6—线圈；7—铁心座；8—接线座；9—滑道；
10—上阀门；11—阀座；12—阀杆；13—下阀门；14—弹簧；15—密封垫；16—螺母。

图 7-36　TFK1B-110 型电空阀结构简图

TFK1B-110 型电空阀工作原理：线圈无电时，在弹簧及压缩空气作用下，下阀门封闭、上阀门打开，因而压缩空气不能进入传动气缸，此时传动气缸与大气相通。当线圈通电后，在电磁吸力作用下，动铁心带动心杆下移，使上阀门封闭、下阀门打开，此时传动气缸与大气间的通路被截断，压缩空气进入传动气缸。

7.6.2　TFK1B-110 型电空阀主要技术参数

```
额定气压······································500 kPa
额定电压······································DC 110 V
最小动作电压································0.7UH（77 V）
阀杆行程······································1.0±0.2 mm
铁心气隙······································1.9±0.2 mm
线圈参数：
线径··········································ϕ0.23mm
匝数··········································13 000 匝
阻值··········································（ 938+75−45 ）Ω
```

7.7　电 空 接 触 器

SS9 型电力机车使用了两种型号的电空接触器，即直流 TCK7F-1000/1500 型和交流 TCK7G-1000/600 型。这两种型号的接触器为一个系列的产品，结构大同小异。下面以 TCK7F-1000/1500 型为例来介绍。

7.7.1　TCK7F-1000/1500 型电空接触器主要技术参数

```
额定电压······································DC 1500 V
额定电流······································DC 1000 A
主触头开距····································19 ~ 23 mm
主触头压力终压力······························196 ~ 275 N
接触线长度····································25 mm
额定工作气压··································500 kPa
最小工作气压··································375 kPa
传动气缸行程··································22 ~ 24 mm
联锁触头额定电压······························DC 110 V
联锁触头额定电流······························DC 20 A
电空阀额定电压································DC 110 V
电空阀最小工作电压····························DC 88 V
```

7.7.2　TCK7F-1000/1500 型电空接触器的结构

TCK7F-1000/1500 型电空接触器的外形结构如图 7-37 所示。它由电空阀、传动气缸、绝缘杆、动静触头及其弧角、灭弧罩、吹弧系统、软连线等部件组成。接触器的导电部分和传动气缸通过绝缘杆连接后和两块侧面板组成一个整体。

1.电空接触器的传动气缸

电空接触器的传动气缸如图 7-38 所示，它由杆、铜套、气缸体、返回弹簧、活塞杆、皮碗、管接头等部件组装而成。

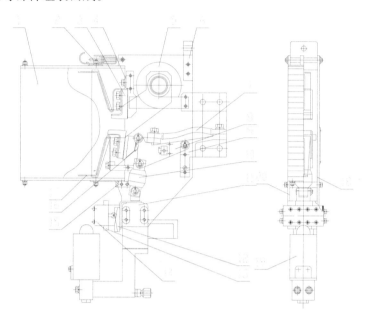

1—灭弧罩；2—挂钩；3—静触头；4—静触头弧角；5—吹弧线圈；6—安装杆；7—软连线；8—杠杆支架组装；
9—杠杆出线座；10—绝缘杆；11—传动气缸；12—联锁板；13—联锁触头；14—联锁支架；
15—灭弧室支板；16—动触头弹簧；17—动触头弧角；18—右侧板；
19—电空阀；20—左侧板。

图 7-37　TCK7F-1000/1500 型电空接触器

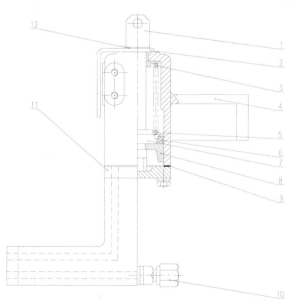

1—杆；2—联锁板座；3—铜套；4—气缸体；5—返回弹簧；6—毛毡；7—活塞杆；8—皮碗；
9—密封垫；10—管接头；11—气缸盖；12—止推垫圈。

图 7-38　传动气缸

2. 灭弧装置

灭弧装置由灭弧罩和吹弧线圈组成。灭弧罩由 13 块 DMC 塑料压制而成的灭弧块通过螺杆紧固而成。吹弧线圈如图 7-39 所示，它由吹弧线圈、静触头座和上引线座焊接而成。在吹弧线圈中装以铁心，线圈两端用侧板夹紧，就组成了接触器的吹弧系统。

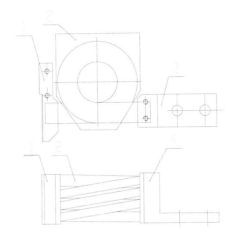

1—静触头座；2—左吹弧线圈；3—右吹弧线圈；4—上引出线。

图 7-39　吹弧线圈

7.7.3　电空接触器的工作原理

当电空阀线圈得电时打开气路，压缩空气经电空阀进入传动气缸，压缩皮碗推动活塞杆带动动触头向上移动与静触头闭合，接通电路。当电空阀线圈失电时，传动气缸中的压缩空气经电空阀排入大气，在气缸中反力弹簧作用下，动触头下移与静触头断开，电路断开。

7.8　交-直流电磁接触器

7.8.1　概　述

RGC-3 型交-直流接触器（以下简称接触器）采用欧洲先进技术，电磁驱动，结构紧凑，少维护、免维修，安全可靠，使用寿命长。

该接触器自身带有过电压抑制器，其线圈不会在 110 V 控制回路中产生反电势，因此，控制回路不需加装其他过电压抑制装置。

该接触器具有优越的磁吹灭弧性能，只有在接触器分断拉弧时灭弧线圈才导通，在正常工作状态下，灭弧线圈不导电，大大降低了电耗和发热。

1. 用途和适用标准

RGC-3 型交-直流接触器适用于铁路电力机车、内燃机车、动车组等牵引电机主电路的接通和关断。该接触器符合 IEC77《电力牵引设备规则》，GB/T 21413.1—2008《铁路应用　机车

车辆电气设备　第 1 部分：一般使用条件和通用规则》，GB/T 21413.1—2008《铁路应用　机车车辆电气设备　第 2 部分：电工器件　通用规则》，TB/T 2767—2010《机车车辆用直流接触器》。

2. 使用环境及工作条件

（1）海拔不超过 2500 m；

（2）最高周围空气温度为+45 ℃；

（3）最低周围空气温度为-25 ℃，并允许在-40 ℃ 存放；

（4）周围空气湿度，最湿月的月平均最大相对湿度不大于 90%（该月的月平均温度最低为+25 ℃）；

（5）相对于正常位置的倾斜度不大于 10°；

（6）装在有防雨、雪、风、沙的车体（箱体）内。

7.8.2　接触器主要技术参数

1. 主电路

极数·······················单极常开

额定工作电压 U_e ···············1000 V

额定电流 I_e ·················800 A

最大操作频率···············2 次/s

机械寿命·················1×10^6 次

电寿命···················1×10^5 次

耐压水平·················5750 V

振动冲击试验及湿热试验符合 IEC571-1 的规定。

2. 控制电路

额定控制电压 U_s ·············DC 110 V

控制电压变化范围···········（0.7 ~ 1.1）U_s

3. 辅助触头

辅助触头数量、型式···········2NO+2NC

4. 防护等级

整机·····················IP00

辅助触头·················IP00（接线部分），IP60（接点部分）

7.8.3　接触器工作原理

接触器主要由接触机构 1、灭弧室组件 2、电磁铁组件 3 三大部分组成，如图 7-40 所示。

接触机构主要由静触头 4、动触头 5、动触头座 6、A 端子 7、编织线组件 8、动连杆 9、返回弹簧 10、推杆组件 11、B 端子 12、软垫圈 13 及两个侧壁上基座和下基座组成。上基座和下基座用螺栓将接触机构紧固在一起。

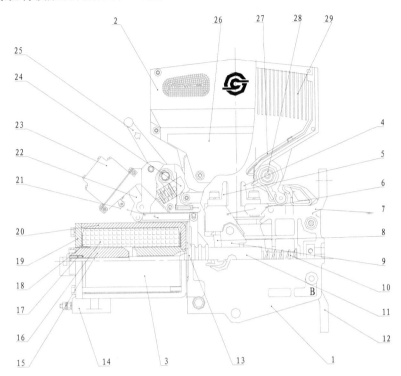

1—接触机构；2—灭弧室组件；3—电磁铁组件；4—静触头；5—动触头；6—动触头座；7—A 端子；8—编织线组件；9—动连杆；10—返回弹簧；11—推杆组件；12—B 端子；13—软垫圈；14—过电压抑制器；15—衔铁；16—线圈；17—专用螺帽；18—导套；19—端盖；20—轭铁；21—拉杆；22—销轴控制轮；23—辅助触头；24—锁紧顶块；25—锁紧手柄；26—极板；27—灭弧磁芯；28—灭弧铁心；29—灭弧栅片。

图 7-40　RGC-3 型交直流电磁接触器结构

灭弧室组件主要由极板 26、灭弧磁芯 27、灭弧铁心 28、灭弧栅片 29 及两侧灭弧罩组成。灭弧室组件是扣插到接触机构上的，需要取下时，向上旋转锁紧手柄 25，锁紧顶块 24 缩回，就可以旋转取掉了。

电磁铁组件主要由衔铁 15、线圈 16、专用螺帽 17、导套 18、端盖 19、轭铁 20 组成。电磁铁组件通过 4 个特制的长杆螺钉固定到接触机构的上、下基座上。衔铁拧到推杆上，再用专用螺帽夹紧。衔铁拧入深度可以调节接触器的吸合值和主触头研磨张角。

接触器的工作步骤如下：

控制线路通过接线端子直接进入线圈，线圈通电后，吸进衔铁，通过推杆组件、动连杆带动动触头运动。动触头座与动连杆间装有触头压力弹簧，可以避免触头回弹力、保证触头合适的研磨动作及触头的终压力。

动触头的运动，带动拉杆 21 运动，再通过销轴控制凸轮 22 旋转，当主触头闭合时，辅助触头 23 翻转，常开闭合、常闭断开。为确保电弧可靠熄灭，灭弧室组件中装有一对磁吹线圈。当接触器分断时，通过上升气流和电磁力作用，电弧被吹进灭弧室内，在灭弧栅片间断裂、冷却、熄灭。控制电路断电后，过电压抑制器 14 可以吸收控制电路的浪涌电压。接触器的接线图如图 7-41 所示。

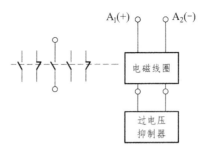

图 7-41 RGC-3 型交直流电磁接触器接线图

7.8.4 接触器的外形及安装尺寸

RGC-3 型交-直流电磁接触器的外形及安装尺寸如图 7-42 所示。

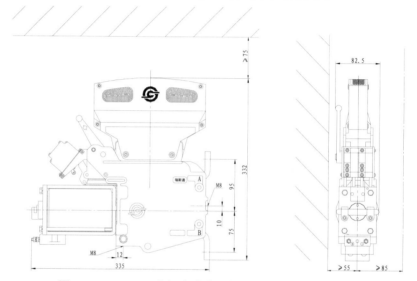

图 7-42 RGC-3 型交-直流电磁接触器外形及安装尺寸

针对大修机车电空改电磁，根据不同机车车型，该接触器带有特制安装底板和过渡铜排（已装好），与原车电器完全互换，详见图 7-43 ~ 图 7-45。

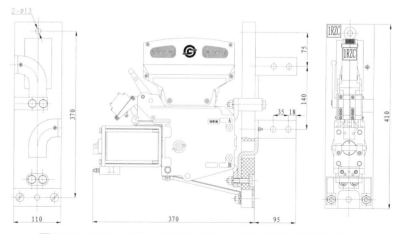

图 7-43 DF4、DF7、DF8B、DF11 机车用电阻制动接触器

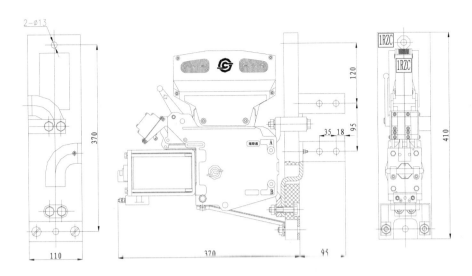

图 7-44　DF8 机车用电阻制动接触器

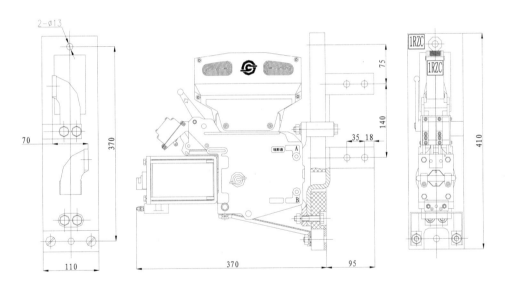

图 7-45　DF8B（窄）机车用电阻制动接触器

7.9　扳键开关

　　扳键开关是利用控制电路的低压电器间接控制主电路的电气设备，用来控制机车的运行工况和行车速度。随着电力机车制造业的发展，机车采用标准化司机室，采用符合中国国家铁路集团有限公司标准化司机室要求的扳键开关组，进而取代按键开关（也称琴键开关）。扳键开关外形如图 7-46 所示。

图 7-46　扳键开关

7.9.1　扳键开关技术参数

触头 S847W3A2b 的额定工作电压（U_e）：⋯⋯⋯⋯⋯⋯ DC 110 V

触头 S847W3A2b 的约定发热电流（I_{th}）：⋯⋯⋯⋯⋯⋯ DC 10 A

触头 S847W3A2b 的额定工作电流（I_e）：⋯⋯⋯⋯⋯ DC 1 A

触头组数⋯⋯⋯⋯⋯⋯⋯⋯⋯⋯⋯⋯⋯⋯⋯⋯⋯⋯ 一组（1NO+1NC）

触头 S847W3A2b 的防护等级⋯⋯⋯⋯⋯⋯⋯⋯⋯⋯⋯⋯ IP67

操作力⋯⋯⋯⋯⋯⋯⋯⋯⋯⋯⋯⋯⋯⋯⋯⋯⋯ 最大值不超过 35 N

机械寿命⋯⋯⋯⋯⋯⋯⋯⋯⋯⋯⋯⋯⋯⋯⋯⋯⋯⋯ $>10^6$ 次

电寿命⋯⋯⋯⋯⋯⋯⋯⋯⋯⋯⋯⋯⋯⋯⋯⋯⋯⋯⋯ $>10^5$ 次

重量⋯⋯⋯⋯⋯⋯⋯⋯⋯⋯⋯⋯⋯⋯⋯⋯⋯⋯⋯⋯ 约 0.3 kg

使用环境温度⋯⋯⋯⋯⋯⋯⋯⋯⋯⋯⋯⋯⋯⋯⋯⋯ –25 ℃ ~ 70 ℃

7.9.2　扳键开关结构与技术说明

扳键开关的外形结构图如图 7-47 所示。

扳键开关外形尺寸：80 mm × 35 mm × 121 mm；安装尺寸：70 mm，两个 M5 螺钉。

扳键开关的开孔尺寸如图 7-48 所示。

触头 S847W3A2b 的外形结构如图 7-49 所示。

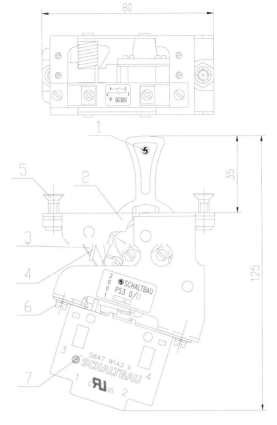

1—扳把组件；2—支架组件；3—定位曲臂；4—定位扭簧；5—螺钉 M5×15；
6—螺钉组合件 M3×8；7—触头 S847W3A2b。

图 7-47　扳键开关的外形结构

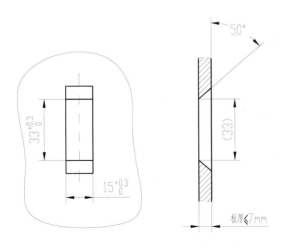

图 7-48　扳键开关开孔尺寸

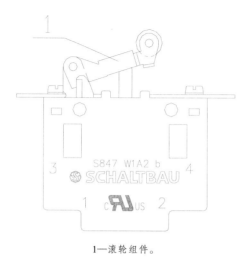

1—滚轮组件。

图 7-49　触头 S847W3A2b 外形结构

7.10　避雷器

　　电力机车用复合外套无间隙金属氧化物避雷器（以下简称避雷器），主要用于保护电力机车主变压器免受大气过电压及操作过电压侵害。

　　避雷器上端带有接线端子，下端通过绝缘底座与基础钢架或底盘相连接。

　　避雷器的外形如图 7-50 所示。

7.10.1　避雷器的主要技术参数

　　系统额定电压·······················27.5 kV
　　避雷器额定电压·····················42 kV
　　避雷器持续运行电压················31.5 kV
　　额定频率···························50 Hz
　　标称放电电流·······················5 kA
　　陡波冲击电流下残压···············≤118 kV
　　雷电冲击电流下残压···············≤105 kV
　　操作冲击电流下残压···············≤89 kV
　　通流容量（2 ms 方波）············18 次（400 A）
　　通流容量（4/10 大电流）···········2 次（65 kA）
　　局部放电量（在 $1.05U_c$ 下）·······≤10 pC
　　爬电比距··························≥2.5 cm/kV

图 7-50　避雷器

7.10.2　避雷器的基本原理

　　氧化锌电阻片具有优异的伏-安特性。当系统出现过电压时，氧化锌电阻片呈现低电阻状态，吸收一定的过电压能量，过电压被限制在允许值以下，从而对电器设备提供可靠的保护。而在避雷器额定电压和系统正常工作电压下，氧化锌电阻片呈现为高电阻状态，使避雷器仅流过很小的泄漏电流，起到与系统绝缘的作用。

7.10.3　避雷器的检测与维护

避雷器辅修只进行检查和清扫，小修、中修、大修做预防性试验。若车顶设备发生故障，则必须做检修和预防性试验。

（1）应避免激烈碰撞及划伤避雷器外壳。

（2）经常目测检查避雷器两端紧固件，应紧固到位。如有松动，应用扭力扳手按 55±5 N·m 的拧紧力矩拧紧。每 3 个月，要用扭力扳手检查一次紧固件的紧固情况，紧固件的拧紧力矩应符合 55±5 N·m。

（3）用白布蘸酒精清洁避雷器表面的灰尘和污物。

（4）避雷器在投入运行前或每运行 1 年后，应做预防性试验，具体项目为：

① 外观检查：检查绝缘子和各部件有无破损；

② 绝缘电阻测试：用 1000 V 兆欧表测量避雷器的绝缘电阻值，应不低于 1000 MΩ。

7.11　高压连接器

7.11.1　概述

我国目前使用的电力机车种类繁多，其中 SS4、SS3B、8K、HXD1、HXD2 等电力机车是为了实现重载货运目的而研制生产的。

这类车型的结构特点是：一台电力机车是由两节完全相同的单节机车构成，每节机车可单独工作，在运用中将两节机车组成一台机车运行。

在两节机车上分别安装有一台受电弓，由于电力机车通常采用单弓运行的方式，这样通过升起的受电弓可以将接触网上的电源送至机车，但只能完成单节机车的供电。另一单节机车的电源就要通过高压连接器来实现供给。

高压连接器安装在每个单节机车尾部的车顶上，依靠机车连挂时车钩的力量，与车钩同时对接，分离时也随机车的车钩脱开而自动分离，如图 7-51 所示。

图 7-51　带有高压连接器的 HXD1、HXD2 电力机车

本节介绍 HXD2 型电力机车采用的 DJLG1-400/25 型高压连接器，其外形如图 7-52 所示。

图 7-52　DJLG1-400/25 型高压连接器

7.11.2　DJLG1 型高压连接器的结构

DJLG1 型高压连接器的结构如图 7-53 所示。

1. 羊角

羊角在水平及垂直方向具有较宽的导向范围，在两台连接器对接时，即使在水平位置或垂向位置存在误差，也可以保证良好的自动导向对接性能，此特性保证机车在最小曲率半径 125 mm 及前后两节机车轮箍磨耗（单边）差不大于 30 mm 时，连接器能可靠地进行摘挂。

2. 伸张弹簧和导电杆

伸张弹簧和导电杆安装在橡胶波纹管内，当连接器头部不受压缩力时，使连接器达到最大伸张状态，为对接做准备。对接时，两台连接器相互压缩，当压缩到一定量时，导电半环与叉形件连接机构动作相互扣紧，连接完成。在两台连接器对接时，使头部的电气连接机构处于扣紧状态、导电半环与叉形件的接触压力保持不变，因而具有良好的导电性能。

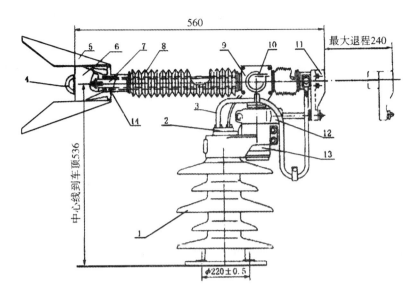

1—支持绝缘子；2—导电板；3—软连接线；4—半环；5—羊角；6—喇叭型头部；7—导电杆；8—波纹管；
9—挡板；10—十字轴支承；11—止动器；12—球面止档；13—缸体；14—伸张弹簧。

图 7-53　DJLG1 型高压连接器的结构示意图

3. 十字轴支承

十字轴支承装置包括板簧、转簧、扭力弹簧、轴承、缸体、左右十字头支承座、调整螺钉等。

连接器头部的上下摆动控制由板簧和左右十字头支承座中的蜗卷簧来平衡，而左右摆动则由缸体中扭力弹簧来控制，通过调整螺钉可分别调整上下和左右对中。十字轴支承装置是高压连接器的关键部件，其加工精度较高，组装要求也很严格。

4. 盖板组装

伸张弹簧、导电半环、叉形件和连接导线都安装在盖板上，导电触头是线接触方式，接触电阻小，工作状态稳定可靠。要求导电半环、叉形件安装位置准确，导电半环安装紧固，叉形件动作灵活，不允许有卡滞现象。

5. 锁止器

锁止器由铝支架、弹性橡胶件、支杆和压装有"O"形圈的端圈组成。其作用是当单台连接器处于自由释放状态时，使伸张弹簧保持一定的初始压力；同时，其下部的止动杆与球面止挡形成一对自复位机构，当连接器头部做上下左右摆动时，它能使之回到中心位置并保持在初始状态。

6. 电气连接

高压连接器的电气连接机构作用如下：支持绝缘子将连接器的主体固定在车顶并与车顶实施电气隔离。当两个连接器相互靠近时，由羊角的导向作用使各自的叉形件准确地插入对方的导电半环中，同时叉形件上的拉力弹簧紧紧地把半环扣住，完成两台车的对接。由于两台连接器的相对位移由张力弹簧和复位弹簧来吸收调整，因而叉形件与半环的接触压力能保持不变，从而能够保证较好的电气性能。

高压连接器接合状态下的电流路径：从一节机车的高压回路到导电板，经软编织导线到导电杆，然后通过连接器头部内的软编织导线、半环、导电杆母线等到另一节机车的车顶母线。

此外，在两台轮毂磨耗情况不同的机车对接时，可预先调整连接器的安装高度，使前后两台机车基本上处于同一高度，连接器上十字轴支撑装置的缸体上的刻度便是做高度调整用的。

7.11.3　高压连接器的结构特点及动作说明

（1）高压连接器自身不带操作机构，连接与分离都随机车的车钩连挂同时完成。

（2）连接器不带灭弧装置，因而必须在无电状态下进行分合操作。

（3）在连接状态下，触头的接触压力只与触头压力弹簧有关，不受机车运行状态的影响，故触头的接触压力基本上恒定不变，避免了触头的磨损和电蚀。

（4）导电触头为叉形结构，是线接触方式，工作状态稳定可靠，接触电阻小，散热性能好。

（5）A 节与 B 节机车的连接器构造完全一致，具有良好的互换性。

7.11.4　高压连接器的主要参数

型号·······························DJLG1-400/25

额定电压·····························25 kV

额定电流·····························400 A

接触电阻阻值（连接状态）·················≤650 μΩ

导电杆中心线至车顶高···················586 mm

导电杆上下摆动角·····················≤8°30′

导电杆左右摆动角·····················≤34°

导电杆最大回程·······················> 240 mm

导电杆最小回程（α=34°）················> 210 mm

习题与思考题

7.1　简述电力机车电器的分类。

7.2　简述 DSA200 受电弓的工作原理。

7.3　简述空气主断路器的组成及工作原理。

7.4　简述真空主断路器的组成及工作原理。

7.5　司机控制器为何设机械联锁？其联锁关系及原理如何？

第8章　电器控制典型环节及应用实例分析

由按钮、继电器、接触器等低压控制电器组成的电气控制电路，具有线路简单、维修方便、便于掌握、价格低廉等许多优点，因此在许多电气控制系统中应用十分广泛。

虽然生产机械的种类繁多，各种控制系统所要求的控制电路多种多样，但是基本控制环节的功用大同小异，并且复杂的电器控制电路通常都是由若干个基本环节组合而成的。因此，熟悉和掌握电器控制电路的各种控制环节，对设计综合型的电器控制电路至关重要。

本章着重论述电器控制的典型环节和基本控制方法，对电器控制电路应用实例进行分析，为电器控制电路的设计奠定基础。

8.1　电气控制电路中常用的图形及文字符号、绘图准则、读图方法

8.1.1　电气控制电路中常用的图形及文字符号

电气线路图由各种电器元件的图形符号、符号要素、限定符号等组成。作为工程图，它需要用统一的工程语言形式来表达，也就是用标准的图形符号、文字符号及规定的画法绘制，且电气图的图形符号和文字符号等必须符合最新的国家标准。表 8-1 列出了常用电气图形符号要素及限定符号；表 8-2 列出了常用电气图形符号和文字符号；表 8-3 列出了电气技术常用基本文字符号，以供参考。正确熟练地理解、绘制和识别各种电气图形符号、文字符号是电气制图和读图的基本功。

表 8-1　常用电气图形符号要素及限定符号

常用符号要素及限定符号		常用符号要素及限定符号	
图形符号	说明	图形符号	说明
◁	接触器功能	⊙ ----	电钟操作
×	断路器功能	◁ ----	自动复位
—	隔离开关功能	∨ ----	定位非自动复位 维持给定位置的电器
○	负荷开关功能	⌐_ ----	热执行器操作（如热继电器、热过电流保护）

常用符号要素及限定符号		常用符号要素及限定符号	
图形符号	说明	图形符号	说明
	自动释放功能	M	电动机保护
	限位开关功能 位置开关功能 注：①当不需要表示接触的操作方法时，这个限定符号可用在简单的触头符号上，以表示限制开关和位置开关。 ②当在两个方向都用机械操作触头时，这个符号应加在触头符号的两边	形式1 形式2	延时动作 注：从圆弧向圆心方向移动的延时动作
	弹性返回功能，自动复位功能 注：引用此符号应特别注意使用要恰当，这个符号不能和本表中前4个符号同时使用		过电流保护的电磁操作
	无弹性返回功能 注：引用此符号应特别注意使用要恰当，不能和本表中前4个符号同时使用		电磁执行器操作
	热效应		液位控制
	电源效应		计数控制
	流体控制		拉拔操作
p	压力控制		旋转控制
n	转速控制		推动控制

常用符号要素及限定符号		常用符号要素及限定符号	
图形符号	说明	图形符号	说明
$\boxed{V}$ - - - - - - -	线性速度或速度控制		接近效应控制
$\boxed{\%H_2O}$ - - - - - -	相对湿度控制		接触效应控制
$\boxed{\theta}$ - - - - - -	温度控制		紧急开关 （蘑菇头安全按钮）
	一般情况下手动		手轮控制
	受限制的手动控制		脚踏控制
	杠杆控制		曲柄操作
	可拆卸的手柄操作		滚轮（滚柱）操作
	钥匙操作		凸轮操作 注：需要时可出示详细

表 8-2 常用电气图形符号和文字符号

名称		图形符号	电气符号	名称		图形符号	电气符号
一般三极电源开关			QS	低压断路器			QF
位置开关	常开触点		SQ	按钮	启动		SB
	常闭触点				停止		
	复合触点				复合		

名称	图形符号	电气符号	名称	图形符号	电气符号
熔断器		FU	主触点		
熔断器式刀开关		QS	常开辅助触点		KM
熔断器式隔离开关		QS	常闭辅助触点		
熔断器式负荷开关		QM	常开触点		KS
时间继电器	线圈		KT	速度继电	常闭触点	
	常开延时闭合触点			热继电器	热元件	FR
	常闭延时打开触点				常闭触点	
	常闭延时闭合触点			中间继电器线圈		KA
	常开延时打开触点			欠电压继电器线圈		KV
转换开关		SA	过电流继电器线圈		KI

208

名称	图形符号	电气符号	名称	图形符号	电气符号
制动电磁铁		YA	常开触点		相应继电器符号
电磁离合器			继电器常闭触点		
电磁吸盘		YH	欠电流继电器线圈		KA
电位器		RP	串励直流电动机		
桥式整流装置		VC	并励直流电动机		
蜂鸣器		H	他励直流电动机		
信号灯		HL	复励直流电动机		M
电阻器		R	三相笼型异步电动机		
接插器		X	三相绕线式异步电动机		

名称	图形符号	电气符号	名称	图形符号	电气符号
单相变压器	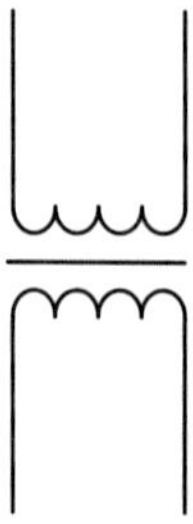	T	直流发电机		G
整流变压器			半导体二极管	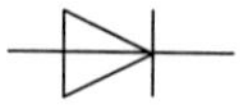	
照明变压器			PNP 型三极管		
控制电路电源用变压器		TC	NPN 型三极管		V
三相自耦变压器	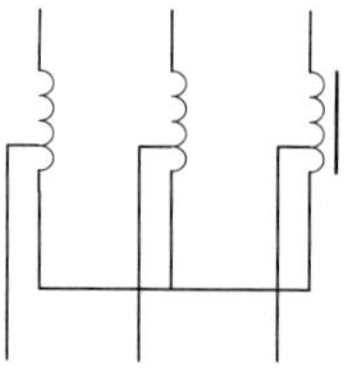	T	晶闸管	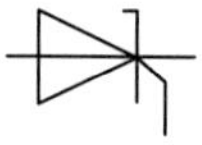	

表 8-3 电气技术中常用基本文字符号

基本文字符号 单字母	基本文字符号 双字母	项目种类	设备、装置、元件举例
A		组件部件	分离元件、放大器、激光器、调节器、本表其他地方未提及组件、部件
	AB		电桥
	AD		晶体管放大器
	AJ		集成电路放大器
	AM		磁放大电路
	AV		电子管放大器
	AP		印刷电路板
	AT		抽屉柜
	AR		支架盘
B		非电量到电量变换器或电量到非电量变换器	热电传感器、热电池、光电池、测功计、晶体换能器、送话器、拾音器、扬声器、耳机、自整角机、旋转变压器、模拟和多级数字变换器或传感器（用作测量和指示）
	BP		压力变换器
	BQ		位置变换器
	BR		旋转变换器（测速发电机）
	BT		温度变换器
	BV		速度变换器

210

基本文字符号		项目种类	设备、装置、元件举例
单字母	双字母		
C		电容器	电容器
D		二进制元件延迟器件存储器件	数字集成电路和器件、延迟线、双稳态元件、单稳态元件、磁芯存储器、寄存器、磁带记录机、盘式记录机
E		其他元、器件	本表其他地方未规定的器件
	EH		发热器件
	EL		照明电
	EV		空气调节器
F		保护器件	过电压放电器件、避雷器
	FA		具有瞬时动作的限流保护器件
	FR		具有延时动作的限流保护器件
	FS		具有延时和瞬时动作的限流保护器件
	FU		熔断器
	FV		限压保护器件
G		发生器、发电机、电源	旋转发电机、振荡器
	GS		发生器、同步发电机
	GA		异步发电机
	GB		蓄电池
	GF		旋转式或固定式变频器
H		信号器件	
	HA		声响指示器
	HL		光指示器、指示灯
K		继电器、接触器	
	KA		瞬时接触继电器、瞬时有或无继电器、交流继电器
	KL		闭锁接触继电器（机械闭锁或永磁铁式有或无继电器、双稳态继电器）
	KM		接触器
	KP		极化继电器
	KR		簧片继电器、逆流继电器
	KT		延时有或无继电器
L		电感器、电抗器	感应线圈、线路陷波器、电抗器（串联和并联）
M		电动机	电动机
	MS		同步电动机
	MG		可做发电机或电动机用的电机
	MT		力矩电动机

基本文字符号		项目种类	设备、装置、元件举例
单字母	双字母		
N		模拟元件、集成电路	运算放大器、混合模拟/数字器件
P		测量设备、试验设备	指示器件、记录器件、积算测量器件、信号发生器
	PA		电流表
	PC		（脉冲）计数器
	PJ		电能表
	PS		记录仪表
	PT		时钟、操作时间表
	PV		电压表
Q		电力电路的开关器件	
	QF		断路器 V
	QM		电动机保护开关
	QS		隔离开关
R		电阻器	电阻器、变阻器
	RP		电位器
	RS		测量分流器
	RT		热敏电阻器
	RV		压敏电阻器
S		控制、记忆、信号电路的开关器件选择器	拨号接触器、连接器、机电式有或无传感器（单级数字传感器）
	SA		控制开关、选择开关
	SB		按钮开关
	SL		液体标高传感器
	SP		压力传感器
	SQ		位置传感器（包括接近传感器）
	SR		转速传感器
	ST		温度传感器
T		变压器	
	TA		电流互感器
	TC		控制电路电源用变压器
	TM		电力变压器
	TS		磁稳压器
	TV		电压互感器
U		调制器 变换器	鉴频器、解调器、变频器、编码器、变流器、逆变器、整流器、电报译码器

基本文字符号		项目种类	设备、装置、元件举例
单字母	双字母		
V		电子管	气体放电管、二极管、晶体管、晶闸管
	VE	Y 电子管	电子管
	VC		控制电路电源用的整流器
W		传输通导、波导天线	导线、电缆、母线、波导、波导定向耦合器、偶极天线、抛物面天线
X		端子插头插座	连接插头和插座、接线柱、电缆封端和接头、焊接端子板
	XB		连接片
	XJ		测试插孔
	XP		插头
	XS		插座
	XT		端子板
Y		电气操作的机械器件	气阀
	YA		电磁铁
	YB		电磁制动器
	YC		电磁离合器
	YH		电磁吸盘
	YM		电动阀
	YV		电磁阀
Z		终端设备、混合变压器、滤波器、均衡器、限幅器	电缆平衡网络、压缩扩展器、网络

8.1.2 电器控制电路绘图准则

电器控制电路，是实现具有一定功能的控制电器的有机组合。为了便于读写，绘制电器控制电路图时，务必遵循国家标准有关规定，用规范的符号和方式，尽量简明扼要。

电器控制电路可分为主电路和辅电路。前者一般是负载所在的回路，电流较大；后者一般为控制电器励磁线圈等器件所在的回路，电流较小。

电器控制电路图的种类很多，最常见的有 3 种：电路原理图、电器设备位置图和电器设备接线图。它们的用途不同，绘制方法也有差别。下面分别介绍这 3 种图。

1. 电路原理图

电路原理图是用来表征电器控制系统组成和连接关系的，其目的是方便阅读和分析控制电路工作原理，因此应简明确切地绘制。图中应包括控制系统所有电器元件和接线端子，但并不按照电器元件的实际位置来绘制，也不反映电器元件的实际大小。下面以图 8-1 所示某车床的电气控制原理图为例，说明绘制电路原理图时应遵循的原则。

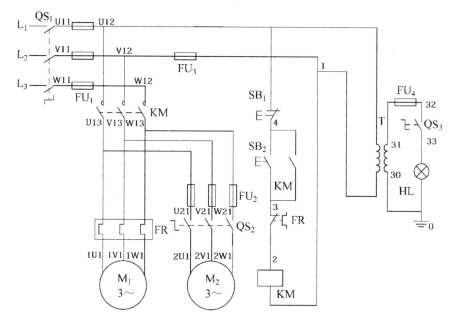

图 8-1 某车床的电气控制原理图

（1）为了便于分析看图，电路或元件应按功能布置，并尽可能按工作顺序排列；对因果次序清楚的，其布局顺序应该是从左到右、从上到下。

（2）控制电路一般分为主回路和辅回路两个部分，这两个部分要分开来画。主回路是控制电路中负载电流通过的部分，包括从电源到负载之间相连的元器件，一般由组合开关、主熔断器、接触器主触头、热继电器的热元件和负载组成。辅回路是控制线路中除主回路以外的电路，其流过的电流比较小，辅回路包括控制回路、照明电路、保护电路和信号电路等。其中控制回路是由按钮、接触器和继电器的线圈以及辅助触点、热继电器触点、保护电器触点等组成。

（3）电路原理图中，所有元器件都应采用国家统一标准规定的图形符号和文字符号表示。

（4）电路原理图中，同一电器元件的不同部分（如线圈及其多个触点）常常不画在一起，但要用同一文字符号标注。对于同类器件，要在其文字符号后附加数字序号或者字母来区别。

（5）电路原理图中，控制电器的全部触点都应按"非激励"状态画出。"非激励"状态对电动元器件（如接触器等线圈）是指未通电时的状态，对机械操作元器件或手动元器件是指没有受到外力作用时的触点状态，对主令电器是指手柄置于"零位"时各触点的状态。

（6）电路原理图中，应尽量减少线条和避免线条交叉。各导线之间有电气联系时，在导线交叉处画实心圆点。如绘图布局位置需要，可以将图形符号旋转绘制，一般逆转90°，但文字符号不可倒置。

2. 电器设备位置图

电器设备位置图表示电气部件（如元件、器件、组件、成套设备等）在机械装置中和电器柜中的实际位置，位置图中的各项文字符号应与有关电路图中的符号相同。各电器部件的安装位置是由相关机械的结构和工作要求决定的，如电动机要和被拖动的机械装置放在一起，行程开关应放在其要取得信号的地方，手动操作元器件放在便于人为操作的地方，而一般电器元器件应放在控制柜内。如图 8-2 所示为某车床的电器设备位置图。

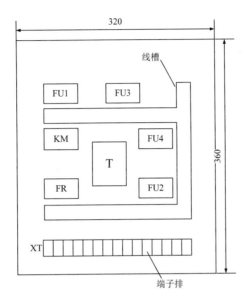

320

线槽

FU1   FU3

KM   FU4

T

FR   FU2

360

XT

端子排

图 8-2　某车床的电器设备位置图

3. 电器设备接线图

电器设备接线图表示各元器件之间实际接线情形，接线图中一般标示出各电器的相对位置、电器部件的代号、端子号、导线号、导线类型、导线截面积、屏蔽和导线胶合等内容，如图 8-3 所示。绘制接线图时，应把各电器元件的各个部分（如触点和线圈）画在一起；文字符号、元件连接顺序、线路号码编制都必须同电路原理图中一致。电器设备位置图和接线图都是为了便于安装接线、检查维修和具体施工用的。

8.1.3　电器控制电路一般分析方法及电器控制电路读图方法

考察分析电器控制电路，首先必须熟练掌握各种控制电器的基本功能、主要作用、动作特性及其图形符号与文字符号。必须熟练掌握电器控制电路原理图、电器控制电路布置图和电器控制电路接线图的组成规则、结构形式及其相互之间的关系。然后要全面确切地了解被控对象的工序、作用、运动及对其电器控制电路的具体要求，再依据机（机械装置）、液或气（液压装置或气动装备）、电（电磁装置）等装置的联动关系，从控制电路原理图中的主回路考察，逐步考察分析主回路、控制辅回路、指示信号辅回路、照明辅回路等电路的工作过程。最后综合总结整个电气控制系统的全部功能及作用。

阅读电器控制电路图虽然没有固定的模式，但是仍有一些共同的规律是必须要遵循和掌握的。下面具体阐述有关读图的方式和方法。

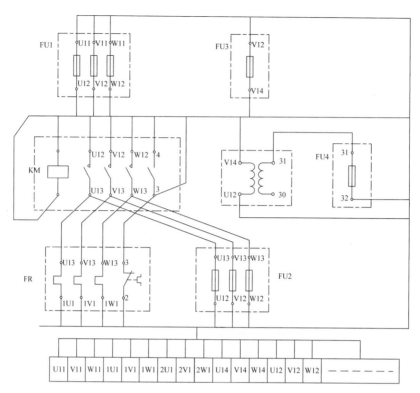

图 8-3　某车床的电器设备接线图

1. 电器控制电路读图要领

如果对一台电器控制设备进行安装、调试、维修或者改造，必须首先要看懂电路图，其中主要是电路原理图，下面着重介绍电路原理图的读图要领。

在阅读电路原理图以前，必须对控制对象有所了解，尤其是对机、液（或气）、电配合得比较紧密的生产机械，单凭电路图往往不能看懂其控制原理，只有了解有关机械传动和液压（或气压）传动后，才能掌握全部控制过程。阅读电路原理图步骤如下：

（1）分析主回路：一般先分析主回路。通常主回路容易分析一些，可以看出有几个负载，各有什么特点，是哪一类的负载（如负载是电动机、电磁铁、变压器等），采用什么方法启动，是否要求正反转，有无调速和制动要求等。

（2）分析控制辅回路：一般情况下，控制辅回路较主回路要复杂一些。如果比较简单，则根据主回路负载和电磁阀等执行电器的控制要求，逐一找出控制辅回路中的控制环节，即可分析清楚其工作原理。如果比较复杂，一般可以将控制辅回路分成几部分来分析，这样"化整为零"，分成一些基本单元电路，可能便于分析。

（3）分析其他辅回路：其他辅回路诸如被控系统的电源显示、工作状态显示、照明和故障提示等电路，大多由控制辅回路中的元器件控制，所以在分析时，还要对照控制辅回路进行分析。

（4）分析联锁和保护环节：被控系统对于安全性和可靠性有很高的要求，为了实现这些要求，除了合理地选择电器控制方案外，在控制系统中还设置了一系列电气保护和必要的电气联锁环节，这些联锁环节和保护环节也十分重要。

（5）总体检查：经过"化整为零"的局部分析，逐步弄清了每一个局部电路的工作原理以及各部分之间的控制关系之后，还必须用"集零为整"的方法，检查整个控制电路是否有遗漏和不妥之处。特别要从整体角度去进一步考查各环节之间的联系，以便深入了解每个电器部件的功能及作用。

2．电器控制电路读图举例

图 8-1 所示为机械加工中常用的车床（C620-1 型卧式）的电气控制原理图，由主回路、控制辅回路和照明辅回路三部分组成。

（1）主回路：从主回路来看，C620-1 型卧式车床有两台三相笼式异步电动机，即主轴电动机 M_1 和冷却泵电动机 M_2，它们都由接触器 KM 控制启停，如果不需要冷却泵工作，则可用组合开关 QS_2 将电路关断。电动机电源为 380 V，由组合开关 QS_1 引入。主轴电动机由熔断器 FU_1 作短路保护，由热继电器 FR 作过载保护；这两台电动机的失电压和欠电压保护同时由接触器 KM 完成。

（2）控制辅回路：该车床的控制辅回路是一个单方向启、停的典型电路。热继电器 FR 的常闭触点串联在控制辅回路中，若主轴电动机发生过载，则会切断控制辅回路，使主轴电动机停转。FU_3 是控制辅回路的熔断器，用作短路保护。

（3）照明辅回路：照明电路是由变压器 T 将 380 V 的电压变为 36 V 的安全电压供照明灯 HL 使用。QS_3 是照明电路的电源开关，FU_4 是照明灯的熔断器。

8.2 电器控制系统的基本环节

复杂的电路控制系统是由若干基本控制环节组合而成的，因此，熟悉和掌握电器控制电路的基本环节至关重要。下面按照"从简到繁和从易到难"的认识规律，介绍一些电器控制电路常用的、典型的基本控制环节。

8.2.1 电动机点动与连续运转控制环节

点动与连续运转控制是异步电动机两种不同的控制，实际应用中又常将两者结合起来使用，使同一台电动机既能点动又能连续运转，以达到控制的要求。

1．基本的点动控制线路

基本的点动控制是指按下按钮时，电动机就得电运转；松开按钮时，电动机就断电停止运转的电气控制，并且可以周而复始地进行。这种运行状态在实际中经常用到，如电动机拖动各种机床进行试运行调整；加工工件时进行试刀；工件或刀具的调整定位等。

图 8-4 所示电路为最基本的点动控制电路，图中 QS 为三相转换开关，FU 为熔断器，KM 为接触器，FR 为热继电器，M 为三相笼式异步电动机，SB 为按钮。当按下 SB 时，接触器 KM 线圈通电，电动机 M 启动；松开 SB 时，KM 的线圈断电，其主触点断开，电动机 M 停止。

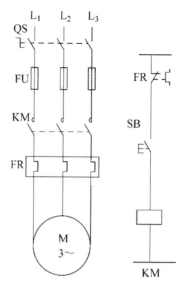

图 8-4　基本的点动控制电路图

2．连续运转控制线路

连续运转控制是相对点动控制而言的，它是指在按下启动按钮启动电动机后，若松开按钮，电动机能够得电连续运转。实现连续运转控制方法很多，所以对应的控制线路也就很多。图 8-5 所示为接触器控制电动机连续运转的电路图，图中 QS 为三相转换开关，FU_1 和 FU_2 为熔断器，KM 为接触器，FR 为热继电器，M 为三相笼式异步电动机。SB_1 为停止按钮，SB_2 为启动按钮。

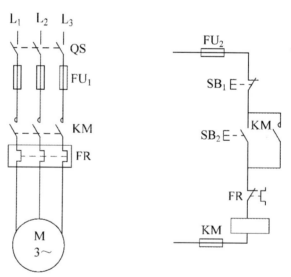

图 8-5　三相笼式异步电动机单方向转动的电器控制电路

该控制电路中，QS 为隔离开关，它不能直接给电动机 M 供电，只起到隔离电源的作用。当电源开关 QS 合上并按下启动按钮 SB_2 后，KM 线圈通电，KM 的主触点闭合，电动机接通电源而启动。同时，与启动按钮并联的接触器辅助触点也闭合；当松开 SB_2 时，KM 线圈通过此常开辅助触点继续保持通电，从而保证了电动机连续运转。这种依靠接触器自身辅助触点保持线圈通电的作用称为"自锁"，此辅助常开触点称为自锁触点。

当要求发动机停止时，可按下停止按钮 SB$_1$，切断 KM 线圈电路，KM 常开主触点与辅助触点均断开，分别切断电动机电源电路和自锁控制电路，电动机停止运转。

下面简述电动机的保护环节：

（1）短路保护：由熔断器 FU$_1$ 与 FU$_2$ 分别实现主回路和控制辅助回路的短路保护。为扩大保护范围，主回路熔断器应安装在靠近电源端，通常安装在电源开关下边。

（2）过载保护：在电动机长期过载运行时，串接在控制回路中的热继电器 FR 常闭触点断开，切断 KM 线圈电路，KM 的主触点复原断开，切断电动机的电源，电动机停止运行，实现过载保护。

（3）欠电压和失电压保护：在具有接触器自锁的控制线路中，还具有对电动机失电压和欠电压保护功能。当电源电压由于某种原因严重低于额定电压或失电压时，接触器电磁吸力急剧下降或消失，衔铁释放，其主触点与自锁触点断开，接触器 KM 就会失电，电动机停止运转。而当电源电压恢复正常时，如不重新按下启动按钮 SB$_2$，电动机不会自行启动运转，从而避免事故发生。因此具有自锁的控制电路具有欠电压与失电压保护作用。

3. 连续运转与点动控制线路

在生产设备正常工作时，电动机一般都处于长期或短期的连续运转状态，但生产机械又需要试验各部件的动作情况，如机床中进行刀具和工件之间的调整工作。为了实现这一工艺要求，控制电路就必须既能控制电动机连续运转，又能点动控制电动机。

能够实现既能点动又能连续运转的控制电路很多，下面介绍几种不同的控制电路。

（1）带手动开关配合的点动控制电路和连续运转的控制电路。

图 8-6（a）所示电路为带手动开关 SA 的点动控制电路。当需要点动控制时，只要把 SA 断开，由按钮 SB$_2$ 来进行点动控制；当需要很长时间的运行时，只要把 SA 合上即可，即 KM 的自锁触点接入，故可实现连续运转控制。

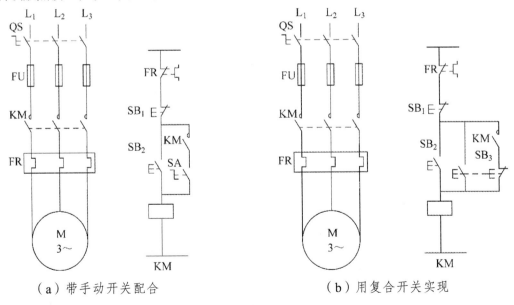

（a）带手动开关配合　　　　　　　（b）用复合开关实现

图 8-6　点动控制电路和连续运转的控制电路

（2）用复合开关的点动控制电路和连续运转的控制电路。

图 8-6（b）所示电路为增加了一个复合按钮 SB_3 来实现点动控制的电路。需要点动控制时，按下复合按钮 SB_3，其常闭触点先断开自锁电路，常开触点后闭合，接通启动控制电路，接触器 KM 线圈通电，其衔铁被吸合，KM 主触点闭合，接通三相电源，电动机启动运转。当松开点动按钮 SB_3 时，KM 线圈断电，KM 主触点断开，电动机停止运转。若需要电动机连续运转，由按钮 SB_1、SB_2 控制便可。

（3）利用中间继电器实现点动的控制电路和连续运转的控制电路。

图 8-7 是利用中间继电器实现点动控制的电路和连续运转的控制电路。利用点动按钮 SB_2 控制中间继电器 KA，其常开触点并联在复合按钮 SB_3 两端以控制接触器 KM，再由 KM 去控制电动机来实现点动，当需要电动机连续运转控制时，不用 KA，由按钮 SB_3、SB_1 控制即可。

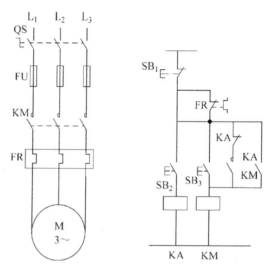

图 8-7 利用中间继电器实现点动的控制电路和连续运转的控制电路

8.2.2 电动机正、反转运行控制环节

实际工程应用中，常常要求电动机拖动的生产机械改变运动方向，如工作台前进、后退，电梯的上升、下降，这就要求电动机正转和反转。对于三相异步电动机，只要把其定子三相绕组任意两相调换一下接到电源上去，便可改变电动机定子相序，从而改变电动机的运转方向。采用两个接触器便可实现电动机正、反转的控制要求。

1. 无互锁环节的电动机正、反转的控制电路

图 8-8 为三相异步电动机正、反转控制的主回路和控制辅回路图，控制辅回路是错误的。因为从图可知，按下按钮 SB_2，正向接触器 KM_1 得电动作，主触点闭合，使电动机正转；按下停止 SB_1 按钮，电动机停止；按下按钮 SB_3，电动机反转；如果操作不当使 KM_1 和 KM_2 同时通电动作，就会造成主回路短路，为此控制回路必须设置互锁环节加以保护。

2. 具有单重互锁的正、反转控制电路

如图 8-9 所示,此互锁是利用两个接触器的辅助常闭触点以相互制约的方式串入对方接触

器的线圈电路中，当任何一个接触器先通电后，即使按下另一启动按钮（即反方向运转的启动按钮）也没有关系，因为互锁触点的断开作用，另一个接触器无法通电，这种方式称为电气互锁。

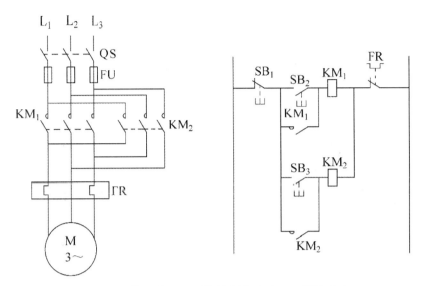

图 8-8　错误的正、反转控制电路（无互锁环节）

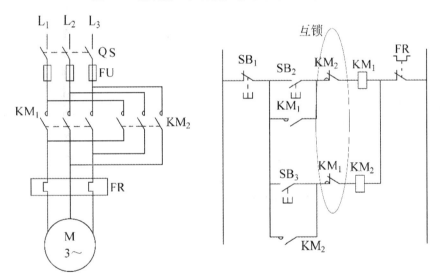

图 8-9　具有单重互锁的正、反转控制电路

3. 带双重互锁的正、反转控制电路

通常由一台电动机驱动的运动装置，当有相反的动作时，如工作台上、下；或左、右以及前、后等运动都要设计电气互锁，图 8-9 中还存在一个问题，即正、反转交换时必须事先按下停止按钮 SB_1 后才能进行，这显然影响工作效率。图 8-10 所示的正、反转控制辅回路，利用复合按钮实现正、反转的直接转换。当按下复合按钮 SB_2 时，只有 KM_1 可得电动作，同时 KM_2 回路被切断；同理，当按下复合按钮 SB_3 时，只有 KM_2 得电，同时 KM_1 回路被切断。这种利用按钮触点的机械互锁，即具有双重互锁。该控制电路操作方便，安全可靠，故被广泛应用。

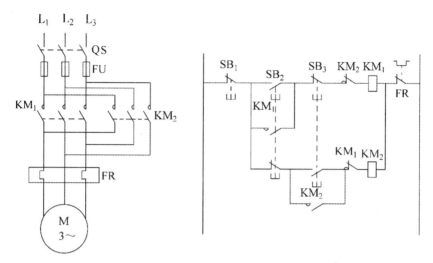

图 8-10 完善的正、反转控制电路（带双重互锁）

8.2.3 时间控制

在自动控制系统中，常用到以时间为参考量的控制线路。例如，两个运动部件按一定时间间隔先后启动；某些机械设备按一定时间要求完成相应的工作等。这些都属于时间控制。

时间控制主要是通过时间继电器来实现的，常见的时间继电器有通电型时间继电器和断电型时间继电器两大类。前者是线圈得电后开始延时，延时时间到触点动作；后者是得电触点瞬时动作，线圈断电后开始延时，延时时间到触点复位。

图 8-11 所示为通电型时间继电器控制线路图，其中 KT 为得电延时时间继电器、KM 为接触器，主电路略。

线路工作原理如下：按下启动按钮 SB_2，接触器 KM 得电，经过一段时间延时，接触器 KM 线圈在 KT 控制下又失电。如果接触器 KM 的动合触点是控制一盏路灯，则可以作为上、下楼梯的自动照明使用。

图 8-12 所示为断电型时间继电器控制线路图，其中 KT 为断电延时时间继电器、KM_1 和 KM_2 为接触器，主电路略。

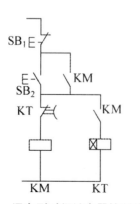

图 8-11 通电型时间继电器控制线路图

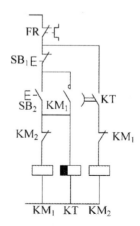

图 8-12 断电型时间继电器控制线路

线路工作原理如下：按下启动按钮 SB$_2$，接触器 KM$_1$ 和 KT 得电，接触器 KM$_2$ 线圈失电；按下停止按钮 SB$_1$，接触器 KM$_1$ 和 KT 断电，同时接触器 KM$_2$ 线圈得电，接触器 KM$_2$ 线圈在 KT 控制下延时失电。

8.2.4 位置控制

位置控制也称为限位控制，这种控制线路广泛应用在运料机和某些机床的进给限位运动的电气控制中，它们生产机械运动部件的运动状态的转换，是靠部件运行到一定位置时，由行程开关（位置开关）发出信号进行自动控制的。例如，行车运动到终端位置自行停车、工作台在指定区域内的自动往返移动、自动线上自动定位和工序转换等，都是由运动部件运动的位置或行程来控制，这种控制又称为行程控制。

位置控制是以行程开关代替按钮用以实现对电动机的启、停控制，可分为限位断电、限位通电和自动往复循环等控制。

以电动机驱动工作台的行程控制环节为例说明位置控制。在实际工作中，电动机驱动工作台运动应用十分广泛。有些工作台既要求前后运动，又要求左右运动，还要求上下运动。还有些工作台不仅要求单回程运动，而且要求往返循环的多回程运动。下面分别介绍电动机驱动工作台的单回程和多回程电器控制电路。

1. 工作台往返一个回程的电器控制电路

许多机床的自动循环都是依靠行程控制来完成的。由一台电动机启动某工作台进退往返一个回程的电器控制电路如图 8-13（a）所示，其主回路为一台电动机的正、反转控制电路（省略未画），即工作台人为启动后前进到终点时自动后退，待退回到原位时自动停在原位。此控制电路实质上就是用行程开关控制电动机正、反转的自动控制电路。图中的 SQ$_1$、SQ$_2$ 为行程开关，安装在固定位置上，如图 8-13（b）所示。按下正向启动按钮 SB$_2$，电动机正向启动运行，带动机床工作台向前运动。当运行至 SQ$_2$ 位置时，撞块压下 SQ$_2$，接触器 KM$_1$ 断电释放，KM$_2$ 通电吸合，电动机反向启动运行，使工作台后退。工作台退至 SQ$_1$ 位置时，撞块压下 SQ$_1$，KM$_2$ 断电释放，电动机停转，工作台停在原位。

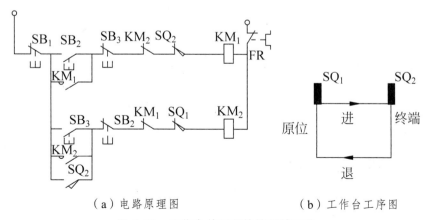

（a）电路原理图　　　　　　（b）工作台工序图

图 8-13　工作台单回程的控制辅回路

2. 工作台往返多个回程的电器控制电路

图 8-14 所示电路是工作台往返多个回程的电器控制电路。该电路实质上是用行程开关的控制作用来自动实现电动机正、反转。组合机床、龙门刨床、铣床的工作台常用这种电路实现往返循环。

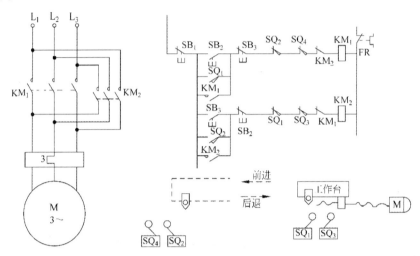

图 8-14　工作台多回程的控制辅回路

SQ_1、SQ_2、SQ_3、SQ_4 为行程开关，按要求安装在指定的位置上，当撞块压下行程开关时，其动断触点断开、动合触点闭合。其实这是按一定的行程用撞块击压行程开关，相当于代替了人工按钮。

按下正向启动按钮 SB_2，电动机正转使工作台前进，到 SQ_2 位置时，撞块压下 SQ_2，其动断触点断开，使 KM_1 断电，但 SQ_2 的动合触点闭合使 KM_2 得电动作并自锁，电动机反转使工作台后退。当撞块又压下 SQ_1 时，使 KM_2 断电，KM_1 又得电吸合，电动机又正转使工作台前进，这样可一直循环下去。

SB_1 为停止按钮，SB_2 与 SB_3 为不同方向的复合启动按钮。之所以用复合按钮，是为了满足改变工作台方向时，不按停止按钮可直接进行换向操作。限位开关 SQ_3 与 SQ_4 安装在极限位置，当由于某种故障，工作台到达 SQ_1（或 SQ_2）位置而未能切断 KM_2（或 KM_1）时，工作台将继续移动到达极限位置，压下 SQ_3（或 SQ_4），此时最终把控制辅回路断开，使电动机停止，避免工作台由于越出允许位置导致的事故。因此 SQ_3、SQ_4 起限位保护作用。

8.2.5　电动机分处控制和集中控制环节

对一台电动机进行分处控制和对多台电动机集中一处控制，在实际控制工程中经常用到。下面分别介绍这两种控制电路的基本组成原理和主要动作过程。

1. 一台电动机的多处控制环节

在较大型的设备上，为了操作方便，常常需要在多个地方对电动机进行控制。例如，电梯的升降可以在梯厢里面控制也可以在每个楼梯控制；有些生产设备可以由控制台集中管理，也可以在每台设备调试检修时就地进行控制。多地点控制必须在每个地点有一组按钮，各组按钮的连接原则必须是：常开启动按钮要并联，常闭停止按钮应串联。按不同要求可设计不同的多处控制电路。图 8-15 是在三处分别能控制一台电动机的电器控制电路的控制辅电路（主回路就是一台电动机单方向运转电路，这里没有画出），其控制思想与方法可扩展为多处控制。

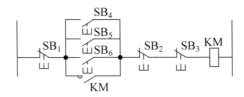

（a）三处分别控制一台电动机

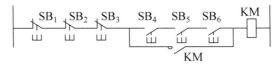

（b）三处同时控制一台电动机

图 8-15　一台电动机的多处控制电路示意图

要求能在多处启动电动机时，实现的方法是将分散在各操作台上的启动按钮先并联起来，如图 8-15（a）中的 SB_4、SB_5、SB_6，这时按下任意按钮均能启动电动机。有的大型设备需要几个操作者在不同位置工作，而且为了操作者的安全，要求所有操作者发出启动信号才能使电动机运转，这时可将要装在不同位置的启动按钮串联连接，如图 8-15（b）中 SB_4、SB_5、SB_6 的接法。若要求在多处均可控制电动机的停转，则停止按钮应先做串联连接，如图 8-15（b）中的 SB_1、SB_2、SB_3 的接法。

2. 多台电动机的一处控制环节

当多台电动机安装地点相距较近，而且它们的启、停和运行工作要求同步进行（即工序相同）时，则可考虑集中一处进行控制。图 8-16 所示电器控制电路是三台电动机启动和停止集中在一处进行的控制辅电路（主回路就是三台电动机分别单独运转的电路，这里没有画出），即在一处同时控制电动机的直接启动、运转与停止。

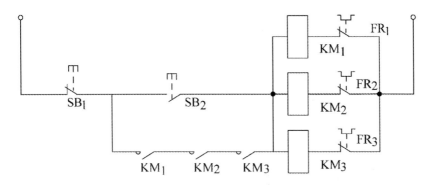

图 8-16　多台电动机一处控制启动和停止的电器控制电路

当按压启动按钮 SB_2 后，KM_1、KM_2、KM_3 三个接触器的线圈同时通电，它们各自的常开触点串联形成自锁，这种自锁方式能保障三个接触器都得电吸合后控制电路才能正常运行工作，即可保障三台电动机同时通电启动。如果三台电动机需要停止运转，按下 SB_1 按钮即可。运行中若有一台电动机过载，则三台电动机全部停止运行，这样就保障了三台电动机启、停和运行的同步性。即三台电动机中有一台电动机因故不能正常运转，其余两台电动机也不允许运行，这种运行工作及控制要求在组合机床电器控制系统中可以见到。这种控制方案的思想可以扩展到更多台电动机集中一处的同时控制。

8.2.6 多台电动机的制约控制环节

联锁控制是系统不同运行方式或不同运动部件之间相互制约、相互依存和相互关联的一种控制方式。例如，机械加工车床的主轴启动必须在油泵电动机之后使齿轮箱有充分的润滑油后方可启动；空调机组中压缩机停止运行后才允许风机停止运行，以便机组充分地与外界进行交换，以免机组受损（参见图 8-18 所示电器控制电路）；在龙门刨床的工作台运动时不允许刀架移动；这些都是联锁控制。

利用联锁可以方便地实现顺序控制，下面举例说明。

1. 启动控制电路

下面主要介绍顺序启动控制电路。如上所述，启动运行就是一个典型的通电控制环节，下面以两台电动机顺序启动的电器控制电路为例，进一步介绍通电控制环节的基本工作原理及其动作过程。顺序启动电路也即对启动操作顺序有严格要求的电控系统，常用于对多台生产设备的控制中。通常这种控制环节主要依靠接触器动合触点和按钮开关配合来实现。

例如，固定式除湿机组有两台电动机，一台驱动制冷机压缩机，另一台驱动通风机，要求该机组启动时，必须先启动压缩机后才能启动风机。实现这一功能的电器控制电路如图 8-17 所示。

这一控制电路的功能是通过在控制压缩机电动机启、停的接触器 KM_1 线圈回路中串接控制风机电动机启、停的接触器 KM_1 的常开触点来实现的，这样就保障了只有 KM_1 得电使压缩机启动后，风机回路才能接通得电，从而保证了启动顺序的正确性。

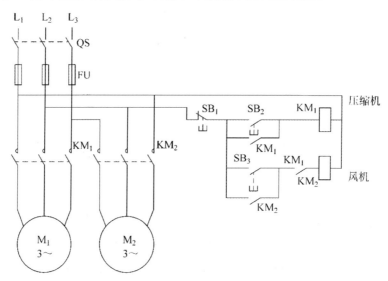

图 8-17 除湿机组顺序启动控制电路

2. 停止控制

电器控制系统的断电控制环节也即电控系统断开电源停止运行环节，图 8-18 所示的电器控制电路就含有这一环节，其功能作用主要是依靠按钮 SB_1 和接触器 KM 等控制器来实现。如果要停止该电路通电运行，只需按压一下按钮 SB_1 便可，其工作原理动作过程读者可自行分析。顺序停止控制电路亦含有十分典型的断电控制环节，其中两台电动机的断电停止运行是依次进行的，故停止按钮不能共用一个，一般是利用接触器的动合触点配合停止按钮等元器件来实现这一功能。因为空调机组系统停止时应先停压缩机、再停风机，以便使机组充分地与外界进行热交换，避免机组受损，所以，在风机接触器吸引线圈控制辅回路中停止按钮 SB_2 两端并接了一对压缩机接触器的常开触点 KM_1，压缩机运转时 KM_1 吸合，相当于将动断按钮 SB_2 两端短接，即其失去作用，若压缩机不停止运转，则风机不会停转。

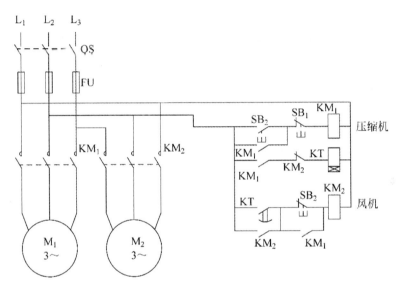

图 8-18 除湿机组顺序停止控制电路图

与此相仿，需要多台用电设备依次断电停止时，例如要求接触器 KM_1、KM_2、KM_3、KM_4 按此顺序断电停止时，可按图 8-19 所示的控制方案来实现，其工作原理及其动作过程读者可自行分析。

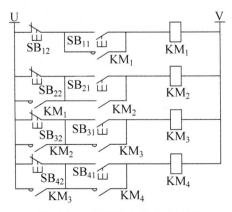

图 8-19 四级顺序停止电路图

8.2.7　电器控制系统的基本保护环节

电器控制系统应具有完善的保护环节，以确保系统的安全运行。常用的保护环节包括过载保护、短路保护、过电流保护、零（欠）电压保护等环节，必要时还应设有工作状态指示和事故报警等环节。保护环节应工作可靠，满足负载需要，保障正常运行时不发生误动作；事故发生时能够准确及时地切断故障电路。

1. 短路保护

电器控制电路发生短路时会引起电器设备的绝缘损坏和产生强大的电动力，可能会使短路电路中的各种电器设备发生机械性损坏。因此当电路发生短路时，必须迅速、可靠地切断电源，以防止短路电流流过电器设备，使电器设备发生严重损坏。常采用熔断器和低压断路器等元器件组成短路保护环节。

在对主回路采用三相四线制或对变压器采用中点接地的三相三线制供电电路中，必须采用三相短路保护。当电动机等电器设备容量较小时，主回路的熔断器可同时兼作控制辅回路的短路保护，故控制辅回路无须另设熔断器；若电动机等电器设备的容量较大，则控制辅回路中必须单独设置短路保护熔断器。熔断器结构简单、价格低廉，但是只断一相会造成电动机的缺相运行，所以熔断器通常适用于动作准确性和自动化程度要求不高的控制系统中。低压断路器既可作短路保护，又可作为长期过载和欠电压保护。当线路出现故障时，低压断路器跳闸，在故障排除后（且热脱扣器已经复位），只要重新合上断路器就可以恢复工作。此外，低压断路器还具有能直接断开主回路、动作准确性高、容易复位、不会造成缺相运行等优点，故常用于自动化程度和动作特性要求较高的控制系统中。其缺点是价格较高。

2. 过电流保护

所谓过电流是指用电设备的运行电流超过其额定电流的运行状态，不正确的启动方法和过大的负载转矩常常会引起电动机这类用电设备的过电流故障，使电动机遭受损害。由此引起的过电流一般比短路电流要小。

过电流会使电动机流过过大的冲击电流而损坏电动机的换相器，同时过电流引起的过大的电动机转矩也会使机械传动部件受到损坏，因此要及时切断电源。在电动机运行的过程中，过电流出现的可能性比短路电流出现的可能性要大，特别是在频繁启动和正反转运行工作中，重复短时工作的电动机中更是如此。

过电流保护常用于限流启动的直流电动机和绕线式异步电动机中，并采用过电流继电器作保护元件。过电流继电器与熔断器和低压断路器不同，熔断器的熔体本身既是测量元件，又是执行元件，因此过电流继电器必须与接触器配合使用，即把过电流继电器串接在被保护的电动机的主回路中，其动断触点串接于接触器线圈所在的支路中，当电流达到整定值时，过电流继电器动作，其动断触点断开，切断接触器线圈支路的电源，接触器主触点断开，使电动机脱离电源而受到保护。

3. 过载保护

电动机长期超载运行时，电动机绕组的温升会超过其额定值，电动机的绝缘材料就要变脆，寿命降低，严重时会使电动机损坏。过载电流越大，达到允许温升的时间就越短。过载保护元件常使用热继电器。热继电器可以满足这样的要求：当电动机为额定电流时，电动机为稳定温升，热继电器不动作；在过载电流较小时，热继电器要经过较长的时间才动作；过载电流较大时，热继电器则经过较短的时间就会动作。

由于热惯性的原因，热继电器不会受电动机短时过载电流冲击或者短路电流的影响而瞬时动作，所以在使用热继电器作过载保护的同时，还必须设有短路保护。并且选作短路保护的熔断器熔体的额定电流不超过 6 倍热继电器发热元件的额定电流。

当电动机的工作环境和热继电器工作环境温度不同时，保护的可靠性就会受到影响。而用热敏电阻作测量元件的热继电器则可提高上述保护的可靠性，即把热敏电阻元件嵌在电动机绕组中，能更准确地测量电动机绕组温升。

4. 断相保护

电源缺相、一相熔断器熔断、开关或接触器的一对触点接触不良或者电动机内部断线等都会引起电动机缺相运行。缺相运行时，电动机降速甚至堵转，使电动机严重发热，甚至烧损电动机绝缘和绕组。

热继电器可以用作三相异步电动机的缺相保护。当电动机的绕组为星形接法时，用一般三极热继电器就可以对电动机进行保护。当电动机的绕组为三角形接法时，如果电动机发生断相，由于故障相的线电流（即流过热继电器的电流）小于热继电器的动作电流，故热继电器不动作，但是流过电动机其余某一相绕组中的电流可能已超过额定值，这样就会将该相绕组烧毁，此时必须使用带有专门为断相运行而设计的断相保护机构——三相热继电器才能起到保护的作用。如果使用两相热继电器，可以在三相线路上跨接两个电压继电器 KV_1 和 KV_2，如图 8-20 所示。当电动机的电源断了一相时，KV_1 和 KV_2 至少有一个断电，其动合触点断开接触器自锁电路，使接触器 KM 断电，从而实现电动机的断相保护。

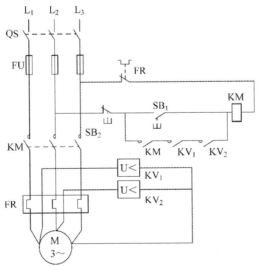

图 8-20　具有长期过载和断相保护的电器控制

5. 零电压保护和欠电压保护

如果只用刀开关这一类手动电器控制电动机的电源通断，在电动机正常运行期间，当电源电压突然消失（如突然停电）时，电动机停转，此时如果未及时拉下开关，那么在电源电压恢复时，电动机将自行启动，可能造成人身事故或设备事故。对于配电系统来说，在恢复供电瞬间，许多电动机自动启动还会导致线路电压大幅度下降，这是配电系统所不能接受的。零电压保护的作用就在于防止电源电压恢复时电动机的自动启动。

在电动机运转时，过低的电源电压会使电动机转速下降甚至堵转，从而出现数倍于额定电流值的过电流，因而需要在电源电压下降到 0.5 ~ 0.7 倍电动机的额定电压时，自动将电动机的电源切断，这种保护称为欠电压保护。

通常直接利用并联在启动按钮两端的接触器自锁触点来实现零电压保护和欠电压保护，在图 8-20 中，若电源暂停供电或电压降低，接触器 KM 的线圈失电，主触点断开，电动机脱离电源而停转。同时，KM 的动合辅触点（自锁触点）断开。因此当电源电压恢复时，必须重新按下启动按钮 SB₁，电动机才能重新启动，从而实现了零电压保护和欠电压保护。

当控制电路中采用主令控制器控制电动机的频繁启停时，必须加零电压保护装置，否则电路不具有零电压保护功能。一般采用电压继电器来进行零电压保护，如图 8-21 所示。当主令控制器 SA 置于 "0" 位时，零电压继电器 KV 吸合并自锁；当 SA 置于 "1"时，接触器 KM 接通；当断电时，KV 释放而释放其动合触点，KM 断电，电动机停转；当电源恢复时，必须先将 SA 置于 "0" 位，

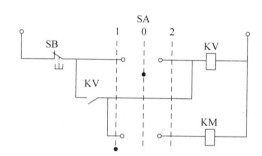

图 8-21　采用主令控制器时零电压保护电路

使 KV 通电吸合，然后才能重新启动电动机，这样就起到了零电压保护作用。

8.3　三相交流异步电动机控制线路

目前，三相交流异步电动机作为生产机械的主要动力，广泛应用在各行各业的生产设备中。其应用控制主要体现在启动、制动和调速等方面。本节将分别讨论三相异步电动机各种不同情况下的启动控制、制动控制和调速控制。

8.3.1　三相笼型电动机启动控制

三相笼型电动机启动控制方法分为直接启动和定子降压启动，下面分别介绍其控制电路。

1. 直接启动

直接启动又称全压启动，在电网和负载两方面都允许的情况下优先考虑全压启动，这种方法操作简单，而且比较经济。全压启动控制线路如图 8-22 所示。

2. 降压启动

由于电动机直接启动时电流较大，因此，通常对容量较大（10 kW 以上）的电动机，采取限流启动的措施。限流启动的方法很多，图 8-23 为减压启动应用实例。下面着重介绍一些常用的典型限流启动方法及其相应的电器控制电路。

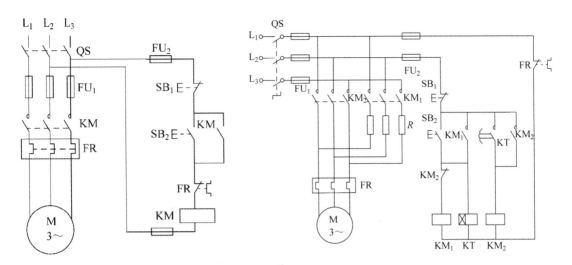

图 8-22 全压启动控制线路　　　　　　　图 8-23　减压启动应用实例

1）电动机定子绕组串电阻启动的电器控制电路

这种控制方法适用于中等容量的三相笼型异步电动机要求平稳启动的场合。在启动的过程中，通过串接电阻降低电动机定子上的电压，于是限制了电动机的启动电流。当电动机转速接近其额定转速时，便将该电阻切除，从而使电动机全压运行，这种减压限流启动的电器控制电路如图 8-24 所示。

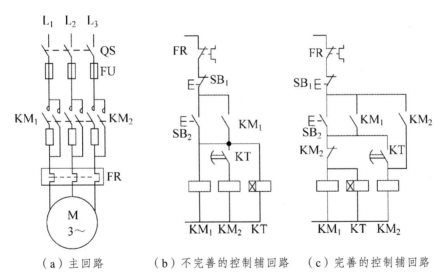

（a）主回路　　（b）不完善的控制辅回路　　（c）完善的控制辅回路

图 8-24　三相异步电动机定子串电阻减压启动控制电路

电动机启动时，合上电源开关 QS，按下启动按钮 SB$_2$，接触器 KM$_1$ 与时间继电器 KT 同时通电吸合，电动机主回路串电阻降压限流启动，KT 的延时闭合常开触点延时一会（这"一会"就是电动机启动过程所需要的时间）闭合，从而使 KM$_2$ 得电吸合，因此电动机全压运行。

从主回路来看，只要 KM$_2$ 得电，就能使电动机进入全压正常运行。但在图 8-24（b）中，电动机启动结束后，KM$_1$ 和 KT 一直通电运行，这是不必要的。如果使 KM$_1$ 和 KT 断电，可减少能量损耗，还可延长 KM$_1$ 和 KT 的寿命。其解决方法为：在 KM$_1$ 线圈及 KT 线圈回路中

串入 KM_2 的常闭辅助触点，组成联锁电路；同时加上 KM_2 的自锁环节，如图 8-24（c）所示。这样当 KM_2 得电后，其常闭辅助触点使 KM_1 和 KT 断电释放，此时电路中只有 KM_2 得电，使电动机正常进行。

电动机定子绕组串接电阻减压限流启动的优点是动作可靠，并且可以提高功率因数，有利于电网质量，这种电路简单经济；其缺点是电阻耗能大，通常只适合于不经常启停并且容量不大的电动机降压限流启动。

图 8-23 所示为减压启动应用实例，农村常用的抽水机电器原理图，它由主回路和控制辅回路两部分组成。

（1）主回路：主回路上有一台三相笼型异步电动机，它是带动水泵的电动机，由接触器 KM_1、KM_2 的主触点控制。当 KM_1 的主触点闭合时，通过电阻 R 把电动机同电源接通；当 KM_2 闭合时，电动机直接和电源接通。至于 KM_1 和 KM_2 究竟在什么条件下动作，则应看控制辅回路。

电动机的短路保护由熔断器 FU_1 实现，过载保护由热继电器 FR 实现，失电压和欠电压保护由接触器 KM_1 或 KM_2 完成。

（2）控制辅回路：控制辅回路有接触器 KM_1、KM_2 和时间继电器 KT 三条回路。接触器 KM_1 和时间继电器 KT 都是由按钮 SB_2 控制的，接触器 KM_2 由时间继电器 KT 的延时闭合常开触点控制。

当合上电源开关 QS，按下启动按钮 SB_2 时，接触器 KM_1 线圈通电，其主触点闭合，电流经电阻 R 流向电动机，使电动机降压限流启动，KM_1 的辅助触点自锁，同时时间继电器的线圈通电，经过一定的时间延时后，其延时闭合常开触点 KT 闭合，使接触器 KM_2 主触点闭合，把电阻 R 短接，使电动机直接接入电源；同时 KM_2 的常闭触点切断 KM_1 的线圈回路，使 KM_1 的主触点闭合、自锁触点断开，于是时间继电器 KT 也断电释放。

通过以上的分析可知水泵的工作情况：先是 KM_1 通电，电动机串入电阻 R 启动，这时 R 上有一定电压降，使加到电动机定子绕组的电压降低，从而限制启动电流使之在允许范围之内。经过一段时间后，KM_2 通电，将电动机直接与电源接通，使电动机在额定电压下运转。电动机进入正常运转后，KM_1 和 KT 都不起作用了，因此让它们断电释放，以节约用电。这是一种简单的降压启动方法，其缺点是启动电阻 R 上要消耗一定的电能，所以常用于不经常启动的场合。

2）电动机定子串自耦变压器启动的电器控制电路

串自耦变压器减压启动的控制电路如图 8-25 所示。这一电路的减压限流启动的思想和上述控制电路基本相同，也是采用时间继电器进行计时（即设定电动机启动过程所需的时间，也就是时间继电器的延时时间），所不同的是定子绕组启动时串入自耦变压器。

合上刀开关 QS，按下启动按钮 SB_2，接触器 KM_1 与时间继电器 KT 同时得电吸合，KM_1 的主触点闭合，电动机定子绕组经自耦变压器接至电源减压启动。达到指定延时时间时，一方面 KT 的常闭延时断开触点使 KM_1 失电释放，另一方面 KT 的常开延时闭合触点使接触器得电吸合，将自耦变压器从电网上切除，电动机投入正常运转。

电动机定子绕组串接自耦变压器启动的优点和串接电阻启动相比，在同样的启动转矩时，对电网的冲击电流小，功率损耗小。缺点是自耦变压器结构复杂，价格较贵。这种电路主要用于启动较大容量的电动机，以减小启动电流对电网的影响。

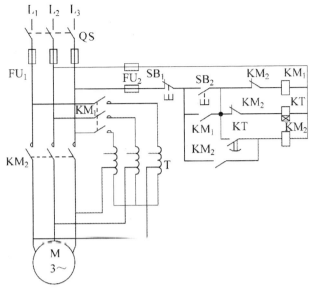

图 8-25　三相异步电动机定子串入自耦变压器减压启动控制电路

3）电动机星形/三角形换接启动的电器控制电路

凡正常运行为三角形连接的并且容量较大的电动机，可采用星形/三角形换接启动法。即启动时绕组为星形连接，待转速升高到接近额定转速时，改为三角形连接。直到稳定运行。采用这种方法启动时，其电流为直接启动时的 1/3。由于启动电压减小，启动转矩也相应地减为直接启动时的 1/3，所以这种方法只能用于空载或者轻载启动的场合。这种方法可采用自动星形/三角形启动器直接实现，启动器由按钮、接触器、时间继电器等器件组成。自动星形/三角形换接启动控制电路如图 8-26 所示。

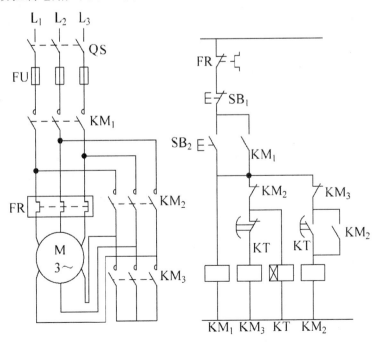

图 8-26　星形/三角形换接启动控制电路

在主回路中，除熔断器和热继电器的发热元件外，还有三个接触器的主触点，其中 KM_1 接触器用来接通和断开电源，接触器 KM_3 吸合时使电动机绕组连接成星形，实现降压启动，接触器 KM_2 则是在启动结束时吸合，将电动机绕组切换成三角形，实现全压运行。

其控制电路是以三个接触器和一个时间继电器为主体，配合按钮和热继电器辅助触点形成的四条并联支路，并利用时间继电器的常闭延时断开触点对 KM_3 的控制支路进行联锁。

该电路的启动过程简述如下：

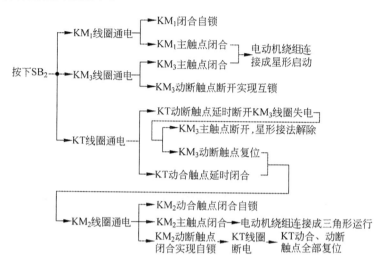

4）软启动器限流启动

近年来，随着电力电子技术及其相关器件的发展，三相异步电动机的软启动技术已日趋完善，并得到了广泛应用。软启动器由微处理器和大功率晶闸管组成，用微处理器控制晶闸管导通角，以控制其输出电压。因此，软启动器实际上是可自动控制的降压启动器。由于能够随意调节输出电压，作电流闭环控制，因此要优于串电阻和自耦变压器等传统的降压启动方式。

软启动的实质是一种降压启动，与星形/三角形启动和自耦变压器降压启动的原理是一样的，所不同的是软启动采用了无触点电子开关控制电压，其电压的变化是平稳上升，而不是突变。软启动器的基本工作原理是：利用晶闸管的开关特性将三对反并联的晶闸管串接到电动机的三相电路上，通过调节晶闸管触发角的大小来改变晶闸管的开关程度，从而控制输出到电动机的电压的大小，达到控制电动机启动特性的目的。而当电动机启动过程完毕后，短接所有的晶闸管，使电动机直接连接到电网上，这样可以达到节能目的。软启动器事先设定好控制程序，当其收到启动指令后，便进行相关计算，以确定晶闸管的触发信号，从而控制晶闸管按照软启动器设定的方式，输出适合的电压控制电动机的启动。启动方式通常有电压谐波软启动方式、限流软启动方式、电压控制软启动方式、转矩控制软启动方式、转矩加突跳控制软启动等方式。

软启动器启动时，不仅操作简单，而且可从电动机得到初始启动转矩开始，启动电压可无级增加。选用突跳启动功能后，可为电机提供大提升转矩，以克服负载的惯性，较快地完成启动过程。三相笼型异步电动机采用自耦减压启动器和星形/三角形启动器启动时，虽然可以降低启动电流，但同时也降低了启动转矩，这对于启动电流大、启动转矩要求高的用电设备，降压启动时间长，以致对供电系统造成较大冲击，甚至使正在运行的过载能力不高的电动机停转或振动。另外，由于系统供电电压降低，将引起供电线路电能损耗增大。软启动器是利用性能先进的微处理器来控制大功率晶闸管组件的导通，产生平滑的并且逐步增加到交流电动机上的交流电压，使电动机能按预先设定的方式和参数渐进地加速，进而达到软启动的目的。其原理框图如图 8-27 所示。

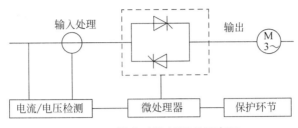

图 8-27　软启动控制原理示意图

8.3.2　电动机制动控制环节

当要求电动机停转，切断电动机的电源时，由于惯性，电动机不会马上停转，而总是要继续转动一段时间后才能完全停下来。这样不但会延长非生产时间，影响生产效率，而且还有可能引发意外事故。因此，对于要求快速操作、迅速停车、准确定位的生产机械（如机床、卷扬机、电梯等），应对电动机进行制动控制，以迫使其迅速停车。常用的电气制动方法有反接制动、发电反馈制动和能耗制动等。另外还有机电结合的制动方法，如电磁抱闸制动。

1. 反接制动控制电路

三相异步电动机反接制动是利用改变其电源的相序，使定子绕组产生与原转向反向的旋转磁场，从而产生制动力矩的制动方法。反接制动电流大（是全压直接启动电流的 2 倍），因而力矩大，制动迅速；但冲击效应大，通常只适用于 10 kW 以下的小容量的电动机。具体做法是：停机时把电动机与电源相接的三根电源线任意对调两根，当转速接近于零时，切断电源。另外，反接制动时，由于旋转磁场与转子的相对速度很大，接近于 2 倍的同步转速，转差率大于 1，因此电流很大，所以在反接制动时，对笼型异步电动机在定子回路中串接电阻（对绕线式电动机则在转子电路中串接电阻）进行限流，该电阻称为反接制动限流电阻，可三相均衡串接，也可两相串接，两相串接的电阻值为三相串接的电阻值 1.5 倍。

1）单向反接制动控制电路

图 8-28 所示电路为三相笼型异步电动机单向启动运转反接制动控制电路，此电路采用速度继电器来检测电动机转速的变化，一般当转速在 120 ~ 3000 r/min 范围内时，速度继电器触点动作，当转速低于 100 r/min 时，其触点复位。

KM_1 为启动运转接触器，KM_2 为反接制动接触器，KS 为速度继电器，R 为反接制动限流电阻。启动时按下 SB_2，KM_1 吸合并自锁，电动机运转；当速度上升到 120 r/min 以上时，KS 的动合触点闭合，为反接制动做准备。当按下停止复合按钮 SB_1 时，SB_1 动合触点闭合，KM_2 吸合并自锁，电动机进入反接制动状态，转速迅速下降。当电动机转速降到低于 100 r/min 时，KS 的动合触点复位，KM_2 断电，反制动结束。

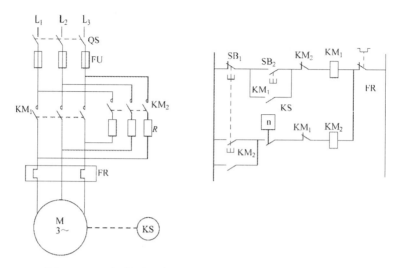

图 8-28　三相笼型异步电动机单向运转反接制动控制电路

2）双向反接制动控制电路

图 8-29 所示电路为三相笼型异步电动机双向启动运转反接制动控制电路。KM_1、KM_2 分别为正、反转接触器，KM_3 为短接限流电阻 R 所用的接触器，KA_1、KA_3 为中间继电器，KS 为速度继电器，其中 KS_1 为速度继电器的正转动合触点，KS_2 为速度继电器的反转动合触点，电阻 R 为启动限流电阻和反接制动电阻。电路工作原理如下：当合上电源开关 QS，按下正转启动按钮 SB_2 时，KM_1 吸合并自动锁，电动机串入电阻 R 接通正序三相电源，开始降压启动。当转速上升到一定值（即大于 100 r/min）时，KS_1 闭合，KM_3 吸合，短接电阻 R，电动机进入全压启动并转入正常运行。当要求停车时，按下停止按钮 SB_1（SB_1 为复合按钮），KM_1 和 KM_3 均断电，电动机脱离正序三相电源并串入电阻 R，同时 KA_3 吸合，其动断触点保证了 KM_3 断电，使电阻 R 串入定子电路。由于此时电动机正向运行转速仍然很高，在 KS_1 仍闭合的状态下，KA_3 动合触点闭合，使 KA_1 和 KA_2 吸合，从而使 KM_2 吸合，电动机串入电阻接通反序三相电源进行反接制动。同时 KA_1 的动合触点又保证了 KA_3 继续吸合，使反接制动得以实现。当电动机转速下降到小于 100 r/min 时，KS_1 复位，KA_1、JA_2、KA_3 同时断电，反接制动过程结束，电动机停转。SB_3 为反向启动按钮，电动机反向启动及其反接制动停车过程与正转相同，读者可自行分析。

2. 能耗制动控制电路

所谓能耗制动，是指在三相电动机脱离三相交流电源后，立即在其定子绕组的任意两相通入直流电流，从而在电动机内部产生一恒定磁场，由于惯性，电动机仍然按原方向继续旋转，在转子中产生感应电势和感应电流，该电流与恒定磁场相互作用，产生与转子方向相反的制动力矩，从而使电动机转速迅速下降，达到制动的目的。当转速为零时，转子对磁场无相对运动，转子中的感应电势和感应电流均变为零，制动力矩消失，电动机停转，制动过程结束。可见，这种制动方法是将电动机转子的机械能转化为电能，并消耗在电动机转子回路中，故称为能耗制动。制动结束后应及时切除电源，否则会烧损定子绕组，制动时间的控制由时间继电器来完成。能耗制动可以按时间原则或速度原则来实现控制。

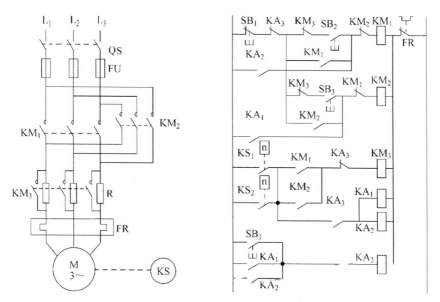

图 8-29 三相笼型异步电动机双向启动反接制动控制电路

1）电动机单向运行能耗制动控制电路

图 8-30 所示电路是按时间原则控制的单向能耗制动控制电路。在电动机正常运行时，若按下停止按钮 SB_1，接触器 KM_1 断电释放，电动机脱离三相交流电源，接触器 KM_2 吸合，其主触点闭合，直流电源通入定子绕组，时间继电器 KT 线圈与 KM_2 线圈同时通电并自锁，于是电动机进入能耗制动状态。当其转子速度接近于零时，KT 的延时断开常闭触点断开，KM_2 断电。其常开辅助触点复位，KT 断电，电动机能耗制动结束。KT 瞬时动作的常开触点的作用是为了当出现 KT 线圈断线或机械卡住故障时，电动机在按下按钮 SB_1 后仍然能迅速制动，电动机两相定子绕组不至于长期接入能耗制动的直流电流。所以，在 KT 发生故障后，该电路具有手动控制能耗制动的功能，即只要使停止按钮 SB_1 处于按下的状态，电动机就能实现能耗制动。

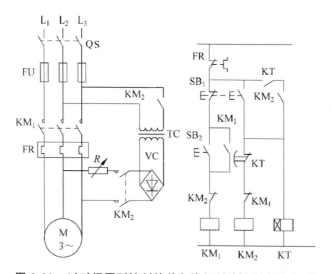

图 8-30 以时间原则控制的单向能耗制动控制电路（1）

图 8-31 也是以时间原则控制的单向能耗制动控制电路，请读者自行分析。

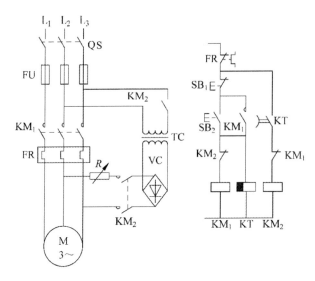

图 8-31 以时间原则控制的单向能耗制动控制电路（2）

图 8-32 所示电路是依速度原则控制的单向能耗制动控制电路。在电动机正常运转时，若按下停止按钮 SB_1，电动机脱离三相交流电源，电动机转子由于惯性速度仍很高，速度继电器 KS 的常开触点仍处于闭合状态，所以接触器 KM_2 线圈能够依靠 SB_1 按钮的按下通电自锁。于是，电动机两相定子绕组获得直流电源而进入能耗制动。当电动机转子转速低于速度继电器 KS 吸合保持值时，KS 的常开触点复位，接触器 KM_2 断电释放，能耗制动结束。

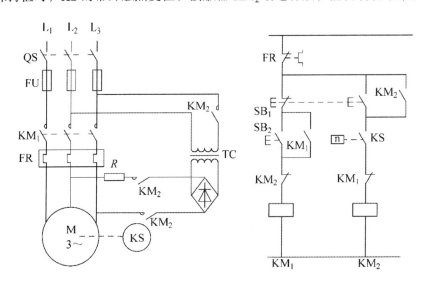

图 8-32 以速度原则控制的单向能耗制动控制电路

2）电动机可逆运行能耗制动控制电路

图 8-33 所示电路是电动机按时间原则可逆运行的能耗制动控制电路。在电动机正常运行过程中，需要停止时，可按下按钮 SB_1，使接触器 KM_1 断电，接触器 KM_3 和时间继电器 KT

吸合并自锁。KM_3 的常闭触点断开，锁住电动机启动运转；KM_3 主触点闭合，使直流电压加至定子绕组，电动机进入正向能耗制动。电动机正向转速迅速下降，当其接近于零时，KT 的延时断开常闭触点断开 KM_3 线圈电源。由于 KM_3 常开辅助触点的复位，KT 也随之失电，电动机正向能耗制动结束。

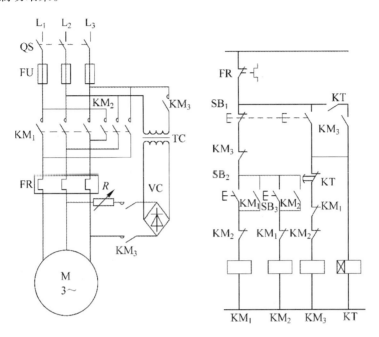

图 8-33　电动机可逆运行的能耗制动控制电路

电动机可逆运行能耗制动也可以速度原则进行控制，用速度继电器取代时间继电器，同样能达到制动的目的。这种电器控制电路读者可自行设计，在这里不做介绍。

按时间原则控制的能耗制动，一般用于负载转速比较稳定的生产机械上。对于那些通过传动系统来实现负载转速变换或者加工零件经常变动的生产机械来说，采用速度原则控制的能耗制动则较为合适。能耗制动反接制动消耗的能量小，其制动电流也比反接制动电流小得多，但能耗制动的制动效果不及反接制动明显，还需要直流电源，控制电路比较复杂，一般适用于电动机容量较大并且启动与制动频繁的场合。

3. 机电结合制动控制电路

机电结合制动是利用机电装置使电动机在断电后迅速停止的方法，一般采用电磁抱闸的制动方式。

电磁抱闸制动分为断电制动和通电制动两种方式。图 8-34 所示为断电制动方式电磁抱闸制动器的外形图，电磁抱闸制动器的文字符号为 YB，电磁抱闸制动器闸轮与电动机轴相连，随电动机一起转动。当线圈通电后，产生的电磁吸力使衔铁克服弹簧作用力将其压缩，使杠杆向外移动。于是闸瓦松开闸轮，电动机启动运转。当线圈断电时，闸瓦在杠杆传递过来的弹簧力的作用下压紧在闸轮上，依靠摩擦力使电动机迅速停车。在具体使用中，应根据生产机械的工艺要求进行制动方式的选择。一般来说，对于电梯、吊车、卷扬机等升降，应采用断电制动方式；对于机床这一类经常需要调整工件位置的生产机械，通常采用通电制动方式。图 8-35 为电磁抱闸制动控制电路，制动线圈可以接入电动机进线端子，如图 8-35（a）所示；也可以直接接入控制回路，如图 8-35（b）所示。这两种制动方式是在线圈断电或未通电时，电动机处于制动状态，故称为断电制动。通电制动则是当线圈通电时电动机处于制动状态，当线圈断电或未通电时电动机处于自由状态。

电磁抱闸制动的特点是制动力矩大、制动迅速、停车准确、操作方便、安全可靠。因此在实际工程中得到了广泛的应用。但是，由于机械制动时间越短，冲击振动越大，将对生产机械传动系统产生不利影响，这一点在使用中务必注意。

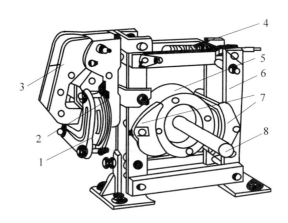

1—线圈；2—铁心；3—动铁心；6—弹簧；5—闸轮；6—杠杆；7—闸瓦；8—轴。

图 8-34　电磁抱闸制动器

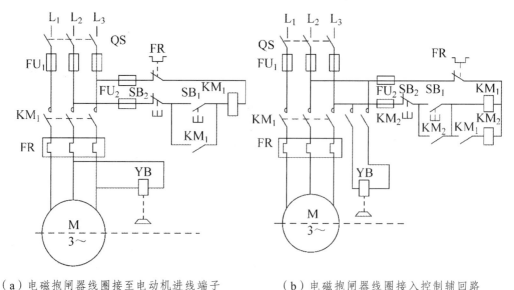

（a）电磁抱闸器线圈接至电动机进线端子　　　　（b）电磁抱闸器线圈接入控制辅回路

图 8-35　电磁抱闸控制电路

8.3.3　电动机调速控制环节

在电气传动系统中，尽管直流电动机具有调速性能好、启动转矩大等优点，但因其存在机械换向这一致命弱点，使得其维护不便，应用环境受到限制，且制造成本高。相对于直流电动机来说，交流电动机（特别是异步电动机）具有结构简单、坚固、运行可靠的特点，在单机容量、供电电压和速度极限等方面也均优于直流电动机，因此，交流电动机在国民经济各部门得到了广泛的应用。

随着电力电子器件、微电子技术、电动机和控制理论的发展，近年来交流电动机调速系统也有了很大进展。电磁调速异步电动机，晶闸管和大功率晶体管逆变器组成的，容量从几千千瓦到几百千瓦的异步电动机变频调速系统投入了工业运行；具备了制造几千千瓦无换向器电动机的能力；微型计算机和矢量变换控制技术在高性能交流传动系统应用中取得了根本性突破；常年以恒速传动的风机和泵类负载，从节能的需要出发，已大量采用交流调速系统；传统上采用直流调速的轧钢、造纸、提升机械以及加工机床、机器人所用的伺服系统等，也已经应用高性能交流调速代替直流调速。应用逆变器的高性能交流传动必将成为调速传动的主流。

交流电动机转速公式为：

$$n = 60f \frac{1-s}{P}$$

式中　P ——电动机定子磁极对数；

　　　f ——供电电源频率；

　　　s ——转差率（同步电动机传动时，$s=0$）。

由上式可知，三相异步电动机的调速可通过改变定子电压频率 f、定子极对数 P 和转差率 s 来实现。具体归纳为变极调速、变频调速、调压调速、转子串电阻调速、串级调速和电磁调速等调速方法。

1. 变极调速

1）△/YY 变极调速控制电路

通常变更绕组极对数的调速方法简称为变极调速。变极调速是通过改变电动机定子绕组的外部接线来改变电动机的极对数。鼠笼式异步电动机转子绕组本身没有固定的极数，改变鼠笼式异步电动机定子绕组的极数以后，转子绕组的极数能够随之变化；绕线式异步电动机的定子绕组极数改变以后，它的转子绕组必须重新组合，往往无法实现。所以，变更绕组极对数的调速方法一般仅适用于鼠笼式异步电动机。

鼠笼式异步电动机常用的变极调速方法有两种：一种是改变定子绕组的接法，即变更定子绕组每相的电流方向；另一种是在定子上设置具有不同极对数的两套互相独立的绕组，又使每套绕组具有变更电流方向的能力。

变极调速是有级调速，速度变换是阶跃式的。用变极调速方式构成的多速电动机一般有双速、三速、四速之分。这种调速方法简单、可靠、成本低，因此在有级调速能够满足要求的机械设备中，广泛采用多速异步电动机作为主拖动电机，如镗床、铣床等。

通过改变三相异步电动机定子绕组的接法，可以变更其极对数，从而改变其转速。当电动机定子绕组为△（三角形）接法时，其极数为 4（两对极）；而当定子绕组为 YY（双星形）

接法时，其极数为 2（一对极）。显然，△接法的转速低，YY 接法的转速高（因转速与极对数成反比）。

图 8-36 是一双速电动机调速电器控制电路，其工作原理及动作过程如下：

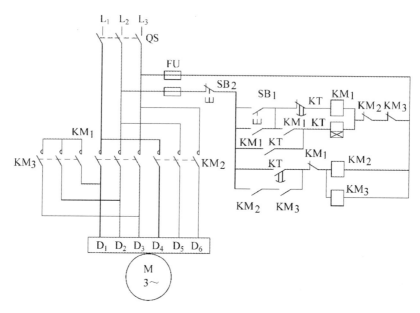

图 8-36　4/2 极双速异步电动机调速电器控制电路

压下按钮 SB_1，电动机定子绕组为△接法低速启动运转，此时接触器 KM_1 和时间继电器 KT 都通电吸合，KT 的常开延时闭合触点延时一会（这"一会"就是事先指定的所需时间）闭合。与此同时，KT 的常闭延时断开触点（延时了一会）断开，使接触器 KM_1 断电释放，而使接触器 KM_2 和 KM_3 得电吸合，电动机定子绕组从△接法换接成 YY 高速运行。因此，KM_1 同 KM_2 和 KM_3 之间必须互锁。此外，图 8-36 中之所以将 KT 的瞬时动作常开触点用作 KT 线圈的自锁，是为了保障 KM_1 失电释放后能使 KM_2 和 KM_3 可靠地得电吸合，从而使电动机从△接法可靠地变换为 YY 接法，即从低速启动可靠地过渡到高速（额定转速）运行。

2）三速电动机变极调速电器控制电路

图 8-37 为三速电动机内部接线示意图。图 8-38（b）和图 8-38（c）为三速电动机启动和自动加速电器控制电路。KM_1、KM_2、KM_3 分别为低速、中速、高速运行接触器；SB_2、SB_3、SB_4 分别为低速、中速、高速运行启动按钮，SB_1 为停止按钮。该控制电路的工作原理及动作过程简述如下。

按 SB_2 启动按钮，KM_1 得电吸合，电动机 M 低速启动运行；KM_1 的两个常闭辅助触点分别对 KM_2 和 KM_3 进行互锁。若要停止电动机运行，只需按 SB_1 便可。其中低速运行和高速运行的动作过程与低速动作过程相同，不再赘述。

自动加速控制电路如图 8-38（c）所示。当按 SB_2 后，中间继电器 KA 得电吸合，使得时间继电器 KT_1 得电吸合，计时开始；与此同时，KM_1 亦得电吸合，电动机 M 低速启动运行。计时到达指定时间后，KT_1 的常开延时闭合触点闭合，使 KM_2 得电吸合，电动机 M 以中速运行；由于时间继电器 KT_2 与 KM_2 同时得电吸合进行计时，到达指定时间后，KT_2 的常开延时闭合触点闭合，使 KM_3 得电吸合，电动机 M 高速运行，到此自动加速过程结束。

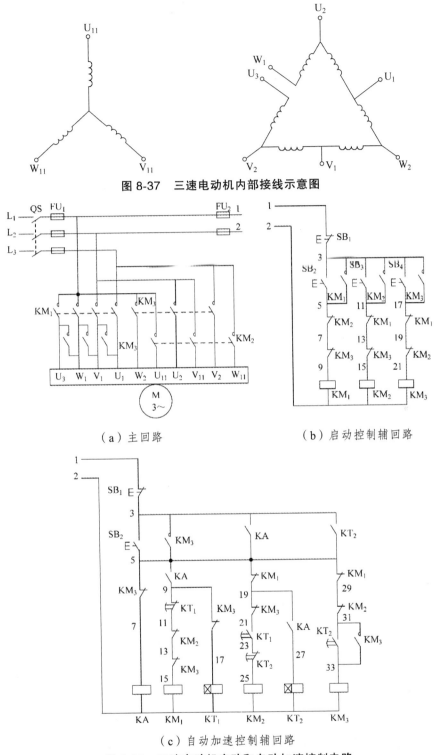

图 8-37 三速电动机内部接线示意图

（a）主回路

（b）启动控制辅回路

（c）自动加速控制辅回路

图 8-38 三速电动机启动和自动加速控制电路

2. 变频调速控制电路

变频调速就是改变异步电动机的电源频率 f，利用电动机的同步转速随频率变化的特性进行调速。在交流异步电动机的诸多调速方法中，变频调速的性能最好，调速范围大，稳定性好，运行频率高。采用通用变频器对笼型异步电动机进行调速控制，由于使用方便，可靠性高并且经济效益显著，所以逐步得到推广应用。

图 8-39 所示电路是一个多档变频调速电器控制电路，其变频器各档频率（速度）可由相应的程序段来控制，如图 8-40 所示。各程序段之间的切换由外部条件决定，如龙门刨床的刨台往复运动的转速及转向切换是由接近开关（行程开关）的状态决定的。电动机启动后以转速 n_1（对应频率 f_1）运行；当碰到行程开关 SQ_1 时，转速升高为 n_2（对应频率 f_2），进入第二个阶段；当碰到行程开关 SQ_2 时，转速下降至 n_3（对应频率 f_3），进入第三个程序段；当碰到行程开关 SQ_3 时，电动机降速并停止，程序结束。

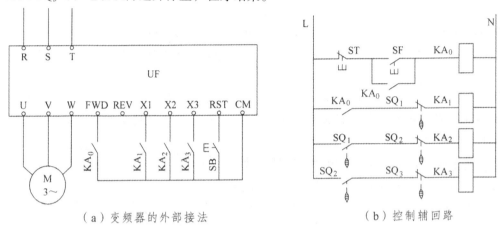

（a）变频器的外部接法　　　　　　　　（b）控制辅回路

图 8-39　多档变频调速电器控制电路

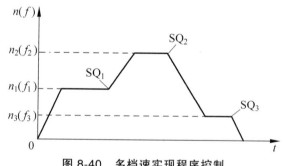

图 8-40　多档速实现程序控制

变频器接法如图 8-39（a）所示，电动机启动后的第一挡工作频率由 X_1 的状态决定；第二挡工作频率由 X_2 的状态决定；第三挡工作频率由 X_3 的状态决定。

电器控制电路工作步序如下：

（1）启动：按下按钮 SF，使中间继电器 KA_0 的线圈得电并自锁，其触点将变频器的 FWD 与 CM 接通，电动机开始升速。同时，使中间继电器 KA_1 线圈得电，将变频器的 X_1 与 CM 接通，决定了第一挡的工作频率 f_1。

（2）第一次切换：接近开关 SQ_1 动作，使 KA_1 线圈失电，中间继电器 KA_2 线圈得电，进而使变频器的 X_1 与 CM 断开，而 X_2 与 CM 接通，决定了第二挡的工作频率 f_2。

（3）第二次切换：接近开关 SQ_2 动作，使 KA_2 线圈失电，中间继电器 KA_3 线圈得电，进而使变频器的 X_2 与 CM 断开，而 X_3 与 CM 接通，决定了第三挡的工作频率 f_3。

（4）程序的结束：接近开关 SQ_3 动作，使 KA_3 线圈失电，进而使变频器的 X_3 与 KM 断开，输出频率下降至 0。

如果转速档超过 4 档，则可考虑用 PLC 来进行控制。（略）

3. 变转差率调速控制电路

变转差率调速包括调压调速、转子串电阻调速、串级调速和电磁调速等调速方法。调压调速是异步电动机调速系统中比较简单的一种，就是改变定子外加电压来改变电机在一定输出转矩下的转速。调压调速目前主要通过调整晶闸管的触发角来改变异步电动机端电压进行调速，这种调速方式仅用于小容量电动机。

转子串电阻调速是在绕线式异步电动机转子外电路上接可变电阻，通过对可变电阻的调节来改变电动机机械特性斜率实现调速。电机转速可以有级调速，也可以无级调速，其结构简单，价格便宜，但转差功率损耗在电阻上，效率随转差率增加等比下降，故这种方法目前用得不多。

电磁转差离合器调速是在鼠笼型异步电动机和负载之间串接电磁转差离合器（电磁耦合器），通过调节电磁转差离合器的励磁来改变转差率进行调速。这种调速系统结构适用于调速性能要求不高的小容量传动控制场合。

串级调速就是在绕线式异步电动机的转子侧引入控制变量，如附加电动势来改变电动机的转速进行调速。基本原理是在绕线转子异步电动机转子侧通过二极管或晶闸管整流桥，将转差频率交流电变为直流电，再经可控逆变器获得可调的直流电压作为调速所需的附加直流电动势，将转差功率变换为机械能加以利用或使其反馈回电源而进行调速。

改变三相异步电动机的转差率来调节其转速的方法，在绕线式三相异步电动机的调速中经常采用，当电动机轴上负载转矩一定时，改变转子回路电阻，即改变了转差率，便可改变电动机的转速，串接于转子回路中的电阻大，则转速低，串接的电阻小，则转速高，这种调速范围一般为 3∶1。图 8-41 为三相绕线式电动机转子电路串接电阻进行调速的电器控制电路。其工作原理和动作过程简述如下。

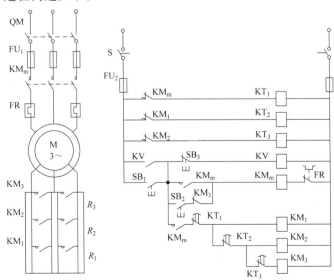

图 8-41　三相绕线式异步电动机转子电路串电阻调速的电器控制电路

合上电源开关 QM 和 S 后，断电延时的时间继电器 KT$_1$~KT$_3$ 均通电吸合，它们的延时闭合常闭触点立即断开。按下按钮 SB$_1$，欠压继电器 KV 通电吸合，其常开触点闭合，监控欠压现象。按下按钮 SB$_2$，接触器 KM$_m$ 通电吸合，电动机低速启动。KM$_m$ 的常闭辅助触点断开，KT$_1$ 失电释放，其延时闭合常闭触点延时一会闭合，接触器 KM$_1$ 通电吸合，切除电动机转子回路串接电阻 R$_1$，电动机转速升高。KM$_1$ 的常闭辅助触点断开，使时间继电器 KT$_2$ 断电释放，其延时闭合的常闭触点延时一会闭合，接触器 KM$_2$ 通电吸合，将电动机转子回路串接电阻 R$_2$ 切除，电动机转速进一步升高。KM$_2$ 的常闭辅助触点断开，KT$_3$ 失电释放，其延时闭合的常闭触点延时一会闭合，使接触器 KM$_3$ 通电吸合，切除电动机转子回路串接电阻 R$_3$，于是电动机转子回路所有外接电阻都被切除，电动机转速又一次升高，即最后在额定转速下运行。

8.4 电器控制系统在机床等设备的应用实例分析

本节主要介绍电器控制系统在实际工程中的典型应用实例，包括机床（以典型铣床为例）、起重机等控制实例分析。着重论述各被控制对象对电器控制系统的要求以及对各电器控制电路进行分析。

机床电气控制电路分析步骤：

（1）了解机床的主要结构、运动方式、各部分对电气控制的要求；

（2）分析主电路：了解各电动机的用途、传动方案、控制方法及其工作状态；

（3）分析控制电路和执行电路：拆分成基本环节来分析各主令电器（如操作手柄、开关、按钮）在电路中的功能；

（4）分析电路中所能实现的保护、联锁、信号和照明电路的控制。

8.4.1 典型铣床电器控制

铣床可用来加工各种形式的平面、斜面、沟槽等型面，装上分度头以后，可以加工直齿轮或螺旋面，装上圆工作台则可以加工凸轮和弧形槽。一般中小型铣床都采用三相笼型异步电动机驱动，并且主轴旋转运动与工作台进给运动分别由单独的电动机驱动，铣床的主运动为主轴带动刀具的旋转运动，它有顺铣和逆铣两种加工方式。进给运动为工件相对铣刀的移动，即工作台的进给运动。进给运动有工作台水平左右（纵向）、前后（横向）和上下（垂直）方向的运动以及圆工作台的旋转运动。铣床的种类很多，有卧铣、立铣、龙门铣、仿形铣以及各种专业铣床，这里以 X62W 型卧式铣床为例，分析中小型铣床的电器控制电路。

1. 铣床运动对电器控制电路的要求

铣床的主轴运动和工作台进给运动之间是没有速度比要求的，所以主轴与工作台各自采用单独笼型异步电动机驱动，并有不同的控制要求：

（1）主轴电动机空载直接启动，为满足顺铣和逆铣工作方式，要求主轴电动机 M$_1$ 能够正转和反转。可根据铣刀的种类预先选择转向。在加工过程中不需要改变电动机的旋转方向。

（2）为减小负载波动对铣刀转速的影响以保证加工质量，主轴上装有飞轮，其动惯量较大，为此，要求主轴电动机有停止制动控制，以提高工作效率，同时从安全和操作方面考虑，换刀时主轴也处于制动状态，主轴电动机可在两处实行启停控制操作。

（3）工作台的纵向、横向、垂直单个方向的进给运动由一台进给电动机 M_2 驱动，并且采用直接启动方式，三个方向的选择由操作手柄改变机械传动链来实现。每个方向有正、反向运动，要求 M_1 能正、反转。从设备使用安全考虑，同一时间只允许工作台向一个方向移动，所以三个方向的运动之间必须互锁，并由手柄操作机械离合器选择进给运动的方向。

（4）为了缩短调整运动的时间，提高生产效率，工作台应有快速移动控制，X62W 型卧式铣床是采用快速电磁铁吸合改变传动链的传动比来实现的。

（5）使用圆工作台的时，要求圆工作台的旋转运动与工作台的上下、左右、前后三个方向的运动之间应有互锁控制，即圆工作台旋转时，工作台不能向其他方向移动（进给运动全部停止）。

（6）为适应加工的需要，主轴转速与进给速度应有较宽的调速范围，X62W 型卧式铣床采用机械变速的方法，通过改变变速箱传动比来实现，为保证变速时齿轮易于啮合，减小齿轮端面的冲击，要求变速时电动机有瞬时点动（短时转动）控制。

（7）冷却泵由一台电动机 M_3 驱动，在铣削加工时提供切削液。

（8）根据工艺要求，主轴旋转与工作台进给运动应有先后顺序。启动时应先开主轴电动机，然后才开进给电动机；停车时，先停进给电动机，后停主轴电动机。

（9）为了操作方便，主轴电动机的启动和停止及工作台快速移动可以在两处控制。

2. 铣床电器控制电路分析

X62W 型卧式万能铣床的控制电路如图 8-42 所示。该铣床控制电路的显著特点是控制由机械装置和电器装置密切配合进行。它由主回路、控制辅回路和其他一些辅回路组成。该铣床的电器控制电路所用电器元件一览表如表 8-4 所示。

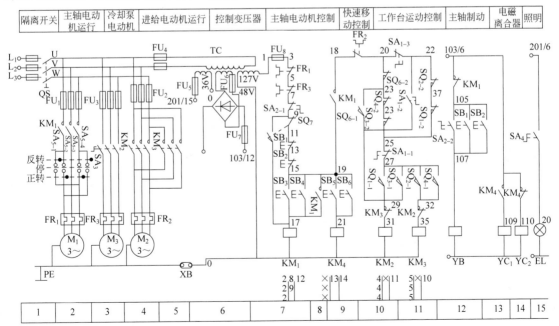

图 8-42　X62W 型万能铣床控制电路原理图

表 8-4　铣床所用电器元件一览表

符号	名称及用途	符号	名称及用途
M_1	主轴电动机	SA_4	照明灯开关
M_2	进给电动机	SA_5	主轴换向开关
M_3	冷却泵电动机	QS	电源隔离开关
KM_1	主电动机启动接触器	SB_1　SB_2	主轴停止按钮
KM_2	进给电动机正转接触器	SB_3　SB_4	主轴启动按钮
KM_3	进给电动机反转接触器	SB_5　SB_6	工作台快速移动按钮
KM_4	快速接触器	FR_1	主轴电动机热继电器
SQ_1	工作台向右进给行程开关	FR_2	进给电动机热继电器
SQ_2	工作台向左进给行程开关	FR_3	冷却泵电动机热继电器
SQ_3	工作台向前，向下进给行程开关	$FU_{1\sim8}$	熔断器
SQ_4	工作台向后，向上进给行程开关	TC	变压器
SQ_6	进给变速瞬时点动开关	VC	整流器
SQ_7	主轴变速瞬时点动开关	YB	主轴制动电磁制动器
SA_1	工作台转换开关	YC_1	电磁离合器（快速传动链）
SA_2	主轴上刀制动开关	YC_2	电磁离合器（工作传动链）
SA_3	冷却泵开关		

1）主回路分析

铣床是逆铣方式加工还是顺铣方式加工，开始工作前即已选定，在加工过程中是不改变的。为简化控制电路，主轴电动机 M_1 正转与反转通过组合开关 SA_5 手动切换，接触器 KM_1 的主触点只控制 M_1 的电源接通与断开。

进给电动机 M_2 在工作过程中频繁变换转动方向，因而采用接触器控制其正转与反转。

冷却泵驱动电动机 M_3 根据加工需要提供切削液，采用转换开关 SA_3 在其主回路中手动接通和断开它的电源。

2）控制回路分析

铣床控制回路比较复杂一些，尤其是电器控制电路，许多地方与机械装置开关相关，因此，分析该回路时应注意机械装置和电气装置的配合关系。

（1）控制回路的电源。

控制回路电压为 127 V，由控制变压器 TC 提供。

（2）主轴电动机的控制。

① 主轴电动机启动控制。

主轴电动机空载时直接启动。启动前，由组合开关 SA_5 选定电动机的转向，控制回路中选择开关 SA_2 选定主轴电动机为正常工作方式，即 SA_{2-1} 触点闭合，SA_{2-2} 触点断开。然后通过压动启动按钮 SB_3 和 SB_4，接通主轴电动机启动控制接触器 KM_1 的吸引线圈电源回路并自锁，KM_1 的主触点闭合，主轴电动机按给定方向启动旋转。压动停止按钮 SB_1 或 SB_2，主轴电动机停转。$SB_1 \sim SB_4$ 分别位于两个操作板上，从而实现主轴电动机的两地操作控制。

② 主轴电动机制动及换刀控制。

为使主轴能迅速停住，控制电路采用电磁制动器进行主轴停车制动。按下停车按钮 SB_1 或 SB_2，其动断触点使接触器 KM_1 的线圈失电，电动机定子绕组脱离电源，同时 SB_1 或 SB_2 的动合触点闭合，接通电磁制动器 YB 的线圈电路，对主轴进行停车制动。

当进行换刀和上刀操作时，为了防止工作主轴意外转动造成事故以及为上刀方便，主轴也需要处在断电停车和制动状态。此时工作状态选择开关 SA，由正常工作状态位置扳到上刀制动状态位置，即 $SA_{2\text{-}1}$ 触点断开，切断接触器 KM_1 的吸引线圈电源，使主轴电动机不能启动；$SA_{2\text{-}1}$ 触点闭合，接通电磁制动器 YB 的线圈电源，使主轴处于制动状态不能转动，保证上刀换刀工作顺利进行。

③ 主轴变速时的瞬间点动。

主轴变速可在主轴不动时进行，也可在主轴旋转时进行。变速时，变速手柄被拉出，然后转动变速手柄选择转速，转速选定后将变速手柄复位。因为变速是通过机械变速机构实现的，变速手轮选定应进入啮合的齿轮，齿轮啮合到位即可输出选定转速。但是当齿轮没有进入正常的啮合状态时，则需要主轴有瞬时点动功能，以调整齿轮位置，使齿轮进入正常啮合。主轴瞬时点动是由复位手柄与行程开关 SQ_7 组合构成的点动控制电路实现的。变速手柄在复位过程中压动瞬时点动行程开关 SQ_7，其动合触点闭合，使 KM_1 得电吸合，主轴电动机转动，SQ_7 的动断触点切断 KM_1 吸引线圈电源回路的自锁，使此回路随时可被切断。变速手柄复位后，松开 SQ_7，M_1 停转，完成一次瞬间点动。

手柄复位要求迅速、连续，一次不到位应立即拉出，以免 SQ_7 没能及时松开，M_1 转速上升，在齿轮未啮合好的情况下打坏齿轮。一次瞬间点动不能实现齿轮良好的啮合时，应立即拉出复位手柄，重新进行复位瞬间点动的操作。

（3）进给电动机 M_2 的控制。

进给电动机 M_2 的控制回路分为三部分：第一部分为顺序制约部分，当主轴电动机 M_1 启动后，其控制接触器 KM_1 的动合辅助触点闭合，进给电动机控制接触器 KM_2 与 KM_3 的吸引线圈电源回路方能通电工作；第二部分为工作台各进给运动之间的互锁制约控制部分，这一部分的控制作用既可实现工作台各运动之间的制约互锁，也可实现工作台工作与圆工作台工作之间的制约互锁；第三部分为进给电动机正反转控制部分。

① 工作台纵向进给运动的控制。

工作台纵向进给运动时，十字架复式手柄应放在中间位置，圆工作台转换开关放在"断开"位置，工作台纵向进给运动由纵向操作手柄和行程开关 SQ_1 和 SQ_2 组合控制。纵向操作手柄有左右两个工作位和一个中间停止位。纵向手柄扳到工作位时，带动机械离合器，接通纵向进给运动的机械传动链，同时压动行程开关 SQ_1（或 SQ_2）。其动合触点闭合使接触器 KM_2（或 KM_3）得电吸合，其主触点闭合，进给电动机正转（或反转），驱动工作台向右（或向左）移动进给，各个行程开关的动断触点在运动互锁控制电路部分构成互锁控制功能。手动选择开关 SA_1 选择工作台工作（或是圆工作台工作）。触点 $SA_{1\text{-}1}$ 与 $SA_{1\text{-}3}$ 闭合，构成工作台运动连通电路，触点 $SA_{1\text{-}2}$ 断开，切断圆工作台控制回路。工作台控制回路与圆工作台控制回路分别见图 8-43（a）和图 8-43（b）。工作台纵向进给的控制回路由 KM_1 动合辅助触点开始，路径为 $SQ_{6-2} \rightarrow SQ_{4-2} \rightarrow SQ_{3-2} \rightarrow SA_{1-1} \rightarrow SQ_{1-1} \rightarrow KM_3$ 常闭触点 $\rightarrow KM_2$ 吸引线圈（或经 $SA_{1-1} \rightarrow SQ_{2-1} \rightarrow KM_2$ 的常闭触点 $\rightarrow KM_3$ 的吸引线圈）。

工作台纵向进给的控制过程如下：纵向手柄扳在右位时，即合上了纵向进给机械离合器，同时压下行程开关 SQ_1，KM_2 线圈得电，电动机 M_2 正转（即工作台右移）；纵向手柄扳在左位时，即合上了纵向进给机械离合器，同时压下行程开关 SQ_2，KM_3 线圈得电，电动机 M_2 反转（即工作台左移）。纵向操作手柄扳到中间位置时，纵向机械离合器脱开，行程开关 SQ_1 与 SQ_2 不受压，因此进给电动机不转动，工作台停止转动，工作台的两端安装有限位撞块，当工作台运行到达终点位时，撞块撞击纵向操作手柄，使其回到中间位置，实现工作台的终停车。

②工作台横向和升降进给运动控制。

工作台横向和升降进给运动时，手柄应放在中间位置，圆工作台转换开关放在"断开"位置。工作台进给运动的选择和互锁是通过十字复式手柄和行程开关 SQ_3 及 SQ_4 组合来实现的。操作手柄有上、下、前、后四个工作位置和一个中间不工作位置，扳动此手柄到选定运动方向的工作位，即可接通该运动方向的机械链，同时压动行程开关 SQ_3（或 SQ_4），其动合触点闭合，使控制进给电动机转动的接触器 KM_2（或 KM_3）得电吸合，电动机 M_2 转动，工作台按相应的方向移动；SQ_3（或 SQ_4）的动断触点如同纵向行程开关 SQ_1（或 SQ_2）一样，构成运动的互锁控制。此控制回路由主轴电动机控制接触器 KM_1 的动合辅触点开始，其路径为 $SA_{1-3} \rightarrow SQ_{2-2} \rightarrow SQ_{1-2} \rightarrow SA_{1-1} \rightarrow SQ_{3-1} \rightarrow KM_3$ 的常闭触点 $\rightarrow KM_2$ 吸引线圈（或由 SA_{1-1} 经 $SQ_{4-1} \rightarrow KM_2$ 的常闭触点 $\rightarrow KM_3$ 吸引线圈）。

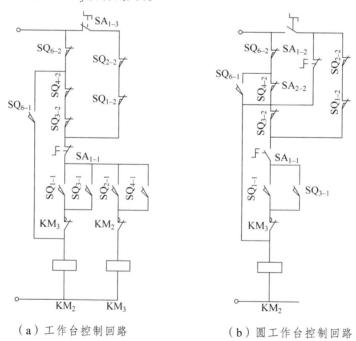

（a）工作台控制回路　　　　（b）圆工作台控制回路

图 8-43　工作台和圆工作台控制回路

工作台横向与垂直方向进给控制过程如下：十字复式手柄扳在上方时，即合上了垂直进给机械离合器，同时压下行程开关 SQ_3，KM_2 线圈得电，电动机 M_2 正转（即工作台上移）；

十字复式手柄扳在下方时，即合上了垂直进给机械离合器，同时压下行程开关 SQ_4，KM_3 线圈得电，电动机 M_2 反转（即工作台下移）；十字复式手柄扳在右方（前）时，即合上了横向进给机械离合器，同时压下行程开关 SQ_3，KM_2 线圈得电，电动机 M_2 正转（即工作台前移）；十字复式手柄扳在左方（后）时，即合上了横向进给机械离合器，同时压下行程开关 SQ_4，KM_3 线圈得电，电动机 M_2 反转（即工作台后移）。十字复式操作手柄扳到中间位置时，横向与垂直方向的机械离合器脱开，SQ_3 与 SQ_4 均不受压，因此进给电动机停转，工作台停止移动。固定在床身上的挡板在工作台移动到极限位置时，撞击十字复式操作手柄，使其回到中间位置，切断相应电路，从而使工作台在进给终点停车。

③ 工作台进给运动的互锁控制。

由于操作手柄在"工作"位置时只存在一种运动选择，因此铣床直线进给运动之间的互锁只要满足两个操作手柄之间的互锁即可实现。互锁控制电路由两条电路并联组成，纵向操作手柄控制的行程开关 SQ_1 和 SQ_2 的动断触点串联在一条支路上，十字复式手柄的行程开关 SQ_3 与 SQ_4 动断触点串联在另一条支路上，扳动任何一个操作手柄，只能切断其中一条支路，另一条支路仍能正常通电，使接触器 KM_2 或 KM_3 的吸引线圈不会失电；若同时扳动两个操作手柄，则两条支路均被切断，接触器 KM_2 或 KM_3 断电释放，工作台立即停止移动，从而防止机床由于运动干涉造成设备事故。

④ 工作台的快速移动。

工作台选定进给方向后，可通过电磁离合器接通快速机械传动链，实现工作台空行程的快速移动。快速移动通过按钮 SB_5（或 SB_6）手动控制，按下 SB_5（或 SB_6），接触器 KM_4 得电吸合，其动断触点断开，进给电磁离合器 YC_1 线圈得电，接通快速移动传动链，工作台沿给定的进给方向快速移动；松开按钮 SB_5（或 SB_6），KM_4 失电释放，恢复工作台的工作进给。

⑤ 圆工作台运动控制。

为了扩大铣床的加工能力，可在铣床的工作台上安装圆工作台。在使用圆工作台时，工作台纵向操作手柄及十字操作手柄都置于中间位置，工作台选择开关 SA_1 的 SA_{1-1} 和 SA_{1-3} 两触点断开，SA_{1-2} 触点闭合，构成如图 8-43（b）所示的圆工作台控制回路，此时工作台的操作手柄均扳在中间停止位。该控制回路由主轴电动机控制接触器 KM_1 的动合辅触点开始，其路径为 $SQ_{6-2} \rightarrow SQ_{4-2} \rightarrow SQ_{3-2} \rightarrow SA_{1-1} \rightarrow SQ_{1-1} \rightarrow KM_3$ 的常闭辅触点 $\rightarrow KM_2$ 的吸引线圈（或从 KM_1 的动合辅触点开始 $\rightarrow SQ_{2-2} \rightarrow SQ_{1-2} \rightarrow SA_{1-1} \rightarrow SQ_{3-1} \rightarrow KM_3$ 的常闭辅触点 $\rightarrow KM_2$ 的吸引线圈）。当 KM_2 主触点闭合时，进给电动机 M_2 正转，驱动圆工作台转动，圆工作台只能单方向转动。圆工作台控制回路串联了工作台所用进给行程开关 $SQ_1 \sim SQ_4$ 的动断触点，因此工作台任一操作手柄扳到工作位置，都会压动这四个行程开关，切断圆工作台的控制回路，使其立即停止转动，从而起到工作台进给运动和圆工作台转动之间的互锁保护作用。

⑥ 工作台变速时的瞬时点动。

工作台变速瞬时点动控制原理与主轴变速瞬时点动原理相同。变速手柄拉出后选择转速，再将手柄复位，变速手柄在复位的过程中压动瞬时点动行程开关 SQ_6，其动合触点闭合，接通接触器 KM_2，SQ_6 的动断触点切断 KM_2 吸引线圈回路的自锁。变速手柄复位后，松开行程开关 SQ_6。与主轴瞬时点动操作相同，也要求手柄复位时迅速且连续，一次不到位要立即拉出变速手柄，再重复瞬时点动的操作，直到实现齿轮处于良好啮合状态，进而正常工作。

从以上分析可知，X62W 型卧式万能铣床电器控制电路有如下优点：

（1）电器控制电路与机械装置操作配合相当密切，因此分析该电器控制电路要全面和详细地了解机械装置与电控系统的关系。

（2）运动速度的调整主要是依靠机械方法，因此简化了电器控制系统中的调速控制回路，但机械装置就相对比较复杂。

（3）控制回路中设置了变速时瞬时点动控制，从而使变速能顺利进行。

（4）采用两处控制使得操作方便。

（5）设置有完善的电器互锁和机械互锁环节，并具有短路、零（欠）压、过载及超行程限位保护装置。

8.4.2 典型起重机电器控制

普通起重机是一种用来起吊和下放重物以及在固定范围内卸装和搬运物料的起重机械，一般具有提升重物的起升机构和平移机构，起升机构可将重物提升或放下，广泛应用于工矿企业、车站、港口、仓库、建筑工地等场所，是现代化建设不可缺少的机械设备。

起重机按其结构的不同可分为桥式起重机、门式起重机、塔式起重等；按起吊的重量可分为三级：小型（5 ~ 10 t），中型（10 ~ 15 t），重型及特重型（50 t 以上）。桥式起重机具有最为普遍和典型的代表性，因此分析其控制电路至关重要。

桥式起重机由桥架（大车）、小车和提升机构组成。桥架沿着轨道做纵向移动，小车沿着轨道做横向移动，提升机构安装在小车上，分别有主起升机构和副起升机构。

驱动起重机的电动机是专为起重机设计的电动机，具有较高的机械强度和较大的过载能力。为了减小启动和制动时的能量损耗，电枢做成细长状，以减小转动惯量，降低能量的损失，同时也加快过渡过程。电枢温升高于励磁绕组，因此提高了电枢绕组的热能品质指标。

中小型起重机主要使用交流电动机，国产交流起重专用电动机有 JZR（绕线转子型）和 JZ（笼型）两种型号。大型起重机一般使用直流电动机，直流起重专用电动机有 ZZK 和 ZZ 两种型号，均有并励、串励和复励三种励磁方式。

1. 起重机运动对电器控制电路的要求

为了提高起重机的生产效率及其可靠性和安全性，对起重机的电器控制电路提出下列要求：

（1）空钩能快速升降，以提高生产效率，轻载的提升速度应大于满载的提升速度。

（2）具有足够的调速范围，普通起重机的调速范围为 3:1，而有些特殊起重机的调速范围高达 10:1。

（3）起升或下降重物至预定位置附近时，都需要低速运行，所以 30%额定速度内应分为几挡，以便灵活操作。高速向低速过渡应能连续减速，保持平衡运行。

（4）提升第一挡是为了消除传动间隙，使钢丝绳张紧，称之为预备级。该级电动机启动转矩不能过大，以免产生过强的机械冲击，一般限定在额定转矩的 50%以下。

（5）负载下降时，根据负载的大小，起升电动机输出的转矩性质可以是电动性的或制动性的，二者的转换是自动进行的。

（6）为确保安全，采用电器装置与机械装置双重制动，既可以减小机械抱闸的磨损，又可以防止突然断电造成无制动力矩，导致重物自由下落引起设备事故和人事事故的发生。

（7）应具备完好的电器保护与互锁设备。

2. 起重机电器控制电路分析

起吊负荷在 15 t 以上的桥式起重机有主、副提升机构，简称主钩和副钩。通常主钩用来提升重物，副钩除用于提升轻物外还可协同主钩倾斜或翻倒工件。不允许两个钩同时提升两个物体。当两个钩同时工作时，物体质量不超过主钩起重量。

桥式起重机采用多电动机拖动，其中主钩电动机拖动主钩上升下降，将重物吊起或下放；副钩电动机拖动副钩上升下降，辅助主钩将重物吊起或下放；小车电动机拖动小车移动，将重物前后传送；大车电动机拖动大车移动，将重物左右传送。30/5 t 桥式起重机的电器控制电如图 8-44 所示，下面分析主回路，控制回路及其保护环节的基本工作原理和主要动作过程。

1）主电路工作原理

电源区中的 L1、L2、L3 三相电源是经隔离开关 QS1 控制后送到后级线路的，而电源区中的电流继电器 KI0 用于整个线路的过电流保护。主回路各电动机中的电磁制动器 YB 均采用有电压松开、无电压抱闸的制动方式，这是一种典型的机电结合制动方式。

① 主钩电动机 M5。

主钩电动机 M5 在主钩区中，用于带动主钩上升下降，使重物上下移动。

M5 主要由主令控制器（磁力控制屏）SA2 控制，主钩电动机的正向、反向转动，受交流接触器 KM2、KM3 各两组常开触点的控制，KM2、KM3 的主线圈在主钩定子控制区。KI5 为电流继电器，用于电动机的过电流和过载保护，其常闭触点也设置在安全联锁区，一旦电动机过载，KI5 的常闭触点就会断开，从而切断 KM 主线圈的供电，使 M5 停止工作，以防电动机长期过载而损坏。由于 M5 的容量大，因此力矩大，故采用两个电磁制动器 YB1 和 YB2 进行制动。转子外接电阻的切除由 KM5～KM10 的常开触点控制。

② 副钩电动机 M1。

副钩电动机 M1 在副钩区中，用于带动副钩上下移动，来实现辅助主钩搬运重物。

副钩电动机的正向、反向转动受凸轮控制器 QM1 的 1、2、3、4 四个触点的控制。转子外接电阻由凸轮控制器 QM1 的 5、6、7、8、9 五个常开触点的控制。电流继电器 KI1 实现过流和过载保护。电磁制动器 YB3 实现电机制动。

③ 小车电动机 M2。

小车电动机 M2 在小车区中，用于驱动小车实现重物的前后移动。

小车电动机的正向，反向转动受凸轮控制器 QM2 的 1，2，3，4 四个触点的控制。转子外接电阻由凸轮控制器 QM2 的 5，6，7，8，9 五个常开触点的控制。电流继电器 KI2 实现过流和过载保护。电磁制动器 YB4 实现电机制动。

④ 大车电动机 M3、M4。

大车电动机带动大车移动，来完成对重物的左右传送。

大车电动机的正向、反向转动受凸轮控制器 QM3 的 1、2、3、4 四个触点的控制。转子外接电阻由凸轮控制器 QM3 常开触点的控制。电流继电器 KI3、KI4 实现两个电机的过流和过载保护。电磁制动器 YB5、YB6 实现两个电机制动。

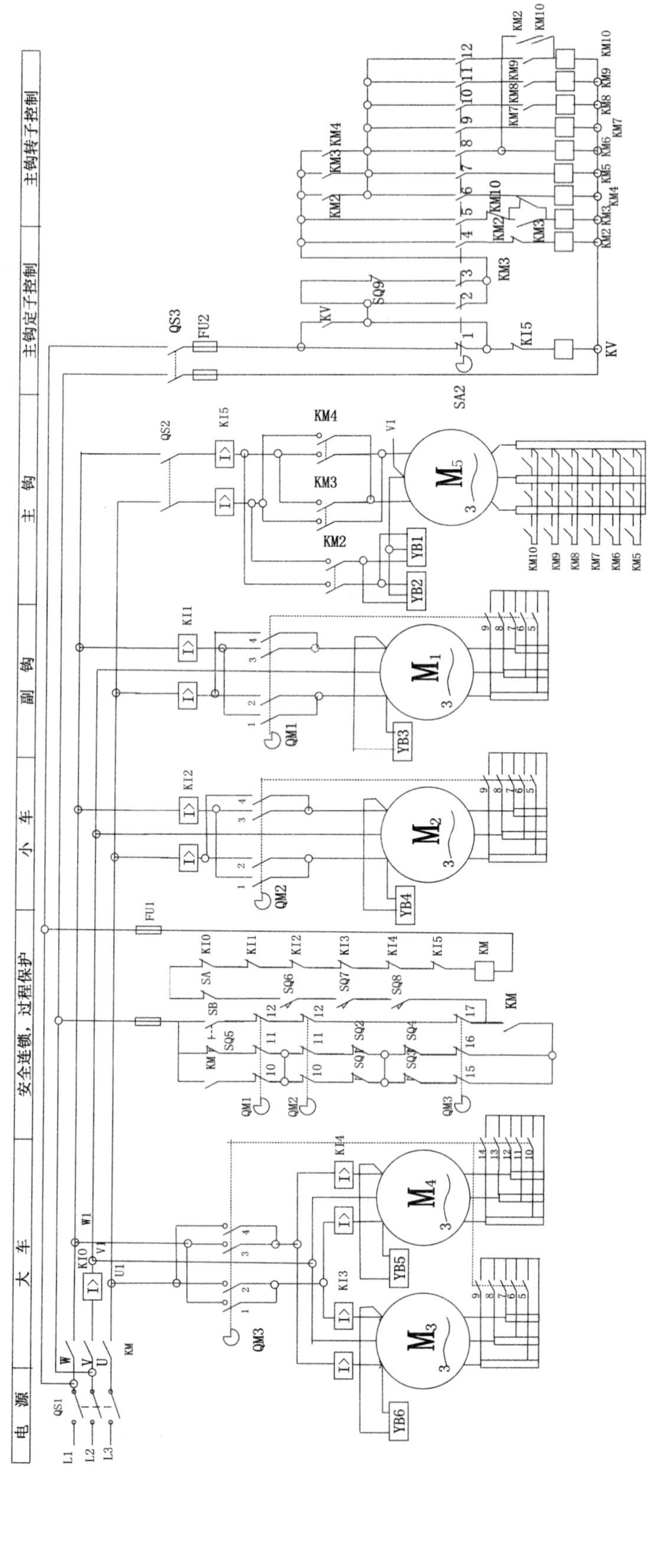

图 8-44 桥式起重机电器控制电路

2）控制电路的工作原理

① 主钩控制回路。

当 SA2 扳到"上升 1"位置时，其触点 SA2-3，SA2-5，SA2-6，SA2-7 均闭合（见表 8-5 和表 8-6，表中将 SA2 各触点简记为 K）。触点 3 闭合，将提升限位开关 SQ9 串入电路，起提升限位保护作用。触点 5 闭合，提升接触器 KM3 通电吸合并自锁，电机 M5 定子绕组加正向电压；接触器 KM3 辅助触点吸合，为切除各级电阻的接触器和接通电磁制动器做准备。触点 6 闭合，制动接触器 KM4 通电吸合并自锁，制动电磁铁松开电磁抱闸，提升机 M5 自由旋转。触点 7 闭合，转子电阻接触器 KM5 通电吸合并自锁，其常开触点闭合，转子切除一级电阻。

当 SA2 扳到"上升 2"位置时，较"1"挡增加了触点 8，接触器 KM6 通电吸合，其主触点闭合，又切除一级转子电阻，电动机转速增加。

当 SA2 扳到"上升 3"位置时，增加了触点 9，接触器 KM7 通电吸合，其主触点闭合，又切除一级转子电阻。电动机转速增加。其辅助触点 KM7 闭合，为 KM8 通电做准备。

当 SA2 扳到"上升 4，5，6"位置时。接触器 KM8、KM9、KM10 相继通电吸合，分别切除各段转子电阻。当 SA2 扳到"上升 6"位置时，只剩一段电阻，其余全部切除，电动机转速最高。

当 SA2 扳到"下降 C"位置时，触点 1 断开，电压继电器 KV 仍通电自锁，触点 3、5、7、8 闭合。触点 3 闭合，将提升限位开关 SQ9 串入电路，起提升限位保护作用。触点 5 闭合，提升接触器 KM3 通电吸合并自锁，电机 M5 定子绕组加正向电压；接触器 KM3 辅助触点吸合，为切除各级电阻的接触器和制动接触器 KM4 通电吸合做准备。触点 7、8 闭合，接触器 KM5、KM6 通电吸合，转子切除二级电阻。这时虽然加正向电压，但制动接触器 KM4 未断电，电磁抱闸未松开，电机无法转动。

当 SA2 扳到"下降 1"位置时，触点 3、5、6、7 闭合，将提升限位开关 SQ9 串入电路，正向接触器 KM3 和制动接触器 KM4、KM5 闭合，电机转动。

当 SA2 扳到"下降 2"位置时，触点 3、5、6 闭合，转子加入全部电阻，电磁转矩减小，下降速度加快。

当 SA2 扳到"下降 3"位置时，触点 2、4、6、7、8 闭合。触点 2 闭合，为下面做准备。触点 4、6 闭合，反向接触器 KM2 和制动接触器 KM4 闭合，电机 M5 定子绕组加反向电压，反向接触点 KM2 闭合，为切除各级电阻的接触器和接通电磁制动器做准备。触点 7、8 闭合，转子中切除二级电阻，下降速度增大。

当 SA2 扳到"下降 4"位置时，增加 9 触点闭合，接触器 KM7 通电吸合，再切除一级电阻。

当 SA2 扳到"下降 5"位置时，增加 10、11、12 触点闭合，接触器 KM8、KM9、KM10 通电吸合，仅剩一段电阻，其余全被切除，下降速度最大。

② 副钩控制回路。

（见表 8-5，表中将凸轮控制器各触点简记为 K）用凸轮控制器 QM1 来控制副钩的工作，其正向和反向控制是对称的。

当 QM1 从"零位"扳到"上升"（或"下降"）某一位置时，接通电动机 M1 的电源，使 M2 正转（或反转），驱动副钩上升（或下降），并且根据 SA2 在不同的挡位，切除 M2 转子电路对应的外接电阻段，来加大速度或降低速度。另外，在 M1 通电的同时，电磁制动器 YB2 得电松开制动 M1 的抱闸，使 M1 驱动副钩机构运动工作。

表 8-5　主起升主令控制器 SA2 触点闭合表

触点	下降						零位	启动					
	强力			制动									
	5	4	3	2	1	C	0	1	2	3	4	5	6
K1							×						
K2	×	×	×										
K3				×	×	×		×	×	×	×	×	×
K4	×	×	×										
K5				×	×	×		×	×	×	×	×	×
K6	×		×					×	×	×	×	×	×
K7	×	×	×			×		×	×	×	×	×	×
K8	×	×	×			×			×	×	×	×	×
K9	×	×							×	×	×	×	×
K10	×									×	×	×	×
K11	×											×	×
K12	×												×

表 8-6　辅助起升凸轮控制器 QM1 触点闭合表

触点	上升					零位	下降				
	5	4	3	2	1	0	1	2	3	4	5
K1							×	×	×	×	×
K2	×	×	×	×	×						
K3							×	×	×	×	×
K4	×	×	×	×	×						
K5	×	×	×	×				×	×	×	×
K6	×	×	×						×	×	×
K7	×	×								×	×
K8	×										×
K9	×										×
K10						×	×	×	×	×	×
K11	×	×	×	×	×	×					
K12						×					

③ 大车小车控制回路。

大车电动机 M3 和 M4 由凸轮控制器 QM3 控制，通过 QM3 触点的闭合或接通，使电动机 M3 和 M4 正转或反转，从而带动大车前后移动。小车电动机 M2 由凸轮控制器 QM2 控制，小车的控制和副钩控制类似，不再叙述，QM2 和 QM3 的触点闭合表见表 8-7 和表 8-8。

表 8-7 小车凸轮控制器 QM2 触点闭合表

触点	向后					零位	向前				
	5	4	3	2	1	0	1	2	3	4	5
K1							×	×	×	×	×
K2	×	×	×	×	×						
K3							×	×	×	×	×
K4	×	×	×	×	×						
K5	×	×	×	×				×	×	×	×
K6	×	×	×						×	×	×
K7	×	×								×	×
K8	×										×
K9	×										×
K10						×	×	×	×	×	×
K11	×	×	×	×	×	×					
K12						×					

表 8-8 大车凸轮控制器 QM3 触点闭合表

触点	向右					零位	向左				
	5	4	3	2	1	0	1	2	3	4	5
K1							×	×	×	×	×
K2	×	×	×	×	×						
K3							×	×	×	×	×
K4	×	×	×	×	×						
K5	×	×	×	×				×	×	×	×
K6	×	×	×						×	×	×
K7	×	×								×	×
K8	×										×
K9	×										×
K10	×	×	×	×				×	×	×	×
K11	×	×	×						×	×	×
K12	×	×								×	×
K13	×										×
K14	×										×
K15						×	×	×	×	×	×
K16	×	×	×	×	×	×					
K17						×					

3）保护环节

此桥式起重机的保护设施比较完备，主要有下列 8 个保护环节：

① 通断电源保护环节。

接触器 KM 对各电动机与车间电源的接通和断开进行控制。此外，各电动机启动之前，均在"零位"位置时，KM 方可得电吸合，才能使各电动机同车间电源接通，这亦是一种保护环节。

② 电动机过电流保护环节。

主回路中的过电流继电器 KI1、KI2、KI3、KI4、KI5 分别对 M1、M2、M3、M4、M5 实行过电流保护，即若其中有一台电动机电流超过其额定电流，则 KM 将会失电释放，切断整个控制电路的电源，即切断了所有电动机的电源。

③ 总电源过电流保护环节。

过电流继电器 KA0 可对总电源线电流进行监测，如果超过其额定电流，KM 失电释放，从而切断控制电路的电源。

④ 门安全开关到位保护环节。

SQ6、SQ7、SQ8 分别为操作室门上的安全开关和起重机端梁栏杆门上的安全限位保护装置，任一门没有关好到位，则 KM 就不能得电吸合，整个控制电路均不能通电。

⑤ 小车极限位置限位保护环节。

SQ1、SQ2、SQ5（控制桥架的副起升位置开关）分别对小车行程位置及副起升机构的规定位置进行限位保护，因为这三个行程开关的常闭触点均可断开 KM 的自锁回路。如果进行限位保护后，要使机构退出极限位置，须将相应手柄扳到"零位"，方可使 KM 通电吸合，然后操作相应的凸轮控制器使对应的电动机反转，从而使机构退出极限位置。

⑥ 桥架极限位置限位保护环节。

SQ3、SQ4 分别对大车行程位置规定位置进行限位保护，因为这两个行程开关的常闭触点均可断开 KM 的自锁回路。如果进行限位保护后，要使机构退出极限位置，须将相应手柄扳到"零位"，这时方可使 KM 通电吸合，然后操作相应的凸轮控制器使对应的电动机反转，从而使机构退出极限位置。

⑦ 主钩上升极限位置限位保护环节。

将行程开关 SQ9 的常闭触点串接于主钩电动机 M1 的控制电路中进行主钩上升限位保护。

⑧ 紧急保护环节。

一旦发生紧急意外情况，利用紧急开关 SA 切断 KM 的电源，从而切断整个控制电路的电源。

习题与思考题

8.1 什么是电器控制电路原理图？绘制、阅读电器控制电路原理图的基本原则是什么？

8.2 什么是电器控制电路布置图，它由哪几部分组成？

8.3 简述绘制电器控制电路接线图需遵循的基本原则。

8.4 试述电器控制电路的一般分析方法。

8.5 在电动机的主电路中装有熔断器，为什么还要装热继电器？它们各自起什么作用？

8.6 试叙述"自锁""互锁""联锁"的含义？并举例说明各自的作用和功能。

8.7 有人设计了如图 8-45 所示具有过载保护的电动机单方向运行控制电路，要求完成电动机启动和停止控制并且实现过载保护。试分析此电路中存在的错误。

8.8 三相笼型异步电动机有哪几种启动和制动电器控制电路？试分别画出。

8.9 图 8-46 为电动机的正、反转控制电路，检查该图中哪些地方有错，试加以改正，并说明改正的理由。

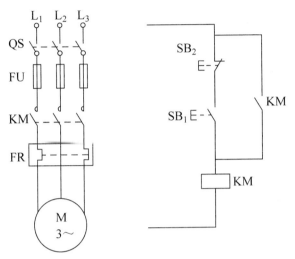

图 8-45 题 8.7 电器控制电路

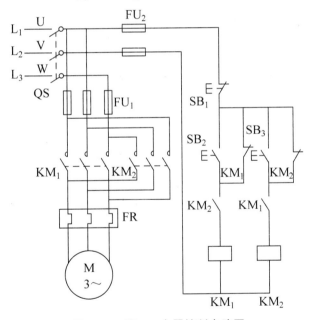

图 8-46 题 8.9 电器控制电路图

8.10 按照下列要求设计电动机 M_1 和 M_2 的电器控制电路：

（1）M_1 可以实现正、反向点动控制；

（2）M_1 启动之后，M_2 才能启动；

（3）停车时，先停 M_2，再停 M_1。

8.11 分析图 8-47 所示电路，说明其控制功能及保护环节。

8.12 设计一台润滑泵电动机控制电路，要求接通电源后，电动机启动运行一段时间后自动停止；然后再自行启动运行一段时间后又自动停止……这样周而复始地工作。

8.13 设计一台笼型异步电动机的控制电路，要求该控制电路能实现下列功能：

（1）能正、反转；

（2）采用能耗制动控制；

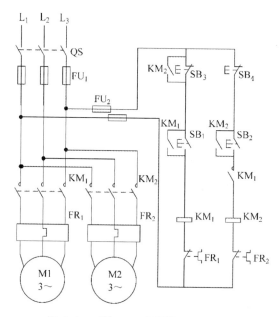

图 8-47　题 8.11 电器控制电路图

（3）要求有过载、短路、失压和欠压保护环节。

8.14 试述 X62W 万能铣床的工作台六个方向进给控制的工作过程。

8.15 试分析 X62W 型万能铣床工作台各方向的运动，包括慢性进给和快速移动的控制过程，以及主轴运动与工作台运动的联锁关系是什么。

8.16 试述 30/5 t 起重机凸轮控制器的起重电动机的转向控制与调速控制过程。

8.17 30/5 t 起重机控制电路中设置了哪些保护环节，保护作用是如何实现的？

8.18 分析 X62W 万能铣床控制电路，说明：

（1）主轴制动采用什么方式，有什么优缺点；

（2）主轴和进给变速冲动的作用是什么，如何控制变速冲动；

（3）进给控制中有哪些联锁。

8.19 分析 X62W 万能铣床控制电路，判断下列故障的原因：

（1）主轴启动及正反转控制正常，但按下停止按钮 SB_3 或 SB_4 后，主轴不能停转；

（2）垂直及横向进给控制正常，但纵向（左，右）进给无法控制。

第9章　电气控制系统设计

电气控制系统设计是在电气传动形式及控制方案选择的基础上进行的。虽然实际工程中使用的电气控制设备多种多样，但电气控制系统的设计原则和设计方法基本相同。本章将对电气控制系统设计过程中的一些共性问题进行讨论。

9.1　电气控制系统设计的基本内容

电气控制系统设计的基本任务是根据生产机械的控制要求，设计和完成电控装置在制造、使用和维护过程中所需的图样和资料。这些工作主要反映在电气原理设计和工艺设计中。电气原理设计是为了满足生产机械及其工艺要求而进行的电气控制设计，电气工艺设计是为电气控制装置本身的制造、使用、运行及维修的需要进行的生产工艺设计。前者直接决定着设备的实用性、先进性和自动化程度的高低，是电气控制设计的核心；后者决定着电气控制设备制造、使用、维修的可行性，直接影响电气原理图设计的性能目标和经济技术指标的实现。具体来说，电气控制系统设计需要完成以下设计项目：

1. 电气原理设计内容

（1）拟定电气设计任务书（技术要求）。
（2）确定电气传动方案和控制方案。
（3）选择传动电动机，包括电动机的类型、电压等级、容量及转速，并选出具体型号。
（4）设计电气控制电路原理图，包括主电路、控制电路、辅助电路，并计算主要技术参数。
（5）选择电器元件，制订电器元件或装置易损件及备用件的清单。
（6）编写电气原理说明书。

2. 工艺设计内容

（1）根据设计的原理图及选定的电气元件，设计电气设备的总体配置，绘制电气控制系统的总装配图及总接线图。总图应反映出电动机、执行电器、电气箱各组件、操作台布置、电源以及检测元件的分布状况和各部分之间的接线关系与连接方式。该部分供总体装配调试以及日常维护使用。
（2）按照电气原理框图或划分的组件，对总原理图进行编号，绘制各组件原理电路图，列出各部分的元件目录表，并根据总图编号统计出各组件的进出线编号。
（3）根据组件原理电路及选定的元件目录表，设计组件装配图（电气元件布置图与安装图）、接线图，图中应反映出各电气元件的安装方式和接线方式。这是各组件电路的装配和生产管理的依据。
（4）根据组件装配要求，绘制电气安装板和非标准的电气安装零件图纸，标明技术要求。

这是机械加工和对外协作加工所必需的技术资料。

（5）设计电气箱，根据组件尺寸及安装要求确定电气控制箱结构与外形尺寸，设置安装支架、标明安装尺寸、安装面板方式、各组件的连接方式、通风散热以及开门方式。在电气控制箱设计中，应注意操作维护方便与造型美观。

（6）根据总原理图、总装配图及各组件原理图等资料，进行汇总，分别列出外购件清单、标准件清单以及主要材料消耗定额等。这是生产管理和成本核算所必需的技术资料。

（7）编写使用维护说明书。

在实际设计过程中，根据机械设备的总体技术要求和电气系统的复杂程度，可对上述内容做适当调整与修改。

9.2 电气控制系统设计的基本原则

9.2.1 满足生产机械和工艺对电气控制系统的要求

控制电路是为整个生产设备和工艺过程服务的，因此设计之前首先要调查清楚生产要求，不清楚要求就等于迷失了设计方向。生产工艺要求一般是由机械人员提供的，但有时所提供的仅是一般性原则意见，这时电气设计人员就需要对同类或相近产品进行调查、分析、综合，对设备的工作性能、结构特点和实际工作情况有全面的了解，然后提出具体、详细的要求，征求机械设计人员意见后，作为设计电气控制电路的依据。

同时设计人员要不断密切关注电动机、电气技术、电子技术的新发展，不断收集新产品资料，更新自己的知识，结合技术人员及现场操作人员的经验来考虑控制方式，设置各种联锁及保护装置，最大限度满足生产机械和工艺对电气控制的要求。

9.2.2 控制线路力求简单、经济

（1）尽量选用标准的、常用的或经过实际考验的典型环节和基本控制线路。

（2）尽量减少电气元件品种、规格和数量，尽可能选用价廉物美的新型器件、标准器件，同一用途尽量选用相同型号的电气元件以减少备用品的数量。

（3）尽量减少不必要的触点，以简化控制电路、降低故障概率、提高工作可靠性。

① 合并同类触点。如图 9-1 所示，在获得同样功能的情况下（b）图比（a）图在电路上少了一对触点。但在合并触点时应当注意触点的额定电流值的限制。

② 避免不必要的联锁动作。图 9-2 中，（a）图、（b）图可获得同样功能。而（b）图比（a）图少用了一对触点，避免了不必要的联锁动作，从而提高了电路的可靠性。

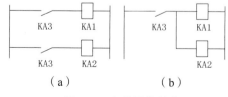

图 9-1　合并同类触点

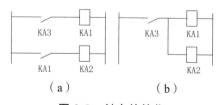

图 9-2　触点的简化

262

③ 利用转换触点。利用具有转换触点的中间控制电器，将两对触点简化成一对转换触点，如图 9-3 所示。

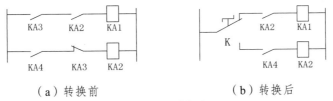

（a）转换前　　　　　　　　（b）转换后

图 9-3　转换触点的利用

在直流控制电路中可利用半导体二极管的单向导电性来有效地减少触点数目，图 9-4 所示的两直流控制回路是等效的，对于弱电控制电路是有效的方法。

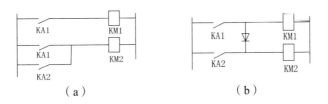

（a）　　　　　　　　　　　（b）

图 9-4　利用二极管减少触点数

④ 利用逻辑代数对电路进行化简，以减少触头的数目。

（4）尽量缩短连接导线的数量和长度。

设计电气控制电路时应考虑各元件之间的实际位置，特别要注意，同一电器不同触点在电路中尽可能具有更多公共连线，这样可以减少导线段数和缩短导线的长度。如图 9-5 所示的启停自锁回路，按钮在操作台上，接触器在电气柜中，（a）图中需要从操作台引出 4 根线，而（b）图由于启动按钮和停止按钮相连，保证了两个按钮之间的导线最短，而且从控制柜到操作台只需要引出 3 根导线，可见（b）图接线更合理。

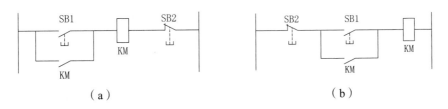

（a）　　　　　　　　　　　（b）

图 9-5　启动、停止控制电路

（5）尽量减少通电回路。

正常工作时，电气元件只在必要时通电，不必要时尽量不通电，以提高系统的稳定性和可靠性，同时亦可节省电能。

图 9-6 为鼠笼型异步电动机定子串电阻降压启动电路，由（a）图主电路可知，启动后只要 KM2 得电，即使 KM1 断开也能使电动机正常运行。但（b）图所示控制电路，在电动机启动后 KM1 和 KT 一直得电，不利于节能。如对（b）图略加改动，使其变为（c）图即可解决这个问题。此时 KM2 得电后，其常闭触点将 KM1 和 KT 的线圈回路切断，同时 KM2 自锁，这样在电动机启动后只有 KM2 得电。

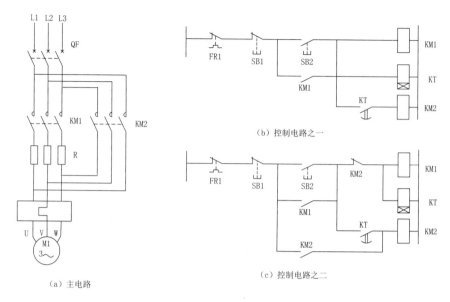

（a）主电路

（b）控制电路之一

（c）控制电路之二

图 9-6　定子串电阻降压启动电路

9.2.3　保证电气控制系统的可靠性

为了保证控制电路工作可靠，最主要的是选用可靠的元件，如尽量选用机械和电气寿命长、结构坚实、动作可靠、抗干扰性能好的电器，尽可能选用新型电器产品。在控制线路中，采用小容量继电器的触点来接通或断开大容量接触器线圈时，要计算触点容量是否足够，不够时必须加中间继电器或小型接触器转换，以免造成工作不可靠。同时在具体线路设计中应注意以下几点：

（1）正确合理地连接电气触点及其线圈。

在设计控制电路时，各电器线圈的一端应接在电源的同一端，各电气的触点接在电源的另一端，这样当某个电气触点发生短路故障时，不致引起电源短路，同时安装接线也比较方便。当同一电器的常开和常闭辅助触点靠得很近时，如果分别接在电源的不同相上，由于不是等电位，当触点断开产生电弧时，很可能在两触点间形成飞弧而造成电源短路。此外绝缘不好，也会引起电源短路，设计中应予注意。

电气元件的线圈不能串联使用，即使两个线圈的额定电压相等并且两者之和等于外加电压，也不允许串联使用。图 9-7 所示控制电路的接法是错误的，因为每个线圈上所分配到的电压与线圈阻抗成正比，如其中一个接触器先动作，该接触器的阻抗要比未吸合的接触器的阻抗大。因此，未吸合的接触器可能会因线圈电压达不到其额定电压而不吸合，同时电路电流将增加，引起线圈烧毁。所以若需要两个电器同时动作时，其线圈应该并联连接。

两电感量相差悬殊的直流电压线圈不能直接并联。如图 9-8（a）所示电路，是一种直流电磁铁线圈与直流中间继电器线圈不正确的电路连接。当触点 KM 断开时，电磁铁线圈 YA 电感量较大，产生的感应电势加在中间继电器 KA 上，使流经中间继电器的感应电流有可能大于其工作电流而使 KA 重新吸合，且要经过一段时间后 KA 才释放。这种误动作是不允许的。因此，一般可在 KA 的线圈电路内单独串联一个常开触点 KM，图 9-8（b）所示。

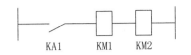

图 9-7　错误接法

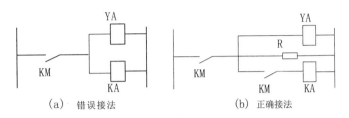

（a）　错误接法　　　　　　　　　（b）　正确接法

图 9-8　电磁铁线圈与中间继电器线圈的连接

（2）避免电器过多依次动作。

设计时应防止多个电器依次通电后才能接通另一个电器的情况，以保障工作的可靠性。例如，图 9-9（a）所示控制电路是不合理的，图 9-9（b）则是正确的，可以减少对常开触点 KA1、KA2 的额定电流值的要求。

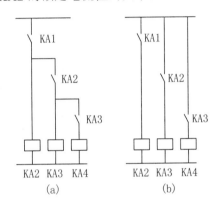

图 9-9　依次动作控制电路

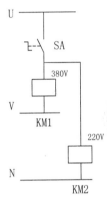

图 9-10　寄生回路

（3）防止电路中出现寄生回路。

在控制电路动作过程中或事故情况下，那种意外接通的电路叫寄生电路。在控制电路设计中应避免出现寄生电路。图 9-10 中，当 SA 接通时，电路能正常工作。而当 SA 被切断时，则会产生寄生电路 V→KM1→KM2→N。时间一长，可能烧毁接触器 KM1、KM2 的线圈。

（4）电气联锁和机械联锁共同使用。

在频繁操作的可逆电路中，正反向接触器之间不仅要有电气联锁，为安全起见还应有机械联锁。

（5）避免发生触点"竞争"与"冒险"现象。

通常分析控制电路电器的动作及触点的接通与断开，都是指静态分析的逻辑关系，而未考虑电器动作时间、先后关系。但在电气控制电路中，当某一控制信号作用，电路从一个状态转换到另一个状态时，由于电器固有的动作时间，状态转换会有一个过渡过程，出现不按预定时序动作的情况，触点争先动作发生振荡，这种现象称为竞争；由于电器固有的释放延时作用，也会出现开关电器不按要求的逻辑功能转换状态，这种现象称为冒险。竞争与冒险都会造成控制回路不按要求动作，引起控制失灵。

在图 9-6 所示的鼠笼型异步电动机定子串电阻降压启动电路中，图（c）就是一个具有接点竞争的控制电路，在一定情况下将造成启动控制失败。当按下启动控制按钮 SB2 时，KM1、KT 同时得电吸合并自锁，KT 经过一段延时后，其延时触点闭合，KM2 线圈得电，KM2 常闭触点先断开，使 KM1、KT 线圈失电，KM1、KT 触点打开，如果此时 KM2 常开（自锁）触点没有在 KM1、KT 触点打开之前闭合，就会造成 KM2 线圈失电，结果使电动机停止运行。

避免发生触点竞争与冒险现象的方法是，尽量避免具有相互矛盾逻辑关系的触点同时出现或相邻出现，或多个电器依次动作才能接通另一个电器的控制线路时，要防止因电器元件固有特性引起的动作时间影响控制线路的动作程序，应将可能产生竞争与冒险的触点加以联锁隔离。

9.2.4 保证电气控制系统的环境适应性

电气控制系统都是在一定的环境下工作的，而灰尘、潮湿、盐雾和霉菌会降低材料的绝缘强度，引起漏电，从而导致故障。因此必须采取各种方法，防止或减少环境条件对电气产品可靠性的影响，以保证电气产品工作中的性能。

在防潮设计方面，采用吸湿性小的元器件和材料；采用喷涂、浸渍、灌封、憎水等处理；局部采用密封结构；改善整机使用环境，如采用空调、安装加热去湿装置等。

在防霉设计方面，采用抗霉材料，如无机矿物质材料；采用防霉剂进行处理；控制环境条件来抑制霉菌生长，如防潮、通风、降温等措施。

在防止盐雾方面，采用防潮和防腐能力强的材料；采用密封结构；远离海洋等。

在抗震设计方面应做到较重的器件应当进行加固，悬空的引线不宜拉得太紧，运输产品时应加强防震措施，振动场合应采用防震措施。

在有可编程控制器等电子产品的电气控制系统中，应做好电磁兼容性设计工作。

9.2.5 保证电气控制系统的安全性

电气控制电路应具有完善的保护环节，以避免因误操作而引起事故。即使是在事故情况下，也应能保证操作人员、电气设备、生产机械的安全，并能有效地防止事故的扩大。为此，在电气控制电路中应采取一定的保护措施。常用的电气保护环节可分为以下四种电气保护类型。

1. 电流型保护

电器元件在正常工作中，通过的电流一般在额定电流以内。短时间内，只要温升不超过允许值，超过额定电流也是允许的。这就是各种电气设备或电器元件根据其绝缘情况和散热条件的不同，具有不同的过载能力的原因。电器元件由于电流过大引起损坏的根本原因，是发热引起的温升超过绝缘材料的承受能力。在散热条件一定的情况下，温升取决于发热量，而发热量不仅取决于电流大小，而且与通电时间密切相关。因此，在谈到电流保护时，总是要与通电时间这一因素紧密联系在一起的。电流型保护的基本原理是，通过保护电器检测电流信号，经过变换或放大后去控制被保护对象，当电流达到整定值时保护电器动作。电流型保护主要有以下几种：

（1）短路保护。

绝缘损坏、负载短接、接线错误等，都可能导致短路故障。短路时产生的瞬时故障电流可达到额定电流的几倍到几十倍，使电气设备或配电线路因过热、电动力而损坏，甚至因电弧而引起火灾。短路保护要求具有瞬动特性，即要求在很短时间内切断电源。短路保护的常用方法是采用熔断器、自动开关或采用专门的短路保护继电器。

（2）过电流保护。

过电流保护是区别于短路保护的另一种电流型保护。所谓过电流是指电动机或电器元件电流超过其额定电流的运行状态，长时间过电流运行同样会过热损坏绝缘，因而需要采取保护措施。这种保护的特点是电流值比短路时小，一般不超过 $2.5I_N$。在过电流情况下，电器元件并不是马上损坏，只要在达到最大允许温升之前，电流值能恢复正常，还是允许的。

过电流保护也要求有瞬动保护特征，即只要过电流值达到整定值，保护电器立即动作，切断电源。通常，过电流保护是采用过电流继电器与接触器配合动作的方法，即把过电流继电器线圈串联在被保护电路中，其常闭触点串联在接触器控制回路中，电路电流达到其整定值时，过电流继电器动作，由接触器去切断电源。这种控制方法，既可用于保护，也可用于一定的控制目的。例如龙门刨床的横梁夹紧机构，其控制电路设计就是采用过电流控制来达到一定夹紧度的。

（3）过载保护。

过载保护是类似于过电流保护的一种电流型保护。过载也是指电动机的运行电流大于其额定电流，但超过额定电流的倍数更小些，通常在 $1.5I_N$ 以内。引起电动机过载的原因很多，如负载的突然增加、缺相运行以及电网电压降低等。电动机长期处于过载运行，也将引起过热，使其温升超过允许值而损坏绝缘，因而必须进行过载保护。

由于过载保护特性与过电流保护不同，故不能采用过电流保护方法来进行过载保护，因为引起过载的往往是一种暂时因素，例如，负载的临时增加而引起过载，过一段时间又转入正常工作，对电动机来说，只要过载时间内绕组不超过允许温升是允许的。如果采用过电流保护，势必要影响生产机械的正常工作，生产效率及产品质量会受到影响。

过载保护要求保护电器具有反时限特性，即根据电流过载倍数的不同，其动作时间是不同的，它随着电流的增加而减小。

（4）欠电流保护。

所谓欠电流保护是指被控制电路电流低于整定值时需动作的一种保护。例如弱磁保护就是其中的一种。欠电流保护通常是采用欠电流继电器来实现的。欠电流继电器线圈串联在被保护电路中，正常工作时吸合，一旦发生欠电流就释放切断电源。

（5）断相保护。

异步电动机在正常运动中，由于电网故障或一相熔断器熔断引起对称三相电源缺少一相，电动机将在单相电源中低速运转或堵转，定子电流很大，是造成电动机绝缘及绕组烧损的常见故障之一。断相时，负载的大小、绕组的接法引起相电流与线电流的变化差异较大。对于正常运行采用三角形接法的电动机（我国生产的三相笼型异步电动机在 3 kW 以上均采用三角形接法），如负载在 53% ~ 67%之间，发生断相故障，会出现故障相的线电流小于对称性负载保护电流动作值，但相绕组最大一相电流却已超过其额定值。由于热继电器热元件是串接在三相线电流的线路中，采用普通三相式热继电器起不到保护作用。

断相保护可以采用专门为断相运行而设计的断相保护热继电器，也可以在三相线路上跨接两只电压继电器，当发生缺相时，电压继电器动作带动控制元件去切断电源。

2. 电压型保护

电动机或电器元件都是在一定的额定电压下正常工作，电压过高、过低或者工作过程中非人为因素的突然断电，都可能造成生产机械的损坏或人身事故，因此在电气控制电路设计中，应根据要求设置失压保护、过电压保护及欠电压保护。

（1）失压保护。

电动机正常工作时，如果因为电源电压的消失而停转，那么在电源电压恢复时，就可能自行启动，电动机的自行启动将造成人身事故或机械设备损坏。对电网来说，许多电动机同时启动，也会引起不允许的过电流和过大的电压降，而电热类电器则可能引起火灾。为防止电压恢复时电动机的自行启动或电器元件的自行投入工作而设置的保护，称为失压保护或零压保护。

采用接触器及按钮控制电动机的启停，具有失压保护作用，因为如果正常工作中，电网电压消失，接触器就释放而切断电动机电源。当电网恢复正常时，由于接触器自锁电路已断开，不会自行启动。但如果不是采用按钮，而是用不能自动复位的手动开关、行程开关等控制接触器，必须采用专门的零压继电器。对于多位开关，要采用零位保护来实现失压保护，即电路控制必须先接通零压继电器。工作过程中，一旦失电，零压继电器释放，其自锁也释放，当电网恢复正常时，就不会自行投入工作。

（2）欠电压保护。

电动机或电器元件在正常运行中，当电网电压降低到额定电压的 60% ~ 80%时，就要求能自动切除电源而停止工作，这种保护称为欠电压保护。因为电动机在电网电压降低时，其电磁转矩转速都将降低甚至堵转。在负载一定情况下，电动机电流将增加。这不仅影响产品加工质量，还影响设备正常工作，使机械设备损坏，造成人身事故。另一方面，由于电网电压的降低，如降到额定电压的 60%，控制电路中的各类交流接触器、继电器既不释放又不能可靠吸合，处于抖动状态（有很大噪声），线圈电流增大甚至过热造成电器元件和电动机的烧毁。

除上述采用接触器及按钮控制方式具有欠压保护作用外，还可以采用空气开关或专门的电磁式电压继电器。

（3）过电压保护。

电磁铁、电磁吸盘等一类电感量较大的负载，在切断电源时将产生高压，使线圈绝缘击穿而损坏，为此必须采用适当的保护措施，这种保护称为过电压保护。通常过电压保护的方法是在线圈两端并联一个电阻、电阻串电容或二极管串电阻等形式，以形成一个放电回路。图 9-11 是磨床电磁吸盘常见的过电压保护方法。

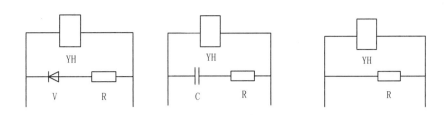

图 9-11　磨床电磁吸盘线圈常见的放电装置

3. 位置保护

生产机械运动部件的行程、越位大小及运动部件的相对位置都要限制在一定范围内，如龙门刨床横梁上升与下降不能超过极限位置，横梁下降与侧刀架上升不能相撞，工作台面由前进换后退或由后退换前进过程中的越位要控制在一定范围内。又如起重设备的左右、上下、前后运动行程都必须有适当的保护，否则就可能损坏生产机械并造成人身事故。这类保护称为位置保护或限位保护。

位置保护可以采用限位开关、接近开关等电器，当运动部件到达设定位置，使限位开关或继电器动作，其常闭触点串联在接触器控制电路中，因常闭触点打开而使接触器释放，于是运动部件停止运行。

4. 温度、压力、流量、转速等保护

在电气控制电路设计中，常提出对生产机械某一部分的温度、液压或气压系统的压力和流量、运动速度等的保护要求，即要求以上各物理量限制在一定范围以内。例如对于冰箱、空调压缩机拖动电动机，因散热条件差，为保证绕组温升不超过允许温升，而直接将测温装置预埋在绕组中，来控制其运行状态，以保护电动机不致因过热而烧毁。

大功率中频逆变电源，各类自动焊接机电源的晶闸管、变压器采用水冷，当水压流量不足时将损坏器件，可以采用水压开关或流量继电器进行保护。

为以上各种保护的需要而设计制造了各种专用的温度、压力、流量、速度继电器，它们的基本原理都是在控制回路中串联一个受这些参数控制的常开触点或常闭触点。各种继电器的动作都可以在一定范围内调节，以满足不同场合的保护需要。各种保护继电器的工作原理、技术参数、选用方法可以参阅专门产品手册和介绍资料。

9.2.6　力求操作、维护及检修方便

对电气控制设备而言，电气控制线路应力求维修方便、使用简单。为此，电器元件应留有备用触头，必要时留有备用元件，以便检修、调整、改接线路；为检修方便，应设置电气隔离，避免带电检修；控制机构应操作简单、便利，能迅速而方便地实现从一种控制方式到另一种控制方式的转换，如从自动控制转换到手动控制；设置多点控制，便于在生产机械旁进行调试；操作回路较多时，如要求正反向运转并调速，应采用主令控制器，而不能采用许多按钮的方式等。

9.3　电力拖动电动机的选择

合理地选用电动机，对生产机械的结构及整个拖动系统的设计具有重要的影响。电动机的选择主要考虑电动机的种类、结构形式、额定电压、额定转速及额定功率等。

选择电动机的基本原则是：

（1）电动机的机械特性，应满足生产机械设备的要求，要与负载特性相适应，以保证工作过程中运行稳定并具有一定的调速范围与良好的启动、制动性能。

（2）工作过程中电动机容量能得到充分利用，即温升尽可能达到或接近额定温升值。

（3）电动机的结构形式应满足机械设计提出的安装要求，并能适应周围环境工作条件。

在满足设计要求的情况下，优先考虑采用结构简单、运行可靠、价格便宜、使用维护方便的三相交流异步电动机。

9.3.1　电动机种类的选择

选择电动机的种类时，应首先考虑电动机的性能必须满足生产机械的要求，其次尽量选用结构简单、便宜、常用的电动机。

1. 对无电气调速要求的生产机械

一般不需要电气调速和启制动不频繁时，应优先考虑采用笼型异步电动机拖动，如机床、水泵、通风机等。启动转矩要求较大的场合，如空气压缩机、皮带运输机等，普遍使用启动转矩较大的三相笼型异步电机。在启、制动频繁且启、制动转矩较大的场合，可以考虑采用绕线型异步电动机。当负载很平稳，容量大且制动次数很少时，采用同步电动机更合理，这样既能充分发挥同步电动机效率高、功率因数高的优点，还可调节励磁使其工作在过励情况下，以便提高电网功率因数。

2. 对于要求电气调速的生产机械

应根据生产机械提出的一系列调速技术要求，如调速范围、调速平滑性、机械特性硬度、转速调节级数及生产可靠性等，来选择拖动方案，在满足技术性能指标的前提下，进行经济性能比较，最后确定电动机类型。

当调速范围为 2~3，调速级数≤2~4，一般采用改变电机极对数的双速或多速笼型异步电动机拖动。

当调速范围<3，且不要求平滑调速时，采用绕线型异步电动机，但仅适用于短时或重复短时负载的场合。

当调速范围为 3~10，且要求平滑调速时，在容量不大的情况下，可采用带滑差离合器的交流拖动系统；若需长期运行在低速，可考虑采用晶闸管电源的直流拖动系统。

当调速范围为 10~100 时，可采用 G-M 系统或晶闸管电源的直流拖动系统。

3. 电动机调速性质的确定

电动机调速性质是指电动机在整个调速范围内转矩、功率与转速的关系，是允许恒功率输出还是恒转矩输出。

电动机的调速性质应与生产机械的负载特性相适应。如果采用双速笼型异步电动机拖动，当定子绕组由三角形接法改为星形接法时，转速由低速升为高速，功率却变化不大，则适用于恒功率传动；由三角形接法改为双星形接法时，电动机输出转矩不变，则适用于恒转矩传动。对于直流他励电动机，改变电枢电压调速为恒转矩调速，而改变励磁调速为恒功率调速。若采用不对应调速，都将使电动机额定功率增大，且使部分转矩未得到充分利用。因此选择调速方法应尽可能使它与负载性质相同。

9.3.2 电动机形式的选择

1. 安装方式

电动机的安装方式有卧式和立式两种。卧式安装时电动机的转轴处于水平位置，而立式安装时电动机的转轴处于垂直位置。两种安装方式使用的轴承不同，立式电动机价格昂贵，一般优先选择卧式电动机，只有为简化传动装置时才选用立式电动机。

2. 防护形式

按防护形式的不同，电动机可分为开启式、防护式、封闭式和防爆式，可根据不同的工作环境选择电动机的防护形式。

开启式电动机的定子两侧与端盖都有很大的通风口，散热条件好，价格便宜，但灰尘、水滴、铁屑等杂物容易从通风口进入电动机内部，故只适用于干燥、清洁的场合。

防护式电动机在机座下面有通风口，散热条件较好，可防止水滴、铁屑等杂物，但不能防止水汽和灰尘，适用于清洁、灰尘不多且没有腐蚀性气体和爆炸性气体的场合。

封闭式电动机的机座和端盖上均无通风孔，是完全封闭的，散热条件不好。封闭式电动机又可分为自冷式、自扇冷式、他扇冷式、管道通风式和密封式。需要浸入液体中使用的如潜水泵应选用密封式电动机。在潮湿、灰尘较多、多腐蚀性气体和易受到风雨侵蚀以及易引起火灾等恶劣环境，应选用其他类型封闭式电动机。

防爆式电动机是在封闭结构的基础上制成隔爆形式，机壳有足够的强度，适用于有瓦斯的矿井、油库、煤气站等易燃易爆场合。

3. 工作方式

在工作方式上，按生产机械的不同工作制相应地选择连续、短时及断续周期性工作制的电动机。连续工作制是指电动机可以按电动机铭牌定额长期连续运行，而电动机的温升不会超过绝缘材料的允许值。短时工作制是指电动机拖动恒定负载运行时间很短，电动机的温升达不到稳定值，随后停机时间较长，使电动机充分冷却，如机床的辅助运动电机、水闸闸门启闭机用电动机，此时应优先选用专用的短时工作制电动机。断续周期工作制是指电动机按一系列相同的工作周期运行，第一周期包括一段恒定负载运行时间和一段断电停机时间，都比较短，既不能使电动机的温升达到稳定值，也未使温升下降到零，下一个工作周期又开始了。理解电机的工作方式，有助于合理选择电动机容量。

9.3.3 电动机额定参数的选择

1. 额定电压的选择

电动机的额定电压应与供电电网电压一致。一般工厂低压电网电压为 380 V，中小型异步电机的额定电压为 220/380 V（三角-星型连接）和 380/600 V（星型-三角连接）两种。功率较大电动机，额定电压一般为 3000 V 或 6000 V，功率为 1000 kW 以上的电动机，额定电压可以是 10 000 V。

直流电动机的额定电压也要与电源电压相一致。当直流电动机由单独的电源供电时，额定电压通常只要与供电电源配合即可，通常为 220 V 或 110 V，大功率电动机可以提高到 440 V、660 V 甚至为 1000 V。

2. 额定转速的选择

对于额定功率相同的电动机，额定转速越高，电动机尺寸、重量和成本就越小，效率越高，功率因数也较高。但如果生产机械要求的转速较低，选用较高转速电动机则需要增加一套传动比较大、体积较大且价格昂贵的减速传动装置。因此应综合考虑电动机和生产机械两方面的多种因素来确定转速比和电动机额定转速。

对不需调速的低速生产机械，可以选用低速电动机或者传动比较小的减速机构；对不需调速的中、高速生产机械，可以选择额定转速较高的电动机，从而省去减速传动机构。

对经常启动、制动和反转的生产机械，过渡过程持续时间对生产率影响较大时，应主要以过渡过程时间最短为条件来选择电动机额定转速。过渡过程持续时间对生产率影响不大时，除考虑初始投资外，应主要以过渡过程能量损耗最小为条件来选择转速比和电动机额定转速。

对调速性能要求不高的生产机械，应优先选用电气调速的电动机拖动系统，也可选用多速电动机，或选择额定转速稍高于生产机械的电动机配以减速机构；对调速性能要求较高的生产机械，直接采用电气调速，使电动机的最高转速与生产机械的最高转速相适应。

3. 额定功率的选择

正确选择电动机额定功率的原则，应当是在电动机能够胜任生产机械负载要求的前提下，最经济最合理地决定电动机的额定功率。也就是说，电动机的额定功率选择得既不能过大，也不能过小。如果功率选得过大，会使电动机的效率和功率因数降低，造成电力浪费，增加投资，极不经济。反之，若功率选得过小，会使电动机过载而缩短寿命甚至被烧毁；或者在保证电动机不过热的情况下，只能降低负载使用。因此，正确选择电动机的额定功率，具有重要的意义。选择电动机容量主要考虑发热、过载能力和启动能力三个因素，电动机的容量选择有两种方法：调查统计类比法和分析计算法。

1）调查统计类比法

调查统计类比法是在不断总结经验的基础上，选择电动机容量的一种实用方法。此法比较简单，但也有一定的局限性。

进行机床电动机设计时，可以将各国同类型的先进机床电动机容量进行统计和分析，从中找出电动机容量和机床主要参数间的关系，再依据我国的实际情况进行相应的计算。几种典型的机床电机的统计分析法公式如表 9-1 所示。

表 9-1 典型机床电机功率

卧式车床	$P = 36.5D^{1.54}$ kW	D 为工件的最大直径（m）
立式车床	$P = 20D^{0.88}$ kW	D 为工件的最大直径（m）
摇臂钻床	$P = 0.0646D^{1.19}$ kW	D 为组大钻孔直径（mm）
卧式镗床	$P = 0.004D^{1.7}$ kW	D 为镗杆直径（mm）
龙门铣床	$P = B^{1.15}/166$ kW	B 为工作台宽度（mm）

对生产机械电动机进行设计时，可以先调查长期运行的同类生产机械的电动机容量，并对机械的主要参数、工作条件进行类比，然后再确定电动机的容量。

2）分析计算法

分析计算法是根据生产机械负载图，在产品目录上预选一台功率相当的电动机，再用此电动机的技术数据和生产机械的负载图求出电动机的负载图，最后按电动机的负载图从发热方面进行校验，并检查电动机的过载能力和启动能力是否满足要求。若不满足，则再选一台电动机重新进行计算和校验。该方法计算量大，负载图绘制较困难。该方法的详细步骤请参考相关资料。以下只简单介绍电动机额定功率的预选方法。

恒负载电动机连续工作方式下，电动机的额定功率等于或略大于负载功率即可；变负载电动机连续工作方式下，首先应将变化的负载等效成相应的常值负载 P_{PJ}，然后预选电动机的额定功率为 $P_N \geq (1.1 \sim 1.6)P_{PJ}$，如过渡过程在整个工作过程中占较大比重，则系数选偏大的值。

需要短时工作方式电动机时，如选专用短时工作电动机，则其额定功率为：

$P_N \geq P_Z$ （实际工作时间 t_v 与标准工作时间 t_n 一致时）

$P_N \geq P_Z\sqrt{t_v/t_n}$ （实际工作时间 t_v 与标准工作时间 t_n 不一致时）

如果采用连续工作方式设计的电动机，则其额定功率选择为 $P_N \geq P_{Zmax}/\lambda$，其中 P_{Zmax} 为电动机的最大负载功率，λ 为电动机的过载系数。

断续周期工作方式下电动机额定功率的预选方法，与变负载连续工作方式下功率选择相似。

在机床主拖动和进给拖动用一台电动机的场合，只计算主拖动电动机的功率即可。而主拖动和进给拖动没有严格内在联系的机床，如铣床，一般进给拖动采用单独的电动机拖动，该电动机除拖动进给运动外还拖动工作台的快速移动。由于快速移动所需的功率比进给大许多，所以该电动机的功率常按快速移动所需功率来选择。快速移动所需功率，一般按经验数据来选择，见表 9-2。

表 9-2 快速移动电动机的功率

机床类型		运动部件	移动速度/（m/min）	所需电机功率 P/kW
普通车床	D=400 mm	溜板	6～9	0.6～1.0
	D=600 mm		4～6	0.8～1.2
	D=1000 mm		3～4	3.2
摇臂钻床 D=35～75 mm		摇臂	0.5～1.5	1～2.8
升降台铣床		工作台	4～6	0.8～1.2
		升降台	1.5～2.0	1.2～1.5
龙门铣床		横梁	0.25～0.50	2～4
		横梁上的铣头	1.0～1.5	1.5～2
		立柱上的铣头	0.5～1.0	1.5～2

机床进给拖动的功率一般均较小，按经验，车床、钻床的进给拖动功率为主拖动功率的 0.03 ~ 0.05，而铣床的进给拖动功率为主拖动功率的 0.2 ~ 0.25。

9.4 常用控制电器及保护电器的计算与选择

正确计算电气控制电路中各种元器件的参数，是合理选择控制电路所需元器件的基本依据。本节通过计算几种典型元器件的参数，来介绍电气控制电路中参数计算的基本方法。

9.4.1 元器件的参数计算

1. 三相绕线转子异步电动机启动电阻计算

为了减少启动电流、增加启动转矩并获得一定的调速要求，常常采用绕线型异步电动机转子绕组串接外加电阻的方法来实现。为此要确定外加电阻的级数，以及各级电阻的大小。电阻的级数越多，启动或调整时转矩波动就越小，但控制电路也就越复杂。通常电阻级数可以根据表 9-3 来选取。

表 9-3　启动电阻级数及选择

电动机容量/kW	启动电阻的级数			
	半负荷启动		全负荷启动	
	平衡短接法	不平衡短接法	平衡短接法	不平衡短接法
100 以下	2 ~ 3	4 级以上	3 ~ 4	4 级以上
100 ~ 400	3 ~ 4	4 级以上	4 ~ 5	4 级以上
400 ~ 600	4 ~ 5	5 级以上	5 ~ 6	5 级以上

启动电阻级数确定以后，对于平衡短接法，转子绕组中每相串联的各级电阻值，可以用下面公式计算：

$$R_n = k^{m-n} r \tag{9-1}$$

式中　m——启动电阻级数；

　　　n——各级启动电阻的序号，$n = 1$ 表示第一级，即最先被短接的电阻；

　　　k——常数；

　　　r——最后被短接的那一级电阻值。

k、r 值可分别由下列两个公式计算：

$$k = \sqrt[m]{(1/s)} \tag{9-2}$$

$$r = \frac{E_2(1-s)}{\sqrt{3} I_2} \times \frac{k-1}{k^m - 1} \tag{9-3}$$

式中　s——电动机额定转差率；

　　　E_2——正常工作中电动机转子电压（V）；

　　　I_2——正常工作时电动机转子电流（A）。

每相启动电阻的功率为

$$P = (1/3 \sim 1/2)I_{2s}^2 R \qquad (9\text{-}4)$$

式中　I_{2s}——转子启动电流（A），一般取 $I_{2s} = 1.5I_2$；

　　　　R——每相串联电阻（Ω）。

2. 笼型异步电动机反接制动电阻的计算

反接制动时，三相定子回路各相串联的限流电阻 R 可按下面经验公式近似计算：

$$R \approx k\frac{U_p}{I_s} \qquad (9\text{-}5)$$

式中　U_p——电动机定子绕组相电压（V）；

　　　　I_s——全压启动电流（A）；

　　　　k——系数，当要求最大反接制动电流 $I_m < I_s$ 时，$k = 0.13$；当要求 $I_m < \frac{1}{2}I_s$ 时，$k = 0.15$。

若在反接制动时，仅在两相定子绕组中串接电阻，选用电阻值应为上述计算值的 1.5 倍，而制动电阻的功率为：

$$P = (1/4 \sim 1/2)I_N^2 R \qquad (9\text{-}6)$$

式中　I_N——电动机额定电流；

　　　　R——每一相串接的限流电阻值。

根据制动频繁程度适当选取前面系数。

3. 笼型异步电动机能耗制动参数计算

图 9-12 所示为三相异步电动机能耗制动所用整流装置电路原理图。

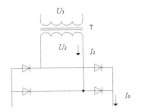

图 9-12　能耗制动整流电路图

1）能耗制动直流电流与电压的计算

从制动效果来看，希望直流电流大些。但是，过大的电流会引起绕组发热、耗能增加，而且当磁路饱和后对制动力矩的提高也不明显，通常制动电流按下式选取

$$I_D = (2 \sim 4)I_o \quad \text{或} \quad I_D = (1 \sim 2)I_N \qquad (9\text{-}7)$$

式中　I_o——电动机空载电流；

　　　　I_N——电动机额定电流。

能耗制动时，直流电压为：

$$U_D = I_D R \qquad (9\text{-}8)$$

式中 R——两相串联定子绕组的冷态电阻。

2）整流变压器参数计算

对单相桥式整流电路，变压器二次交流电压为：

$$U_2 = U_D / 0.9 \tag{9-9}$$

由于变压器仅在能耗制动时工作，故容量允许比长期工作小。根据制动频繁程度，取计算容量的（1/4～1/2）。

4. 控制变压器容量计算

当控制线路比较复杂、控制电压种类较多时，需要采用控制变压器进行电压变换来提供多种电源电压，以提高工作的可靠性和安全性。控制变压器的选择主要根据变压器容量及一次侧、二次侧电压等级来选。容量的大小可以根据以下两种方法计算确定。

一种方法可以根据由它供电的控制线路在最大工作负载时需要的功率来考虑，并留有一定的余量。即

$$S_T \geq k_T \sum S_C \tag{9-10}$$

式中 S_T——控制变压器容量（V·A）；

$\sum S_C$——控制电路在最大负载时所有吸持电器消耗功率的总和（V·A），对于交流电器如交流接触器、交流中间继电器、交流电磁铁等，S_C 应取其吸持视在功率（V·A）；

k_T——变压器容量储备系数，一般取 1.1～1.25。

控制变压器容量选择的另一种方法，是满足已吸合的电器在启动吸合另一些电器时仍保持吸合态。

$$S_T \geq 0.6 \sum S_C + 1.5 \sum S_Q \tag{9-11}$$

式中 S_Q——同时启动的电器的总吸持功率。

常用交流电器的启动与吸持功率数据列于表 9-4 中。

控制变压器常用的有国产 BK 系列、西门子 4AM/4AT/4BT 系列。

表 9-4　常用交流电器的启动与吸持功率（均为有效功率）

电器型号	启动功 S_s /（V·A）	吸持功率 S_C /（V·A）	电器型号	启动功 S_s /（V·A）	吸持功率 S_C /（V·A）
CJ10-10	65	5	QC10-40	230	S_C 31
CJ10-20	140	9	MQ1-5101	450	50
CJ10-40	230	12	MQ1-5111	1000	80
CJ10-100	760	27	MQ1-5121	1700	95
QC10-10	65	11	MQ1-5131	2200	130
QC10-20	140	22	MQ1-5141	10000	480

9.4.2　元器件的选择方法

正确、合理地选用各种电器元件，是电气控制电路安全、可靠工作的保证，也是使电气

控制设备具有一定的先进性和良好的经济性的重要环节。常用元器件的选用原则是：

（1）根据对电气控制电路中元器件功能的要求来确定其类型。当元器件用来通断功率较大的主电路时，应选交流接触器；当用于切换功率较小的控制回路时，就可选择中间继电器；如果同时还要延时，则应选延时继电器。

（2）根据元器件承载能力的临界值来确定其规格。主要根据电气控制电路的电压和电流以及功率的大小来确定元器件的规格。

（3）根据元器件的工作环境来确定其防护要求。如防油、防尘、防水、防腐蚀及高温等。

（4）根据元器件的安装场所与部位来确定其外观造型及尺寸。

（5）根据所用全部元器件的投资金额来确定其性价比，从而确定其档次。

1．熔断器选择

选择熔断器主要是对其类型、额定电压、熔断器额定电流等级与熔体额定电流进行合理确定。常根据负载保护特性、短路电流大小、各类熔断器的适用范围来选用熔断器的类型。

额定电压是根据保护电路的电压来选择的。熔体额定电流是选择熔断器的关键，它与负载大小、负载性质密切相关。对于平稳、无冲击电流的工负载，如照明、信号、电热电路，可直接按负载额定电流选取，即

$$I_F \geqslant I_N \qquad\qquad (9\text{-}12)$$

而对于电动机类有冲击电流的负载，如单台电动机长期工作时，熔体额定电流为

$$I_F \geqslant (1.5 \sim 2.5)I_N \qquad\qquad (9\text{-}13)$$

多台电动机长期共用一个熔断器保护时

$$I_F \geqslant (1.5 \sim 2.5)I_{N\max} + \sum I_N \qquad\qquad (9\text{-}14)$$

式中　I_F——熔体额定电流；

　　　I_N——电动机额定电流；

　　　$I_{N\max}$——容量最大的一台电动机的额定电流；

　　　$\sum I_N$——除容量最大的电动机之外，其余电动机额定电流之和。

轻载及启起动时间较短时，系数取 1.5；启动负载较重及启动时间长、启动次数较多的情况，则取 2.5。熔体额定电流的选择还要照顾到上下级保护的配合，以满足选择性保护要求，使下一级熔断器的分断时间较上一级熔断器的分断时间要小，否则会发生越级动作，扩大停电范围。

2．接触器的选择

在电气控制线路中，接触器的使用十分广泛，而其额定电流和额定控制功率是随使用条件的不同而变化的，只有根据不同使用条件去正确选用，才能保证它在控制系统中长期可靠运行，充分发挥其技术经济效果。

在一般情况下，交流接触器的选用主要依据是接触器主触头的额定电压、电流要求，辅助触头的种类、数量及其额定电流，控制线圈电源种类、频率与额定电压，操作频繁程度及负载类型等因素。

接触器类型应根据其所控制的负载性质来确定，如果控制的电路为交流的应采用交流接

触器，控制直流电路则采用直流接触器。

接触器主触点额定电压大于或等于所控制线路的电压。

主触点额定电流 I_N 应大于或等于负载电流。对于电动机负载，可按下面的经验公式计算：

$$I_N \geq \frac{P_N \times 10^3}{kU_N} \qquad\qquad (9\text{-}15)$$

式中　I_N——主触点额定电流；

　　　P_N——被控制电动机额定功率（kW）；

　　　U_N——电动机额定线电压（V）；

　　　k——经验系数取 1～1.4。

接触器触点数量、种类应满足控制需要，当辅助触点的对数不能满足要求时，可增设中间继电器。

接触器控制线圈的电压种类与电压等级应根据控制电路及被控对象的要求来选用。简单控制电路可直接选用交流 380 V、220 V；线路复杂，使用电器较多时，应选用 127 V、110 V 或更低的控制电压。

常用的接触器有西门子 3TB 系列，ABB 公司 B 系列，施耐德电气的 D2 系列和 N 系列，CJX、CJ10、CJ12、CJ20 系列交流接触器和 CZ0 系列直流接触器。

3. 继电器的选择

1）电磁式继电器的选用

中间继电器、电流继电器、电压继电器等都属于这一类型。

中间继电器主要在电路中起信号传递与转换作用，利用它可扩大控制路数，将小功率控制信号转换为大容量触点动作，扩充其他电器的控制。其选用主要依据触点的数量及种类确定型号，同时注意吸引线圈的额定电压应等于控制电路的电压等级。常用的中间继电器型号有 JZ7 系列、JZ8 系列、3TH 系列、JDZ1 系列、CA2-D 系列及 JZC1 系列等。

电流、电压继电器的选用依据主要是被控制或被保护对象的特性、触点的种类、数量、控制电路的电压、电流、负载性质等因素。线圈电压、电流应满足控制线路的要求。如果控制电流超过继电器触点额定电流，可将触点并联使用，也可以采用触点串联使用方法来提高触点的分断能力。

2）时间继电器的选用

选用时间继电器时，应考虑延时方式（通电延时或断电延时）、延时范围、延时精度要求、外形尺寸、安装方式、价格等因素。常用的时间继电器有气囊式、电动式、晶体管式和数字式等。在延时精度要求不高、电源电压波动大的场合，宜选用价格较低的电磁式或气囊式时间继电器；当延时范围大、延时准确度较高时，可选用电动式或晶体管式时间继电器，当延时精度要求更高时，可选数字式时间继电器。同时要注意线圈电压等级能否满足控制电路要求。常用的时间继电器有 JS7、JS23、JS11、JS17、7PR 等系列。

3）热继电器的选用

热继电器用于电动机的过载保护。对于工作时间较短、停歇时间长的电动机，如机床的刀架或工作台的快速移动，栋梁升降、夹紧、放松等运动，以及虽长期工作但过载可能性很小的电动机，如排风扇等，可以不设过载保护。除此以外，一般电动机都应考虑过载保护。

热继电器有两相式、三相式及三相带断相保护等形式。对于星形接法的电动机及电源对称性较好的情况，可采用两相式热继电器。对于三角形接法的电动机或电源对称性不够好的情况，应选用三相式或带断相保护的三相结构热继电器。而在重要场合或容量较大的电动机，可选用半导体温度继电器来进行过载保护。

热继电器发热元件额定电流，一般按被控制电动机的额定电流的 0.95 ~ 1.05 倍选用，对过载能力较差的电动机可选得更小一些，其热继电器的额定电流应接近或略大于被保护电动机的额定电流。常用的热继电器有 JR20、JRS1、3UA、TH-K、JR16B、T 系列等。

4. 主令电器的选择

1）手动开关

按钮通常是用来短时接通或断开小电流控制电路的一种主令电器。其选用依据主要是需要的触点对数、动作要求、是否需要指示灯、使用场合以及颜色等要求。目前，按钮产品有多种结构形式、多种触头组合以及多种颜色，供不同使用条件选用。例如紧急操作一般选用蘑菇形，停止按钮通常选用红色等。其额定电压有交流 500 V、直流 440 V，额定电流为 5A。常选用的按钮有 LA2、LA10、LA19 及 LA20 等系列。

刀开关又称闸刀，主要用于接通和切断长期工作设备的电源及不经常起动及制动、容量小于 7.5 kW 的异步电动机。刀开关的选用，主要是根据电源种类、电压等级、断流容量及需要极数。当用刀开关来控制电动机时，其额定电流要大于电动机额定电流的 3 倍。

组合开关主要用于电源的引入与隔离，又叫电源隔离开关。其选用依据是电源种类、电压等级、触头数量以及断流容量。当采用组合开关来控制 5 kW 以下小容量异步电动机时，其额定电流一般为（1.5 ~ 3）I_N，接通次数小于（15 ~ 20）次/h，常用的组合开关为 HZ 系列，额定电流有 10、25、60 和 100 A，适用于交流 380 V 以下和直流 220 V 以下的用电设备。

2）限位开关

限位开关主要用于位置控制或有位置保护要求的场合。限位开关种类很多，常用的有 LX2、LX19、JLXK1 型限位开关以及 LXW-Ⅱ、JLXKI-Ⅱ型微动开关。选用时，主要根据机械位置对开关形式的要求和控制线路对触头数量的要求，以及电流、电压等级来确定其型号。

3）自动空气开关

自动空气开关又称自动空气断路器，由于断路器具有很好的保护作用，故在电气设计中的应用越来越多。自动空气开关的类型较多，有框架式、塑料外壳式、限流式、手动操作式和电动操作式。在选用时，主要从保护特性要求（几段保护）、分断能力、电网电压类型、电压等级、长期工作负载平均电流、操作频繁程度等几方面去确定它的型号。

自动空气开关选用应遵循的原则有：其额定电压和额定电流应不小于电路正常工作电压和电流；热脱扣器整定电流应与所控制负载的额定电流一致；电磁脱扣器的瞬时脱扣器整定电流应大于负载电路正常工作的最大电流，对于电动机负载来说，瞬时脱扣整定电流一般为电动机启动电流的 1.7 倍。

常用自动空气开关有施耐德 GV2 系列，梅兰日兰 C45N 系列，西门子 3VU13、3VU16、3VF1 系列，国产 JXM25 系列、DZ 系列、DW 系列等。

9.5 电气控制系统设计方法

电气控制线路的设计方法一般有两种，即经验设计法和逻辑设计法。

9.5.1 经验设计法

所谓经验设计法，是根据生产工艺的要求，选择适当的基本控制环节或经过考验的成熟电路，按各部分的联锁条件组合起来，并加以补充和修改，综合成满足控制要求的完整电路。当找不到现成的典型环节时，可根据控制要求边分析边设计，将主令信号经过适当的组合与变换，在一定条件下得到执行元件所需要的工作信号。设计过程中，要随时增减元器件和改变触点的组合方式，以满足电气传动系统的工作条件和控制要求，经过反复修改得到理想的控制电路。由于这种设计方法是以熟练掌握各种电气控制电路的基本环节和具备一定的阅读分析电气控制电路的经验为基础，所以称为经验设计法。

经验设计法的特点是无固定的设计程序，设计方法简单，容易为初学者所掌握，对于具有一定工作经验的电气人员来说，也能较快地完成设计任务，因此在电气设计中被普遍采用。其缺点是设计方案不一定是最佳方案，当经验不足或考虑不周时会影响电路工作的可靠性。

经验设计法的基本步骤是：

（1）主电路设计，主要考虑电动机的启动、正反转、制动、调速以及点动等。

（2）控制电路设计，主要考虑如何满足电动机的各种运动功能及生产工艺要求，包括基本控制和特殊控制，以及选择控制变量和确定控制原则，还应考虑满足整机各单元的连接，实现生产过程自动或半自动化及调整的控制电路。

（3）联锁保护环节设计，主要考虑如何完善保护环节，包括各种联锁环节、短路保护、过载保护、过流保护、失压保护等。

（4）辅助电路设计，主要考虑照明指示、声光报警、充电与测试等环节。

（5）线路的综合审查，对所设计的电路进行反复审查，条件允许的可进行模拟试验，尤其注意电气控制系统在工作过程中因误操作、突然失电等异常情况下不应发生事故，或所造成的事故不应扩大，力求完善整个系统。

例9-1　设计某机床的电气控制电路。该机床由两台交流异步电动机拖动，其中一台为主轴电动机，另一台带动润滑油泵。控制电路的要求是：必须在润滑系统油循环正常工作情况下才允许开动机床；主电动机工作时，如果油泵电动机过载跳闸，则应立即发出信号通知工作人员；如无人对其进行处理，则经30 s延时后自动切断主轴电动机。

1. 生产工艺对控制的要求

（1）设润滑油泵电动机 M_1（单向运转），设过载保护。

（2）设主轴电动机 M_2（单向运转），设过载保护。在油循环正常时，才能启动。

（3）油泵过载跳闸后，应发出信号。

（4）油泵过载跳闸后，延时30 s切断主轴电动机。

2. 设计步骤

（1）设计主电路。根据工艺要求，需要用两台电动机进行驱动，且电动机只需单向运转，故只需要采用两个接触器就可以了，主电路结构比较简单，如图 9-13 所示。

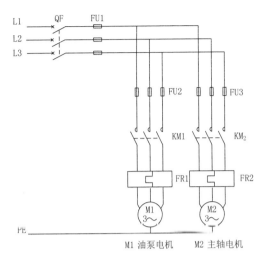

图 9-13　机床主电路

（2）设计控制电路。

首先设计基本电路，通过按钮可以单独启动各电机，如图 9-14（a）所示，为基本的自锁控制电路。

其次，根据工艺要求，选择压力作为控制参量。将压力开关的辅助联锁串入主轴电机接触器的控制电路中，如图 9-14（b）所示。

然后根据要求选择时间作为控制参量。时间继电器的线圈电路由 KM1 的常闭触点控制，当 KM1 断开时，油泵电机停转，时间继电器得电，延时时间到应断开主轴电机的接触器 KM2，故将其常闭触点串入 KM2 的控制电路中，如图 9-14（c）所示。

（3）信号电路设计。考虑过载后要求发出信号，电路采用比较简单实用的方法，将灯泡并接在时间继电器线圈上，如图 9-14（d）所示。

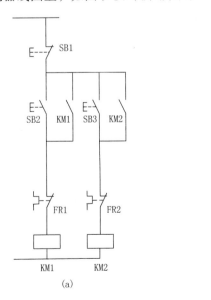

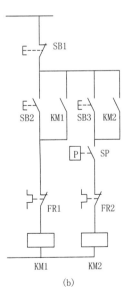

(a)　　　　　　　　　　(b)

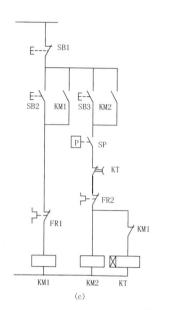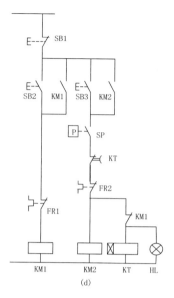

图 9-14　控制电路设计

（4）电路的完善及优化。检查电路发现，油泵过载停机后，压力下降，SP 常开触点复位断开，使 KM2 断电。该过程时间较短，不符合延时 30 s 后切断主轴电机的要求，改进电路使 SP 常开触点并上 KM2 常开辅助触点，如图 9-15（a）所示。可以将两个 KM2 常开触点合并为一个，如图 9-15（b）所示。仔细分析，发现图 9-15（b）中存在一个隐患，当时间继电器延时动作后，切断 KM2 电源的同时，也切断了 KT 线圈电源，KT 常闭延时触点瞬时复位闭合。若 KM2 自锁触点由于某种原因还未断开，KT 已复位闭合，则 KM2 又可能重新吸合，发生误动作。对其进行改进，得到完善、优化后的控制电路，如图 9-15（c）所示。

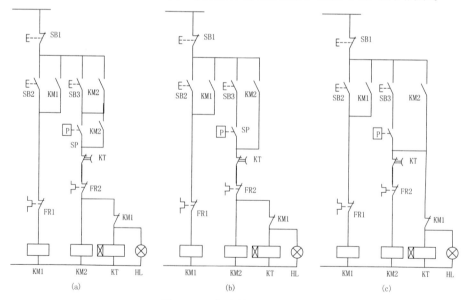

图 9-15　电路的完善与优化

3）电路的校核

电路的校核过程就是分析电路的过程，也就是按控制要求将电路走一遍。首先按 SB2，系统开始工作，KM1 吸合、自锁，油泵电机启动、运转。待油压正常后，SP 动作，为主轴电机准备条件。按下 SB3，KM2 吸合、自锁，主轴电机启动工作。若 M1 过载，FR1 断开，KM1 失电，M1 停止，HL 灯亮；同时 KT 吸合，延时 30 s 后，KM2 失电，M2 停，使 KT 失电，HL 灯灭。

9.5.2　逻辑设计法

逻辑设计法是利用逻辑代数这一数学工具来进行电路设计。它是从工艺资料（工作循环图，液压系统等）出发，将控制电路中的接触器及继电器线圈的通电和断电、触头的闭合与断开，以及主令元件的接通和断开等看成逻辑变量，并根据控制要求，将这些逻辑变量关系用逻辑函数关系式表示，再运用逻辑函数基本公式和运算规律对逻辑函数式进行简化，然后按最简逻辑函数式画出相应的电路图，最后再做进一步的检查和完善，以期获得最佳设计方案，使设计出的控制电路既符合工艺要求，又达到线路简单、工作可靠、经济合理的要求。

1. 列写逻辑函数应遵循的基本原则

（1）通常规定电气元件的线圈得电为逻辑"1"态，失电为逻辑"0"态；元件触点闭合为逻辑"1"态，触点断开为逻辑"0"态。输出元件在开启通电时，从逻辑"0"态变化为逻辑"1"态，波形的上升沿称为开启边界线；断电时，元件从逻辑"1"态变化为逻辑"0"态，波形的下降沿称为关断边界线。

（2）选择逻辑变量用"与""或"关系组成逻辑函数，其依据是要保证逻辑输出函数在开关边界线以内的状态为"1"，在开关边界线以外的状态为"0"。

按启动优先模式，输出元件的一般逻辑函数表达式为

$$F_{KM} = X_{启动} + X_{停止} \cdot KM \tag{9-16}$$

按停止优先模式则为

$$F_{KM} = X_{停止} \cdot (X_{启动} + KM) \tag{9-17}$$

式中 KM 为输出元件，F_{KM} 表示输出元件 KM 的逻辑函数，$X_{启动}$ 表示开启信号，$X_{停止}$ 表示关断信号。开启信号和关断信号常采用按钮、行程开关等主令电器进行控制。

（3）当采用信号 $X_{启1}$、$X_{启2}$、…、$X_{启n}$ 多点启动时，则 $X_{启动} = X_{启1} + X_{启2} + \cdots + X_{启n}$；当在约束信号 $X_{启1}$、$X_{启2}$、…、$X_{启n}$ 条件下启动时，$X_{启动} = X_{启1} \cdot X_{启2} \cdot \cdots \cdot X_{启n}$。当开启边界线转换信号由常态变为受激，则取其常开触点。当它由受激变为常态，则取其常闭触点。

（4）当采用信号 $X_{停1}$、$X_{停2}$、…、$X_{停n}$ 进行多点停止时，则 $X_{停止} = X_{停1} \cdot X_{停2} \cdot \cdots \cdot X_{停n}$；当在约束信号 $X_{停1}$、$X_{停2}$、…、$X_{停n}$ 条件下停止时，$X_{停止} = X_{停1} + X_{停2} + \cdots + X_{停n}$。当关断边界线转换信号由常态变为受激，则取其常闭触点；当它由受激变为常态，则取其常开触点。

（5）在开关边界线内，若始终保持 $X_{启动} = 1$，则不需要自锁环节；若不能保持，则要加自锁环节。

例 9-2　设计动力头主轴电动机启动、保持、停止电路。要求滑台停止原位时，主轴电动机才能启动；滑台进给到规定位置时，才允许主轴电动机停止。

输入信号有启动按钮 SB1，停止按钮 SB2，滑台在原位时压动行程开关 SQ1，进给到规

定位置压动行程开关 SQ2；输出为滑台电动机接触器 KM 线圈。

在此，主轴电动机的启动信号和关断信号都存在约束条件。开启信号发出启动指令时取常开触点，主轴电动机只有在原位并按下启动按钮时才能启动，显然 SB1 和 SQ1 是相"与"的逻辑关系，即 $X_{启动}$= SB1·SQ1；关断控制信号，发出停止指令时取常闭触点，工艺要求滑台进给到规定位置时才允许主轴电动机停止，即 $\overline{SB2}$ 和 $\overline{SQ2}$ 全为状态"0"时才能停止，两者构成相"或"的逻辑关系，即 $X_{停止}=\overline{SB2}+\overline{SQ2}$。

由于所选取的元件为按钮和行程开关，不能使 $X_{启动}$ 始终保持逻辑状态"1"，需要采用自锁环节。

按照启动优先模式（9-16），可写出逻辑函数式为

$$F_{KM} = X_{启动}+X_{停止}\cdot KM=SB1\cdot SQ1+(\overline{SB2}+\overline{SQ2})\cdot KM \tag{9-18}$$

按照停止优先模式（9-17）可写出逻辑函数式为

$$F_{KM} = X_{停止}\cdot(X_{启动}+KM)=(\overline{SB2}+\overline{SQ2})\cdot(SB1\cdot SQ1+KM) \tag{9-19}$$

对应控制电路如图 9-16 所示。

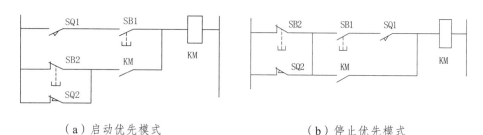

（a）启动优先模式   （b）停止优先模式

图 9-16　动力头主轴电动机控制电路

2. 逻辑设计法的基本步骤

（1）根据工序流程，作工作循环图或工作示意图，并标明哪些电器动作。

（2）确定执行元件和检测元件，并作出执行元件的动作节拍表和检测元件状态表。执行元件的动作节拍表是由生产机械工艺要求所决定的。所以，对于电气控制线路设计来说，执行元件的动作节拍表是预先提供的。检测元件状态表是对照工作示意图，并根据各程序中检测元件状态变化情况来编写的。

（3）为区分所有状态，根据主令元件和检测元件状态表，增设必要的中间状态记忆元件。

（4）根据状态表，列出中间记忆元件和输出执行元件的逻辑函数关系式。

（5）简化逻辑函数关系式，绘制电气控制线路图。

（6）进一步完善电路，增加必要的联锁、保护等辅助环节，检查电路是否符合控制要求，有无寄生回路，是否存在触点竞争现象，电路能否进一步简化等。

例 9-3　采用逻辑设计法，设计横梁升降机构的电气控制线路。龙门刨床横梁升降机构，在加工工件时，横梁需要夹紧在立柱上，当加工工件位置的高低不同时，则横梁需要先放松然后沿立柱上下移动。横梁的升降、放松及夹紧分别由横梁升降电动机与夹紧电动机经过传动装置与夹紧装置来实现。

对工艺要求进行分析。横梁上升控制动作过程为：按上升按钮 SB1→横梁放松（夹紧电动机反转）→压下已放松限位开关 SQ1→停止放松→横梁自动上升（升降电动机正转）→到位放开上升按钮→横梁停止上升→自动夹紧（夹紧电动机正转）→放松限位开关松开，达到一定夹紧度后夹紧限位开关压下→上升过程结束。

横梁下降控制动作过程为：按下降按钮 SB2→横梁放松→压下已放松限位开关 SQ1→停止放松→横梁自动下降→到位放开下降按钮→横梁停止下降→横梁自动夹紧→已放松限位开关松开，并夹紧至一定紧度使已夹紧限位开关压下→下降过程结束。

夹紧后电动机自动停止运动。

横梁升降应该设有上下行程开关限位保护，夹紧电动机正反向运行以及横梁夹紧与移动之间要有必要的联锁。

按逻辑设计法可列出工艺循环图，根据该工艺循环图按步骤设计。

（1）根据上述控制要求，绘制工作循环图，如图 9-17 所示。

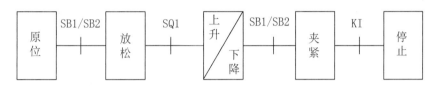

图 9-17　工作循环图

（2）根据工作循环图列出状态表。

状态表是按顺序把各程序输入信号（检测元件）的状态、中间元件状态和输出的执行元件状态用"0""1"表示出来，列成表格形式。它实际是由输入元件状态表、中间元件状态表、执行元件状态表综合在一起所组成的。元件处于原始状态为"0"状态，受激状态（开关受压动作，电器吸合）为"1"状态。将各程序元件状态一一填入，若一个程序之内状态有变化，则用 $\frac{1}{0}$、$\frac{0}{1}$ 表示。为了清楚起见，将使程序转换的那些转换主令信号单列一行。

根据上面规定列表 9-5 如下。

表 9-5　横梁升降状态表

程序	名称	检测元件状态			执行元件状态			转换主令信号
		SQ1	KI	SB1/SB2	KM1/KM2	KM3	KM4	
0	原位	0	0	0/0	0/0	0	0	
1	放松	0	0	1/1	0/0	0	1	SB1/SB2
2	上升/下降	1	0	1/1	1/1	0	0	SQ1
3	夹紧	$\frac{1}{0}$	$\frac{1}{0}$	0/0	0/0	1	0	SB1/SB2
4	停止	0	$\frac{1}{0}$	0/0	0/0	0	0	KI

表中原位时所有元件都不受激，当按下按钮 SB1/SB2（"/"表示"或"）后，直到横梁升降停止前都保持其受激状态（受压）。进入程序 1，KM4 吸合，夹紧电动机向放松方向运行。完全放松后 SQ1 受压动作，转入程序 2，由 SB1/SB2 受压，使 KM1/KM2 得电，以决定横梁

是上升还是下降。松开 SB1/SB2，升降停止，转入程序 3，KM3 吸合，夹紧电动机 M2 向夹紧方向运动。此程序内，起动开始时，起动电流使 KI 动作。完成起动后，KI 又释放，所以状态 KI 为 $\frac{1}{0}$，状态 SQ1 也因电动机向夹紧方向运行而由受压转为常态，也为 $\frac{1}{0}$。当横梁夹紧后，KI 动作为 "1"，转入程序 4，使全部元件处于常态，恢复初始状态。

（3）决定待相区分组。在各个程序中由检测元件构成的二进制数称为该程序的特征数。程序 1 为 001；程序 2 为 101；程序 3 为 $\frac{1}{0}\frac{1}{0}0$，实际上是三个特征数 110、100 和 000。在夹紧电动机启动时，启动电流大，使 KI 动作，但由于 SQ1 仍处于受压状态，KM3 照样吸合，故特征数 010 不存在。程序 4 为 $0\frac{1}{0}0$（实际是 010 和 000 两个特征数）。待相区分组为第三程序的 000 与第四程序的 000。

（4）设置中间记忆元件即中间继电器，使待相区分组增加特征数。相区分组状态表中程序 3 中有特征数 000，程序 4 也有特征数 000，所以要增加中间单元 KA。若程序 3 中 KA 为 1，则程序 4 中 KA 为 0，则待相区分组转化为相区分组。其实 KM3 本身就具有记忆功能，可以用 KM3 代替需要增加的中间单元 KA，省去另设一中间单元。也就是采用自锁功能，使程序 3 由特征数 110、010 决定，则程序 3、4 就属于可区分组了，因而程序 3 本身是一定需要自锁的。

（5）列中间单元及输出元件的逻辑函数式。

① 程序 1——放松程序：

$$KM4 = (SB1 + SB2) \cdot \overline{SQ1}$$

从状态表可知，KM4 在程序 1 开启边界线的转换主令信号 SB1 或 SB2 是 $X_{启动}$，即是 SB1 或 SB2 把程序 0 转换到程序 1。其状态由常态到受激，取其常开触点，$X_{启动}$=SB1+SB2，即无论 SB1 或 SB2 受激，都能把程序 0 切换到程序 1。SQ1 在 KM4 的关断边界上受激，取其常闭触点作为 $X_{停止}$，即 $X_{停止}=\overline{SQ1}$。电路不存在联锁和自锁条件。

② 程序 2——升降程序：

$$KM1 = SQ1 \cdot \overline{SB2} \cdot SB1 \qquad\qquad KM2 = SQ1 \cdot \overline{SB1} \cdot SB2$$

从状态表可知，KM1 在程序 2 开启边界线的转换主令信号是 SQ1，由 SQ1 把程序 1 转换至程序 2。其状态由常态到受激，取其常开触点，即 $X_{启1}$=SQ1。SB1 在 KM1 的关断边界线上由受激变为常态，SB1 取常开触点，$X_{停止}$=SB1。为防止升、降按钮同时按压的误操作，取 $X_{启2}=\overline{SB2}$。由于在 KM1 的开关边界线内始终有 $X_{启动}=X_{启1} \cdot X_{启2}=SQ1 \cdot \overline{SB2}=1$ 成立，故不需要自锁环节。同理可写出 KM2 的逻辑函数式。

③ 程序 3——夹紧程序：

$$KM3 = \overline{SB1} \cdot \overline{SB2} \cdot SQ1 + \overline{KI} \cdot KM3$$

横梁上升程序切换到夹紧程序时转换主令信号是 SB1，其由受激转为常态，$X_{启1}$ 取 SB1 常闭触点，$X_{启2}=SQ1 \cdot \overline{SB2}$。由下降切换到夹紧程序时，$X_{启1}=\overline{SB2}$，$X_{启2}=SQ1 \cdot \overline{SB1}$。由于 SQ1 在边界线内由 1→0，不能保持 $X_{启动}=X_{启1} \cdot X_{启2}=SQ1 \cdot \overline{SB1} \cdot \overline{SB2}=1$，故需要自锁。KM3 的关断边界线上转换主令信号是 KI，其由常态变为受激，其 $X_{停止}=\overline{KI}$。

由于在夹紧程序中，$\overline{SB1} \cdot \overline{SB2}$ 始终为 1，可将夹紧函数表达式变换为

$$KM3 = \overline{SB1} \cdot \overline{SB2} \cdot SQ1 + \overline{KI} \cdot KM3 = \overline{SB1} \cdot \overline{SB2} \cdot (SQ1 + \overline{KI} \cdot KM3)$$

（6）画电路图。

按上面求出的逻辑函数式，对应画出各条支路，然后再将这些支路并联起来，就构成控制电路图。这时应注意元件的触点数，例如，以上 4 个式中有 3 个式子内都有 SQ1，一个行程开关可能没有这么多触点，这时可利用中间继电器增加等效触点，或者分析可否找到等位点。对于上面的式子，只要将 SQ1 置于最前面位置，成为 KM1、KM2、KM3 公共通路，则 SQ1 将包含在这三个逻辑函数式内。因为将 SQ1 合并，也就是将 KM4 的关断信号 $\overline{KI}$ 与 SQ1 并联，因而要分析其影响。由于 KM1、KM2 不工作时 SB1、SB2 均为"0"状态，所以这样并联对 KM1、KM2 无影响，但可节省 SQ1 的一副常闭触点。其电路如图 9-18（a）所示。

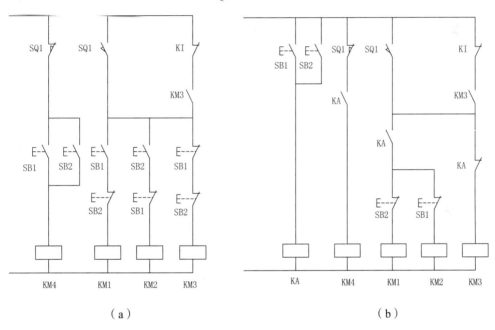

（a）　　　　　　　　　　　　　（b）

图 9-18　横梁升降控制电路

（7）完善化简电路，添加联锁保护。

在图 9-18（a）中，SB1 和 SB2 的触点分别需要两常闭、两常开，数量太多，元件难以满足，可采用设置中间继电器 KA 来化简。

取 KA=SB1+SB2，则 $\overline{KA} = \overline{SB1} \cdot \overline{SB2}$

$KM4 = KA \cdot \overline{SQ1}$

$KM3 = \overline{SB1} \cdot \overline{SB2} \cdot (SQ1 + \overline{KI} \cdot KM3) = \overline{KA} \cdot (SQ1 + \overline{KI} \cdot KM3)$

$KM2 = SQ1 \cdot \overline{SB1} \cdot KA$

$KM1 = SQ1 \cdot \overline{SB2} \cdot KA$

根据以上逻辑函数式，可画出横梁升降控制电路图，如图 9-18（b）所示。校验电路在各种状态下是否满足工艺要求，增加必要的联锁保护，最后得到完整的控制电路。至于其他保护、联锁、互锁等在经验设计法中已叙述，此处从略。

9.6 电气控制系统的工艺设计

电气控制系统的工艺设计，是在电气原理图设计及电气元件的选择后进行的，是为电气控制设备的制造、调试、维护和使用提供必要的图纸资料，内容包括电气控制系统总装配图、总接线图设计，以及各部分的电器装配图与接线图设计，列出各部分的元器件目录、进出线号以及主要材料清单，编写使用说明书等。

9.6.1 总体配置设计

各种电动机及各类电器元件根据各自的作用，都有一定的装配位置。例如，电动机与各种执行元件（电磁铁、电磁阀、电磁离合器、电磁吸盘等）以及各种检测元件（限位开关、传感器、温度、压力、速度继电器等），必须安装在生产机械的相应部位；各种控制电器（接触器、继电器、电阻、断路器、控制变压器、放大器等）、保护电器（熔断器、电流、电压保护继电器等），可以安放在单独的电器箱内；而各种控制按钮、控制开关、各种指示灯、指示仪表、需经常调节的电位器等，则必须安放在控制台面板上。

电气设备总体配置设计是根据电气控制系统的控制要求以及各种电气元器件安装位置的不同，将控制系统划分为几个组成部分，再根据电气设备的复杂程度，把每一部件又划分成若干组件，如控制电气组件、控制面板组件、电源组件等，然后再根据电气原理图的接线关系整理出各部分的进出线号，并调整它们之间的连接方式关系。总体配置设计是以电气系统的总装配图与总接线图形式来表达的，图中应以示意形式反映出各部分主要组件的位置及各部分接线关系、走线方式及使用的行线槽、管线等。

总装配图、接线图（根据需要可以分开，也可并在一起）是进行分部设计和协调各部分组成为一个完整系统的依据。总体设计要使整个系统集中、紧凑，同时在空间允许的条件下，把发热元件、噪声振动大的电气部件，尽量放在离其他元件较远的地方或隔离起来；对于多工位的大型设备，还应考虑两地操作的方便性；总电源开关、紧急停止控制开关应安放在方便而明显的位置。总体配置设计得合理与否，关系到电气系统的制造、装配质量，更将影响到电气控制系统性能的实现及其工作的可靠性、操作、调试、维护等工作的方便及质量。

1. 划分组件的原则

（1）功能类似的元器件组合在一起。例如用于操作的各类按钮、开关、键盘、指示检测、调节等元件集中为控制面板组件；各种继电器、接触器、熔断器、照明变压器等控制电器集中为电气板组件；各类控制电源、整流、滤波、稳压等元器件集中为电源组件等。

（2）尽可能减少组件之间的连线数量，接线关系密切的控制电器置于同一组件中。

（3）强弱电控制器分离，以减少干扰。

（4）力求整齐美观，外形尺寸、重量相近的电器组合在一起。

（5）便于检查与调试，需经常调节、维护和易损元件组合在一起。

2. 电气控制装置各部分及组件之间的接线方式应遵循的原则

（1）电器板、控制板、机床电器的进出线一般采用接线端子或接线鼻子连接，可按电流大小及进出线数选用不同规格的接线端子或接线鼻子。

（2）电气柜（箱）、控制箱、柜（台）之间以及它们与被控制设备之间，采用接线端子排或工业连接器连接，以便于拆装、搬运。

（3）印制电路板组件、弱电控制组件之间宜采用各种类型标准接插件。

（4）电气柜（箱）、控制箱、柜（台）内的元件之间的连接，可以借用元件本身的接线端子直接连接，过渡连接线应采用端子排过渡连接，端头应采用相应规格的接线端子处理。

9.6.2　电器布置图设计

电器元件布置图是某些电器元件按一定原则的组合。电器元件布置图的设计依据是部件原理图、组件的划分情况等。同一组件中电器元件的布置设计应遵循以下原则：

（1）体积大和较重的电器元件应安装在电器板的下面，而发热元件应安装在电气箱（柜）的上部或后部，但热继电器宜放在其下部，因为热继电器的出线端直接与电动机相连便于出线，而其进线端与接触器直接相连接，便于接线并使走线最短，且宜于散热。

（2）强电弱电分开并注意屏蔽，防止外界干扰。

（3）需要经常维护、检修、调整的电器元件安装位置不宜过高或过低，人力操作开关及需经常监视的仪表的安装位置应符合人体工程学原理。

（4）电器元件的布置应整齐、美观、对称。外形尺寸与结构类似的电器安放在一起，以利于加工、安装和配线。

（5）各电器元件布置应考虑安全间隙，不宜过密，若采用板前走线槽配线方式，应适当加大各排电器间距，以利布线和维护。

9.6.3　接线图设计

电气部件接线图是根据部件电气原理图及电器元件布置图绘制的。它表示成套装置的连接关系，是电气安装与查线的依据。

1. 接线图绘制原则

（1）接线图和接线表的绘制应符合 GB/T 6988.3—1997 中《电气技术用文件的编制第 3 部分：接线图和接线表》的规定。

（2）电气元器件按外形绘制，并与布置图一致，偏差不要太大。

（3）所有电气元件及其引线应标注与电气原理图中相一致的文字符号及接线号。原理图中的项目代号、端子号及导线号的编制分别应符合相应国家标准规定。

（4）与电气原理图不同，在接线图中同一电器元件的各个部分（触头、线圈等）必须画在一起。

（5）电气接线图一律采用细线条，走线方式有板前走线及板后走线两种，一般采用板前走线。对于简单电气控制部件，电器元件数量较少，接线关系不复杂，可直接画出元件间的连线。但对于复杂部件、电器元件数量较多、接线较复杂的情况，一般是采用走线槽，只要各电器元件上标出接线号，不必画出各元件间连线。

（6）接线图中应标出配线用的各种导线的型号、规格、截面面积及颜色要求。

（7）部件与外电路连接时，大截面导线进出线宜采用连接器连接，其余进线都应经过接线板，不得直接进出。

（8）对导线走向一致的多根导线合并，画成单线，要在元器件的接线端标明接线的编号和走向。

2. 接线图绘制实例

图 9-19（a）是异步电动机控制电路图，其主电路是，电源经熔断器 FU1、交流接触器 KM、热继电器 FR 至电动机。其控制电路主要由红色信号灯 HR、绿色信号灯 HG、停止按钮 SB1、启动按钮 SB2、接触器 KM 的辅助触点、热继电器 FR 的常闭触点构成。电动机采用远程控制，即按钮 SB1、SB2 和信号灯 HR、HG 在控制面板 A 单元上，接触器线圈及各辅助触点、热继电器触点在电源柜 B 单元内。A、B 单元用电缆连接，在 A、B 单元上分别有端子接线板。

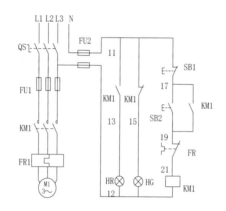

（a）电机控制电路图

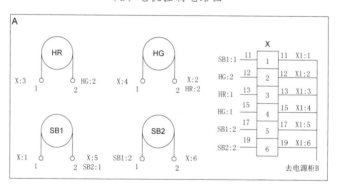

（b）接线图

图 9-19　电动机控制示例图

图 9-19（b）是控制板 A 单元的端子接线图，从图中可以看出，从电源柜 B 引至控制板 A 的线缆，共有 6 根导线，分别是 11、13、15、17、19 号线（奇数号线）和 12 号线（偶数号线）。

红色信号灯 HR 回路：电源相线 L1，经过熔断器 FU2，接至控制板 A 上端子板 X 的 1 号端子，从 X 的右侧引出至 11 号线，11 号线的另一端接至 B 中端子板 X1 的 1 号端子。在电源柜 B 内，X1∶1 连接接触器 KM 的常开触点一端，KM 的常开触点另一端引出 13 号线，接至信号灯 HR 接线柱 1，经此灯，其接线端子 2 与信号灯 HG 的接线端子 2 连接后，一起接至端子板 X 的 2 号端子即 12 号线，从 2 号端子引出至熔断器 FU2，再与中性线 N 相连，从而构成一个完整的回路。

停止按钮 SB1 回路：电源相线 L1，经过熔断器 FU2，接至端子板 X 的 1 号端子，从端子板 X 的左侧引出至按钮 SB1 的 1 号接线柱，经此按钮，其接线柱 2 与按钮 SB2 的 1 号接线柱连接后，一并接至端子板 X 的 5 号端子，引出 17 号线；而按钮 SB2 的 2 号接线柱，与 X 的 6 号端子相连，引出 19 号线。X 的 5 号端子右侧引出的 17 号线、6 号端子右侧引出的 19 号线的另一端分别经 X1 接至电源柜 B 的接触器 KM 的常开触点的两个接线柱上，形成 SB2 与 KM 的常开触点的并联。在 B 单元上，19 号线经热继电器 FR 的触点并与接触器 KM 的线圈相连后，引回的 12 号线，接至端子板 X 的 2 号端子，从 2 号端子引至熔断器 FU2，再与中性线 N 相连，构成一个完整的回路。21 号线是热继电器触点和接触器线圈在 B 单元上的内部连线，不与控制板 A 相连。

表 9-6 是图 9-19 的端子接线表，它表示了控制板 A 的端子 X 和远端即电源柜 B 端子板 X1 之间的关系。

表 9-6　A 单元端子接线表

线芯号	端子代号	远端标记	备注
11	X:1	X1:1	接 FU2
12	X:2	X1:2	接 FU2
13	X:3	X1:3	
15	X:4	X1:4	
17	X:5	X1:5	
19	X:6	X1:6	

9.6.4　清单汇总和说明书编写

在电气控制系统原理设计及布置与接线设计结束后，应根据各种图纸，对设备需要的各种零件及材料进行综合统计，列出外购件清单表、标准件清单表、主要材料消耗定额表及辅助材料消耗定额表，以便采购人员、生产管理部门按设备制造需要备料，做好生产准备工作。

在投入生产前还应经过严格的审定，以确保生产设备达到设计指标。设备制造完成后，又要经过仔细调试，使设备运行处在最佳状态。设计说明及使用说明是设计审定及调试、使用、维护过程中必不可少的技术资料。

设计及使用说明书应包含以下主要内容。

（1）拖动方案选择依据及本设计的主要特点。

（2）主要参数的计算过程。

（3）设计任务书中要求的各项技术指标的核算与评价。

（4）设备调试要求与调试方法。

（5）使用、维护要求及注意事项。

习题与思考题

9.1 电路如图 9-20 所示。要求：

（1）分析其工作原理。（2）若要使时间继电器的线圈 KT 在 KM2 得电后自动断电而又不影响其正常工作，应对线路作怎样的改动？

9.2 设计一工作台自动循环控制线路，要求工作台在原位（位置 1）启动，运行到位置 2 后立即返回，循环往复，直至按下停止按钮。

9.3 电动门示意图如图 9-21 所示，试设计其电气控制线路。要求：

（1）长动时在开门或关门到位后能自动停止；

（2）能点动开门或关门。

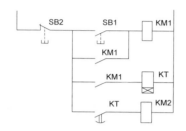

图 9-20　题 9.1 图

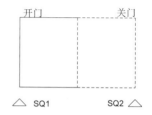

图 9-21　题 9.3 图

9.4 电动机的选择包括哪些内容？选择电动机的容量主要考虑哪些因素？

9.5 一台车床的主电动机用接触器实现启动控制，电动机的额定功率为 7.5 kW，额定电压为 380 V，额定电流为 14.9 A。选择控制用交流接触器、短路保护用熔断器、过载保护用热继电器和电源开关。

9.6 试设计两台笼型电动机 M1、M2 的顺序启动、停止的控制电路，并画出控制面板端子接线图。要求：

（1）M1、M2 能顺序启动，并能同时或分别停止；

（2）M1 启动后 M2 才启动，M1 可点动，M2 可单独停止。

9.7 设计一磨床电气控制线路图，并对控制电器进行参数计算和选型。其电气传动总体方案为：

（1）砂轮由电动机 M1 传动，单向旋转磨削；

（2）冷却泵电动机 M2 的启、停与砂轮同步，即砂轮电动机启动，冷却泵电动机停止；砂轮电动机停止，冷却泵电动机启动；

（3）头架卡盘由电动机 M3 单向传动运转，并可点动调整；

（4）液压泵电动机 M4 首先启动，液压泵工作后，其余各电动机方可启动，液压泵润滑于磨床工作始终；

（5）工作台由电动机 M5 传动，拖动台面在限定行程内左右移动；

（6）任何一台电动机过载发热，整个控制回路断电，所有电动机全部停转。

根据总体方案，已确定各传动电动机型号及参数见表 9-7。

表 9-7 电动机型号及额定参数

名称	电动机型号	额定功率/kW	额定电压/V	额定转速/（r/min）
M1	Y132M-4	7.5	380	1440
M2	DB-25A	0.12	380	3000
M3	Y90L-6	1.1	380	910
M4	A02-8014/B14	0.55	380	1400
M5	A02-8014/B14	0.55	380	1400

第 10 章　电气控制实验与课程设计

10.1　用电安全

在实验和电气控制课程设计实训中，既要求通过实训达到预期的目的，同时又要求整个实训过程是安全的。对安全的要求既包括实训者自身的安全，又包括实训设备的安全。为此须严格遵守有关的安全操作规程。

1. 安全电压

安全电压是指不使人直接致死或致残的电压。我国有关标准规定，12 V、24 V、36 V 三个电压等级为安全电压等级。不同的场合应选用不同的安全电压等级。

在湿度大、狭窄、行动不便、周围有大面积接地导体的场所，如金属容器内、矿井内、隧道内等，安全电压规定为 12 V。凡手提照明器具、危险环境或特别危险环境的局部照明灯、高度不足 2.5 m 的一般照明灯、携带式电动工具等，若无特殊的安全防护装置或安全措施，均应采用 24 V 或 36 V 安全电压。

安全电压的规定是从总体上考虑的，对于某些特殊情况或某些人也不一定绝对安全。是否安全与人的当时状况，主要是人体电阻、触电时间长短、工作环境、人与带电体的接触面积和接触压力等有关系。故即使在规定的安全电压下工作，也不可粗心大意。

2. 安全操作规程

实训中一般安全操作规程如下：

（1）明确电源所处的通电与断电状态，对交流电源必须清楚其火线及零线位置。直流电源必须分清其正、负极，严禁错接、反接。

（2）禁止非必需的带电操作，更换熔断器、接线和拆线必须在电源断电的情况下进行。实训者身体不得直接接触带电线路，尤其在实训过程中（如调节、测量时）更需注意人体的无意识触电。

（3）对所用的仪器仪表须明确其规格和使用方法，严禁盲目接线与盲目使用。实训中应避免电机的起动电流对仪表的冲击，避免大电感元件断电时的自感高压，电流互感器不得次边开路以防止产生高压，自耦调压器不得原边、次边倒置。使用调压变压器时，应先将调压器的输出调到零位后再接通或切断电源。

（4）实训线路接好后须经复查，取得实验员或指导教师认可后方可通电，线路改接和改进也应如此。

（5）通电或断电时，操作电源开关或控制开关应迅速果断，以免产生持续的电弧造成触点烧蚀，影响使用寿命。通电后实训者不得擅自离开现场。实训中须注意衣物、发辫、手脚、导线及其他异物不得触及电机的旋转部分，严禁以手脚促使电机旋转或停转。

（6）实训中若发生事故或严重异常现象，应首先切断电源，保护现场，不要慌乱，并立即报告实验员或指导教师，事故处理好以前不得继续进行通电实验。

（7）实训者不得对总电源开关或配电屏进行操作，未经允许不得进入电源室。

10.2 电气控制系统的安装与调试

10.2.1 技术准备工作

（1）必须掌握国家规定的常用电气符号及文字符号的含义，此外必须掌握表示电气设备、线路、元件的特征和敷设方式及文字符号的含义。

（2）为安装接线以及维护检修方便，要充分了解电路的工作原理、各电气元器件之间的控制及连接关系、电气控制线路的动作顺序。

（3）熟悉施工图、电气元件的实际安装及排列情况。

（4）检查电气元器件的种类、数量和规格。根据电器元件明细表，检查各电器元件和电气设备是否短缺、规格是否符合设计要求，若不符合要求，则应更换或调整；检查各电器元件的外观是否损坏，各接线端子及紧固件有无短缺、生锈等，尤其是电器元件中触点的质量；检查有延时作用的电器元件的功能是否正常；检查元件或电气设备的绝缘电阻是否符合要求，线圈通断情况以及各操作机构和复位机构是否灵活。

（5）需熟悉电气配线的基本规范和要求，检查导线的类型、绝缘型、截面面积和颜色。导线应与电动机的额定功率、控制电路的电流容量、控制回路的子回路及配线方式一致。

（6）准备好安装工具和检查仪表。电气安装的常用工具有电工刀、斜嘴钳、配线用平口钳、手电钻等，常用的仪表为万用表及摇表等。

10.2.2 电气控制柜的安装

1. 常用电器元件的安装

1）自动空气开关的安装

自动空气开关应垂直于地面安装在开关箱内，其上下接线端必须使用按规定选用的导线连接；裸露在箱体外部容易触及的导线端子应加绝缘保护；自动空气开关与熔断器配合使用时，熔断器应尽可能安装于自动空气开关之前；电动操作机构的接线应正确，触头在闭合、断开过程中，可动部分与灭弧室的零件不应有卡阻现象。

2）熔断器的安装

对于 RL 型熔断器，应将电源线接到瓷底座的下接线端；对于 RM 型及 RTO 型熔断器，应垂直安装于配电柜中。安装熔断器时，应使熔体和接线端、熔体和插刀以及插刀和刀座接触良好；更换熔丝时应切断电源，并应换上相同规格的熔丝。

3）热继电器安装

安装热继电器时，其出线端的连接导线应符合规定要求。如果选择的连接导线过细，则轴向导热差，热继电器可能提前动作；如果选择的连接导线过粗，则轴向导热快，热继电器可能滞后动作。热继电器和连接导线的选择参考表 10-1。

表 10-1　热继电器连接导线规格表

热继电器规定电流/A	连接导线截面积/mm²	连接导线种类
10	2.5	单股塑料铜芯线
20	4	单股塑料铜芯线
60	16	多股塑料铜芯线
150	35	多股塑料铜芯线

热继电器只能作为电动机的过载保护，而不能作短路保护使用。安装时应先清除触头表面的尘污，使触头动作灵活、接触良好。对点动重载启动、连续正反转及反接制动等运行的电动机，一般不适宜用热继电器作过载保护。

如果热继电器和其他电器设备安装在一起时，应将热继电器安装在其他电器下方，以免受其他电器发热的影响而产生误动作。

4）交流接触器的安装

检查交流接触器的型号、技术数据是否符合使用要求，再将铁心截面上的防锈油擦拭干净；检查各活动部分是否存在卡阻、歪扭现象，和各触头是否接触良好；安装时要求交流接触器与地面垂直，倾斜度不得超过 5°。

2. 电气配线

1）电气配线的基本要求

在配线前一定要根据要求选择出合适的导线，所谓合适是指导线的种类和线径都应符合要求；配线必须横平竖直，减少交叉，转角呈直角，成束导线用线束固定，导线端部加套管，与接线端子连接的导线头弯成羊角圈，整齐美观；在导线的两端都必须统一编号，而且所编号必须与原理图和接线图一致；套在导线上的线号，要用记号笔书写或用打号机打出，应工整清楚，以防误读；功能不同的导线尽量选用不同的颜色进行区分，以便调试和维修；在控制箱与被控设备之间的导线一般用穿管的方式进行敷设，管路的敷设布置应做到不易受到损伤、整齐美观、连接可靠、节省材料、穿线方便等；在所有的安装完成后，要进行全面检查，根据线路的原理图和接线图进行核对，以保证线路的正确性。

2）接线方法

所有导线的连接必须牢固，不得松劲，在任何情况下，连接器件必须与连接的导线截面面积和材料性质相适应；导线与端子的接线，一般一个端子只连接一根导线，有些端子不适合连接软导线时，可在导线端头上采用针形、叉形等冷压接线头，导线的接头除必须采用焊接方法外，所有的导线应当采用冷压接线头；若电气设备在运行时承受的振动很大，则不允许采用焊接的方式。

3）导线的标志

导线的颜色标志。保护导线采用黄绿双色，动力电路的中性线和中间线采用浅蓝色，交直流动力线路采用黑色，交流控制电路采用红色，直流控制线路采用蓝色。

导线的线号标志。导线的线号标志必须与电气原理图和电气安装接线图相符合，且在每根连接导线的接近端子处需套有标明该导线线号的套管。

4）控制柜的内部配线

控制柜的内部配线方法有板前配线、板后配线和线槽配线等。板前配线和线槽配线综合的方法被较为广泛应用。采用线槽配线时线槽装线不要超过线槽容积的 70%，以便安装和维修。线槽外部的配线，对装在可拆卸门上的电器接线必须采用互连端子板或连接器，并使其牢固固定在框架、控制箱或门上。外部控制电路、信号电路进入控制箱内的导线超过 10 根时，必须接到端子板或连接器件过渡，但动力电路和测量电路的导线可以直接接到电器端子上。

5）控制柜外部配线

由于控制柜一般处于工业环境中，为防止铁屑、灰尘、液体的进入，除必要的保护电缆外，控制柜所有的外部配线一律装入导线通道内，且导线通道应留有余地，供备用导线和后续增加的导线使用。移动部件或可调整部件上的导线必须用软线，且必须支撑牢固，使接线上不致产生机械拉力和弯曲。不同电路的导线可以穿在同一管内或处于同一电缆中，若工作电压不同，则所用导线的绝缘等级必须满足最高一级电压的要求。

10.2.3　电气控制柜调试

1. 调试前的准备工作

（1）根据电气原理图、电器布置图和安装接线图检查各电气元器件的位置是否正确，并检查外观有无损坏，触点接触是否良好，配线导线的选择是否符合要求，柜内和柜外的接线是否正确、可靠，以及接线的各种具体要求是否达到，电动机有无卡壳现象，各种操作、复位机构是否灵活，保护电器的整定值是否达到要求，各种指示和信号装置是否按要求发出指定信号等。

（2）对新安装的电气控制线路，必须测量其绝缘电阻值，以检验回路的绝缘状况。测量绝缘电阻时，应使用 500~1000 V 的摇表；电压为 48 V 及以下的回路，应使用不超过 500 V 的摇表。绝缘电阻应分别符合各自的绝缘电阻要求，连接导线的绝缘电阻不小于 7 MΩ，电动机的绝缘电阻不小于 0.5 MΩ。控制回路的每一支路和熔断器、接触器、继电器等电器对地的绝缘电阻值均不得小于 1 MΩ，在较潮湿的地方，可降低到 0.5 Ω。

（3）检查各开关、按钮、行程开关等电气元器件是否处于原始位置，调速装置的手柄是否处于最低速位置。

2. 调试步骤

（1）空操作调试：即切断主电路，只提供控制电路电源。检查各电器动作情况，如是否得电动作、动作的先后关系，是否与工艺要求一致。若有异常则立刻切断电源，检查原因。

（2）空载调试：即在空操作的基础上，接通主电路电源，但被控对象如电动机不带负载。检查点动情况下，电动机的转向和转速是否符合设计要求。然后再调整好保护电器的整定值，检查指示信号和照明灯的完好性等。

（3）带负载调试：在空载基础上，使电动机带负载运行。在正常工作情况下，验证电气设备所有部分运行的正确性，观察机械动作和电器元件的动作是否符合工艺要求，调整行程开关、挡块的位置和各种电器元件的整定数值。特别是验证在电源中断和恢复等异常情况下对人身和设备的伤害、损坏程度。

10.3 电气控制系统的故障分析与处理

电气控制电路发生故障后，轻则使电气设备不能工作，影响生产，重则可能会扩大故障造成人身伤害事故。因此要求在发生故障后，必须及时查明原因并迅速排除。但电气控制电路形式多样，它的故障又常常和机械等系统交错在一起，难以分辨。这就要求我们首先弄懂原理，并应掌握正确的排除故障方法。故障分析与处理的一般步骤如下：

1. 详细了解故障产生的经过

电气控制线路出现了故障，首先应向操作者详细了解故障发生前后电气设备的详细运行情况和故障现象。必须重视设备操作者的意见，一方面生产第一线的操作者对设备经常产生的故障部位和处理方法有许多好的经验可供我们借鉴，另一方面我们可以根据操作者提供的故障现象，根据电气控制原理来判断故障部位。例如，某电动机不运转，其原因可能是电源方面，也可能是电路接线方面或者是电动机本身和负载方面。如果电动机以前运转正常现在突然不运转了，应从电源及控制元件方面进行检测；如果是修理后第一次使用，应从电动机本身进行检查分析。

2. 从原理上进行分析，确定故障的可能范围

某些设备的电气控制线路看起来似乎很复杂，但仔细分析，它们总是由一些基本环节、基本线路组成，总是由几种不同作用的几个独立部分组合而成。如摇臂钻床电气控制线路是由主轴旋转、立柱夹紧松开和摇臂升降等几个部分组成。按照故障现象，从原理上进行分析确定故障发生的可能范围，以便迅速找到故障的确切部位。

3. 进行一般的外观检查

由原理分析确定故障可能的范围后，对有关元器件进行外表检查，常能发现故障的确切部位。例如，热继电器等保护类电器是否已动作，熔断器的熔丝是否熔断，各个触点和接线是否松动或脱落、触点磨损或烧损、衔铁产生噪声、线圈烧毁、活动部分卡阻、触头失灵、弹簧断裂或脱落、导线的绝缘是否破损或短路等。用手触摸电动机、电容、电阻、继电器等电器的表面有无过热现象。如有，则说明故障与这些电器有关。

4. 通电试验

如果在外观检查中没有发现毛病，则可采用试验电器动作顺序的方法来检查。也即操作某一按钮或开关，线路中每个继电器、接触器应按规定动作顺序进行工作，同时注意听电器动作发出的声音是否正常。若某一电器动作顺序与其应有的动作不符，即说明与此电器有关的电路有问题，再在此回路中进行深入细致地检查，常可发现故障。

通电试验采用先易后难，分步进行，即先控制电路后主电路，先辅助系统后主传动系统，先开关电路后调整电路，先重点怀疑部位后一般怀疑部位。

当采用此法检查时，必须特别注意设备及人身安全，尽可能切断电动机的主电路电源，只在控制电路带电的情况下进行空操作试验，以避免运动部件发生误碰撞。如需接主电路电

源，则要暂时隔离怀疑有故障的主电路，以免故障扩大。总之，要充分估计到部分电路动作后可能产生的各种后果。

5. 用电工仪表测量寻找故障部位

实际工作中，故障判断往往要借助仪表进行检测。用电工仪表检查电器元件是否通路，线路是否断路，电压电流的大小是否正常、平衡，电阻值是否符合要求，这是人们经常使用的查找故障的方法。

（1）测量电压的方法。测量电动机、接触器和继电器线圈的电压，有关控制电路两端的电压等。若发现所测点电压与控制线路要求的电压不相符合，则所测点是故障可疑处。例如，若测量继电器线圈绕组两端电压为额定电压，但继电器不动作，则线圈损坏；否则线圈正常而电路不通。

（2）测量电阻或通路的方法。将控制线路电源切断后，用万用表的电阻挡测量线路的通路、触头的接触情况、元件的电阻值等。

（3）测量电流的方法。用电流表或万用表的电流挡测量电动机的电流、有关控制电路中的工作电流。

（4）测量绝缘电阻的方法。用兆欧表（摇表）测量各元件和线路的对地绝缘电阻和相互间的绝缘电阻等。

6. 电器置换

如果根据上述检查与测量还不能得到准确的故障点，可以对被怀疑的电器进行置换，置换器件应与被怀疑器件同规格。例如，设备中的一个电容，由于电容值是否变化或该电容是否损坏不易测量，故常用同规格电容替换来判断，如果设备恢复正常，则该电容存在故障。一个线圈是否存在匝间短路，可通过测量线圈的直流电阻来判断，但直流电阻多大才是完好却无法判别，这时可以采用置换的方式来进行比较判断。

在每次排除故障后，要认真总结经验，逐步摸清生产设备电气控制线路的故障规律。

10.4 电气控制系统实验

10.4.1 电气控制实验的目的和任务

实验是整个教学过程的一个重要环节，是培养学生独立工作能力并使用所学理论解决实际问题、巩固基本理论并获得实验技能的重要手段。

1. 实验目的

（1）进行实验基本技能的训练。

（2）巩固、加深所学的基本理论知识，培养解决实际问题的能力。

（3）培养实事求是、严肃认真、细致踏实的科学作风和良好的动手习惯，为将来从事生产和科学设计打下扎实的基础。

2. 实验任务

（1）观察常用电器的结构，了解其规格和用途，学会正确选择电器的方法。

（2）掌握继电器、接触器控制线路的基本环节。

（3）能独立操作一般生产机械电力设备，分析工作原理。

（4）掌握典型电气线路安装、调试、分析与排除故障等基本技能。

（5）初步掌握电气控制系统的调试方法。

应以严肃认真的精神、实事求是的态度、细致踏实的作风对待实验课，并在实验课中注意培养自己的独立工作能力和创新精神。

10.4.2　实验方法

做电气控制实验要讲究一定的实验方法，做好各阶段的工作，即实验前进行充分的准备，进行实验时要严谨认真，合理安排器件、细心接线、全面检查，实验后的数据处理、分析及实验报告要客观、实事求是。

1. 实验前的准备

实验前应认真阅读实验指导书，明确实验目的、要求、内容、步骤，并复习有关理论知识，在实验前要能记住有关线路和实验步骤。

开始实验后，不要急于连接线路，应先检查实验所用的电器、仪表、设备是否良好，了解所用电器的结构、工作原理、型号规格，熟悉仪器设备的技术性能和使用方法，并合理选用仪表及其量程。发现实验设备有故障，应立即请指导教师检查处理，以保证实验顺利进行。

2. 连接实验电路

接线前应合理安排电器、仪表的位置，通常以便于操作和观察读数为原则。各电器相互间距离应适当，以连线整齐美观并便于检查为准。主令电器应安排在便于操作的位置。连接导线的截面面积应按回路电流大小合理选用，其长度要适当。每个接点连接线不得多于两根。电器接点上垫片为"瓦片式"时，连接导线只需要去掉绝缘层，导体部分直接插入即可。当垫片为圆形时，导体部分需要顺时针方向打圆圈，然后将螺钉拧紧，不允许有松脱或接触不良的情况，以免通电后产生火花或断路现象。连接导线裸露部分不宜过长，以免造成相邻两相间短路，产生不必要的故障。

连接线路完成后，应全面检查，确认无误后，再请指导老师检查，经认可后方能通电实验。

在接线中，要掌握一般的接线规律，例如先串联后并联；先主电路后控制电路；先控制接点后保护接点等。

3. 观察与记录

观察实验中各种现象或记录实验数据是整个实验过程中最主要的步骤，必须认真对待。进行特性实验时，应注意仪表极性及量程。检查数据时，在特性曲线弯曲部分应多选取几个点，而在线性部分时则可少取几个点。进行控制电路实验时，应有目的地操作主令电器，观察电器的动作情况，进一步理解电路工作原理。当出现不正常现象时，应立即断开电源，检查分析，排除故障后继续进行实验。

注意：运用万用表检查线路故障时，一般在断电情况下，采用电阻档检测故障点；需要在通电情况下检测故障点时，应用电压档测量（注意电压性质和量程）；此外，还要注意被检测点之间有无其他寄生电路或旁路现象以及对测量仪表的阻抗要求，以免造成判断不准确。

4. 实验结束工作

实验结束应先断开电源，认真检查实验结果，确认无遗漏或其他问题后，经指导教师检查同意后，方可拆除线路，清理实验设备、导线、工具并报告指导教师后方可离开实验室。

10.4.3 实验报告及要求

实验报告是实验工作的全面总结，要用简明的形式将实验结果完整、真实地表达出来。报告要求简明扼要，字迹工整，分析合理。图表整齐清楚，曲线和线路图用铅笔和绘图仪器绘制，不应徒手描画。

报告包括以下几项内容：

（1）实验名称、专业、班级、姓名、同组者姓名、实验台号、实验日期、交报告日期。
（2）实验目的。
（3）实验线路图。
（4）实验设备。
（5）根据实验原始记录整理而成的数据表格、曲线及计算数据等。
（6）对实验结果进行分析讨论并回答实验指导书所提出的问题。

10.4.4 参考实验项目、内容及要求

实验 1 CZ0-250/10 直流电磁接触器特性测试

1. 实验目的

（1）了解 CZ0-250/10 直流电磁接触器的结构，掌握双线圈的作用原理。
（2）熟悉直流接触器吸力和反力特性曲线，并了解影响其吸力特性的主要因素。
（3）掌握直流接触器主要参数的简易测量方法。

2. 实验任务

（1）观察 CZ0-250/10 直流电磁接触器的总体布置（包括磁系统、触头的灭弧系统），并注意该接触器双线圈及其连接的辅助触头。
（2）测量和计算各种状态下的线圈磁势及消耗的功率。
（3）测量接触器的反力特性、初压力、终压力和开距等。
（4）绘制接触器反力特性曲线。

3. 实验仪器、设备

CZ0-250/10 直流电磁接触器　　　1台；　　　　　钢皮尺　　　　　　　　1把；

直流电压表	1只；	直流电流表	1只；
滑线变阻器	1只；	弹簧秤	1把；
内外卡尺	1把。		

4. 实验线路（见图10-1）

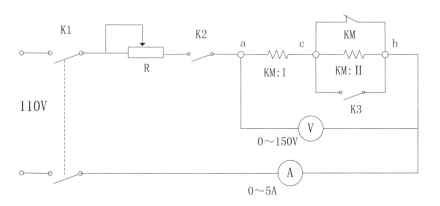

图 10-1　直流电磁接触器特性测试电路

5. 实验步骤

（1）观察该接触器结构，注意双线圈及连接的常闭辅助触头。

（2）记录 CZ0-250/10 直流电磁接触器的双线圈数据：

线圈 1：匝数＿＿＿＿＿＿＿＿匝，电阻＿＿＿＿＿＿＿＿Ω；

线圈 2：匝数＿＿＿＿＿＿＿＿匝，电阻＿＿＿＿＿＿＿＿Ω。

（3）闭合开关 K_1、K_2，调节滑线电阻 R 使输出电压由低到高逐渐变化，直至输出电压达到 110 V。观察接触器衔铁触动、振动（或不能可靠吸合）及产生正常吸合的动作过程。记录：

开始触动的电压值＿＿＿＿＿＿＿V；

开始振动（或不能可靠吸合）的电压值＿＿＿＿＿＿＿V；

开始产生正常吸合动作时做参考：吸合动作电压＿＿＿＿＿V；吸合动作电流＿＿＿＿＿A。

注意：正常吸合动作指衔铁一次吸合成功，无中间停滞状态。

（4）在不变（即输出电压为 110 V）的情况下，断开开关 K_1、K_2 后，重新闭合开关 K_1 和 K_2，观察接触器的释放和吸合动作，并记录在 110 V 供电时，正常接线情况下接触器线圈的工作电流为＿＿＿＿＿＿＿A。

（5）闭合开关 K_1 和 K_2，调节滑线电阻 R 的阻值，使输出电压从 110 V 开始，由高到低逐渐变化，观察接触器开始产生释放动作时的电压为＿＿＿＿＿＿＿V，电流＿＿＿＿＿＿＿A。

（6）闭合开关 K_3，重做（3）、（4）、（5）各项并记录有关数据。

注意：K_3 合闸后，各项实验须尽快进行，每一项做完应立即将开关 K_2 断开，防止线圈过热烧损。

（7）拆除常闭辅助触头的接线及短路线，重做（3）、（4）、（5）各项并记录各电流、电压值。

（8）整理数据，填入表 10-2。

表 10-2

工况	额定电压供电		吸合动作值		释放动作值	
	电流/A	电压/V	电流/A	电压/V	电流/A	电压/V
K_3 断开，正常接线						
K_3 合闸，线圈 II 短路						
K_3 断开，拆除常闭触头连线						

（9）测量直流接触器反力特性。

测量方法如图 10-2（a）所示，在 M 点用弹簧秤拉着，使在气隙开角指示器上读出 α_1 角，同时在弹簧秤上读出对应于 α_1 的反力数值 $F_{反1}$，依次改变拉力并从气隙开角指示器上读出不同的 α 角，同时在弹簧秤上读出对应于不同的 α 的反力数值 $F_{反}$。于是可得 $F_{反}=f_1(\alpha)$ 关系反力特性。

（10）测终压力、初压力和开距。

测开距：不得电时动静触头间的距离即为开距。如图 10-2（b）所示，用内卡测量开距。

测初压力：初压力方向如图 10-2（b）所示，拉弹簧秤使在内触头处的纸片恰能抽出，此时弹簧秤上读数即为初压力 $F_{初}$。

测终压力：首先接触器的吸合线圈通电，使触头闭合，然后按图 10-2（b）所示方法拉弹簧秤，使动、静触头间恰能抽出纸片，此时弹簧秤上的读数即为终压力 $F_{终}$。

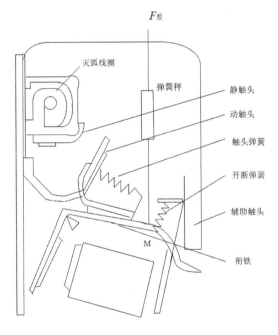

（a）直流接触器反力特性测试

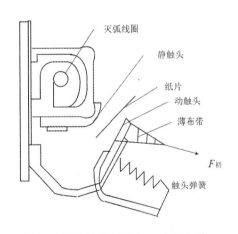

（b）直流接触器初压力、终压力测试

图 10-2　直流接触器特性测试示意图

6. 实验报告要求及思考题

（1）整理反力特性数据并作曲线图。

（2）正常接线及额定电压供电时，在吸合和释放过程中，流过接触器的电流有何变化？

（3）双段线圈的接触器有哪些优缺点？

（4）当 α 大小改变时，直流接触器吸引线圈的电流是否改变？为什么？

（5）直流接触器线圈两端电压保持不变，当发热与冷却状态不同时，其吸力特性是否完全一样？

（6）分析 K_3 断开、正常接线，及 K_3 合闸、线圈Ⅱ短路两种情况下，吸合动作值和释放动作值相同或不同的原因。

实验 2　三相异步电动机正反转与启动控制实验

1．实验目的

（1）了解按钮、时间继电器的结构、工作原理及使用方法。

（2）掌握三相异步电动机的正反转控制线路和星形-三角形减压启动控制线路的工作原理及接线方法。

（3）初步掌握由电气原理图得到电气布置图、电气接线图的方法。

（4）熟悉线路的故障分析及排除故障的方法。

2．实验任务

（1）了解电路的接线方法，掌握三相异步电动机正反转作用原理，熟练掌握接触器辅助触头自锁与互锁的实现。

（2）掌握异步电动机的启动方法和启动技术指标，测量直接启动时的启动电压和启动电流，观测星形-三角形启动时的启动电流变化情况。

（3）熟悉电路故障的分析与排除方法。

3．实验设备及电器元件

三相异步电动机	Y801-4	0.55 kW	1 台
自动断路器	DZ5-20/330		1 只
交流接触器	CJ10-10	380 V/10 A	3 只
时间继电器	JS7-1A	380 V/5 A	1 只
热继电器	JR0-20/3	1.6 A	1 只
熔断器	RL1-15	熔断器芯子 5 A	5 套
按钮	LA4-3H		2 只
电工工具及导线			若干

4．实验线路（见图 10-3 和图 10-4）

图 10-3 所示为三相异步电动机正反转控制线路图。

图 10-4 所示为三相异步电动机星形-三角形减压启动控制线路图。

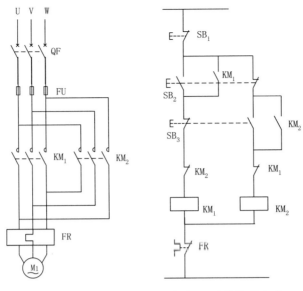

（a）正反转控制主电路   （b）正反转控制电路

图 10-3 正反转控制实验线路

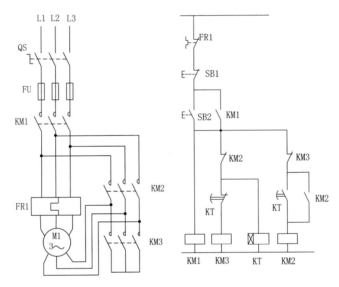

图 10-4 星形-三角形减压启动控制线路

5. 实验步骤

（1）检查各电器元件的质量情况，了解其使用方法。

（2）按电路原理图 10-3 正确连接线路，先接主电路，再接控制电路。

（3）自己检查无误并经指导老师检查认可后合闸通电试验。

（4）将三相交流电源调节旋钮逆时针调到底，合上"闭合"按钮开关，调节调压器，使输出电压达到电机的额定电压。

（5）操作和观察电动机单方向启、停情况。观察电动机启动瞬间电流值。（按指针式电流表偏转的最大位置所对应的读数值计量，电流表受启动电流冲击，电流表显示的最大值虽不能完全代表启动电流的读数，但用它可和其他启动方法的启动电流作定性比较。）

（6）操作正转启动按钮，等电动机正常运转后，直接按下反转启动按钮，观察电动机能否反向运转。

（7）操作正转启动按钮，待电动机正常运转后，很轻地按一下反方向启动按钮，看电动机运转状态是否有变化，为什么？

（8）如果实验中出现不正常现象，应断开电源，分析排除故障，再实验。

（9）切断电源，按电气原理图 10-4 改接线路，开始做电动机星形-三角形减压启动实验。检查接线，尤其是时间继电器的延时分断触点是否正确？延时长短是否合适？经老师检查无误后合闸通电试验。

（10）操作启动和停止按钮，观察电动机启动情况，及启动过程中电流变化情况，与直接启动作定性比较。

（11）调节时间继电器的延时值，观察时间继电器的延时通断触点是否正确，对电动机启动有何影响。

6. 思考题

（1）若在实验中发生故障，画出故障现象的原理图，并分析排除故障及排除方法。

（2）在电动机正转实验中，如果按下反方向启动按钮，电动机旋转方向不变，试分析故障原因。

（3）在电动机星形-三角形减压启动实验中，如果时间继电器通电延时常开与常闭触点接错，电路工作状态将会怎样？

（4）用断电延时时间继电器控制的星形-三角形减压启动控制电路，控制电路将需要进行哪些变化？

实验 3　三相异步电动机可逆运行限位控制及自动往复循环运动控制实验

1. 实验目的和任务

（1）分析了解可逆运行和自动往复运动控制线路工作原理，验证其电气控制线路。

（2）掌握行程开关在电气控制线路中的应用。

（3）掌握故障分析及排除故障的方法。

2. 实验仪器、设备

三相异步电动机	Y801-4	0.55 kW	1 台
自动断路器	DZ5-20/330		1 只
交流接触器	CJ10-10	380 V/10 A	3 只
时间继电器	JS7-1A	380 V/5 A	1 只
热继电器	JR0-20/3	1.6 A	1 只
熔断器	RL1-15	熔断器芯子 5 A	5 套
按钮	LA4-3H		1 只

行程开关	JLXK1-11	4只
电工工具及导线		若干

3. 实验线路（见图 10-5 和图 10-6）

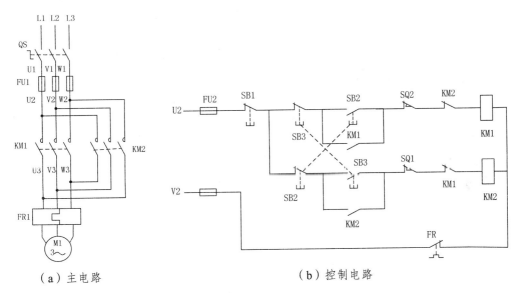

（a）主电路　　　　　　　　　　（b）控制电路

图 10-5　可逆运行限位控制线路图

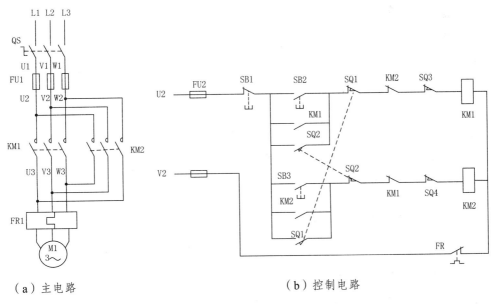

（a）主电路　　　　　　　　　　（b）控制电路

图 10-6　自动往复循环运动控制线路图

4. 实验步骤

（1）检查所需电器元件的质量情况，了解其使用方法。（本实验中考虑实际的实验条件，可以采用按钮代替行程开关，并采用人为按压方式进行实验。当到达限位位置时压下并一直按住对应位置的按钮，离开则松开。）

（2）按图 10-5 所示，正确连接线路。先接主电路，再接控制电路。

（3）自己检查无误并经指导老师检查认可后，合上隔离开关 QS 接通电源试验。

（4）按下正向启动按钮 SB2，观测电动机运行情况。

（5）电动机正常运转后，当电动机正向到达规定位置时（如因条件所限采用人为按压行程开关方式进行实验的，一定要等电机平稳运行后，才可人为按压行程开关 SQ2 并保持不要松开），观测电动机运行情况。

（6）此时，按下正向启动按钮 SB2，观测电动机是否继续正向运转。为什么？

（7）按下反向启动按钮 SB3，看电动机运转状态是否有变化。（如反转，则应模拟实际工作状况，松开行程开关 SQ2。）

（8）电动机正常运转后，等电动机反向到达规定位置（可人为按压行程开关 SQ1，不要松开），观测电动机运行情况。

（9）此时，按下反向启动按钮 SB3，观测电动机是否继续反向运转，为什么？重复（4）~（9）步骤。实验中出现不正常现象时，应断开电源，分析排除故障，然后再实验。

（10）按电气原理图 10-6 所示，增加两个带常开、常闭触点的行程开关（实验中也可用按钮开关代替），改接线路，检查接线，经老师检查无误后合上隔离开关 QS 接通电源。

（11）操作启动按钮 SB2，观察电动机启动情况。采用按压开关模拟往复运动时，注意在电动机运行平稳后按压相应的行程开关或按钮开关，注意观察每次按压对应开关时电动机的运行状况。

（12）实验结束，按下停止按钮 SB1。

5. 思考题

（1）若在实验中发生故障，画出故障现象的原理图，并分析排除故障及排除方法。

（2）在电动机可逆运行限位实验中，如果在正向运行过程中意外按下了反方向启动按钮，电动机旋转方向是否会发生改变？分析原因。

（3）在自动往复循环运动实验中，如果行程开关 SQ1 的常开触点与常闭触点接反，电动机工作状态将会怎样？

（4）在自动往复循环运动实验中，如果行程开关 SQ2 发生意外，常开触点粘连（即 3-5 始终接通），电动机的工作状态会怎样？

实验 4 受电弓性能测试

1. 实验目的

（1）了解受电弓的结构，掌握受电弓的工作原理。

（2）了解受电弓性能实验台的使用和原理。

（3）掌握受电弓的主要参数的含义、范围和测量方法。

2. 实验任务

（1）观察受电弓的总体结构。

（2）基本了解受电弓性能实验台的使用和原理。

（3）测量受电弓的静态压力特性、升降弓时间以及气密性能等。

（4）记录测量的参数。

3. 实验设备及注意事项

受电弓性能实验台，安全使用的注意事项如下：

（1）试验台采用单相三线插座供电，PE应可靠接地；

（2）注意各输出插座，以及各种外围连线的连接是否正确；

（3）传感器应在规定的量程内使用，严禁过载；

（4）严禁在不监控的情况下，无限制的回缩或放出拉线，以免造成传感器或试验台内部供线机构损坏；

（5）不要在强电、磁场合以及有腐蚀粉尘的环境下存放和使用；

（6）确认气路无风的情况下拆卸各连接风管；

（7）试验时确保无人站在被试件下，要在安全黄线以外。

4. 实验台的使用说明

受电弓性能实验台主要用于受电弓静态压力特性、升降弓时间以及气密性能进行测试的设备。试验台以PLC为核心控制单元，以先进的触摸式显示屏为显示单元，采用工业计算机与下位机通讯，运用多媒体和数据库技术，并能方便的保存和查询各测试数据及曲线。被测受电弓如图10-7所示，实验台如图10-8所示。

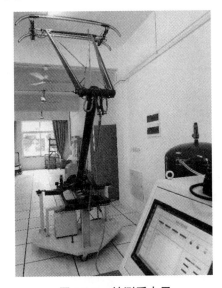

图 10-7　被测受电弓

图 10-8　受电弓性能实验台

1）主要技术参数

（1）输入电压：AC 220 V±10%，50 Hz，1 kV·A；

（2）高度测量范围：0~3000 mm；

（3）压力测量范围：0~300 N；

（4）电空阀控制电压：DC 110 V±10%；

（5）升降弓时间显示分辨率：0.1 S；

（6）气压显示范围：0～1.6 MPa；

（7）使用环境：温度 0～40℃，湿度 15%～90%，无腐蚀无强电磁场干扰场合；

2）面板操作说明见表 10-3。

表 10-3　受电弓引性能实验台操作面板说明

序 号	名　称	功　能
1	电源	电源开关
2	压力测试	压力测试状态显示
3	时间测试	时间测试状态显示
4	升弓充气	实验台给受电弓充气
5	保护	高度超限、压力超限，该指示灯亮
6	报警	故障报警
7	静升	手动升弓，需先挂上拉绳并启动"升弓"
8	静降	手动降弓，需先挂上拉绳并启动"降弓"
9	计时/压力	转换测试模式
10	降弓排气	将受电弓的气排出，降落受电弓
11	急停	紧急情况下停止实验台的升降弓动作
12	高度表	显示升弓高度，测试前手动清零
13	拉力表	显示升降弓拉绳拉力
14	气压表	显示输入气压值
15	计时表	升降弓计时显示，可自动清零

受电弓性能实验台面板布局如图 10-9 所示。

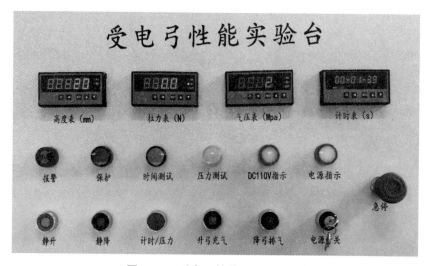

图 10-9　受电弓性能实验台面板

3）软件主控界面

软件登录成功后会显示控制中心窗口，也就是试验的界面，如图 10-10 所示。

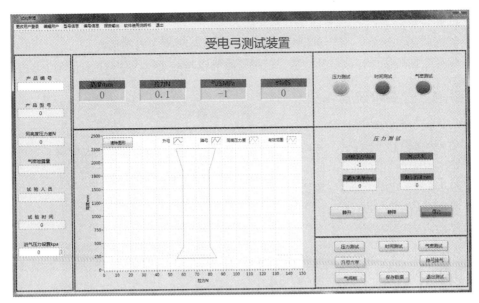

图 10-10　受电弓性能实验台的试验界面

5. 实验步骤

（1）观察受电弓的结构，写出受电弓各部分结构的名称。

（2）压力测试。

在界面左边的进气压力设置气压值，给定进气压力值，最低气压 310 kPa，低于 310 kPa 受电弓将不能升弓。点击压力测试按钮，然后点击升弓充气，试验启动。

点击静升按钮，受电弓开始进行静升动作；可以在左侧看到静升时的压力曲线。当弓上升到设置的高度值后，受电弓会停止。

点击静降按钮，受电弓开始进行静降动作；可以在左侧看到静降时的压力曲线。当弓降落到设置的高度值后，受电弓会停止。

点击降弓排气后，受电弓结束压力测试实验。点击保存数据按钮保存该试验数据。

在以上动作中，窗口的数显仪上将会实时显示当前受电弓实测参数数据等，记录下实验数据。

（3）时间测试。

点击时间测试按钮。时间测试时，驱动箱上的钢丝绳钩子需要取下来。

点击升弓计时按钮，可以看到弓头经过第一个（离地面近的）光电感应器发亮时开始计时直到弓头经过第二个光电感应器发亮计时器会立即停止计时，从而能得出升弓时所用的时间；

点击降弓计时按钮，可以看到弓头经过第一个（离地面远的）光电感应器发亮时开始计时直到弓头经过第二个光电感应器发亮计时器会立即停止计时，从而能得出降弓时所用的时间；

点击保存数据按钮保存该试验数据。记录升弓时间和降弓时间。

（4）气密性测试。

点击气密测试按钮，气密测试时，驱动箱上的钢丝绳钩子需要取下来。

先点击升弓充气，当弓上升到最大高度后，填写保压时间后，进行下一步操作。

点击开始按钮，假设保压时间填写的 10 min，在这 10 min 里可以直观地看到开始气压与结束气压的变化从而算出它的泄露量的百分比。

当测试的时间到达后，弓会自动排气降下来，然后此项实验结束。

点击保存数据按钮保存该试验数据。记录开始气压与结束气压数据并计算泄露量的百分比。

6. 实验报告要求及思考题

（1）写出受电弓的结构名称。

（2）整理测试的压力数据，并绘出静升时的压力曲线和静降时的压力曲线。

（3）记录升弓时间和降弓时间，判断升弓时间和降弓时间是否正常？

（4）根据开始气压与结束气压数据，计算泄露量的百分比。

（5）受电弓有哪些主要参数？

（6）受电弓要如何维护？

10.5 电气控制系统课程设计

10.5.1 课程设计简介

"电气控制系统课程设计"（简称"课设"）是电气工程及其自动化专业的必修专业核心课程。主要通过分析电动机的各种拖动形式以及了解有触点控制电路的设计原理及元器件选型原则，使学生加深对"电器技术及控制"课程中基本概念、基本理论的理解及应用，进一步巩固所学的有关专业理论知识，培养独立思考、独立工作的能力。课程设计由指导老师下达设计题目，并提供课程设计所需的原始资料，学生根据相关资料进行设计、计算及绘图，并撰写设计说明书。

10.5.2 课程设计的要求

课程设计的主要目的，是通过某一生产设备的电气控制系统的设计实践，了解一般电气控制设计过程、设计要求、应完成的工作内容和具体设计方法。

课程设计强调以能力培养为主，在独立完成设计任务的同时要注意多方面能力的培养与提高，主要包括以下几个方面：

（1）独立工作能力和创造力。

（2）综合运用专业及基础知识，解决实际工程技术问题的能力。

（3）查阅图书资料、产品手册和各种工具书的能力。

（4）工程绘图能力。

（5）撰写技术报告和编制技术资料的能力。

为保证顺利完成设计任务，提出如下要求：

（1）在接受设计任务并选定课题后，应根据设计要求和应完成的设计内容，拟订设计任务书和工作进度计划，确定各阶段应完成的工作量，妥善安排时间。

（2）在方案确定的过程中应主动提出问题，在此阶段提倡广泛讨论，做到思路开阔、依据充分。在具体设计过程中，要求勤于思考，主要参数的确定要经过计算论证。

（3）所有电气图纸的绘制必须符合国家有关标准的规定，包括线条、图形符号、项目代号、回路标号、技术要求、标题栏、元件明细表以及图纸的折叠和装订。

（4）说明书要求文字通顺、简练，字迹端正、整洁。

（5）应在规定的时间内完成所有的设计任务。

（6）条件允许的情况下，对自己的实际线路进行试验论证，考虑进一步改进的可能性。

10.5.3 课程设计的目标

学生通过完成"电气控制系统课程设计"，应能达到以下目标：

（1）掌握生产过程中常见的电动机控制方法的基本结构和工作原理，并将其运用到复杂工程问题的适当表述之中，抽象归纳复杂工程问题，并理解其局限性。

（2）掌握实际生产过程中常用的电动机配电元器件的选型及参数整定方法，并对系统特性进行理解分析。

（3）能综合运用本专业方向所学知识，设计以主电路和控制电路为核心，配以必要保护电路环节的有触点控制系统。

（4）能够选择合适的有触点电路仿真工具，对电路功能进行模拟与仿真分析，验证方案的可行性。

（5）具有查阅资料、绘制原理图、撰写设计报告的能力，具有文献检索能力、团队合作能力和沟通表达能力。

10.5.4 任务书、方法步骤及结果评定

1. 设计任务书

课程设计要求是以设计任务书形式表达，由设计者根据生产要求自己拟订。设计任务书应包含以下内容：

（1）设备的名称、用途、基本构造、动作原理以及工艺过程的简单介绍。

（2）拖动方式、运动部件的动作顺序、各动作要求和控制要求。

（3）联锁、保护要求。

（4）照明、指示、报警等辅助要求。

（5）应绘制的图纸。

（6）说明书要求。

原理设计是课程设计的重点，其中心任务是绘制电气原理图和选用电器元件。位置图和接线图的设计可以选择电气元件布置图、接线图、控制面板布置图、接线图等为课程设计任务。图纸应符合国家有关规范要求。

2. 设计方法及步骤

原理图设计的步骤：

（1）根据要求拟订设计任务书。

（2）根据电气传动要求设计主电路。确定传动方案、选择电机、确定电动机数量、用途

和传动方式；根据设备中主要电动机的负载情况、调速范围及对起动、反向、制动的要求确定拖动形式；根据电动机的工作方式和负载情况选择电动机的容量，确定电动机的型号、结构方式。

（3）根据主电路的控制要求采用经验设计法或逻辑设计法设计控制回路。确定控制方案，满足控制线路对电源种类、工作电压及频率的要求，确定控制系统的工作方法，如自动循环、手动调整等，逐个予以实现，妥善考虑联锁关系及电气保护。

（4）根据照明、指示、报警等要求设计辅助电路。

（5）总体检查、修改、补充和完善。

（6）进行必要的参数计算。

（7）正确、合理地选择各电器元件，按规定格式编制元件目录表。

（8）根据完善后的实际草图，按标准绘制电气原理线路图。画出电气控制线路原理图，图形符号和文字符号均要符合国标规范。

（9）撰写设计报告，编写设计计算说明书（包括工作原理，原理图及相关电路分析，必要的参数计算过程；元器件的选择依据和选型说明，设计中出现问题及解决方法，收获体会及对本设计的展望）；列写参考资料目录（注意格式，如专著的写法为：序号，作者，译者，书名，版本，出版地，出版社，出版年，起止页码）等。

位置图和接线图的设计要求和具体内容参阅第 9 章的内容。

3. 设计结果评定内容

（1）总体方案的选择依据及正确性。

（2）控制线路能否满足任务书中提出的各项控制要求，可靠性如何。

（3）联锁、保护、显示等是否满足要求。

（4）参数计算及元件选择是否正确。

（5）绘制的各种图纸是否符合有关标准。

（6）说明书及图纸质量（简明、扼要、字迹端正、整洁等）。

10.5.5　课程设计举例

下面以一机床电气控制系统的设计为例，说明课程设计的一般步骤和方法。

1. 机床电气控制要求

（1）车床主运动和进给由电动机 M1 集中传动，主轴正反转由离合器完成，主轴运动的启、停要求两地操作控制，主轴制动采用液压制动器。

（2）车削时产生的高温，可由一台普通冷却泵电动机 M2 加以控制。

（3）为减少辅助工作时间，刀架可以快速移动，由单独的快速移动电动机 M3 拖动。

（4）进给运动的纵向左右运动、横向前后运动及快速移动均由一个手柄操作。

（5）电动机型号及参数。主轴电动机 M1，选用 Y160M-4 型，额定电压 380 V，额定电流 23 A，功率 11 kW，转速 1460 r/min。冷却泵电动机 M2，选用 JCB-22 型，额定电压 380 V，额定电流 0.43 A，功率 0.15 kW，转速 2790 r/min。快速移动电动机 M3，选用 Y90S-4 型，额定电压 380 V，额定电流 2.8 A，功率 1.1 kW，转速 1400 r/min。

2. 电气控制线路设计

1）主电路设计

根据电气传动的要求，由于三台电动机只要求单方向旋转，且不需要制动控制，考虑由 3 个接触器 KM1、KM2、KM3 分别控制电动机 M1、M2、M3，如图 10-11（a）所示。

三相电源由开关 QS 引入。熔断器 FU1 实现主电动机 M1 的短路保护，热继电器 FR1 实现 M1 的过载及缺相保护；热继电器 FR2 实现冷却泵电动机 M2 的过载保护；快速移动电动机 M3 由于是短时工作，故不设过载保护；熔断器 FU2 实现电动机 M2、M3 短路保护。

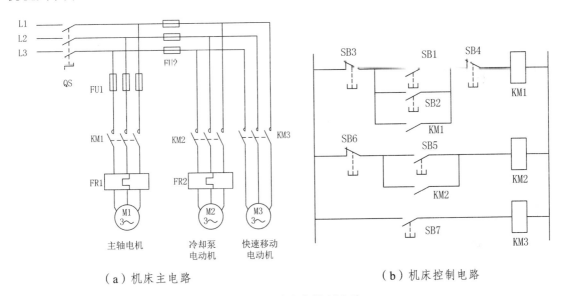

（a）机床主电路　　　　　　　　　　　　（b）机床控制电路

图 10-11　机床电气控制电路

2）控制电路设计

为操作方便,在机床操作面板和刀架拖板上分别设立启动按钮 SB1、SB2 和停止按钮 SB3、SB4，进行两地控制操作。接触器 KM1 线圈与控制按钮 SB1～SB4 组成带自锁的启、保、停控制线路。

冷却泵电动机 M2 由按钮 SB5、SB6 进行启停操作，按钮装在车床操作面板上，因需要连续运行，故也采用接触器 KM2 的常开触点构成自锁控制。

快速移动电动机 M3 由于工作时间短，为操作灵活，设计由按钮 SB7 组成的点动控制。

控制电路如图 10-11（b）所示。

3）信号指示与照明电路

指示灯 HL1（绿色）表示主轴电动机运行情况，其控制可利用主轴电动机接触器 KM1 常开触点控制。指示灯 HL2（红色）表示电源接通指示，在电源开关 QS 接通后应立即点亮。为方便操作，设置钮子开关安全照明灯 FL（36 V 安全电压）。

在操作面板上设置交流电流表 A，它串联在电动机主电路中，用以指示电动机的工作电流。这样操作人员可以根据电动机工作电流来调整切削量，使电动机尽量满载运行，提高生产效率，同时还能提高电动机功率因素。

4）控制电路电源

考虑安全可靠及满足控制电路及照明指示灯的要求，采用控制变压器对控制电路和照明供电。供电电压为控制线路 127 V，车床照明 36 V，指示灯 6.3 V。

5）完善控制线路

根据控制要求校验控制功能，并尽可能选用功能较好、使用元器件数量少、可靠性高的线路，按照电气原理图的绘制方法和原则，绘出电气原理图如图 10-12 所示。

3. 选择电器元件

1）电源引入开关 QS

QS 起电源引入隔离开关作用，不能用来直接启停电动机。选择时可按 3 台电动机的额定电流来选择。选用 HZ10-25/3 型，额定电流 25 A，三极组合开关。

2）热继电器 FR1、FR2

主电动机 M1 的额定电流为 23 A，FR1 应选用 JR16-60/3 型热继电器，热元件电流为 32 A，整定电流调节范围为 20 ~ 32 A，工作时可将额定电流调整为 23 A。

同理，FR2 选用 JR16-20 型热继电器，热元件电流为 0.5 A，整定电流调节范围 0.32 ~ 0.5 A，工作时将额定电流调整为 0.43 A。

3）熔断器 FU1、FU2

FU1 用于对电动机 M1 进行短路保护，其熔体电流为

$$I_F \geqslant (1.5 \sim 2.5) I_N = 2.0 \times 23\ A = 46\ A$$

可选择 RL6-63 型熔断器，熔体电流 50 A。

FU2 用于对电动机 M2、M3 进行短路保护，其熔体电流为

$$I_F \geqslant (1.5 \sim 2.5) I_N = 2.5 \times (2.8 + 0.43)\ A = 8.1\ A$$

可选择 RL6-25 型熔断器，熔体电流为 10 A。

4）接触器 KM1 ~ KM3

接触器 KM1 根据主电动机 M1 的额定电流 23 A，控制回路电压 127 V，需主触点 3 对，动合辅助触点 2 对，动断辅助触点 1 对，可选用 CJ10-40 型接触器或其他同类产品，线圈电压 127 V。

一般对小容量电动机的控制常用中间继电器充当接触器。由于 M2、M3 电动机额定电流很小，故 KM2、KM3 可选用 JZ7-44 型交流中间继电器代替，线圈电压为 127 V，触点额定电流 5 A，4 对动合触点，4 对动断触点，可完全满足要求。

5）控制变压器 TC

变压器最大负载是 KM1 ~ KM3 同时工作，根据式（9-10）可知

$$S_T \geqslant k_T \sum S_C = 1.2 \times (12 \times 2 + 33)\ V \cdot A = 68.4\ V \cdot A$$

根据式（9-11）可知

$$S_T \geqslant 0.6 \sum S_C + 1.5 \sum S_Q = 0.6 \times (12 \times 2 + 33) + 1.5 \times 12\ V \cdot A = 52.2\ V \cdot A$$

故变压器容量应选择大于 68.4 V·A，考虑照明及其他容量，可选用 BK-100 型或 BK-150 型控制变压器，电压等级为 380V/127V-36V-6.3V，可满足控制电路与辅助回路各种电压需要。

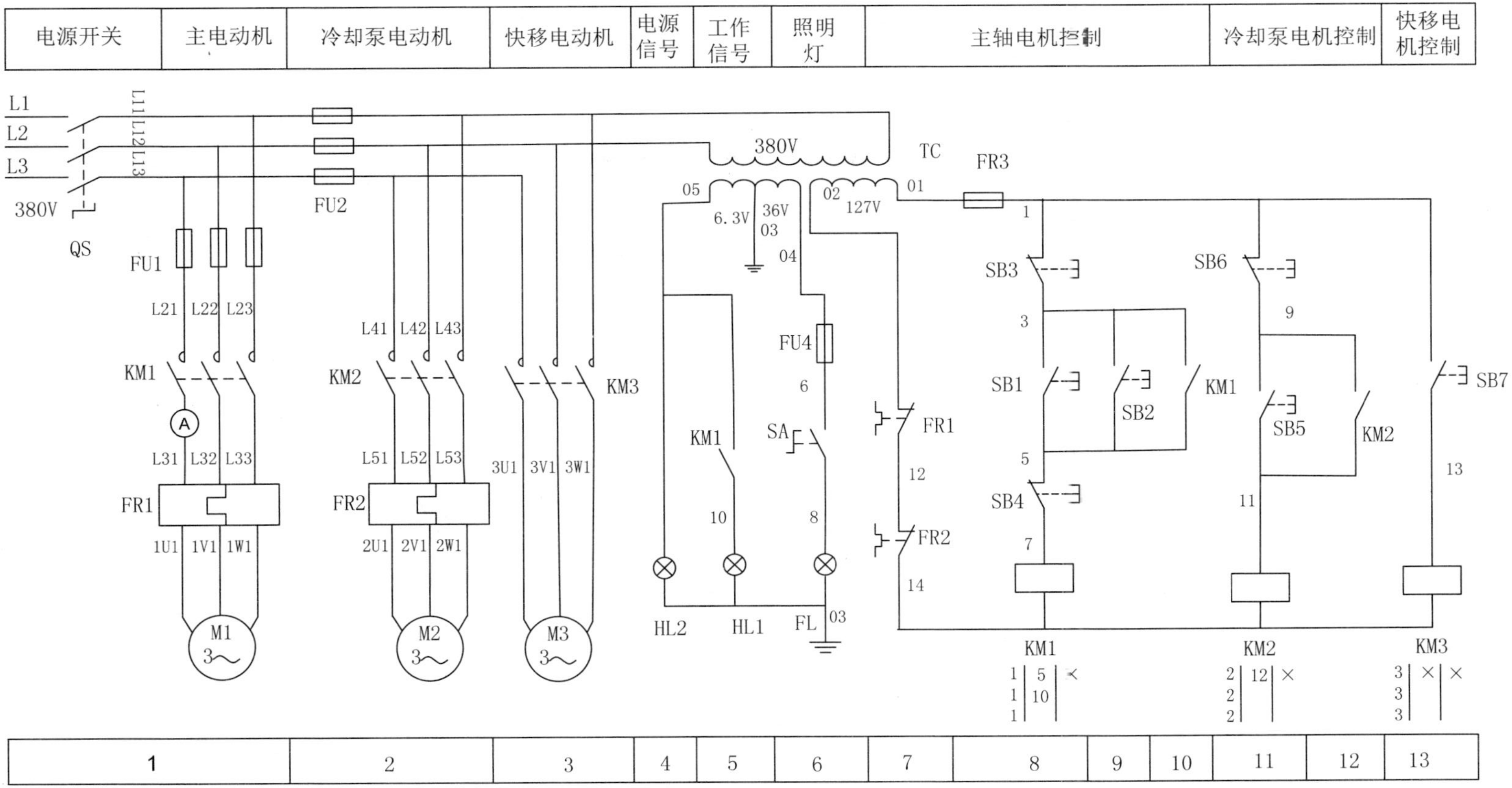
电源开关
主电动机
冷却泵电动机
快移电动机
电源信号
工作信号
照明灯
主轴电机控制
冷却泵电机控制
快移电机控制
L1
L2
L3
380V
QS
L11
L12
L13
FU1
FU2
L21
L22
L23
L41
L42
L43
KM1
KM2
KM3
A
L31
L32
L33
L51
L52
L53
3U1
3V1
3W1
FR1
FR2
1U1
1V1
1W1
2U1
2V1
2W1
M1
M2
M3
3~
380V
TC
05
6.3V
36V
03
04
02
127V
01
FR3
FU4
6
SA
KM1
10
8
HL2
HL1
FL
03
FR1
12
FR2
14
1
SB3
3
SB1
SB2
KM1
5
SB4
7
SB6
9
SB5
KM2
11
SB7
13
KM1
KM2
KM3
1
2
3
4
5
6
7
8
9
10
11
12
13
图 10-12　电气原理

4. 制订电器元件明细表

选好控制电器元件后，应将线路中所用电器的符号、名称、型号、规格及数量列成电器元件明细表。该车床电器元件明细表如表 10-4 所示。

表 10-4　机床电器元件明细表

符号	名称	型号	规格	数量
M1	异步电动机	Y160M-4	11 kW、380 V、23 A、1460 r/min	1
M2	冷却泵电动机	JCB-22	0.15 kW、380 V、0.43 A、2790 r/min	1
M3	异步电动机	Y90S-4	1.1 kW、380 V、2.8 A、1400 r/min	1
QS	组合开关	HZ10-25/3	500 V、25 A、3 极	1
KM1	交流接触器	CJ10-40	40 A，线圈电压 127 V	1
KM2、KM3	交流接触器	JZ7-44	5 A，　线圈电压 127 V	2
FR1	热继电器	JR16-60/3	32 A，熔体电流 23 A	1
FR2	热继电器	JR16-20	0.5 A，熔体电流 0.43 A	1
FU1	熔断器	RL6-63	500 V，熔体电流 50 A	3
FU2	熔断器	RL6-25	500 V，熔体电流 10 A	3
FU3、FU4	熔断器	RL1-15	500 V，熔体电流 2 A	2
TC	控制变压器	BK-100	380V/127V-36V-6.3V	1
SB3、SB4、SB6	控制按钮	LA25-10	红色	3
SB1、SB2、SB5	控制按钮	LA25-10	绿色	3
SB7	控制按钮	LA25-10	黑色	1
HL1、HL2	信号指示灯	XD9	6.3 V 红色、绿色各一个	2
A	交流电流表	62T2	0~50 A，直接接入	1

5. 机床电气控制工艺设计

1）绘制电气元件布置图

电气元件布置图主要是操作面板位置图和控制板位置图，用于表示各种电器元件在机械设备或电气控制柜中的实际安装位置，是安装板打孔和电器安装的依据。绘制时注意体积大的和较重的电器安装在控制柜下方；发热元件安装在控制柜上方，并应留有足够的散热空间，必要时采用风冷；强电、弱电分开，为提高电子设备的抗干扰能力，弱点部分应加屏蔽与隔离。需经常维护、检修及调整的电器安装位置不宜过高或过低；外形及机构相同的电器元件应安装在一起等。

本例中，只对控制面板及控制柜进行布置图设计，操作面板上设置启动按钮 SB1，停止按钮 SB3，电源信号灯 HL2 和工作信号灯 HL1，还有油泵电动机启、停按钮 SB5、SB6 以及快移电机点动按钮 SB7。布置图如图 10-13 所示。

电气接线图是根据安装电气原理图及安装布置图来绘制的。接线图要表示出各电器元件的相对位置及各元件的相互接线关系，因此同一电器的各元件应画在一起。还要求各电器元件的文字符号与原理图一致。而各部分线路之间接线和对外部接线都应通过端子板进行，而且应标明外部接线的电线电缆的去向。为方便看图，对导线走向一致的多根导线合并画出单线，可在元件的接线端再标明接线的编号和去向。接线图还应标明接线用导线的种类和规格，以及电线穿管的管型号、规格尺寸等。本例线路比较简单，控制柜 XT2 端子只考虑对外接线。控制柜接线图如图 10-14 所示。

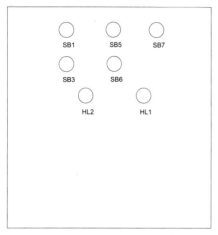

（a）操作面板元件布置图

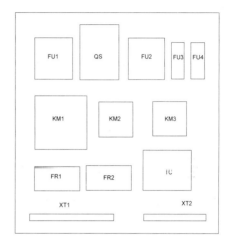

（b）控制柜元件布置图

图 10-13　电器元件布置图

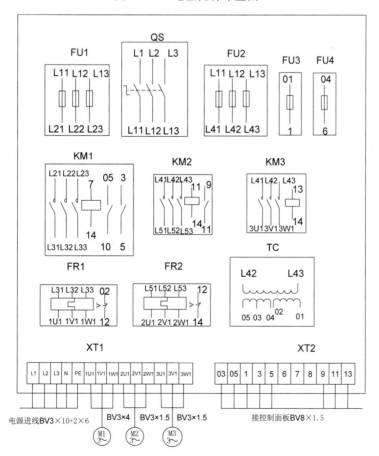

图 10-14　控制柜接线图

6. 配线施工及调试

本例采用线槽配线方式，通过控制板上预留的线槽，将导线通过线槽将各元件连接成系统。当配线施工完毕以后，必须对控制线路进行调试，以使它能够达到所要求的技术参数，符合性能指标。具体的配线及调试方法和步骤请参考 10.2 节内容。

7. 编制设计及使用说明书

说明书应介绍该机床拖动方案的选择依据，该设计的主要特点，主要参数的计算过程，设计任务书中要求的各项技术指标的核算与评价，对设备的调试要求与调试方法，以及使用、维护要求及注意事项。

10.5.6　课程设计题选

课题 1　桥式起重机电气控制电路设计

1. 概述

起重机械是用来在短距离内提升和移动物件的机械，应用广泛，形式很多，有常用于厂房内的移动桥式起重机和主要用于户外的旋转式起重机。

桥式起重机由桥架（或称大车）、小车及提升机构三部分组成，桥架沿着车间起重机梁上轨道纵向移动，小车沿着桥架上的轨道横向移动，提升机构安装在小车上做上下运动。

根据不同的要求，有些起重机大车安装两台小车，也有的在小车上安装两个提升机构，分为主提升（主钩）和辅助提升（副钩）机构。

2. 课程设计的目的

（1）通过 15/3 t 桥式起重机的电气控制系统的设计实践，进一步巩固和加深所学的"电器技术及控制"及相关课程的理论知识。

（2）熟悉和掌握继电接触控制系统的设计方法、设计计算及常用电器的选型。

（3）通过查阅图书资料、产品手册、各种工具书、工程绘图，以及撰写技术报告等设计过程，提高综合应用设计能力，培养独立分析问题和解决问题的能力。

3. 桥式起重机对电力拖动和电气控制的要求

（1）空钩能快速下降以减少辅助工时，轻载的提升速度应大于额定负载的提升速度。

（2）具有一定的调速范围，对于普通起重机调速范围一般为 3∶1，而要求高的则要达到 5∶1～10∶1。

（3）在提升之初或重物接近预定位置附近时，都需要低速运行。因此，升降控制应将速度分为几挡，以便灵活操作。

（4）提升第一挡的作用是为清除传动间隙，使钢丝绳张紧，为避免过大的机械冲击，这一挡的电动机的启动转矩不能过大，一般限制在额定转矩的一半以下。

（5）在负载下降时，根据重物的大小，拖动电动机的转矩可以是电动转矩，也可以是制动转矩，两者之间的转换是自动进行的。

（6）为确保安全，要采用电气与机械双重制动，这样既能减小机械抱闸的磨损，又可以防止突然断电而使重物自由下落造成设备和人身事故。

（7）要有完备的电气保护与联锁环节。

4. 课程设计要求

（1）桥式起重机设计吨位可为 15/3 t 或 20/5 t，分别由 5 台专用电机控制，通过起重机吨位得出所需电机容量。负载持续率 ZC%可为 40%、25%或 15%。

（2）起重机大车可采用分别驱动或集中驱动，选用一种，并说明选用该方式的理由。

（3）各手柄挡位自己选定。如大车、小车向前、向后各 5 挡且有零位保护。副钩向上、向下各 5 挡。主钩向上、向下各 6 挡。

（4）起重机大车、小车及副提升机构采用凸轮控制器进行控制。主提升机构采用主令控制器与磁力控制屏配合的控制方式。

（5）设置必要的保护环节，如过载、失电压、零电压、过流、短路、限位等保护坏节。

（6）电动机用转子串电阻启动、调速，电磁铁抱闸制动。

（7）采用凸轮控制器及多触头主令电器控制的线路均要求画出触头闭合表。

（8）所选用的电器均要有参数计算的过程，并依照计算结果选择合适的型号，要有选型说明。

（9）设计的电气控制电路力求简单、完善（保护系统要求安全可靠）。

（10）画出电气线路图，要求图形符号符合 GB4728，文字符号符合 GB7159。

（11）要有总的电器元件表、参考书目表、设计总结。

5. 课程设计说明书编写要求

（1）设计说明书用纸统一规格，论述清晰，字迹端正；应用资料应说明出处。

（2）说明书内容应包括（装订次序）：题目、目录、正文、结论、致谢、参考文献等；应阐述整个设计内容，要重点突出，图文并茂，文字通畅。

（3）根据设计题目要求绘制电气原理图一张。

（4）书写应符合规范。

课题2　三条皮带运输机的电气控制电路设计

1. 概述

皮带运输机是一种平移连续运输机械。常用于粮库、矿山的生产流水线上。为了便于维护、检修、改变方向以及斜度，一般由多条皮带组成。

皮带运输机属于长期工作，不需要调速，没有特殊要求也不需要反转，因此，其拖动电机多采用鼠笼型异步电动机。

2. 课程设计的目的

（1）通过三条皮带运输机的电气控制系统的设计实践，进一步巩固和加深所学的"电器技术及控制"及相关课程的理论知识。

（2）熟悉和掌握继电接触控制系统的设计方法、设计计算及常用电器的选型。

（3）通过查阅图书资料、产品手册、各种工具书以及工程绘图，以及撰写技术报告等设计过程，提高综合应用设计能力，培养独立分析问题和解决问题的能力。

3. 皮带运输机对电气控制的要求

（1）起动时的顺序为 3#，2#，1#（对皮带运输机编号，上货物端为 1#，下货端为 3#，中间的皮带运输机为 2#），并有一定时间间隔，以免货物在皮带上堆积，（造成后面皮带重载起动）。

（2）停车时，顺序为 1#，2#，3#，以保证停车后皮带上不残存货物。

（3）不论 2#还是 3#出故障，1#必须停车，（以免继续进料，造成货物的堆积）。

（4）电动功率可选 1 ~ 10 kW。

（5）必要的保护、启动或故障时，有电铃或灯光指示。

4. 课程设计要求

（1）选择合适的控制方式。

（2）选择合适的控制电源。

（3）设计电气控制原理图，要求图形符号符合 GB4728，文字符号符合 GB7159。

（4）所选用的电器均要有参数计算的过程，并依照计算结果选择合适的型号，要有选型说明。

（5）必要的保护、启动或故障时，有电铃或灯光指示。设计的电气控制电路力求简单、完善（保护系统要求安全可靠）。

（8）设计电气控制柜，画出电器布置图和接线图。

（9）要有总的电气元件表、参考书目表、设计总结。

5. 课程设计说明书编写要求

（1）设计说明书用纸统一规格，论述清晰，字迹端正，应用资料应说明出处。

（2）说明书内容应包括（装订次序）：题目、目录、正文、结论、致谢、参考文献等；应阐述整个设计内容，要重点突出，图文并茂，文字通畅。

（3）根据设计题目要求绘制电气原理图一张。

（4）书写应符合规范。

课题 3　摇臂钻床控制线路设计

1. 概述

钻床可以进行钻孔、镗孔、攻丝等多种加工，因此要求主轴运动和进给运动有较宽的调速范围。主轴运动和进给运动由一台交流异步电动机拖动，通过机械齿轮变速。主轴的正反转是通过机械转换实现的，故主轴电动机只有一个旋转方向。

钻床除了主轴和进给运动外，还有摇臂的上升、下降及立柱、摇臂、主轴箱的夹紧与放松。摇臂的上升、下降由一台交流异步电动机拖动，还有一台交流异步电动机拖动一台液压泵，供给夹紧装置所需要的压力油。此外有一台冷却泵电动机对加工的刀具进行冷却。

2．课程设计的目的

（1）通过摇臂钻床电气控制系统的设计实践，进一步巩固和加深所学的"电器技术及控制"及相关课程的理论知识。

（2）熟悉和掌握继电接触控制系统的设计方法、设计计算及常用电器的选型。

（3）通过查阅图书资料、产品手册、各种工具书、工程绘图，以及撰写技术报告等设计过程，提高综合应用设计能力，培养独立分析问题和解决问题的能力。

3．机床对电气控制的要求

（1）主轴电动机只有一个旋转方向，不需要采用正反转控制。

（2）采用短时工作的电气传动控制，横梁能实现上升与下降控制。在上升与下降运动前必须先松开横梁，移动到位后，横梁应再夹紧，夹紧后电动机自动停止运动。

（3）采用冷却泵电动机对加工的刀具进行水冷却，设置缺水或水压不够时延时 3s 停止工作。

（4）具有上下行程限位保护及必要的电路保护。

4．课程设计要求

（1）摇臂钻床的主轴调速范围为 50；1，正转最低转速为 40 r/min，最高转速为 2000 r/min，进给调速范围为 0.05～1.60 mm/r，自行确定钻孔直径。

（2）确定拖动（传动方案），选择电机。根据设备要求，确定电动机数量、用途、拖动方式；根据设备中主要电动机的负载情况、调速范围及对启动、反向、制动的要求，确定拖动形式；根据电动机的工作方式和负载情况选择电动机的容量，确定电动机的型号及结构方式。

（3）确定控制方案。满足控制线路对电源种类、工作电压及频率的要求，确定控制系统的工作方法，如自动循环、手动调整等，逐个予以实现。

（4）设置必要的保护环节，如过载、失压、零电压、过流、短路、限位等保护环节。

（5）对电源、主轴运行、立柱主轴箱的松开、夹紧等要分别有灯光指示。

（6）所选用的电器均要有参数计算的过程，并依照计算结果选择合适的型号，要有选型说明和出处。

（7）设计控制电路力求简单、完善。

（8）画出电气线路图，要求图形符号符合 GB4728，文字符号符合 GB7159。

（9）要有总的电气元件表、参考书目表、设计总结。

5．课程设计说明书编写要求

（1）设计说明书用纸统一规格，论述清晰，字迹端正；应用资料应说明出处。

（2）说明书内容应包括（装订次序）：题目、目录、正文、结论、致谢、参考文献等；应阐述整个设计内容，要重点突出，图文并茂，文字通畅。

（3）根据设计题目要求绘制电气原理图一张。

（4）书写应符合规范。

课题 4　卧式车床的电气控制电路设计

1. 概述

卧式车床是应用极为广泛的金属切削机床，广泛用于加工各种回转表面、螺纹和端面等。车床的切削加工包括主运动（工件的旋转运动）、进给运动（刀具的直线运动）和辅助运动（刀架的快速移动及工件的夹紧、放松等）。

2. 课程设计的目的

（1）通过卧式车床电气控制系统的设计实践，进一步巩固和加深所学的"电器技术及控制"及相关课程的理论知识。

（2）熟悉和掌握继电接触控制系统的设计方法、设计计算及常用电器的选型。

（3）通过查阅图书资料、产品手册、各种工具书和工程绘图，以及撰写技术报告等设计过程，提高综合应用设计能力，培养独立分析问题和解决问题的能力。

3. 卧式车床的电气控制要求

根据切削加工工艺的要求，对卧式车床的电气控制提出如下要求：

（1）主拖动电动机采用三相笼型电动机。

（2）主轴的正、反转由主轴电动机正、反转来实现。

（3）调速采用机械齿轮变速的方法。

（4）启动采用直接启动方法。

（5）采用机械制动或电气反接制动实现快速停车。

（6）控制线路具有必要的保护环节和照明装置。

4. 课程设计要求

（1）确定拖动（传动方案），选择电机。根据设备要求，确定电动机数量、用途、拖动方式；根据设备中主要电动机的负载情况、调速范围及对启动、反向、制动的要求，确定拖动形式；根据电动机的工作方式和负载情况选择电动机的容量，确定电动机的型号及结构方式。

（2）确定控制方案。满足控制线路对电源种类、工作电压及频率的要求，构成自动循环（画出设备工作循环简图，确定行程开关的位置，列出相关电器元件与执行动作的关系表），确定控制系统的工作方法，如自动循环、手动调整等，逐个予以实现，妥善考虑联锁关系及电气保护。

（3）所选用的电器均要有参数计算的过程，并依照计算结果选择合适的型号，要有选型说明和出处。

（4）设计控制电路力求简单、完善。

（5）要有总的电气元件表、参考书目表、设计总结。

（6）绘制电气原理线路图和车床的位置图、接线图，要求图形符号符合 GB4728，文字符号符合 GB7159。

（7）撰写设计报告，编写设计计算说明书（包括工作原理，原理图及相关电路分析，必要的参数计算过程；元器件的选择依据和选型说明，设计中出现问题及解决方法，收获体会及对本设计的展望等）。

5. 课程设计说明书编写要求

（1）设计说明书用纸统一规格，论述清晰，字迹端正；应用资料应说明出处。

（2）说明书内容应包括（装订次序）：题目、目录、正文、结论、致谢、参考文献等；应阐述整个设计内容，要重点突出，图文并茂，文字通畅。

（3）根据设计题目要求绘制电气原理图一张。

（4）书写应符合规范。

课题5 平面磨床的电气控制电路设计

1. 概述

平面磨床是采用砂轮磨削加工各种零件表面的精密机床。磨床的加工包括主运动（砂轮的旋转运动）、砂轮的升降运动、进给运动（工作台的往复运动）和辅助运动（砂轮架的快速移动和工作台的移动）。

2. 课程设计的目的

（1）通过平面磨床电气控制系统的设计实践，进一步巩固和加深所学的"电器技术及控制"及相关课程的理论知识。

（2）熟悉和掌握继电接触控制系统的设计方法、设计计算及常用电器的选型。

（3）通过查阅图书资料、产品手册、各种工具书和工程绘图，以及撰写技术报告等设计过程，提高综合应用设计能力，培养独立分析问题和解决问题的能力。

3. 平面磨床的电气控制要求

（1）砂轮的旋转运动一般不要求调速，由一台三相异步电动机拖动即可，且只要求单向旋转；液压泵电动机和冷却泵电动机都只要求单方向旋转。

（2）砂轮升降电动机要求正反转。

（3）冷却泵电动机应在砂轮电动机启动后才允许启动运转。

（4）为保证加工精度，使其运行平稳，保证工作台往复运动换向时惯性小、无冲击，采用液压传动实现工作台往复运动和砂轮箱横向进给。

（5）为适应小工件加工需要，同时也为工件在磨削过程中能自由伸缩，采用电磁吸盘来吸持工件，电磁吸盘应有去磁控制。

（6）保护环节应包括短路保护、电动机过载保护、零压与欠压保护、电磁吸盘欠电压保护等。

（7）必要的信号指示及照明。

4. 课程设计要求

（1）确定拖动（传动方案），选择电机。根据设备要求，确定电动机数量、用途、拖动方式；根据设备中主要电动机的负载情况、调速范围及对启动、反向、制动的要求，确定拖动形式；根据电动机的工作方式和负载情况选择电动机的容量，确定电动机的型号及结构方式。

（2）确定控制方案。满足控制线路对电源种类、工作电压及频率的要求，构成自动循环（画出设备工作循环简图，确定行程开关的位置，列出相关电器元件与执行动作的关系表），确定控制系统的工作方法，如自动循环、手动调整等，逐个予以实现，妥善考虑联锁关系及电气保护。

（3）所选用的电器均要有参数计算的过程，并依照计算结果选择合适的型号，要有选型说明和出处。

（4）设计控制电路力求简单、完善。

（5）画出电气线路图，设计电气控制柜，要求图形符号符合 GB4728，文字符号符合 GB7159。

（6）要有总的电气元件表、参考书目表、设计总结。

5. 课程设计说明书编写要求

（1）设计说明书用纸统一规格，论述清晰，字迹端正；应用资料应说明出处。

（2）说明书内容应包括（装订次序）：题目、目录、正文、结论、致谢、参考文献等；应阐述整个设计内容，要重点突出，图文并茂，文字通畅。

（3）根据设计题目要求绘制电气原理图一张。

（4）书写应符合规范。

课题 6 卧式铣床的电气控制电路设计

1. 概述

卧式铣床是一种用铣刀进行铣削加工的机床，可用来加工各种形式的表面、沟槽和回转体。卧式铣床的加工包括主运动（主轴的旋转运动）、进给运动（相对铣刀的移动）和辅助运动（工作台在进给方向上的快速运动）。

2. 课程设计的目的

（1）通过卧式铣床电气控制系统的设计实践，进一步巩固和加深所学的"电器技术及控制"及相关课程的理论知识。

（2）熟悉和掌握继电接触控制系统的设计方法、设计计算及常用电器的选型。

（3）通过查阅图书资料、产品手册、各种工具书和工程绘图，以及撰写技术报告等设计过程，提高综合应用设计能力，培养独立分析问题和解决问题的能力。

3. 卧式铣床的电气控制要求

（1）主轴电动机空载时直接启动，为适应顺铣和逆铣工作方式，要能正反转；为提高生产率，采用电磁制动器进行停车制动；从安全和操作方便考虑，换刀时主轴也处于制动状态，主轴可在两处实行启停等控制操作。

（2）进给电动机可直接启动，为满足纵向、横向、垂直方向的往返运动，要求电机能正反转；为提高生产率，要求空行程时可快速移动。从设备使用安全考虑，各进给运动之间必须联锁，并由手柄操作机械离合器选择进给运动的方向。

（3）主轴与工作台的变速由机械变速系统完成。变速过程中，当选定啮合的齿轮没能进入正常啮合时，要求电动机能点动至合适位置，保证齿轮能正常啮合。加工零件时，为保证设备安全，要求主轴电动机启动后，工作台电动机方能启动工作。

（4）完善的联锁和保护环节。

（5）必要的信号指示及照明。

4. 课程设计要求

（1）确定拖动（传动方案）、选择电机。根据设备要求，确定电动机数量、用途、拖动方式；根据设备中主要电动机的负载情况，调速范围及对启动、反向、制动的要求，确定拖动型式；根据电动机的工作方式和负载情况选择电动机的容量，确定电动机的型号及结构方式。

（2）确定控制方案。满足控制线路对电源种类、工作电压及频率的要求，构成自动循环（画出设备工作循环简图，确定行程开关的位置，列出相关电器元件与执行动作的关系表），确定控制系统的工作方法，如自动循环、手动调整等，逐个予以实现，妥善考虑联锁关系及电气保护。

（3）所选用的电器均要有参数计算的过程，并依照计算结果选择合适的型号，要有选型说明和出处。

（4）设计控制电路力求简单、完善。

（5）画出电气线路图，设计电气控制柜，要求图形符号符合 GB4728，文字符号符合GB7159。

（6）要有总的电气元件表、参考书目表、设计总结。

5. 课程设计说明书编写要求

（1）设计说明书用纸统一规格，论述清晰，字迹端正；应用资料应说明出处。

（2）说明书内容应包括（装订次序）：题目、目录、正文、结论、致谢、参考文献等；应阐述整个设计内容，要重点突出，图文并茂，文字通畅。

（3）根据设计题目要求绘制电气原理图一张。

（4）书写应符合规范。

课题 7 三层电梯电气控制线路设计

1. 概述

电梯作为垂直工具使用，多采用电力拖动。一部交流电梯，除井道机房、底坑等建筑结构外，其组成部分一般还有：曳引机、电梯轿厢、对重和缓冲器、主机钢丝绳、电梯导轨、导轨架及导靴、限速装置、厅门、选层器、平层器、电梯的安全保护装置、控制柜电气装置和信号系统等。

电梯一般都设置有底层钥匙开关，当钥匙打开轿厢后，进入轿厢接通轿厢内钥匙开关，电梯全部加电，并做好各项准备工作。

每层厅门侧有两个呼梯按钮，分别为上行呼梯按钮和下行呼梯按钮。轿厢在上升过程中只响应上行呼梯，下行时只响应下行呼梯。轿厢内设有各楼层号码按钮，乘客可根据需要选择要去的楼层，电梯根据轿厢运行情况和轿厢所处的位置以及厅外呼梯情况，决定轿厢运行方向和所停楼层。

电梯上下运行，靠曳引电动机正反转来实现。轿厢运行时，开始速度较高，在接近指定楼层时则采用慢速运行（由高速转慢速时可采用电阻制动），平层停止时采用电磁抱闸对电机实现制动。故常采用双速鼠笼式交流异步电动机，如高速时极对数为 3，同步转速 1000 r/min；低速时极对数为 12，同步转速 250 r/min。

不同的部分选择不同的电源种类，如主拖动控制电路、轿厢照明电路采用 220 V 交流电，运行控制电路则采用 110 V 直流电，信号显示用 26 V 交流电，检查电路采用 36 V 交流电等。当然，曳引电动机采用的是交流 380 V 电源。

2. 电梯对控制线路的要求

（1）电梯的上下移动靠曳引电动机的正反转来实现。

（2）电梯运行过程中，应有快、慢两个速度，快速用于电梯运行，慢速用于轿厢停止和平层，快、慢速靠曳引电动机的不同转速来实现。

（3）电梯运行前，必须将所有厅门和轿厢门关好，否则电梯不能运行，以免发生危险。

（4）电梯的平层与停止应能自动完成，以免出现因操作人员失误造成平层不准的现象。

（5）能根据乘客所选楼层号判断电梯的运行方向，并自动投入运行。

（6）具有各种安全措施，确保电梯运行过程中的安全。

（7）具有检修状态。

（8）具有照明、通分、报警及各种指示功能。

3. 课程设计要求

（1）确定拖动（传动方案）、选择电机。根据设备要求，确定电动机数量、用途、拖动方式；根据设备中主要电动机的负载情况，调速范围及对启动、反向、制动的要求，确定拖动形式；根据电动机的工作方式和负载情况选择电动机的容量，确定电动机的型号及结构方式。

（2）确定控制方案。满足控制线路对电源种类、工作电压及频率的要求，确定控制系统的工作方法，如自动循环、手动调整等，逐个予以实现，妥善考虑联锁关系。

（3）所选用的电器均要有参数计算的过程，并依照计算结果选择合适的型号，要有选型说明和出处。

（4）设置必要的保护环节，如过载、失压、零电压、过流、短路、限位等保护环节。

（5）设计控制电路力求简单、完善。

（6）画出电气线路图，设计电气控制柜，要求图形符号符合 GB4728，文字符号符合GB7159。

（7）要有总的电气元件表、参考书目表、设计总结。

4. 课程设计说明书编写要求

（1）设计说明书用纸统一规格，论述清晰，字迹端正；应用资料应说明出处。

（2）说明书内容应包括（装订次序）：题目、目录、正文、结论、致谢、参考文献等；应阐述整个设计内容，要重点突出，图文并茂，文字通畅。

（3）根据设计题目要求绘制电气原理图一张。

（4）书写应符合规范。

课题8 双桶洗衣机模拟控制线路设计

1. 概述

双桶洗衣机采用一个桶完成洗涤工序，用另一个桶完成脱水工序，各由一台电动机来实现，两台电动机独立工作。电动机采用电容运行式单相异步电动机，通过改变电容器与主副绕组的串联关系来改变电动机的转向。

普通洗衣机有强洗、标准洗两种方式，通过选择开关控制和洗涤定时器（最长可设 15 min）控制。强洗时电动机单向旋转；标准洗时，电动机正转、停、反转时间通常为 30 s、5 s、30 s。洗涤定时器设定的时间到，电动机断电，洗涤结束。脱水定时时间最长为 5 min，脱水时转速高，为安全起见，设有与脱水桶盖联锁的安全开关，当桶盖打开时，机械制动器能使脱水桶在 10 s 内停转。

2. 双桶洗衣机的电气控制要求

（1）采用两台电容式单相异步电动机驱动，两台电机独立工作。洗涤电动机要求可正反转。脱水电动机单方向旋转，但要求速度高，并设机械制动器。

（2）设置洗涤定时器，对洗涤电动机进行控制。定时时间可选 3 min。

（3）设置转换开关，实现强洗和标准洗的转换。强洗时，洗涤电动机单方向旋转。标准洗时，洗涤电动机正转、停、反转时间为 30 s、5 s、30 s。

（4）设置必要的联锁保护。如脱水桶盖打开时，机械制动器应能使脱水桶在 10 s 内停转。

3. 设计要求

（1）确定拖动（传动方案）、选择电机。根据设备要求，确定电动机拖动方式；根据设备中主要电动机的负载情况，调速范围及对启动、反向、制动的要求，确定拖动形式；根据电动机的工作方式和负载情况选择电动机的容量，确定电动机的型号及结构方式。

（2）确定控制方案。满足控制线路对电源种类、工作电压及频率的要求，确定控制系统的工作方法，设计主电路、控制回路及照明、指示、报警等辅助电路，妥善考虑联锁关系。

（3）所选用的电器均要有参数计算的过程，并依照计算结果选择合适的型号，要有选型说明和出处。

（4）设置必要的保护环节。

（5）设计控制电路力求简单、完善。

（6）画出电气线路原理图和控制线路配电板组件布置图。要求图形符号符合 GB4728，文字符号符合 GB7159。

（7）要有总的电气元件表、参考书目表、设计总结。

4. 课程设计说明书编写要求

（1）设计说明书用纸统一规格，论述清晰，字迹端正；应用资料应说明出处。

（2）说明书内容应包括（装订次序）：题目、目录、正文、结论、致谢、参考文献等；应阐述整个设计内容，要重点突出，图文并茂，文字通畅。

（3）根据设计题目要求绘制电气原理图一张。

（4）书写应符合规范。

参考文献

[1] 刘韵云. 牵引电器. 北京：中国铁道出版社，1992.

[2] 张冠生. 电器理论基础. 北京：机械工业出版社，1989.

[3] 夏天伟，丁明道. 电器学. 北京：机械工业出版社，1999.

[4] 熊葵容. 电器逻辑控制技术. 北京：科学出版社，2002.

[5] 王仁祥. 常用低压电器原理及其控制技术. 北京：机械工业出版社，2002.

[6] 方承远. 工厂电气控制技术. 北京：机械工业出版社，2000.

[7] 杨丰萍，李中奇等. 电器及其控制技术. 南昌：江西科技出版社，2007.

[8] 张琳. 牵引电器. 成都：西南交通大学出版社，2008.

[9] 乔宝莲. 电力机车电器. 北京：中国铁道出版社，2008.

[10] 李仁. 电气控制技术（第 3 版）. 北京：机械工业出版社，2008.

[11] 贺湘琰. 电器学. 北京：机械工业出版社，2009.

[12] 张曙光. HXD2 型电力机车. 北京：中国铁道出版社，2009.

[13] 张曙光. HXD3 型电力机车. 北京：中国铁道出版社，2009.

[14] 张有松. 韶山 4 型电力机车. 北京：中国铁道工业出版社，1998.

[15] 余卫斌. 韶山 9 型电力机车. 北京：中国铁道工业出版社，2005.

[16] 王得胜，韩红彪. 电气控制系统设计. 电子工业出版社，2011.

[17] Yang Feng_ping, Zhang Biwu, Feng Chunhua, Mechanical Properties Measurement and Software Design of Vacuum Circuit Breaker, 伊尔库茨克国立交通大学学报，2008(2): 54-58.

[18] 杨丰萍，左君成，金林. 浮车型五模块有轨电车质量均衡计算系统开发[J]. 铁道机车车辆，2019，39(02):75-78.

[19] 杨丰萍，金林，铰接式有轨电车轴重轮重计算系统设计与开发[J]. 城市轨道交通研究，2019，22(8): 45-49.

[20] 杨丰萍，袁芦北，鲍丙东，卢义. 新型地铁速度传感器检测系统设计[J]. 传感器与微系统，2015(6): 73-75.

[21] 杨丰萍，黄兵斌，陈振华，史陆星. RESEARCH AND IMPLEMENTATION ON REMOVABLE TEST BENCH FOR BRAKING CONTROL UNITS, Proceedings of ISMR'2014, 2014.09.

[22] 杨丰萍，姜悦礼，基于 TCN 的模拟机车电力牵引及其控制系统的设计[J]. 华东交通大学学报，2011(4): 58-64.

[23] Yuwen Liu, Fengping Yang, Lin Jin, Feng Liu, Jian Wu, Design and Development of a General Equilibrium Calculation System for Rail Vehicles, EITRT2019, 2019. 10.

[24] Fengping Yang, Liqun Peng, ChenhaoWang and Yuelong Bai, Measuring temporal and spatial

travel efficiency for transit route system using low-frequency bus automatic vehicle location data, Advances in Mechanical Engineering, 2018, 10(10): 1-11, DOI: 10. 1177/ 1687814018802128.

[25] 杨丰萍，张碧武，真空断路器机械特性检测和软件设计[J]. 仪表技术与传感器，2007(12): 71-73.

[26] 杨丰萍，卢伟海，新型智能化真空断路器特性检测仪的研制[J]. 微计算机信息，2006(5): 172-174.

[27] 李中奇，杨丰萍，多功能车辆总线控制器编码器设计[J]. 华东交通大学学报，2009(6): 52-56.

[28] 杨丰萍，李中奇，铁路特色专业的《电器技术及控制》课程教学改革初探[J]. 华东交通大学学报，2011(3): 33-35.

[29] 张白帆. 低压电器技术精讲. 北京：机械工业出版社，2020.

[30] 姜姗，周浩，魏颖. 电器学. 北京：北京理工大学出版社，2021.

[31] 张效融，吴国祥. 电力机车电器. 北京：中国铁道出版社，2013.

[32] 尹天文. 低压电器技术手册. 北京：机械工业出版社，2014.

[33] 陈廷凤. 城市轨道交通车辆电器（第3版）. 成都：西南交通大学出版社，2021.

[34] 王开团等. CRH380D型动车组. 北京：中国铁道出版社，2019.

[35] 李作奇，罗林顺等. 机车电机与电器. 成都：西南交通大学出版社，2020.

[36] 李靖. 高低压电器及设计. 北京：机械工业出版社，2016.

[37] 和国安. 智能电器最新技术研究及应用发展前景[J]. 应用能源技术，2016，18(11): 41-43.

[38] 申金星，李焕良，崔洪新等. 工程装备电气系统构造与维修技术[M]. 北京: 冶金工业出版社，2019.

[39] 董垠峰. 电磁阀的解析与使用[J]. 盐科学与化工，2020，49(03).

[40] 熊征伟，章鸿等. 机床电气控制技术[M]. 北京:国防工业出版社，2019.